水土流失遥感监测
关键技术及成果应用

刘晓林　王娟　尹斌　史燕东　著

·北京·

内 容 提 要

水土流失遥感监测技术能够对水土流失状况进行定量评估、动态监测和趋势预测，为科学制定水土流失治理策略提供有力支撑。本书作者长期从事水土流失监测、水土流失综合治理等水土保持相关工作，在水土流失遥感监测关键技术、水土流失治理成效评价、水土保持率目标分解、水土流失图斑落地等方面开展了大量的基础研究和应用实践，并在总结凝练多年成果的基础上形成本书。

本书主要内容包括：水土流失监测方法及水土流失综合治理进展；遥感原理的基本概念、遥感系统的组成、类型及其特点，总结了遥感技术在水土流失监测及治理中的应用；综合判别法水土流失遥感监测技术，开展区域水土流失类型、强度、面积和空间分布状况综合评价；定量模型法水土流失遥感监测技术在区域土壤侵蚀监测中的应用；区域监管和项目监管两种生产建设项目水土保持遥感监管模式及相关应用案例；土壤减蚀监测评价技术、减蚀效益分析评价指标及应用案例；水土流失遥感监测成果在水土保持率目标分解及水土流失图斑落地等工作中深度应用的案例。

本书适合从事水土保持工作的管理、研究、技术人员参考，也适合高等院校相关专业的师生参考。

图书在版编目（CIP）数据

水土流失遥感监测关键技术及成果应用 / 刘晓林等著. -- 北京 : 中国水利水电出版社, 2024. 11.
ISBN 978-7-5226-3024-3

Ⅰ. S157

中国国家版本馆CIP数据核字第20250EY386号

书　　名	**水土流失遥感监测关键技术及成果应用** SHUITU LIUSHI YAOGAN JIANCE GUANJIAN JISHU JI CHENGGUO YINGYONG
作　　者	刘晓林　王　娟　尹　斌　史燕东　著
出版发行	中国水利水电出版社 （北京市海淀区玉渊潭南路1号D座　100038） 网址：www. waterpub. com. cn E-mail：sales@mwr. gov. cn 电话：（010）68545888（营销中心）
经　　售	北京科水图书销售有限公司 电话：（010）68545874、63202643 全国各地新华书店和相关出版物销售网点
排　　版	中国水利水电出版社微机排版中心
印　　刷	北京印匠彩色印刷有限公司
规　　格	184mm×260mm　16开本　17.25印张　420千字
版　　次	2024年11月第1版　2024年11月第1次印刷
印　　数	0001—1000册
定　　价	**128.00**元

前 言

水土流失具有类型复杂、分布广泛、流失强度大等特点，我国水土流失重点区域主要集中在东北黑土区、长江上游及西南诸河区、西北风沙区、南方红壤区和北方土石山区等地区。党的十九大提出了“到2035年生态环境根本好转、美丽中国基本实现，到2050年生态文明全面提升”的战略目标。近年来，全国水土保持工作紧紧围绕美丽城市建设、全面推进乡村振兴的战略部署，坚持系统观念，加强水土流失预防保护，加快推进水土流失重点治理。水土流失遥感监测技术能够对水土流失状况进行定量评估、动态监测和趋势预测，为科学制定水土流失治理策略提供有力支撑。本书作者长期从事水土流失监测、水土流失综合治理等水土保持相关工作，在水土流失遥感监测关键技术、水土流失治理成效评价、水土保持率目标分解、水土流失图斑落地等方面开展了大量的基础研究和应用实践，并在总结凝练多年成果的基础上形成本书。

本书共有7个章节。第1章系统介绍了水土流失的概况，概述了水土流失监测方法及水土流失综合治理进展。第2章介绍了遥感原理的基本概念、遥感系统的组成、类型及其特点，总结了遥感技术在水土流失监测及治理中的应用。第3章介绍了综合判别法水土流失遥感监测技术，开展区域水土流失类型、强度、面积和空间分布状况综合评价。第4章介绍了定量模型法水土流失遥感监测技术在区域土壤侵蚀监测中的应用。第5章介绍了区域监管和项目监管两种生产建设项目水土保持遥感监管模式及相关应用案例。第6章介绍了土壤减蚀监测评价技术、减蚀效益分析评价指标及应用案例。第7章介绍了水土流失遥感监测成果在水土保持率目标分解及水土流失图斑落地等工作中深度应用的案例。

本书由刘晓林、王娟、尹斌、史燕东担任主编。全书由刘晓林、王娟统稿，尹斌、史燕东校核。本书前言、第1章由刘晓林、王娟、尹斌编写；第2章由尹斌、史燕东编写；第3章由刘晓林编写；第4章由史燕东编写；第5章由尹斌编写；第6章、第7章由王娟编写。

本书的编撰与出版受水利部科技推广项目“生产建设项目水土保持多源

信息一体化监管技术（SF—202207）”、广东省水利厅水利科技创新项目“CSLE方程B因子多时空尺度研究及其在广东省水土流失动态监测中的应用（2020—25）”、珠江水利科学研究院自立项目“人为水土流失风险预警模型研发与技术应用（2022YF021）”等科研项目资助，同时还参考引用了大量参考文献、生产实践项目等相关研究成果，在此向科研学者及项目单位致以诚挚的谢意。限于作者的实践经验、思考深度及知识水平，书中的不足之处，恳请广大学者、同仁给予批评指正。

作者

2024年11月

目 录

前言

第 1 章　绪论 …… 1

1.1　水土流失概况 …… 1

1.2　水土流失现状及特点 …… 5

1.3　水土流失综合治理 …… 11

第 2 章　水土流失遥感监测技术 …… 33

2.1　遥感原理 …… 33

2.2　遥感技术基础与应用 …… 36

2.3　遥感技术在水土流失监测方面的应用 …… 51

第 3 章　水土流失综合判别法遥感监测 …… 57

3.1　概况介绍 …… 57

3.2　技术方法 …… 57

3.3　应用案例 …… 80

第 4 章　水土流失定量模型法遥感监测 …… 99

4.1　概况介绍 …… 99

4.2　技术方法 …… 100

4.3　应用案例 …… 133

第 5 章　生产建设项目水土流失遥感监管 …… 172

5.1　概况介绍 …… 172

5.2　技术方法 …… 173

5.3　区域遥感监管 …… 175

5.4　项目遥感监管 …… 185

5.5　应用案例 …… 194

第 6 章　水土流失防治成效遥感评价 …… 220

6.1　概况介绍 …… 220

6.2　技术方法 …… 220

6.3　应用案例 …… 230

第 7 章　水土流失遥感监测成果应用展望……………………………………………………………… 241
7.1　水土保持率目标分解 ……………………………………………………………………………… 241
7.2　水土流失图斑落地…………………………………………………………………………………… 252
参考文献 ……………………………………………………………………………………………………… 267

第1章

绪　论

水土资源是地球生态系统的基础要素，与人类生存和发展息息相关。水资源是生命之源，不仅关乎人类的生活和生产，还影响着全球气候变化。土是生存之本，土地资源是人类生产生活的空间载体，承载着人类居住、农业耕作、工业建设等多项活动。水土资源的丰富与否，直接关系一个国家或地区的经济发展、社会稳定和生态环境。严重的水土流失，将会导致土地退化现象加剧，使农业生产力显著下降，水资源减少、生态破坏与生物多样性的丧失，加剧自然灾害与贫困，威胁国土安全与环境健康，严重制约人类社会的可持续发展。因此，对水土流失进行监测与防治，是确保人与自然和谐共生、保障人类社会长远发展的必由之路。本章介绍了水土流失概况，概述了我国水土流失现状及水土流失综合治理进展。

1.1　水土流失概况

我国国土广袤，地理环境复杂，气候多样，受自然因素和人类活动的干扰，水土流失形势严峻，是水土流失最严重和水土流失类型多样的国家之一。水土流失对我国的生态环境、农业生产乃至经济社会发展造成了严重威胁。面对水土流失的严峻形势，我国政府高度重视并采取了一系列措施进行防治。从水土保持法律法规的制定实施，到水土保持监测站点的建设运行，再到水土保持综合治理工程的推进，我国在水土流失防治方面取得了显著成效，但我国的水土流失问题依然严峻，防治任务依然艰巨。因此，深入研究和了解我国水土流失的概况，分析其原因和危害，探讨有效的防治措施，对于推动我国水土保持事业的发展、促进生态环境的改善和可持续发展具有重要意义。

1.1.1　水土流失概念

广义的水土流失在《简明水利水电词典》（1981年）中定义为“地表土壤及母质、岩石受到水力、风力、重力和冻融等外力的作用，使之受到各种破坏和移动、堆积过程以及水本身的损失现象”。《中国水利百科全书·水土保持分册》（2004年）对水土流失的定义为“在水力、重力、风力等外营力作用下，水土资源和土地生产力遭受的破坏和损失，包括土地表层侵蚀及水的损失，亦称水土损失”。狭义的水土流失特指水力侵蚀现象，即由水力和重力导致的地表土壤被侵蚀和流失的过程，因此有学者认为水土流失可称土壤侵蚀，但也有学者认为水土流失与土壤侵蚀是两个有区别的概念。前者更强调水分和土壤同时流失的现象，后者指的是土壤及其母质在外力作用下，如水力、风力、冻融或重力，被破坏、剥蚀、搬运和沉积的过程，这个定义更侧重于土壤本身的侵蚀过程。近年来，水土保持学科的发展愈加成熟，在教学和科研工作中对二者的定义区分愈发关注，但在实际生产中提及二者时，通常理解为同一含义，即视为同义词。

根据外营力的主导作用原则，全国被划分为三大水土流失类型区，分别是水力侵蚀为主（如东北黑土区、西北黄土区、西南岩溶石漠化区等）、风力侵蚀为主［如新疆、青海、陕西、内蒙古等省（自治区）的风沙区］、冻融侵蚀为主（如青藏高原地区、西北高山区以及东北北部山区等）。水土流失通常由一系列环境因素和人类行为所引起，本质上来说，水土流失是自然界物质运动的方式之一，地球内力能（如地震、火山运动、褶皱运动等）形成了不同的地形地貌，如高原、山地、盆地、平原等，在太阳辐射外力能（如降水、风力、径流等）的外营力作用下，相互作用、相互制约造成水土流失的复杂化。其中，自然因素包括气候类型、地表形态、地质结构、植被生长覆盖情况、土壤类型等。人为因素包括破坏森林（乱砍滥伐、放火烧山）、土地利用不当，如在坡度较陡的地区进行耕种、无节制地放牧，以及采用不科学的耕作方式如顺坡耕作、广种薄收和轮作弃耕等非可持续的耕作方法，是导致水土流失的关键人为因素。又如，生产建设活动（开矿、建厂、筑路、挖渠、伐木、建库等）均可能导致地表土壤加速破坏和移动，从而引发水土流失。

1.1.2 水土流失类型

我国地域辽阔，地形地貌复杂多样，水土流失空间分布不均，类型也多种多样。依据造成水土流失的不同动力因素，水土流失的主要类型包括：水力侵蚀、重力侵蚀、风力侵蚀和冻融侵蚀。

1.1.2.1 水力侵蚀

土壤和地表组成物质在雨水和地表水流的持续冲刷下，会经历分解、剥离、迁移和沉积，这一自然过程称为水力侵蚀。其特点是分布广泛，危害普遍，尤其在山区、丘陵区和有坡度的地面更为显著。可细分为：

（1）溅蚀：土壤在雨滴的直接打击下，颗粒被弹射到空中，随后散落，形成的一种侵蚀作用。

（2）面蚀：坡地表层土壤在降雨或灌溉水的作用下，呈薄层状被剥蚀和搬运造成比较均匀的流失的现象，主要发生在没有植被或没有采取可靠的水土保持措施的坡耕地或荒坡上。面蚀现象因地质条件和土地利用方式的差异而表现出不同的形态，具体包括沙砾化面蚀、细沟状面蚀、鳞片状面蚀和层状面蚀四种。

（3）沟蚀：由于水流沿地表的集中流动而引发的侵蚀现象，它导致地面被切割形成沟壑，是一种典型的水土流失方式。沟蚀的形态根据侵蚀深度和特征，可以细分为冲沟侵蚀、浅沟侵蚀和切沟侵蚀等不同类型。

（4）山洪侵蚀：山区河流在洪水期间其沟道堤岸以及河床受到洪水的冲淘、冲刷或淤积的过程。由于山洪具有流速高、冲刷力大和暴涨暴落的特点，因而破坏力大，并能搬运和沉积泥沙石块。受山洪冲刷的河床称为正侵蚀，被淤积的称为负侵蚀。山洪侵蚀可改变河道形态，冲毁建筑物和交通设施、淹埋农田和居民点，会造成严重危害。

1.1.2.2 重力侵蚀

重力侵蚀是指土壤及其成土母质在自身重力作用下，分散地或成片地塌落的现象，主要发生在山区、丘陵区的沟壑和陡坡上。从严格意义上讲，仅由重力作用引起的水土流失现象并不常见，通常是在水力侵蚀等其他外营力的作用下导致的地表物质移动。以重力为主要外营力的侵蚀形式主要有：

（1）陷穴：黄土地区存在的一种侵蚀形式。地表径流沿黄土的垂直缝隙渗流到地下，由于可溶性矿物质和细粒土体被淋溶至深层，土体内形成空洞，上部的土体失去顶托而发生陷落，呈垂直洞穴，这种侵蚀现象称为陷穴。陷穴沿着流水线连串出现时称为串珠状陷穴，成群出现时称为蜂窝状陷穴。

（2）泻溜：崖壁和陡坡上的土石经风化形成的碎屑，在重力作用下沿着坡面下泻的现象。泻溜是坡地发育的一种方式。

（3）崩塌：陡坡上的岩土体在重力作用下突然脱离母体崩落、滚动、堆积在坡脚（或沟谷）的地质现象，发生在岩体中的崩塌称为岩崩；发生在土体中的称为土崩；规模巨大、涉及大片山体的称为山崩。崩塌主要出现在地势高差较大，斜坡陡峻的高山地区，特别是河流强烈侵蚀的地带。

（4）滑坡：斜坡上的土体或者岩体受河流冲刷、地下水活动、雨水浸泡、地震及人工切坡等因素影响，在重力作用下土体下滑力大于抗滑力时，土体沿着一定的软弱面或者软弱带，整体地或者分散地顺坡向下滑动的自然现象。

1.2.2.3 风力侵蚀

风力侵蚀是指在气流冲击作用下，土粒、沙粒或岩石碎屑脱离地表，被搬运和堆积的过程，简称风蚀。风对地表所产生的剪切力和冲击力引起细小的土粒与较大的团粒或土块分离，甚至从岩石表面剥离碎屑，使岩石表面出现擦痕和蜂窝，继之土粒或沙粒被风挟带形成风沙流。气流的含沙量随风力的大小而改变，风力越大，气流含沙量越高。当气流中的含沙量过饱和或风速降低时，土粒或沙粒与气流分离而沉降，堆积成沙丘或沙垄。土、沙粒脱离地表、被气流搬运、沉积三个过程相互影响穿插进行。

风蚀的强度受风力强弱、地表状况、粒径和相对密度大小等因素的影响。当气流的剪切力和冲击力大于土粒或沙粒的重力以及颗粒之间的相互凝聚力，并能克服地表的摩擦阻力时，土沙粒就会被卷入气流，而形成风沙流之后，风对地表的冲击力增大，磨蚀作用显著增加，使更多的土粒搬走。土沙粒开始起动的临界风速，因粒径和地表状况而异，通常把细沙开始起动的临界风速（5m/s）称为起沙风速。

风蚀主要发生在干旱和半干旱地区，如我国西北地区的河西走廊和黄土高原是风力侵蚀的典型区域。风蚀发生时常因土沙颗粒的大小和质量的不同，表现出扬失、跃移、滚动三种移动方式。

1.1.2.4 冻融侵蚀

冻融侵蚀是指在高寒地区，由于季节性的冻结和解冻过程，对土体造成机械破坏，导致土壤和岩石的破碎和移动，通常发生在陡坡、沟壁、河床和渠坡等位置。冻胀和融沉是冻融侵蚀的主要表现形式。冻胀作用使土壤或岩石中的水分在冻结时体积膨胀，导致土壤或岩石产生裂隙和破碎。冻结的土壤或岩石在融化时，由于水分的流失和土壤颗粒的重新排列，导致地面沉降，即融沉现象。

另外，土壤侵蚀的类型还有冰川侵蚀、混合侵蚀、植物侵蚀等。其中，冰川侵蚀是由于现代冰川的活动对地表造成的机械破坏作用。混合侵蚀是在水流冲力和重力共同作用下的一种特殊侵蚀形式，如泥石流等。植物侵蚀亦称生物侵蚀，一般来说，植物在防蚀固土方面有着特殊的作用，但在人为作用下有些植物对土壤产生一定的侵蚀作用，导致土壤理化性质恶化，肥力下降。按主要侵蚀营力（外力）和典型的水土流失形式相结合作为水土流失分类的基础时，水土流失的类型也可被划分为水的损失、土壤营养物质损失和土体损失。

水土流失类型多样，其发生和发展受到自然因素和人为因素的共同影响，这些不同类型的水土流失都对我国的生态环境和经济发展造成了严重的影响。因此，加强水土流失的防治工作，提高水土保持能力，是我国当前和未来一段时间内的重要任务。

1.1.3 水土流失危害

水土流失作为全球性的环境问题，其危害深远且广泛。水土流失影响着土地资源，土壤中营养物质的损失导致肥沃的土壤逐渐贫瘠最终丧失其农业生产潜力，严重威胁国家的粮食安全和农业的可持续发展。水土流失的持续恶化会破坏生态系统的完整性和生态循环，从而加剧生态危机。水土流失还会使林地与草地遭受毁坏，土壤植被覆盖度显著降低，这不仅使生态环境日趋恶化，还进一步削弱了生态系统的自我调节能力。严重的水土流失不仅威胁我国的自然环境和生态平衡，也对经济社会发展和人民群众的生产、生活带来多方面的影响，是造成土地退化、土地生产力损失和生态平衡破坏的主要原因。水土流失的危害主要表现在以下几个方面：

（1）土地退化，毁坏耕地，威胁粮食安全。土地资源是农业生产的最基本资源，水土流失直接导致土壤质量下降，土层变薄，土壤结构破坏，蓄水保水能力降低。在干旱和半干旱地区，水土流失加速了土地沙化过程，使原本肥沃的土地变得贫瘠。土壤盐碱化也是土地退化的一个重要表现，水土流失导致土壤中盐分聚集，使土地盐碱化，影响农作物生长。坡地耕作和陡坡开荒等不合理的耕作方式为水土流失创造了有利条件，导致耕地被侵蚀，形成沟壑，无法耕种。这严重影响农作物的产量和质量，不仅加剧农村贫困问题，还威胁国家粮食安全。

（2）恶化生存环境。水土流失与生态恶化互为因果、相互影响。水土流失扰动损坏了原土层结构，易引起滑坡和泄流，对生态环境造成破坏。土壤侵蚀导致植被覆盖减少，水源涵养能力减弱，生物的栖息地遭到破坏，物种生存面临威胁。这不仅威胁生态系统的稳定，也影响我国生物多样性保护和生态旅游等产业的发展。同时，植被破坏、土壤裸露等，使地表对雨水的截留和渗透能力减弱，导致雨水迅速形成地表径流，从而加剧了水土流失。水土流失与生态恶化之间的互为因果关系形成了一个恶性循环，即水土流失导致生态恶化，而生态恶化又进一步加剧水土流失。

（3）淤积江河湖库，导致洪涝灾害，威胁防洪安全。水土流失使大量泥沙进入江河湖库，泥沙在河道和水库中逐渐沉积，导致河床抬高、水库库容减少，不仅降低了河道的行洪能力，还减弱了水库的防洪和蓄水能力。由于河床抬高，水流速度在河道中发生变化，水流速度的增加可能导致水流对河床的冲刷力增强，进一步加剧水土流失；而在水库中，水流速度降低可能导致泥沙在库中沉积，形成“悬河”或“地上河”现象，增加了水库溃坝的风险。随着水库、湖泊和湿地容量的减少，水位会逐渐上升。在暴雨或洪水来临时，由于水库调节能力的减弱，水位上涨更快，更容易引发或加剧洪涝灾害。

（4）加剧面源污染，威胁水质安全。水土流失的径流和泥沙为面源污染提供了物质载体，水土流失过程中，土壤被侵蚀并随雨水等径流搬运。这些被侵蚀的土壤颗粒通常含有大量的有机物、重金属、农药和其他污染物。在搬运过程中，这些污染物会随着径流进入河流、湖泊和地下水体。在农业生产中，农药和化肥中的化学物质在降雨或灌溉时容易随径流流失，进入水体。水土流失加剧了这一过程，使更多的农药和化肥进入水环境。水土流失导致的大量沉积物进入水体后，会吸附和携带大量的污染物。这些沉积物在水体中沉积会释放出污染物，给受纳水体带来诸多不良影响，加剧水体污染的发生和发展，威胁生态安全和饮水安全。

（5）制约山区社会经济发展。水土流失造成水土资源承载能力降低，生态环境恶化。尤其在我国西南岩溶区，水土流失和石漠化与贫困互为因果，经济最贫困的地区往往也是水土流失和石漠化最严重地区，不少水土流失和石漠化严重的地区由于长期掠夺式生产经营，土地生产力大幅度下降，陷入生态恶化与贫困相互交织的恶性循环。

水土流失对生态环境和经济社会发展的影响深远且广泛，也对我国的经济发展产生了负面影响。水土资源的流失不仅影响了农业、林业等产业的发展，还对水利、交通等基础设施的维护和建设带来了挑战。为了保障我国的可持续发展和人民的福祉，必须高度重视水土流失问题，采取有效措施进行防治，这包括加强水土保持工作、推广生态农业、改善水资源管理、加强生物多样性保护等。

1.2 水土流失现状及特点

1.2.1 水土流失现状

1.2.1.1 全国水土流失现状

根据《中国水土保持公报（2023年）》显示，全国水土流失总面积262.76万km^2，占我国陆地面积的27.44%，严重的水土流失导致土壤贫瘠、水源减少、生态环境恶化等一系列问题，是制约我国社会经济可持续发展的重要因素。在全国水土流失发生面积中，水力侵蚀面积107.14万km^2，占水土流失总面积的40.77%；风力侵蚀面积155.62万km^2，占水土流失面积的59.23%。按侵蚀强度分，轻度、中度、强烈、极强烈、剧烈侵蚀面积分别为172.02万km^2、42.33万km^2、18.31万km^2、14.53万km^2、15.57万km^2，分别占全国水土流失面积的65.46%、16.11%、6.97%、5.53%、5.93%。

从侵蚀强度来看，我国发生的水土流失以轻中度侵蚀为主，占到了流失总面积的

81.57%。从各省（自治区、直辖市）的水土流失分布来看，水力侵蚀主要分布在重庆、四川、贵州、云南、陕西、辽宁、山西、湖北、河北、甘肃等省（直辖市）；风力侵蚀主要分布于河北、山西、内蒙古、辽宁、吉林、黑龙江、山东、河南、四川、西藏、陕西、甘肃、青海、宁夏、新疆等省（自治区）。与《第一次全国水利普查公报（2013年）》相比，全国水土流失发生面积减少了32.15万km^2，减幅10.90%。

按水土流失面积大小分，水土流失面积超过50万km^2的有新疆和内蒙古等2个自治区，分别为83.21万km^2和56.97万km^2；水土流失面积在10万～50万km^2的有甘肃、青海、四川等3省；水土流失面积在5万～10万km^2的有云南、西藏、黑龙江、陕西、山西等5省（自治区）；水土流失面积在3万～5万km^2的有贵州、吉林、河北、广西、辽宁等5省（自治区）；水土流失面积在1万～3万km^2的有湖北、湖南、重庆、江西、山东、河南、广东、宁夏、安徽等9省（自治区、直辖市）；水土流失面积小于1万km^2的有福建、浙江、江苏、北京、海南、天津、上海等7省（自治区、直辖市）。

1.2.1.2 全国水土保持区划一级区水土流失现状

根据2015年国务院批复的《全国水土保持规划（2015—2030年）》，全国水土保持区划一级区包括：东北黑土区、北方风沙区、北方土石山区、西北黄土高原区、南方红壤区、西南紫色土区、西南岩溶区和青藏高原区。各一级区水土流失现状如下：

(1) 东北黑土区。东北黑土区范围北起大兴安岭山脉，南到辽宁南部地区，西至内蒙古东部大兴安岭山地边缘地带，东达乌苏里江和图们江边界，行政区涉及黑龙江省、吉林省、辽宁省、内蒙古自治区东四盟共246个县（市、区、旗），总面积108.75万km^2。东北黑土区是世界四大主要黑土带之一，土壤类型包括黑土、黑钙土、白浆土、暗棕壤、草甸土等类型，是我国粮食主产区和最大的商品粮生产基地。东北黑土区水土流失面积20.89万km^2，占其土地总面积108.76万km^2的19.20%。其中，水力侵蚀面积13.32万km^2，风力侵蚀面积7.57万km^2。与2022年相比，水土流失面积减少0.27万km^2，减幅1.28%。

(2) 北方风沙区。北方风沙区主要分布在北疆山地盆地区、南疆山地盆地区、河西走廊及阿拉善高原区及内蒙古高原山地区。主要包含新疆、甘肃、宁夏、内蒙古、青海、陕西等省（自治区）。北方风沙区干旱缺水，土壤瘠薄，次生盐渍化严重，林草植被覆盖率低，生态非常脆弱。水土流失面积132.72万km^2，占其土地总面积240.20万km^2的55.25%。其中，水力侵蚀面积10.18万km^2，风力侵蚀面积122.54万km^2。与2022年相比，水土流失面积减少0.56万km^2，减幅0.42%。

(3) 北方土石山区。即北方山地丘陵区，包括北京、天津、河北、山西、内蒙古、辽宁、江苏、安徽、山东和河南10省（自治区、直辖市）共662个县（市、区、旗），土地总面积约81万km^2，北方土石山区主要包括辽河平原、燕山太行山、胶东低山丘陵、沂蒙山泰山以及淮河以北的黄淮海平原等。北方土石山区水土流失面积15.33万km^2，占其土地总面积80.63万km^2的19.01%。其中，水力侵蚀面积13.32万km^2，风力侵蚀面积2.01万km^2。与2022年相比，水土流失面积减少0.37万km^2，减幅2.36%。

(4) 西北黄土高原区。西北黄土高原区位于我国第二级阶梯之上，大致范围是太行山以西，乌鞘岭以东，关中平原以北，黄河以南。主要包括宁夏大部分地区、山西中部和西部、陕西中部和北部、甘肃中部和东部、青海东北部、内蒙古西南部。区内沟壑纵横、地形破碎、沟深坡陡、黄土层深厚等特点为水土流失创造了绝佳条件。水土流失面积19.87万km^2，占其土地总面积57.48万km^2的34.56%。其中，水力侵蚀面积14.97万km^2，风力侵蚀面积4.90万km^2。与2022年相比，水土流失面积减少0.38万km^2，减幅1.86%。

（5）南方红壤区。即南方山地丘陵区，包括上海、江苏、浙江、安徽、福建、江西、河南、湖北、湖南、广东、广西和海南12省（自治区、直辖市）共859个县（市、区），土地总面积约124万km^2。南方红壤区主要包括大别山、桐柏山、江南丘陵、淮阳丘陵、浙闽山地丘陵、南岭山地丘陵及长江中下游平原、东南沿海平原等。西部和北部都是高山，西南为云贵高原，台湾、海南岛以及南海及其岛屿向东南部延伸，总面积为国土面积的12.3%。南方红壤区的降雨特点为降雨量大且强度大，一旦出现强降雨现象必然会造成红壤区地面的大量水土流失，使南方红壤区的土地资源量和质量急剧下降。南方红壤区水土流失面积12.67万km^2，占其土地总面积123.24万km^2的10.28%，全部为水力侵蚀。与2022年相比，水土流失面积减少0.20万km^2，减幅1.56%。

（6）西南紫色土区。紫色土区主要分布于四川盆地及其周围山地丘陵区，包括四川、重庆、贵州、云南等省（直辖市）的部分地区。同时也分布在周边的山地丘陵区，如秦岭、武当山、大巴山、巫山、武陵山、岷山等山脉的部分地区。紫色土主要由侏罗纪、白垩纪紫色砂岩、泥岩时代形成的紫色或紫红色砂岩、页岩发育形成。西南紫色土区水土流失面积13.16万km^2，占其土地总面积50.97万km^2的25.83%，全部为水力侵蚀。与2022年相比，水土流失面积减少0.30万km^2，减幅2.21%。

（7）西南岩溶区。即云贵高原区，包括四川、贵州、云南和广西4省（自治区）共273个县（市、区），主要分布有横断山山地、云贵高原、桂西山地丘陵等，土地总面积约70万km^2。主要受太平洋季风（东南季风）、印度洋季风（西南季风）的影响，水热配套、降水丰沛，水土流失的主要外营力为重力及水力。与非岩溶区相比，由于碳酸盐岩的可溶性，使岩溶区具有双层水文地质水结构。西南岩溶区水土流失面积17.40万km^2，占其土地总面积70.78万km^2的24.59%。水土流失以水力侵蚀为主，局部地区存在滑坡、泥石流。与2022年相比，水土流失面积减少0.30万km^2，减幅1.68%。

（8）青藏高原区。包括西藏、青海、甘肃、四川和云南5省（自治区）共144个县（市、区），分布有祁连山、唐古拉山、巴颜喀拉山、横断山脉、喜马拉雅山、柴达木盆地、羌塘高原、青海高原、藏南谷地，土地总面积约219万km^2。青藏高原区孕育了长江、黄河和西南诸河，高原湿地与湖泊众多，是我国西部重要的生态屏障，也是淡水资源和水电资源最为丰富的地区。其中，青海湖是我国最大的内陆湖和咸水湖，也是我国七大国际重要湿地之一，长江、黄河和澜沧江三江源头湿地广布，物种丰富。区内地广人稀，冰川退化，雪线上移，湿地萎缩，植被退化，水源涵养能力下降，自然生态系统保存较为完整但极其脆弱。青藏高原区水土流失面积30.72万km^2，占其土地总面积225.30万km^2的13.64%。其中，水力侵蚀面积12.11万km^2，风力侵蚀面积18.61万km^2。与2022年相比，水土流失面积减少0.21万km^2，减幅0.67%。

1.2.1.3 大江大河流域水土流失现状

大江大河流域包括长江、黄河、淮河、海河、珠江、松辽、太湖、西南诸河、东南诸河等流域。总体上，长江、黄河、淮河、海河、珠江、松花江、辽河、太湖、西南诸河及东南诸河流域水土流失总面积为106.87万km^2。其中，长江流域的水土流失面积最大，黄河流域水土流失面积次之，但流失面积占流域面积最大，占其土地总面积79.47万km^2的31.6%，是我国水土流失最严重的流域。各流域水土流失状况如下：

(1) 长江流域。2023年长江流域水土流失面积32.18万km^2，占土地总面积的17.97%，其中水力侵蚀、风力侵蚀面积分别为30.68万km^2、1.50万km^2，分别占水土流失面积的95.34%、4.66%。按侵蚀强度分，轻度、中度、强烈、极强烈、剧烈侵蚀面积分别为25.19万km^2、3.56万km^2、1.85万km^2、1.23万km^2、0.36万km^2，分别占水土流失面积的78.27%、11.06%、5.74%、3.81%、1.12%。

(2) 黄河流域。2023年黄河流域水土流失面积25.11万km^2，占土地总面积的31.60%，其中水力侵蚀、风力侵蚀面积分别为18.12万km^2、6.99万km^2，分别占水土流失面积的72.15%、27.85%。按侵蚀强度分，轻度、中度、强烈、极强烈、剧烈侵蚀面积分别为16.97万km^2、5.33万km^2、1.77万km^2、0.84万km^2、0.20万km^2，分别占水土流失面积的67.57%、21.23%、7.04%、3.35%、0.81%。

(3) 淮河流域。2023年淮河流域水土流失面积1.93万km^2，占土地总面积的7.15%，其中水力侵蚀、风力侵蚀面积分别为1.79万km^2、0.14万km^2，分别占水土流失面积的92.86%、7.14%。按侵蚀强度分，轻度、中度、强烈、极强烈、剧烈侵蚀面积分别为1.83万km^2、0.07万km^2、0.02万km^2、58.35km^2、17.32km^2，分别占水土流失面积的95.05%、3.61%、0.95%、0.30%、0.09%。

(4) 海河流域。2023年海河流域水土流失面积6.27万km^2，占土地总面积的19.50%，其中水力侵蚀、风力侵蚀面积分别为5.75万km^2、0.52万km^2，分别占水土流失面积的91.74%、8.26%。按侵蚀强度分，轻度、中度、强烈、极强烈、剧烈侵蚀面积分别为5.98万km^2、0.18万km^2、0.08万km^2、0.02万km^2、32.75km^2，分别占水土流失面积的95.42%、2.90%、1.34%、0.29%、0.05%。

(5) 珠江流域。2023年珠江流域水土流失面积7.64万km^2，占土地总面积的17.30%，均为水力侵蚀。按侵蚀强度分，轻度、中度、强烈、极强烈、剧烈侵蚀面积分别为5.57万km^2、1.11万km^2、0.51万km^2、0.30万km^2、0.15万km^2，分别占水土流失面积的72.94%、14.51%、6.68%、3.98%、1.89%。

(6) 松辽流域。2023年松辽流域水土流失面积25.85万km^2，占土地总面积的20.79%，其中水力侵蚀、风力侵蚀面积分别为16.99万km^2、8.86万km^2，分别占水土流失面积的65.73%、34.27%。按侵蚀强度分，轻度、中度、强烈、极强烈、剧烈侵蚀面积分别为20.53万km^2、3.39万km^2、1.06万km^2、0.56万km^2、0.31万km^2，分别占水土流失面积的79.41%、13.12%、4.12%、2.16%、1.19%。

(7) 太湖流域。2023年太湖流域水土流失面积0.08万km^2，占土地总面积的2.07%，均为水力侵蚀。按侵蚀强度分，轻度、中度、强烈、极强烈、剧烈侵蚀面积分别为0.07万km^2、69.65km^2、24.46km^2、3.29km^2、0.50km^2，分别占水土流失面积的

87.24%、9.07%、3.19%、0.43%、0.07%。

(8) 西南诸河流域。2023年西南诸河流域水土流失面积12.06万km^2，占土地总面积的14.22%，其中水力侵蚀、风力侵蚀面积分别为10.55万km^2、1.51万km^2，分别占水土流失面积的87.49%、12.51%。按侵蚀强度分，轻度、中度、强烈、极强烈、剧烈侵蚀面积分别为8.31万km^2、1.64万km^2、1.10万km^2、0.58万km^2、0.43万km^2，分别占水土流失面积的68.88%、13.57%、9.14%、4.82%、3.59%。

(9) 东南诸河流域。2023年东南诸河流域水土流失面积1.57万km^2，占土地总面积的7.58%，均为水力侵蚀。按侵蚀强度分，轻度、中度、强烈、极强烈、剧烈侵蚀面积分别为1.35万km^2、0.16万km^2、0.05万km^2、0.01万km^2、23.80km^2，分别占水土流失面积的85.71%、10.03%、3.23%、0.88%、0.15%。

1.2.1.4 重大国家战略区域水土流失现状

重大国家战略区域包括京津冀协同发展规划区、长江经济带发展规划区、粤港澳大湾区发展规划区、长江三角洲区域一体化发展规划区，以及黄河流域生态保护和高质量发展规划区。

从重大国家战略区域水土流失状况来看，黄河流域生态保护和高质量发展规划区水土流失面积最大，共43.78万km^2，占其土地总面积133.41万km^2的32.82%。其中，水力侵蚀面积22.61万km^2，风力侵蚀面积21.17万km^2。按侵蚀强度分，轻度、中度、强烈及以上强度侵蚀面积分别为30.81万km^2、7.48万km^2、5.49万km^2，占水土流失面积的70.37%、17.09%、12.54%。其次为长江经济带发展规划区，共37.11万km^2，占其土地总面积206.08万km^2的18.01%。其中，水力侵蚀面积36.77万km^2，风力侵蚀面积0.34万km^2。按侵蚀强度分，轻度、中度、强烈及以上强度侵蚀面积分别为28.06万km^2、4.41万km^2、4.64万km^2，占水土流失面积的75.62%、11.88%、12.50%。京津冀协同发展规划区，水土流失面积4.07万km^2，占其土地总面积21.55万km^2的18.90%；粤港澳大湾区发展规划区，水土流失面积0.46万km^2，占其土地总面积5.50万km^2的8.32%，全部为水力侵蚀。长江三角洲区域一体化发展规划区，水土流失面积2.08万km^2，占其土地总面积35.20万km^2的5.91%，全部为水力侵蚀。

1.2.1.5 生产建设项目水土流失状况

据水利部发布的《中国水土保持公报（2023年）》，2023年，全国共审批生产建设项目水土保持方案9.60万个，涉及水土流失防治责任范围3.98万km^2。其中，水利部审批74个，涉及水土流失防治责任范围0.03万km^2；各省（自治区、直辖市）审批9.59万个，涉及水土流失防治责任范围3.95万km^2。

根据水利部组织开展的水土保持遥感监管统计，2023年通过卫星遥感解译和地方现场核查，各地共认定并查处“未批先建”“未批先弃”“超出防治责任范围”等违法违规项目和活动1.33万个。

水利部组织七个流域管理机构对364个水利部批准的在建的水土保持方案生产建设项目开展了监督检查，地方各级水行政主管部门采取现场检查、遥感监管、“互联网＋监管”等多种方式，对14.95万个生产建设项目开展了水土保持监督检查，对存在问题的3.39万个生产建设项目下达了整改意见。

1.2.2 我国水土流失的特点

由于特殊的自然地理和社会经济条件，我国的水土流失具有以下特点：

(1) 面积大，范围广。全国水土流失总面积 262.76 万 km^2，占我国陆地面积的 27.44%。水土流失不仅广泛发生在农村，而且发生在城镇和工矿区，几乎每个流域、每个省份都有。从区域分布来看，西部地区（重庆、四川、贵州、云南、西藏、陕西、甘肃、青海、宁夏、新疆、内蒙古、广西等）的水土流失面积最大，水土流失面积占全国的 83.1%；中部地区（山西、河南、安徽、江西、湖北、湖南等）次之，水土流失面积占全国的 14.3%；东部地区（北京、天津、河北、上海、江苏、浙江、福建、山东、广东、海南等）相对较少，水土流失面积占全国的 2.6%。

(2) 强度大，侵蚀重，类型复杂。我国年均土壤侵蚀总量约占全球土壤侵蚀总量的 1/5。在不同的地区，水土流失的严重程度和类型也有所不同，包括水力侵蚀、风力侵蚀和冻融侵蚀等多种类型。西北黄土高原区、东北黑土区、南方红壤区、北方土石山区、南方石质山区以水力侵蚀为主，伴随有大量的重力侵蚀；青藏高原以冻融侵蚀为主；西部干旱地区、风沙区和草原区风蚀非常严重；西北半干旱农牧交错带则是风蚀水蚀共同作用区。

(3) 成因复杂，区域差异明显。我国幅员辽阔，不同区域水土流失状况差异较大。东北黑土区、长江上游及西南诸河区、西北风沙区、南方红壤区和北方土石山区是我国水土流失的重点区域，其自然和经济社会发展状况差异较大，水土流失的主要成因、产生的危害、治理的重点各有不同。例如东北黑土区由于大面积开发垦殖，导致黑土层流失和水土流失中形成的侵蚀沟，并且各种类型的侵蚀交互作用特别是水力侵蚀与冻融侵蚀的交互作用，进一步加剧东北黑土区的水土流失；长江上游及西南诸河区耕地侵蚀强烈，泥石流、滑坡量大面广；西北风沙区则是中国水土流失最严重的地区之一。

(4) 人为因素加剧。人为活动是导致水土流失加剧的重要原因之一。地面坡度大、土地利用不当、地面植被遭破坏、耕作技术不合理、滥伐森林、过度放牧等行为都会加速水土流失。随着我国工业化和城市化进程的加快，大量基础设施建设项目破坏原始地貌和植被，产生大量弃土、弃渣，导致水土流失加剧。

(5) 水土流失主要来源于坡耕地。我国水土流失量主要来自坡耕地水力侵蚀和沟道重力侵蚀，并由此导致水土资源破坏，降低土地生产力。坡耕地通常位于有一定坡度的山坡上，这种地形使得土壤容易受到重力和水力的双重作用，易于发生侵蚀。在降雨过程中，特别是大雨或暴雨时，坡面上的水流速度加快，冲刷力增强，导致土壤颗粒被冲刷下来，形成水土流失。由于坡耕地通常用于耕作，植被覆盖较少，土壤裸露在外，缺乏保护，这增加了土壤被雨水冲刷的风险。另外，不合理的耕作方式，如过度耕作、顺坡耕作等，会破坏土壤结构，降低土壤抗侵蚀能力，进一步加剧水土流失。

(6) 土壤流失严重。我国每年土壤流失总量超过 50 亿 t，其中长江流域最多，黄河流域次之。根据联合国粮农组织的估计，全球每年土壤流失量约为 240 亿 t，我国每年土壤流失量占全球土壤流失量的 20.83%，土壤流失十分严重。

1.3 水土流失综合治理

1.3.1 水土流失治理必要性

党的十九大对我国水土保持治理提出新的要求与挑战，目标是至 2035 年基本实现美丽中国，至 2050 年生态文明全面提升。党的二十大报告在第十部分提出“推动绿色发展，促进人与自然和谐共生”。中共中央办公厅、国务院办公厅印发《关于加强新时代水土保持工作的意见》，明确要求加快推进水土流失重点治理等任务。2024 年全国水利工作会议上提出，全国水土保持工作要紧紧围绕美丽城市建设、全面推进乡村振兴的战略部署，在健全水土保持体制机制、构建“大水保”工作格局上下功夫，坚持系统观念，强化组织协调，加强水土流失预防保护，加快推进水土流失重点治理，依法严格人为水土流失监管，提升水土保持管理能力和水平。

2024 年是实现“十四五”规划目标任务和《关于推进水土保持高质量发展的若干措施》贯彻落实的关键之年。水土流失综合治理是实施山水林田湖草沙一体化保护和修复的重要途径，是生态文明的必然要求。水土流失综合治理是一个综合性的、系统性的工程，包括了对水土流失区域的地形、地貌、土壤、植被、气候等自然因素以及人类活动等因素的全面分析，按照水土流失规律和社会经济发展需要，调整土地利用结构，合理配置水土保持工程措施、植被措施和耕作措施，旨在通过一系列科学规划、合理布局和有效实施的措施，来减少和控制水土流失现象，保护和改善生态环境，促进经济和社会的可持续发展。不仅直接关系土地资源的可持续利用，还深刻影响着生态系统的平衡与稳定，对人类社会经济的长远发展具有重要的意义。

水土流失综合治理是水土保持工作的重要组成部分，我国多地将水土流失综合治理工作作为贯彻习近平生态文明思想的重要内容统筹推进。多年来，全面践行绿色发展理念，以加强水土流失预防保护。一方面，划定水土保持重点区域，各级水利部门按照职责分工，组织精干力量，应用信息化手段，开展水土流失重点预防区、重点治理区和禁垦陡坡地范围等重点区域划定工作，并落实到图斑上；另一方面，通过政策、管理、机制、责任等措施协同，加大重点区域预防保护力度，发挥好水土保持协调机制作用，协同推进国家重点生态功能区、生态保护红线、自然保护地等区域一体化保护和修复，严控人为不合理扰动，充分依靠生态自我修复能力加快水土流失防治。坚持目标导向，通过实施小流域综合治理、坡耕地综合治理等一系列水土保持工程，全方位推进水土保持生态环境建设，控增量、减存量、防变量，水土流失面积和强度双降低效果显著。

进入新时期，水土流失综合治理必须完整、准确、全面贯彻新发展理念。以高质量发展的视角，深入分析全国水土保持治理工作存在的短板问题，以满足人民日益增长的优美生态环境需要为目标，从“助力新时期社会经济建设”“契合新时期生态文明建设”“改善农业生产条件及推动农村发展”“促进江河治理减轻山洪灾害”“保护水源地及保障饮用水安全”等五个方面出发，结合“十四五”实施方案确定的目标和任务，提出科学推进新时期水土流失综合治理的思路举措。

1.3.1.1 新时期社会经济建设

“十四五”时期，我国经济社会发展取得历史性成就，为步入现代化和实现高质量发展奠定了坚实基础。在新时期内，为应对社会经济建设发展，水土流失综合治理的主攻方向应集中在以下几个方面：

(1) 随着社会经济发展与城市建设的推进，城市建设项目、占地增加，需加大城镇水土流失治理，加强生产建设项目的信息化监管。

(2) 大力开展国土综合整治，对丘陵、山区重要水土保持生态区、脆弱区实行封山育林，加大已有林地的抚育力度，严禁不合理地开垦、乱砍滥伐等现象，对景区周边生产建设项目严加监管，加强对已有项目的监测与验收。

(3) 大力开展生态小流域建设，结合小流域特点，建设生态田园，修建水利配套设施，推动特色农业开发，充分挖掘潜在旅游价值。

(4) 加大水土流失综合治理重点工程的资金投入，需引进公司、种植大户及民间资本，提高综合治理效果。

1.3.1.2 新时期生态文明建设

水土流失综合治理是促进生态系统良性循环和维护生态安全的重要一环。为此，水土流失综合治理工作应围绕生态战略行动制定相应的实施策略，主要体现在以下几个方面：

(1) 优化水土保持分区布局，设立重点治理及预防区域。立足全国水土流失现状，构建区域生态安全格局，塑造山清水秀的生态空间，科学优化全国水土流失重点治理区和预防区。对于重点治理区，积极开展小流域综合治理、大力营造水土保持林和水源涵养林、恢复和扩大林草植被、推进低效林改造和退化天然林修复，实施封山育林和退耕还林，提高植被覆盖率，合理布局防护林和经济林。对于重点预防区，强化对河流、水库水源地和风景区林草植被的保护和服务，提高森林植被土壤保持、涵养水源和生态景观功能，同时加大坡耕地治理力度，结合林果产业和旅游产业发展建设重点预防生态型小流域，着力打造生态景观型、生态清洁型小流域。

(2) 增加植被盖度，改良土壤，增强水源涵养能力。通过构建生态环境绿色屏障，加快推进重要河流两岸、城镇周边、园区景区周围、重点村寨的绿化美化，推进国家储备林项目建设，加强后期管护，建设生态防护林体系。实施重点生态区域人工商品林赎买、低产低效林及退化防护林改造、重点区域绿化，水土流失治理、湿地资源保护管理、通道绿化等生态建设和生态修复工程，积极推进水源涵养林、水土保持林的营造和改造，不断提高森林覆盖率。加快实施水土流失和裸露山体治理工程，加强流域水保林建设。

(3) 加强综合防治，推进生态保护治理。全国范围内坡耕地规模大、分布广，部分区域水土保持措施缺乏，水土流失情况严重。区域水土流失工作应以小流域为单元，围绕坡耕地综合治理，辅以植被保护与补植为主要治理思路。通过推进及强化坡改阶工程，实施坡耕地改造，修筑标准水平阶，提高土壤蓄水保肥的能力；同时建设配套灌溉措施及小型蓄排水工程，提高降水及径流的利用率，提高农业生产用水来源的问题；对现有林草地进行保护，对残疏林改造和补植造林，实施提质增效措施，提高植被土壤保持和水源涵养能力。

1.3.1.3 改善农业生产条件及推动农村发展

农业是国民经济的基础，事关国家粮食安全和经济安全。我国分布有大量的开发坡地，开发经营较为粗放，顺坡耕作、陡坡开垦等不合理的开发方式较为普遍，水土流失较为严重，在西南岩溶区也引起了一定程度的石漠化。坡地耕土普遍较薄，一旦流失，不仅蚕食了有限的土地资源，还将大幅度降低土地承载能力，直接危害农业生产和农村经济发展。因此，新时期在优化特色农业产业结构、增强粮食等重要农产品安全保障能力、提升农业生产能力上提出了新的要求。为全面响应农业现代化及改善农业生产条件的重要号召，水土流失综合治理工作应重点集中在以下几个方面：

（1）实施耕地水土流失综合治理，提高土地生产力。一是以小流域为单元，开展全面治理，对25°以下的坡耕地实施坡改梯工程，增设坡面蓄排水工程，规整农田格局。二是对坡度平缓的耕地实施高标准农田建设，对坡度平缓、土层较厚、蓄水保土能力较强的耕地实施高标准农田建设，加强农业基础设施建设，提高农用地产出水平。三是整理中低产田，合理开垦宜耕农用地后备资源。通过对中低产田实施土地整治，采用土地平整、坡耕地改梯田、修建水利配套设施，增加林地、园地面积等方式，提高中低产田的利用率；同时对25°以上耕地实施退耕还林，合理开垦宜农用地后备资源，提高土地利用率。

（2）实施园林农业生产提质增效，改善农业基础条件。实施园林地的水土保持提质增效，能改善农业基础条件，促进农业生产和粮食增产，增加农民收入，是推动农村经济发展的重要手段。通过实施小流域综合治理，开发实施经果林、水保林、特色中草药种植基地、配套小型蓄排引水设施，调整小流域内的农业结构，扩大园林面积。栽植经果林、水保林，开发特色中草药种植基地等措施，可有效改变农村农业产业结构，发展生态旅游。园林农业不仅可以提高土地的生产力，还可以改善农业生产环境，促进农业的可持续发展。种植经果林和水保林有助于保持土壤湿润，减少水土流失，提高土地的保肥保水能力，为农作物的生长提供更好的土壤环境。同时，特色中草药种植基地的开发可以丰富当地的农业产业结构，提升农产品附加值，带动农民增收致富。园林农业生产的提质增效不仅有利于改善农业基础条件，提升农业生产水平，还有助于促进农村经济的多元化发展，推动农村产业结构的优化升级，为农村经济的可持续发展注入新的活力。

（3）江河治理与防洪安全。新时期治水要与治山、治林、治田、治湖、治草、治沙统筹考虑，在传承并完善以小流域为单元的综合治理经验的基础上，进行水土流失综合治理，以强化对生态文明、绿色发展、乡村振兴等国家战略的支撑。

水土流失是江河湖库泥沙淤积和山洪灾害的重要根源，在降水丰沛、山高坡陡的地区，因地形的作用，在自然作用力和雨水冲刷下泥沙易下泄进入河道。水土流失不仅降低流域上中游地区水源涵养、径流调节和缓洪滞洪能力，而且增加了河流和水库泥沙，降低了河道行洪能力、水库寿命和调蓄能力，加剧了山洪泥石流灾害。目前，我国主要河流仍然有部分河段缺乏防洪设施或仍需继续疏浚，部分农村河道和山洪沟亟须治理。

应着力于江河防洪体系建设，通过大力实施水利枢纽工程和河道治理、水库除险加固等水利工程建设，显著提高江河防御洪水的能力。通过实施以小流域为单元的综合治理，采取坝、塘、库、沟、池等拦蓄措施，梯田、分带轮作和等高种植等坡面治理措施，种植水土保持林和水源涵养林、种草等植物措施，形成层层设防、节节拦蓄的防护体系，能够有效改变下垫面条件，直接或间接地起到拦蓄地表径流、削减洪峰流量、增加枯水径流、调节径流过程的作用，有效地减少下游河道、湖泊、水库淤积，提高防洪能力。

(4) 水源保护与改善人居环境。不合理的坡地开发和开矿、采石等人为活动造成的水土流失是造成江河源头水源涵养能力下降的根源。我国河流众多，一旦江河产流和径流调节能力下降，将影响水源稳定与供水安全。其次，多余的化肥、农药、地膜以及处置不当的生活垃圾，会通过水土流失的形式对江河源头水源地产生严重的面源污染，严重影响水源地供水安全。在江河源头采取封育保护和水土流失治理措施，同时在饮用水水源地采取生态治理模式，实施生态清洁型小流域建设，有效控制入库泥沙和面源污染，是促进水源涵养、保障饮水安全的治本之策。

水土流失综合治理重点强化水源涵养、水土保持功能，应加强山区的预防保护，建设生态清洁型小流域，结合乡镇河流整治、沟道治理等工程开展河湖两岸植被保护带建设。主要体现如下：一是建设生态清洁型小流域，增强土壤和植被对降水的拦截、入渗、涵蓄能力，调节地表径流与地下径流转换，发挥土壤及地面组成物质的缓冲和净化作用，改善水源地水质。同时，可以延缓地表产流过程，抑制洪水发生频率和强度，提高水资源利用效率。二是提高饮用水水源地水土保持重点工作项目进驻门槛，严格水土保持方案审批，加强监管执法，防止破坏水土保持的违法行为。三是加强生态工程建设，提高水质维护能力。

1.3.2 水土流失治理手段

水土流失治理措施是为了防治水土流失、保护、改良与合理利用水土资源、改善生态环境所采取的一系列技术和管理措施。这些措施可以分为工程措施、生物措施和耕作措施三大类。

1.3.2.1 工程措施

水土保持工程措施是指为防治水土流失，保护、改良与合理利用水土资源，维护和提高土地生产力，以利于充分发挥水土资源的经济效益和社会效益所采取的工程性措施的总称。这些措施旨在改变一定范围内（有限尺度）的小地形，通过拦蓄地表径流、增加土壤降雨入渗等方式，改善农业生产条件，充分利用光、温、水土资源，建立良性生态环境，减少或防止土壤侵蚀，合理开发、利用水土资源。根据修建目的及其应用条件，水土保持工程措施一般可分为坡面治理工程、沟道治理工程、小型水利工程、山地灾害治理工程等。

1. 坡面治理工程

坡面治理工程旨在通过一系列措施调控坡面径流，使其就地拦蓄、就地利用，从而保护坡面水土资源，减少水土流失，保障人们的生产、生活安全。坡面治理工程主要有梯田工程、护坡与固坡工程、山坡截流沟、水平沟、山边沟等。

(1) 梯田工程。梯田工程是一种在山坡或丘陵地形上开挖并修筑条状阶台式或波浪式断面的田地，旨在有利于灌溉和水土保持。梯田主要分为以下四种类型：

1) 水平梯田：田面水平、田埂平整，采用半挖半填方式修成。水平梯田蓄水、保土能力较大，能够控制水土流失，便于灌溉和精耕细作，适合种植水稻、大田作物、果树等。

2) 坡式梯田：田面纵向、有一定坡度的梯田，一般顺坡向每隔一定间距后沿等高线方向修筑。坡式梯田只能种植旱作作物或果树，而且必须采用等高耕作法进行耕种。

3）反坡梯田：田面与山坡方向相反的梯田，一般外高内低，向内侧微微倾斜，坡度很小。反坡梯田具有较强的蓄水、保水和保肥能力，但需要的劳动力多，适合栽植旱作作物与果树。

4）隔坡梯田：上下相邻两个水平梯田之间保留一定宽度的原山坡地，这个坡地可以作为下一级水平梯田的集水区。

梯田施工主要包括测量定线、表土处理、埂坎修筑、田面平整、田面耕翻等工序。施工形式主要采用机械推平、人工筑埂的方式，在不适宜机械修筑的土石山区则采用人工修筑的形式。梯田工程能有效改变地形、拦蓄雨水、减少径流、改良土壤、增加土壤水分，从而显著减少水土流失。梯田工程通过改变地表坡度，提高土壤的水源涵养能力，为农作物生长创造良好的生态环境，有利于农业生产的提高。通过梯田工程建设，能够提高粮食产量，促进生产力的发展，从而实现经济增收。

（2）护坡与固坡工程。护坡与固坡工程是两种旨在保护斜坡、岩体和土体的稳定，防止其因自然或人为因素导致的滑坡、崩塌等地质灾害的不同工程措施。

1）护坡工程。护坡工程是指在山体或河道等的不稳定斜坡、岩体、土体所采取的防护性工程措施，以保护其不被水流冲刷和风吹雨淋而导致的损毁。护坡工程的主要目的是通过加固和保护地面上的土壤，有效地减轻或防止土壤侵蚀、土石流等地质灾害的发生。护坡工程主要包括石方护坡、混凝土护坡、草皮护坡及挡墙护坡等多种形式。在工程实践中，一般采用综合护坡工程，尽可能同时满足植被恢复和重建条件。

石方护坡是一种护坡工程中的具体措施，它主要利用石块、石板或石料等石质材料来覆盖、加固或防护坡面，以达到保护坡体、防止侵蚀和滑坡的目的。石方护坡通常适用于坡度较陡、冲刷较为严重的坡面，以及需要较高耐久性和稳定性的区域。石质材料具有较高的强度、稳定性和耐久性，能够有效地抵抗水流冲刷、风化侵蚀和重力作用等自然力的破坏。石方护坡的具体形式可以根据实际情况进行设计，常见的包括干砌石护坡、浆砌石护坡、石笼护坡等。其中，干砌石护坡是将石块直接堆砌在坡面上，石块之间通过相互嵌锁和摩擦来保持稳定；浆砌石护坡则是在石块之间填充砂浆或混凝土，以提高整体的稳定性和强度；石笼护坡则是利用金属网或铁丝网将石块编织成笼状结构，然后放置在坡面上进行防护。石方护坡不仅具有防护作用，还能够美化环境、提高景观效果。同时，由于石质材料的可再生性较低，使用石方护坡时需要合理规划和利用资源，确保工程的经济性和可持续性。

混凝土护坡是将水泥、沙子和碎石混合后浇注在山体、河道等坡面上，形成一层坚固的混凝土护坡体，以保护坡面不被侵蚀和破坏。混凝土护坡采用钢筋混凝土结构，具有较好的承重能力，能够有效地支撑土方的重量，防止土方滑坡和坍塌。混凝土护坡表面光滑，具有很好的防水性能，并能够排水，防止雨水冲刷，保持路面平整。混凝土护坡的材料品质高，经过设计和浇筑加固后，寿命长，不易受到环境和气候的影响，维护成本低。混凝土护坡适用于各种坡度较陡、冲刷较为严重的坡面，如河道、水库、公路等，特别是在风速高、吹程长的护坡地段，混凝土护坡能够发挥较好的抗风浪能力和防洪能力。

草皮护坡是一种通过种植草皮，利用草皮的根系和地上部分的植物体来稳定土坡，防止土壤侵蚀和坡面塌方的护坡方法。草皮的根系能够将土壤牢固地锚定在坡面上，从而增强土坡的稳定性。草皮的植物体能够阻挡雨水的冲刷和风的侵袭，减少土壤流失。

挡墙护坡是在边坡上修建的一种防护结构，通过其本身的重量或结构强度来抵抗边坡的滑动，防止边坡的坍塌和滑坡，从而保证工程的安全和稳定。挡墙护坡根据其结构形式和材料的不同，可以分为多种类型，其中最常见的包括重力式挡墙和挖槽式护坡挡土墙。

此外，常用的护坡工程还有砌石护坡、抛石护坡、喷浆护坡、格状框条护坡等。

2）固坡工程。固坡工程是为防止斜坡、岩体和土体的运动，保证斜坡稳定而布设的坡体加固工程措施，其主要目的是通过加固斜坡体，防止其因自然或人为因素导致的滑坡、崩塌等地质灾害。固坡工程主要包括削坡开级和反压镇土、抗滑桩、排水工程、滑动带加固工程及植物固坡措施等。

削坡开级和反压镇土主要用于防止中小规模的土质滑坡和岩质斜坡崩塌。其中，削坡指削掉非稳定体的部分，减缓坡度，减小助滑力，从而保持坡体稳定。开级是指通过开挖边坡，修筑阶梯或平台，达到相对截短坡长，改变坡型、坡度、坡比，降低荷载重心，维持边坡稳定，目的是平整土地，改变坡面的形状和坡度，以增加稳定性，并减少滑动和侵蚀的风险。反压镇土是在滑坡体前面的阻滑部分堆土加载，以增加抗滑力。填土可筑成抗滑土堤，主要适用于推移式滑坡体，通过增加滑体前部的重量，以增大抗滑力，减少滑坡的风险。

抗滑桩是指通过埋设抗滑桩来抵抗坡体的下滑力，增加坡体的稳定性。适用于浅层和中厚层的滑坡，是一种抗滑处理的主要措施，其工作原理是凭借其插入滑动面以下的稳定地层，利用稳定地层的锚固作用和被动抗力来平衡滑坡体的推力，当滑坡体下滑时，受到抗滑桩的阻抗，使桩前滑体达到稳定状态。抗滑桩的类型多样，根据工程需要和地质条件，可以选择木桩、钢桩、混凝土桩或钢筋混凝土桩等。

排水工程通过建设排水系统，减少地下水和地表水对坡体的影响，防止因水分过多导致的坡体失稳。排水工程包括地表水排水工程和地下水排水工程。地表水排水工程既可拦截斜坡以外的地表水，又可防止斜坡上地表水的大量渗入，将斜坡内地表水尽快汇集排走。地表水排水工程又分为防渗工程和水沟工程，修建防渗工程的目的是防止雨水、泉水和池水的渗透，防渗工程包括整平夯实和铺盖阻水两种类型；水沟工程包括截水沟和排水沟，地下水排水工程用以排除和截断地表以下的渗透水流，主要包括渗沟、暗沟、排水孔、排水洞或截水墙等。

滑动带加固工程针对坡体中的滑动带进行加固处理，增加坡体的抗滑能力。滑动带加固方法有注浆加固法、旋喷注浆与钢花管注浆和格构锚固工法等。

植物固坡措施通过在坡面上种植植被，利用植被的根系固定土壤，提高坡体的稳定性。

（3）坡面沟渠工程。坡面沟渠工程，也称为坡面集水保水工程，是指在坡面上设置的用于拦截和排除地表径流的沟渠系统。通过截流、引流和排水等手段，减少水流对坡面的冲刷，达到保护坡面植被、防止水土流失和滑坡等地质灾害的目的，主要包括以下类型：

1）截流沟。截流沟是在斜坡上每隔一定距离，在平行等高线或近平行等高线上修筑的排水沟，沟底具有一定坡度，用于将坡面上部的径流导引至天然沟道。截流沟的断面形式一般均为梯形，这种形状有助于稳定水流，减少冲刷。当截流沟通过突变地形（如陡坡等）时，需要设置适当的衔接建筑物（如跌水等）以消减径流势能，防止冲毁水保设施和地形。

2）水平沟。水平沟是在坡面上沿等高线方向修建的沟壑，其走向与等高线平行或基本平行。水平沟的沟底一般低于坡面，形成一个浅沟或浅槽，用于拦截和分散坡面径流。水平沟的深度、底部宽度、蓄水深以及边坡等尺寸根据坡度、土层厚度、降雨量等确定，一般情况下，沟距3～5m，沟口宽0.7～1m，沟深0.5～1m。为防止山洪过大冲坏地埂，每隔5～10m设置泄洪口，使超量地表径流导入排水沟。

3）山边沟。山边沟是在原坡面上每隔适当距离，沿等高线方向修建的一种特殊结构。多配合等高耕作，地面种植覆盖型作物或草类、地面残茬覆盖或工程排水系统等实施，可取得更好的保持水土效果。

2. 沟道治理工程

沟道治理工程指为了固定沟床、防止或减轻山洪及泥石流危害，在沟道中修筑的一系列水土保持工程措施，旨在控制沟头前进、沟床下切和沟岸扩张，减缓沟床纵坡，调节山洪流量，减少泥石流中的固体物质含量，确保山洪安全排出，避免对沟口冲积扇造成灾害。沟道治理工程是流域水土流失综合治理的关键工程，包括沟头防护工程、谷坊工程、拦沙坝及淤地坝工程和沟岸防护工程等。

（1）沟头防护工程。沟头防护工程主要用于防止沟头前进、保护沟道不被雨水沟壑切割破坏。在坡度较大、降水较多的坡面上，由于暴雨径流冲刷，沟头会不断前进，侵蚀沟床和沟岸，导致沟道不断加深和拓宽，对农田、村庄等造成严重的危害。沟头防护工程的主要目标是通过拦截、分散、引导或储存径流，减少径流对沟头的冲刷力，从而防止沟头前进和沟道侵蚀的加剧。根据地形、地貌、土壤和降雨等条件，沟头防护工程可以采用以下措施：

1）沟头跌水工程：在沟头上方修建跌水或小型水坝，将径流引入跌水池或水坝后的稳定渠道中，降低径流流速和冲刷力，减少沟头侵蚀。

2）沟头埂工程：在沟头边缘修建埂子，拦截径流，防止径流直接冲刷沟头。沟头埂可以用土、石等材料修建，高度和宽度根据地形和径流情况确定。

3）植物防护工程：在沟头及其上方种植适宜的植被，通过植物根系固结土壤、减少径流冲刷，以及植被冠层的截留和覆盖作用，达到保护沟头、防止侵蚀的目的。

4）拦蓄工程：在沟头上游或周边地区修建拦蓄工程，如塘坝、蓄水池等，拦截和储存径流，减少径流对沟头的冲刷。

5）导流工程：通过修建导流渠、排水沟等工程，将径流引导至远离沟头的安全区域，减轻径流对沟头的冲刷。

（2）谷坊工程。谷坊是在易受侵蚀的沟道中，为了固定沟床而修筑的以土、石为主要原料的横向挡拦建筑物，又称为防冲坝、沙土坝、闸山沟、垒坝阶等。谷坊高度一般为1～3m，具体根据地形、土壤和降雨等条件确定，但一般小于5m。修建谷坊的目的：通过固定沟床，防止沟底继续下切；拦蓄泥沙，抬高沟床，稳定坡脚，防止沟岸扩张；减缓沟道纵坡，减小山洪流速，并拦挡固体物质，减轻山洪、泥石流危害；使沟底川台化，为利用沟壑发展农、林业创造有利条件。谷坊的主要类型有土谷坊、干砌石谷坊、植物谷坊（如柳树或杨树枝条做材料的栅栏形式）、浆砌石谷坊、钢筋混凝土谷坊等。

土谷坊是指用土料在沟道上游段修筑的小土坝，高度一般小于 3m。按修筑土料及施工方法，土谷坊可分为均质土谷坊、黏土心墙（或斜墙）土谷坊、混凝土心墙土谷坊、塑料薄膜心墙土谷坊和尼龙袋心墙土谷坊等。

干砌石谷坊是指用块石干砌而成的沟道低坝。干砌石谷坊具有良好的透水性，不设泄水孔也能自动排走坝后积水，没有整体倾倒的危险，但干砌石谷坊所用石料较多，此外干砌块石在浮力作用下易被水冲动而脱落。如果砌体中的某一块石脱落，可能危及整个谷坊的安全，因此，施工时要将块石安放平稳，互相咬紧。干砌石谷坊的高度一般也不超过 3m。

植物谷坊，如柳谷坊，又称柳桩编篱谷坊，是在沟道上游段的沟底用活柳桩横向成排地栽入土中，用柳梢编织成篱，然后用土料堆填而成。柳谷坊宜修筑在支毛沟上部的土质沟床上，一般为单排式或多排式。

浆砌石谷坊是指以块石或青砖为原料，用灰浆作为黏结材料而修建的小型拦挡建筑物。浆砌石谷坊又分为全部浆砌和表面浆砌两类，适宜修建于土石山区有常流水的沟道区域。

混凝土谷坊是指在沟道上用混凝土修筑的小型拦挡建筑物，适宜于土石山区有常流水的沟道。混凝土谷坊抗冲力强，不易塌毁，可以溢流，但成本较高。

（3）拦沙坝及淤地坝工程。拦沙坝也称拦淤坝，是在沟道中以拦蓄山洪及泥石流中固体物质为主要目的的拦挡建筑物。拦沙坝通过拦蓄泥沙，防止其进入下游河道，减少河道淤积，保护农田、村庄等免受洪水和泥石流的侵害。拦沙坝的类型多样，按材料可分为土坝、石坝、土石混合坝等；按用途可分为重力坝及拱坝两大类型。拦沙坝的特点是具有拦蓄泥沙、拦洪排沙、稳定沟床等功能，能有效减轻下游的泥沙淤积和洪水灾害。

在建设拦沙坝工程时选址应选择沟道狭窄、库内平坦广阔的地形，以提高单位坝体拦蓄泥沙的库容。同时，要考虑地质条件和水文地质条件，确保坝基和山坡基础良好，不漏水。坝体建设包括地基处理、坝体构筑物建设和坝体护面等步骤。地基需要平整、坚实，坝体构筑物可以采用多种材料，如沙袋、岩石、木材等，坝体护面则用于增加坝体的抗冲刷能力和稳定性。溢洪道设计的目的是当坝内洪水位超过设计高度时，溢洪道会排出多余的洪水，以保证坝体的安全和坝地的正常生产。

淤地坝是指在水土流失地区的各级沟道中，以拦泥淤地为目的而修建的坝工建筑物，其主要目的是滞洪、拦泥、淤地、蓄水、建设农田、发展农业生产、减轻黄河泥沙等。淤地坝工程具有投资少、见效快、坝地利用时间长、效益高等特点。通过拦蓄泥沙、淤地造田，淤地坝能够改善农田的灌溉条件，增加土壤有机质含量，提高土壤肥力和土地生产能力。此外，淤地坝还能防止土壤侵蚀和水土流失，减少土地荒漠化程度，具有调节气候、调节水文的作用。

（4）沟岸防护工程。沟岸防护工程是防止因径流集中下泄冲淘引起的沟头前进、沟底下切和沟岸扩张，用于保护坡面、塬面不受侵蚀的水土保持工程措施。沟岸防护工程的主要类型有蓄水型沟头防护工程和泄水型沟头防护工程。

蓄水型沟头防护工程通过修筑拦水沟埂、涝池等工程措施，拦蓄径流，减少径流冲刷力，保护沟岸。而当沟头以上地形和土质不宜修筑蓄水式沟头防护工程时，可采用泄水工程将沟头上方来水直接宣泄入沟，减轻径流冲刷力。

沟岸防护工程能有效防止沟岸的冲刷和侵蚀，保持沟岸稳定；通过减少径流冲刷力，沟岸防护工程能有效减少水土流失，保护土地资源；沟岸防护工程结合造林种草等生物措施，能进一步改善生态环境，提高土地生产力。

3. 小型水利工程

小型水利工程主要指为拦蓄径流、排泄山坡以及提供灌溉和人畜用水水源的规模较小、投资规模较小的水利工程，主要包括截水沟、排水沟、蓄水池、山塘、涝池、水窖、饮水渠和灌溉渠以及引洪漫工程等。不同水利工程的功能如下：

（1）截水沟：用于拦截和减少山坡上方的来水，降低对下方地表的冲刷，从而起到保护土壤、减少水土流失的作用。

（2）排水沟：主要用于排泄山坡上的雨水或地下水，避免积水对土壤和农作物的损害，同时也有助于防止山体滑坡等地质灾害。

（3）蓄水池：可以储存雨水或山泉水，用于农业灌溉、生活用水或应急供水，蓄水池的建设有助于缓解水资源短缺的问题。

（4）山塘：类似于蓄水池，但通常规模更大，容量也更大，能够满足更大范围内的用水需求。山塘的建设需要考虑地形、水源和周边环境等因素。

（5）涝池：在易发生涝灾的地区建设，用于收集和储存多余的雨水，减轻下游的排水压力，同时也为周边地区提供灌溉和生活用水。

（6）水窖：一种地下储水设施，通常建设在干旱地区，用于储存雨水或山泉水，为当地居民提供生活用水和农业灌溉水源。

（7）引水渠和灌溉渠：这些渠道主要用于将水源输送到需要的地方，如农田、果园或村庄等。它们的建设有助于提高水资源的利用效率，促进农业生产的发展。

（8）引洪漫工程：在一些山区或丘陵地区，利用地形优势引导洪水漫过农田，既可以减少洪水对下游的威胁，又可以为农田提供灌溉水源，实现水资源的有效利用。

4. 山地灾害治理工程

山地灾害是指山地环境在演化过程中伴生的或人类不合理经济活动引发的，对人类生产和生活或对人类自身生存和发展具有不利影响的各种自然现象和人为事件的总称。山地地质灾害主要包括山体崩塌、滑坡、泥石流、地面塌陷、地裂缝、地质沉降等。这些灾害的发生与山地地形地势复杂、地质构造不稳定以及人类活动的影响密切相关。主要工程措施如下。

（1）崩塌灾害防治。崩塌是指山坡土（石）体在水力和重力作用下发生崩塌和遭受冲刷侵蚀的现象。灾害防治时主要采取以下措施：

1）拦挡：修筑遮挡建筑物或拦截建筑物，如落石平台、落石槽、拦石堤或拦石墙等。

2）支撑与坡面防护：对悬于上方、可能拉断坠落的危岩采用墩、柱、墙或其组合形式支撑加固。

3）锚固：利用预应力锚杆（索）对板状、柱状和倒锥状危岩体进行加固处理。

4）灌浆加固：固结灌浆增强岩石完整性和岩体强度。

5）削坡与清除：对危岩或滑坡体上部削坡减载，减轻上部荷载，增加稳定性。

（2）滑坡灾害防治：

1）排除地表水和地下水：修建排水系统，减少降雨和地下水对滑坡体的影响。

2）加固山体：采用钢筋混凝土桩、挡土墙等手段加固山体。

3）线路绕避：对于可能发生大规模滑坡的地段，采取线路绕避措施。

（3）泥石流灾害防治：

1）拦挡坝建设：在泥石流沟谷中修建拦挡坝，拦截泥石流固体物质。

2）排水系统建设：在泥石流形成区上游修建排水沟，降低泥石流发生的风险。

1.3.2.2 生物措施

水土保持生物措施，也称水土保持林草措施，是指在山地丘陵区通过植树造林、种草等方式，建立起兼顾水蚀、风蚀的综合防护体系，以达到控制水土流失、保护和改善生态环境的目的，是治理水土流失的主要措施。通过植树造林和种草等措施，能够显著增加植被覆盖，一方面，可以显著提高土壤的抗蚀性和持水能力，改善生态环境，减少水土流失；另一方面，可以改善土壤结构和肥力，提高土壤质量和土地生产潜力，增加农产品产量和质量，提高农民收入。此外，水土保持生物措施可以改善农村生产生活条件，促进农村经济发展，提高农民生活水平，具有广泛的社会效益。

1. 水土保持造林措施

水土保持造林措施是指在水土流失地区，通过人工或自然的方式，进行大规模的植树造林活动，以增加地表植被覆盖，防止水土流失，保护和改善生态环境。水土保持造林措施主要包括以下几种类型：

（1）天然林保护：对于已有的天然林，应加强保护，防止乱砍滥伐和过度放牧等行为，保持其生态功能的完整性。

（2）水土保持林建设：在易发生水土流失的地区，通过人工造林的方式，建设水土保持林，以控制水土流失，保护生态环境。

（3）农田防护林建设：在农田周边建设防护林，可以减少风害和沙尘暴对农作物的危害，同时也有助于保持土壤湿度和肥力。

（4）固沙造林：在沙漠化严重的地区，通过固沙造林的方式，种植耐旱、耐盐碱的树种，以固定沙丘，防止沙漠化扩展。

实施水土保持造林措施的应遵循以下步骤：

（1）区域划分与规划：根据当地的地形地貌、气候条件、土壤状况等因素，科学划分水土流失危险区、植被恢复区和重点保护区，制定详细的造林规划。

（2）树种选择与配置：根据当地的生态环境特点和土地条件，选择适宜的树种进行造林。同时，要注重树种的配置，合理布局，确保树木的成活率和生长速度。

（3）土地治理与准备：在造林前，需要对土地进行治理和准备，包括清除杂草、石头等杂物，进行地表平整和改良土壤等工作，为后续的植树造林做好准备。

（4）植树造林与养护管理：按照规划进行植树造林工作，同时加强养护管理，确保树木的成活率和生长质量，包括定期对树木进行浇水、施肥、修剪等工作，以及加强病虫害防治和森林防火等工作。

2. 水土保持种草技术

水土保持种草是指在水土流失地区，为蓄水保土、改良土壤、美化环境、促进畜牧业发展而进行的草本植物培育工作，主要包括播种、栽植和埋植三种主要方式。这项技术除了包括人工种草外，还涉及对已退化天然草地的改良，以增加地面植被覆盖，防止暴雨溅蚀和径流冲刷，并改善土壤的物理化学性质。

（1）播种是最常见的种草技术之一，它涉及选择适当的草种，并根据草种的特性和当地的气候条件来确定播种时间。在播种前，需要对种子进行预处理，如催芽、浸种等，以提高种子的发芽率和成活率。播种可以通过多种方式进行，包括撒播、条播、穴播等。

（2）栽植是指使用已经长成的草苗进行种植。这种方法适用于那些难以通过播种直接生长的草种，或者需要快速覆盖地面的情况。栽植包括育苗和移栽共两个主要程序。育苗通常在一个集中的区域进行，这样可以更好地控制水分、养分和光照等条件，促进草苗的健康生长。移栽是将已经长成的草苗移植到目标区域的过程。在移栽时，需要注意保护草苗的根系，避免过多的伤害，以确保草苗在新的环境中能够顺利生长。

（3）埋植是指利用某些植物的地上茎或地下茎进行繁殖的方法。这种方法适用于那些具有强大根茎繁殖能力的草类，如芦苇、芭茅等。埋植可以通过将植物的茎段或根茎埋入土壤中的方式进行。在埋植时，需要注意保持适当的深度和间距，以促进新植株的生长和发育。埋植的优点是可以快速繁殖新的植株，同时减少对种子的依赖。此外，由于新植株是通过根茎繁殖的，通常具有更好的适应性和生长能力。

1.3.2.3 耕作措施

耕作措施是在有水土流失的农（坡）耕地中，凡是以保水、保土、保肥为主要目的，以改变地面微小地形，增加地面植被和粗糙率，就地拦蓄雨水，增强土壤入渗能力，从而达到保持水土，提高单产等所采用的耕作技术。这些措施对于防治水土流失、促进农业增产具有十分重要的作用。

根据措施的功能，水土保持耕作措施可分为以改变地表微小地形为主，包括“倒壕种植”“套犁沟播”“套犁换拢”“等高耕作”“等高带状间作”“沟垄种植”“垄作区田”“坑田种植”“中耕培土串堆”和“蓄水聚肥改土耕作法”等，以增加植被为主的措施，包括“轮作”“间作”“套作”与“混作”，以及改善土壤物理性状的措施，包括“深松耕”“少耕”“免耕”。

1. 以改变地表微小地形为主的措施

以改变地表微小地形为主的措施较多，以下就等高耕作、等高带状耕作以及倒壕种植做介绍。

（1）等高耕作。等高耕作也称横坡耕作，即在坡地上，沿等高线方向用犁开沟播种。利用犁沟、楼沟和锄沟阻滞径流，增强土壤拦蓄和入渗能力。等高耕作能够降低坡面径流，减少冲刷。横垄还能拦蓄降水，增强土壤水分和抗旱能力，有助于提升土地产量。

（2）等高带状耕作。等高带状耕作，也称“横坡带状耕作”，其做法是把坡地沿等高线方向分成若干带，间隔横向耕作（间隔一带耕一带），耕后保持沟垄，以节节阻滞径流。等高带状耕作可以增加地面覆盖，降低雨滴对地面的直接打击，减少水土流失，并改善土壤理化性质。

（3）倒壕种植。倒壕种植是在坡耕地上沿等高线方向耕犁，保持等高沟壑，将种子播在沟内，耕种时，取拢上的土培在作物植株基部，将沟变为垅，垅变成沟，作物苗期长在壕沟里，拔节后经换垄长在垄部。

（4）机耕道。机耕道是乡（镇）以下可通行机动车辆和农业机械的农村道路，包括乡村道路、村组道路和田间道路，其特点是路基宽度一般为 3.5～4.5m，行车道宽度为 2.5～3.5m，路肩宽度为 0.5m。机耕道为农业机械提供了通行道路，使农机具能够顺利进入田间地头进行作业，从而提高农业生产效率。机耕道的建设还可以减缓雨水对地面的冲刷，减少水土流失，保护土壤资源。通过合理布局和设计，机耕道还能够拦截地表径流，将其引导至蓄水设施中，以增加水资源的利用率。水土保持的机耕道建设有助于改善农田生态环境，提高土壤肥力和水分利用效率，从而推动农业可持续发展。

2. 以增加植被为主的措施

（1）轮作。轮作是指在同一块田地上，于一定的年限内，有顺序地轮换种植不同作物或同一作物的不同品种的种植方式。轮作的主要目的是充分利用土壤中的养分，改善土壤结构，减少病虫害的发生，提高作物的产量和质量。轮作的主要优点包括：

1）改善土壤养分：不同的作物对土壤中的养分吸收利用能力不同，通过轮作可以使土壤中的养分得到均衡利用，避免某种养分过度消耗而导致土壤贫瘠。

2）调节土壤酸碱度：不同的作物对土壤酸碱度的适应性不同，通过轮作可以调节土壤的酸碱度，使土壤 pH 值保持在一个适合作物生长的范围内。

3）减少病虫害：轮作可以打破病虫害的生存环境，减少病虫害的发生。例如，一些作物能够分泌对病虫害有害的物质，或者它们的根系分泌物能够抑制某些病虫害的生长。

4）提高土壤物理性状：轮作中的不同作物根系分布不同，有利于改善土壤的物理性状，如增加土壤孔隙度、提高土壤通气性和透水性等。

5）提高土地利用率：通过合理安排轮作作物，可以使土地得到充分利用，增加作物的种植次数和产量。

6）有利于机械化耕作：合理的轮作安排有利于机械化耕作的实施，提高农业生产效率。

在实施轮作时，需要考虑以下因素：

1）作物适应性：选择适应当地气候、土壤条件的作物进行轮作。

2）作物间的相互关系：注意作物间的相互关系，避免种植相互抑制的作物，如高粱和大豆不宜轮作。

3）作物轮作顺序：根据作物对养分的需求和土壤肥力的变化，合理安排作物轮作顺序。

4）耕作制度：轮作应结合当地的耕作制度进行，如与深松、深耕等耕作措施相结合，以提高土壤肥力和作物产量。

（2）间作。间作是一种在同一块土地上，同时或近似同时期内，分行或分带相间种植两种或两种以上作物的种植方式。这种种植方式可以充分利用空间和资源，提高土地的产出率和经济效益。间作的主要优点包括：

1）提高土地利用率：间作通过在同一块土地上种植多种作物，能够最大限度地利用土地资源，增加单位面积的作物产量。

2）提高光能利用率：通过合理安排作物间行距和种植时间，间作可以使不同作物在不同生长阶段充分利用光能，提高光能利用率。

3）促进养分吸收：不同作物对养分的吸收能力和需求不同，间作可以使作物间相互补充养分，提高土壤养分的利用率。

4）增加作物多样性：间作通过种植多种作物，增加了作物的多样性，有利于生态系统的稳定和可持续发展。

（3）套作。套作也被称为套种或串种，是一种在同一土地上，于前季作物生长后期的株行间播种或移栽后季作物的种植方式。这种种植方式可以充分利用空间和时间，提高土地的复种指数和产量。套作允许在相同土地上种植更多种类的作物，从而最大限度地利用土地资源，提高土地利用率。通过在不同生长季节的作物之间进行套作，可以延长作物的生长周期，提高作物的总产量。

（4）混作。混作是通过不同作物的恰当组合，在同一时间内共同种植在相同地块上同行（或同穴）混合种植两种或两种以上生长期相近的作物的一种农业耕作方式。

3. 改善土壤物理性状的措施

（1）深耕。深耕是通过使用农机具对土壤进行深度松翻的耕作方式，通常深度在20cm以上。深耕能打破犁底层，增加土壤深度，有利于作物根系深扎。同时疏松土壤，改善土壤通气性和透水性，促进土壤微生物活动。另外，通过翻埋肥料、残茬和病虫杂草，可以提高土壤肥力。深耕适用于土壤较紧实、耕作层浅薄、土壤肥力较低的地区。

（2）少耕。少耕是在常规耕作基础上尽量减少土壤耕作次数和耕作深度的耕作方式，其目的在于减少土壤结构破坏，保持土壤自然状态；降低能耗和耕作成本，保持土壤水分，减少水分蒸发和流失。

（3）免耕。免耕是指作物播种前不用犁、耙整理土地，直接在茬地上播种的耕作方式，又称零耕、直接播种。免耕能最大限度地减少土壤结构破坏，保持土壤自然状态，降低能耗和耕作成本，节省劳动力。然而实施免耕必须满足地表有覆盖物、应用化学除草剂、深厚的土层以及土壤不板结、有较高的有机质含量等条件。

1.3.3 水土流失综合治理模式

水土流失综合治理是生态环境建设的重要内容，是水土资源保护与利用的根本措施，是推进乡村振兴的重要基础，是提升生态系统质量和稳定性的有效手段。以小流域为单元实施水土流失综合治理，是我国在长期水土流失治理实践和科学研究中逐步形成的独具中国特色的水土流失防治形式。

新时期必须根据新发展阶段的要求、农村农业发展趋势，将水土流失治理向更大尺度转变，注重农田生态系统及耕地数量与质量提升；与百姓需求相结合，与农村河湖水系综合治理相结合，创新小流域综合治理类型和模式，注重清洁小流域的功能与建设水平，科学推进水土流失综合治理；大范围开展水土流失、石漠化综合治理，推动小流域水土流失综合治理提质增效；结合地方特色产业，因地制宜发展特色农业产业，发展生态旅游经济，促进水土保持工程充分发挥生态效益和经济效益。

1.3.3.1 生态景观型生态清洁小流域综合治理

在涉及重点的风景名胜游览区及其周边的预防区域，应以实施小流域水土保持预防保护为主，重点维护和提高小流域水源涵养的基础功能。水土保持结合风景名胜区和水源地保护工程建设，在封禁保护林草植被和建设水源涵养林的前提下，以土壤保育、径流拦蓄和综合利用为基础，发展特色林果种植、防治水源污染、促进生态旅游为主导，以构建水系景观和生态廊道为特色，打造具有旅游特色的生态景观型生态清洁小流域。

在江河源头保护区采取预防保护与管理措施，实施天然林保护、退耕还林、营造水源涵养林，以封育管护及配套补植、林相改造措施为主，加强山地丘陵水土流失敏感区的水土保持预防保护。生态景观型生态清洁小流域综合防治技术体系主要为：一是以林草植被封禁培育为手段，构建“土壤保持与水源涵养生态景观工程技术体系”；二是以生态高效林果产业为主导，构建“坡地特色林果、中药材产业与保土蓄水工程技术体系”；三是以河流、水库、堰坝为依托，构建“滨岸生态经济与亲水休闲游憩工程技术体系”，见表1-1。

表1-1 生态景观型生态清洁小流域综合防治模式及技术体系

防治模式	综合防治技术体系	
生态景观型小流域	土壤保持与水源涵养生态景观工程技术体系	在小流域上游林草植被地带：一是对分水岭（山坡上部与顶部）地段或大于25°的陡坡地段进行封禁治理、残疏林补植和幼林抚育，促进区域植被恢复和生态修复；二是对陡坡耕地、园地实施退耕还林和荒草坡地宜林地段植树造林，营造以毛竹、樟树、油茶树为主的乔灌木混交水土保持林，增加林草植被盖度和水土保持功能，提高土壤涵养水源、调蓄径流能力
	坡地特色林果、中药材产业与保土蓄水工程技术体系	在小流域中下游地带：一是在小于25°的山坡中部，进一步修筑水平梯田、水平阶等措施，发展特色水果或中药材种植基地，在河沟两侧重点发展特色水果经济林，在山坡中部重点发展中药材种植，建立与土壤保持-水源涵养功能相适应生态农林休闲、观光和采摘基地，促进旅游业发展，提高水土保持经济效益；在小于15°的山坡下部修建高标准水平梯田，种植农作物，稳定基本农田和提高经济效益；二是在坡面配套沉砂池、沟道修建谷坊和小型堰坝等拦蓄工程，拦蓄地表径流和泥沙，提高降水资源利用率和农田、经济（果）林灌溉保证率，增加产出率
	滨岸生态经济与亲水休闲游憩景观工程技术体系	在小流域沟道、河流两侧及水库周边等水文网系统内：一是修建以沟道、河流堰坝为主的径流多级拦蓄利用工程，打造水系景观生态廊道；二是依托河流、水库、堰坝等水域和滨岸，营建岸坡景观绿化植被带或特色水果经济带，形成以游憩、亲水、采摘为特色的休闲观光与生态经济廊道或斑块，增加生态景观资源，促进旅游产业发展

1.3.3.2 和谐宜居型生态清洁小流域综合治理

在涉及城市发展建设、乡镇农村集中聚集的预防区域，应以实施小流域水土保持综合治理为主，重点提高小流域维护人居环境的基础功能，同时结合旅游景观发展规划，对部分小流域重点维护和提高其水源涵养的基础功能。对以人居环境为主导功能的小流域（多在城镇和景区周边），主要结合水土保持工程和风景名胜区工程建设，以土壤保育、径流拦蓄和综合利用为基础，发展特色林果、中草药种植、防治水源污染、促进生态旅游，打造具有生态和人文特点的和谐宜居型生态清洁小流域。

在水源保护区应采取预防保护与管理措施，实施天然林保护、营造水源涵养林，并加强农产业改造，加强山地丘陵水土流失敏感区的水土保持预防保护。和谐宜居型生态清洁小流域综合防治技术体系主要为：一是以林草植被封禁培育为手段，构建“水源涵养与土壤保持生态防护工程技术体系”；二是以特色林果清洁生产为目的，构建“特色林果种植产业与面源污染控制工程技术体系”；三是以河库、堰坝、湿地为纽带，构建“河系水库岸坡保护与清水廊道工程技术体系”，见表 1－2。

表 1－2　和谐宜居型生态清洁小流域综合防治模式及技术体系

防治模式	综合防治技术体系	
和谐宜居型生态清洁小流域	水源涵养与土壤保持生态防护工程技术体系	在小流域上游林草植被地带：一是实行林地全面封禁治理，保障生态自我修复和林地植被的生态防护功能，加强疏林补植、幼林抚育和残次林改造，人工促进生态修复和提高植被防护功能；二是实施灌草地封禁保育，或在宜林地段实施人工造林，采用鱼鳞坑等整地方法，在山区营造以山桐子、香樟为主的乔灌木混交水土保持林，增加植被盖度，提高土壤涵养水源、调蓄径流能力
	特色林果种植产业与面源污染控制工程技术体系	在小流域中下游地带：一是在山坡耕地上进一步整修水平梯田和配套水系工程、保育土壤和调节径流的基础上，实施农业种植结构调整，营造经济林（果），发展特色种植产业，控制化肥、农药和除草剂的使用，防止面源污染和改善水质；二是在村庄、旅游景点等人群聚集区，加强对生活垃圾和生活污水等处理与污染控制，改善人居与旅游生态环境
	河系水库岸坡保护与清水廊道工程技术体系	在小流域沟道、河流两侧及水库周边等水文网系统内：一是以灌草植被为主营建沟岸、河岸和库岸植被保护缓冲带，发挥植被的滨岸保护和径流缓冲功能；二是修建以沟道、河道堰坝为主的径流多级拦蓄利用工程群系，培植水体洁净与绿化植物，构造河流水系生态廊道或小型湿地生态景观，促进旅游业发展

1.3.3.3　水源保护型生态清洁小流域综合治理

在涉及重要江河源头区及两岸、大中型水库及周边的预防区域，应以实施小流域水土保持预防保护为主，重点保护水源、改善水质和提高小流域水质维护的基础功能，同时结合生态修复发展规划，对部分小流域重点维护和提高小流域水源涵养的基础功能。水质维护为主导功能的小流域（多在江河源头及两岸）主要结合水土保持工程和生态农业工程建设，以生态修复、径流拦蓄和污染防治为基础，发展有机农业、防治水源污染、促进生态农业为主导，打造具有生态特点的水源保护型生态清洁小流域。

在水源保护区采取预防保护与管理措施，实施天然林保护、营造水源涵养林，并加强面源污染防治，推进生态农业和有机农业发展改造，加强山地丘陵水土流失敏感区的水土保持预防保护。水源保护型生态清洁小流域综合防治模式及技术体系主要为：一是以林草植被封禁培育为手段，构建“水源涵养与土壤保持生态防护工程技术体系”；二是以特色林果、生态农业生产为目的，构建“特色林果及生态有机农业产业与面源污染控制工程技术体系”；三是以河库、堰坝、湿地、岸坡为纽带，构建“河系水库岸坡水质改善与污染防治工程技术体系”，见表 1－3。

表1-3 水源保护型生态清洁小流域综合防治模式及技术体系

防治模式	综合防治技术体系	
水源保护型生态清洁小流域	水源涵养与土壤保持生态防护工程技术体系	在小流域上游林草植被地带：一是实行林地全面封禁治理，保障生态自我修复和林地植被的生态防护功能，加强疏林补植、幼林抚育和残次林改造，人工促进生态修复和提高植被防护功能；二是实施灌草地封禁保育，或在宜林地段实施人工造林，采用鱼鳞坑等整地方法，在山区营造以山桐子、香樟为主的乔灌木混交水土保持林，增加植被盖度，提高土壤涵养水源、调蓄径流能力
	特色林果及生态有机农业产业与面源污染控制工程技术体系	在小流域中下游地带：一是在山坡耕地上进一步整修水平梯田、梯地、梯坎等水土保持工程，在推广生态农业和有机农田发展的基础上，实施农业种植结构调整，营造以刺梨、茶叶、樱桃为主的经济林（果），控制化肥、农药和除草剂的使用，防止面源污染和改善水质；二是在村庄、乡镇等人群聚集区，推广农村污水治理，建设生活污水处理设施，减少农村生活污水乱排入河，加强农田面源污染防治，采取合理施肥、耕作方式；三是在农业集中区域建设小型水库、水塘，实施雨水集聚、渗漏灌溉等技术，减少径流冲刷，提高水资源利用效率
	河系水库岸坡水质改善与污染防治工程技术体系	在小流域沟道、河流两侧及水库周边等水文网系统内：一是以灌草植被为主营建河岸和库岸植被保护缓冲带，发挥植被的滨岸保护和径流缓冲功能，在岸坡表面进行护坡工程，包括石笼、混凝土护坡、植草护坡等，以增强岸坡的抗冲刷能力，减少岸坡的侵蚀和塌陷；二是修建以沟道 、河道堰坝为主的面源污染防治工程群系，在水库上游的河道中设置沉淀池和湿地，通过这些人工湿地的建设，可以有效地净化水质，减少污染物的输入

1.3.3.4 绿色产业型生态清洁小流域

在水土流失相对严重、人为活动相对频繁的区域，以实施小流域水土保持综合治理为主，以生态农业产业基地、水系、村庄和城镇周边为重点治理范围，重点加强山地丘陵和岗地地区小流域坡耕地、坡地果园、低效林、低标准坡式梯田、“四荒地”的改良和土壤保育，加快产业发展节水灌溉工程建设，整合河道综合整治、面源污染防治体系；注重小流域生态水源涵养功能，加强封禁保育和人工造林、保护与培植，实施山、水、田、林、路、村综合治理，形成生态经济型小流域水土保持综合防护体系，重点维护与提高小流域土壤保持-蓄水保水主导基础功能，实现水土资源可持续保护与利用，打造具有农林特色产业和良好生态环境、人居环境的绿色产业型生态清洁小流域。

在绿色产业区采取治理为主，预防与管理措施为辅的措施体系，实施天然林保护、营造水源涵养林，并加强农产业改造和面源污染控制，构建特色田园综合体。绿色产业型生态清洁小流域防治体系主要为：一是以林草植被封禁培育为手段，构建“水源涵养与土壤保持生态防护工程技术体系”；二是以发展生态农业生产力为目的，构建“生态农业产业建设与面源污染控制工程技术体系”；三是以河库、村庄、田园观光体为核心，构建“田园生态综合治理工程技术体系”，见表1-4。

1.3.3.5 生态经济型小流域

在封禁保育和人工造林、保护与培植林草植被、保育土壤、渗蓄水分的基础上，重点围绕丘陵坡耕地土壤保育和水分保持、水平梯田（坡耕地改梯田、整修低标准梯田）工程、水平阶工程（坡地果园改水平阶）和坡地、沟道径流拦蓄利用工程建设，发展农林特色产业和节水灌溉工程，建设生态经济型小流域。

表 1-4　　绿色产业型生态清洁小流域综合防治模式及技术体系

防治模式	综合防治技术体系	
绿色产业型生态清洁小流域	水源涵养与土壤保持生态防护工程技术体系	在小流域上游林草植被地带：一是实行林地全面封禁治理，保障生态自我修复和林地植被的生态防护功能，加强疏林补植、幼林抚育和残次林改造，人工促进生态修复和提高植被防护功能；二是实施灌草地封禁保育，或在宜林地段实施人工造林，采用鱼鳞坑等整地方法，在山区营造以山桐子、香樟为主的乔灌木混交水土保持林，增加植被盖度，提高土壤涵养水源、调蓄径流能力
	生态农业产业建设与面源污染控制工程技术体系	在小流域中游地带：一是重点针对坡耕地、坡地果园和低质量坡式梯田的土壤砂砾化、保蓄能力差、石漠化等问题，主要修建质量较高的坡式梯田、水平梯田，采取深翻整地措施，促进土壤熟化，提高土壤保蓄能力；二是在山坡中下游耕地上进一步整修水平梯田和配套水系工程、保育土壤和调节径流的基础上，实施农业种植结构调整，营造以刺梨、茶叶、樱桃为主的经济林（果），发展特色林下经济产业，采用有机农业耕作方式，防止面源污染和改善水质；三是在村庄、旅游景点等人群聚集区，加强对生活垃圾和生活污水等处理与污染控制，改善人居与旅游生态环境
	田园生态综合治理工程技术体系	在小流域沟道、河流两侧及水库周边等水文网系统内：一是实施河道生态修复工程，包括植被恢复、湿地保护与修复，以增加河岸和水体的稳定性；二是推广农村污水治理技术，建设生活污水处理设施；三是在田园观光综合区域进行景观树种种植，保护草本植物，加强湿地修复，构造河流水系生态廊道或小型湿地生态景观，促进旅游业发展

生态经济型小流域的水土流失综合防治模式，突出“四大工程”技术体系建设，具体为：一是以坡耕地、坡地果园和坡式梯田改造为核心，构建“土壤保育基础工程技术体系”；二是以林草植被封禁保护培育为手段，构建“水源涵养生态工程技术体系”；三是以提高土地质量和产出率为目标，构建“特色农林经济工程技术体系”；四是以水池、谷坊、堰坝工程为纽带，构建“水源综合利用工程技术体系”，见表 1-5。

表 1-5　　生态经济型小流域综合防治模式及技术体系

防治模式	综合防治技术体系	
生态经济型小流域	土壤保育基础工程技术体系	在小流域坡地系统中下部地段，从治理坡耕地、坡地果园和坡式梯田入手，实施以修筑水平梯田、水平阶、保育土壤和含蓄水分为重点的综合治理。对丘陵山地区域的小流域，重点针对坡耕地、坡地果园和坡式梯田的土壤沙砾化、保蓄能力差、石漠化等问题，主要修建土坎水平梯田、水平阶或采取深翻整地措施，促进土壤熟化，提高土壤保蓄能力，梯田地埂栽植防护与经济植物；配套田间排蓄设施（排水沟、沉砂池等），重点发展基本农田。对低山地带的小流域，主要修筑石坎水平梯田或水平阶，增加有效土层厚度，提高土地生产能力；配套田间排蓄设施（排水沟、沉砂池等），重点发展梯田经济林果或林（果）粮间作
	水源涵养生态工程技术体系	在小流域坡地上部及山顶地段，主要采取林草植被封禁保护、残疏林补植和荒坡地造林措施，促进生态自然修复能力，提高土壤保育和水源涵养功能。对土层浅薄、灌草植被较多的山区小流域，在灌草封禁基础上，因地制宜采用块状（穴、坑）为主的整地方法，补植樟树、榉树等乔木和木质藤本植物，促进形成乔灌（藤）草群落。在残次林、疏幼林或荒草坡地较多的小流域，对林地实施封禁保护和因地制宜补植乔灌木树种，对宜林荒坡地实施人工造林，采用水平带状（沟、阶）或块状（穴、坑）整地方法，按因地选树原则，选择刺槐、麻栎、赤松、黑松等乔木和适宜灌木，营建多树种组合的乔灌草群落

续表

防治模式	综合防治技术体系	
生态经济型小流域	特色农林经济工程技术体系	在小流域坡地系统中下部地段和河道、沟谷两侧地段，在修建水平梯田、配套水源工程的基础上，因地制宜发展特色经济林果或维护基本农田。一是在小流域内小于25°的山坡地段发展特色经济林（果），其中在山区小流域以修建石坎水平梯田为主，地形破碎地段修建鱼鳞坑为主，发展以干果为主的经济林，土壤肥力条件较差小流域以修建土坎水平梯田为主，发展以水果为主的特色经济林；二是在河沟两侧发展以龙眼、荔枝等水果为主，具有观光游憩、休闲采摘功能的特色经济林果带；三是在小流域内小于15°的山脚地段，修建高标准水平梯田，种植高效农作物，维护和稳定基本农田
	水源综合利用工程技术体系	在小流域沟道（冲沟、支毛沟）系统，结合坡地排水蓄水和拦沙沉沙设施，构建沟道多点、多级的拦挡、截蓄、提引工程，拦截径流泥沙，实现降雨（径流）资源蓄积和综合利用。对山区小流域，以拦蓄利用地表径流和工程技术山泉、山溪径流为主，修建以坡地浆砌石沟道堰坝为主的拦蓄工程体系。对砂石山区小流域，以修筑浆砌石谷坊、堰坝为主，构建坡地多点集蓄和沟道多节拦蓄水源综合利用工程体系

1.3.4 水土流失治理主要问题

对标新发展理念，新阶段水土保持高质量发展的要求以及人民群众对优美生态环境的期盼，当前水土保持治理工作依然存在一些短板。

（1）水土流失防治工作任务仍然艰巨。我国仍处于社会经济的持续快速发展时期，资源消耗处于增长阶段，人与自然矛盾突出，生态环境压力持续增加，人为和自然引发的水土流失处于高发期。社会经济的高速发展带来了严峻的人地矛盾，荒山垦殖、坡耕地等现象也更为严峻。同时，城镇化的快速发展，城市基础设施大规模建设造成了较为严重的城市水土流失，并且日渐成为主要的水土流失形式。受治理理念、自然条件、经济发展水平等多种因素的限制和影响，传统治理防治标准不高，多集中于局部区域，治理技术手段单一，效果不够显著；与国家乡村振兴战略结合不够，未能充分实现统筹多系统、多目标协同的山水林田湖草一体化系统治理，不能满足新时期高质量发展的要求，全国水土流失防治任务仍然艰巨、繁重。

（2）人为水土流失仍需遏制。近年来，全国生产建设活动持续保持较高强度，主要是基础设施建设强度大，开发建设特别是风景配套设施、交通运输等开发强度保持高速增长。针对越来越突出的生产建设活动所造成的水土流失问题，全国各省（自治区、直辖市）不断加大预防监督力度，人为水土流失面积有所降低，但经济建设中重开发、轻保护的现象仍普遍存在，特别是目前低等级道路建设、房地产开发、矿山开采、山丘区农林业开发等生产建设活动，点多量大，监管难度很大，有法不依、知法犯法的现象仍时有发生，还未从根本上遏制人为水土流失。

（3）资金投入少，水土流失防治任务繁重。近年来全国在水土流失防治工作中取得了很大成绩，但水土流失仍然广泛分布，水土流失不但影响生态环境，还对山区河流、水库造成严重淤积，加剧了洪涝灾害，制约了当地经济社会的发展，阻碍了社会主义新农村的建设。国家部分区域水土保持生态建设资金投入不足，难以开展规模化治理，投入水平和治理进度与新时期中央生态文明建设要求、与全面建成小康社会的总体目标存在较大差距。

(4) 因地制宜、分区施策的综合治理格局尚未形成。由于水土流失分布区域较分散、治理难度大、治理成本高，生态效益难以高水平实现；传统生产建设项目跟踪检查和监督管理方式存在不足；此外，已完成的水土流失综合治理工程，部分存在治理质量及标准不高、治理不到位、管护不力、成效尚不稳定等问题。长期以来，水土流失治理以传统的综合治理为主，对于水土流失防治战略、目标任务、技术保障等缺乏深入研究。因此，仍需要不断创新水土流失科学治理理念，探索能够充分发挥水土保持生态、经济等效益的综合治理模式。为满足新形势下监管工作中高要求、高效能和高精准的需求，急需探索新技术、新手段和新方式，特别是岩溶地区水土流失治理技术、提质增效措施、水土保持信息化等方面的科技创新还需进一步加强；珠三角核心区、沿海经济带、北部生态发展区水土流失有自身区域化特点，但目前各区域水土流失治理重点不突出，未能与区域功能定位、自然生境条件以及人民群众对优美生态环境的具体需求有效衔接，分类指导、分区施策的格局还没有完全实现。

(5) 水土流失科学治理理念有待构建完善。随着经济的发展，因为在开发建设项目过程中未能及时有效采取全面规划、综合治理的必要措施，群众为了农业生产，靠陡坡开荒种田，从而进一步导致形成了新的侵蚀沟；大坝、溢洪道等建筑物的开挖、填筑扰动了原地貌，破坏了水土保持设施，造成水土流失；料场的开采、弃渣的堆放，尤其是随意向河流倾倒弃渣，影响排洪。

(6) 多部门有效沟通合作机制有待进一步完善。水土流失治理是多部门、多行业参与的系统性工作，目前各部门相对独立地实施林草措施、坡耕地治理、矿山修复等相关水土保持工作，部门间沟通协作机制有待进一步完善；社会各界力量参与水土流失治理的激励机制尚未有效建立，水土保持工作齐抓共管的局面尚未全面形成。

(7) 政策和管理层面的问题也不容忽视。水土流失防治的政策法规不完善、执行力度不足，以及水土保持的监管不到位，都会加剧水土流失问题。

1.3.5 水土流失防治对策

我国水土流失防治对策的制定与实施需要政府、企事业单位和社会公众的共同参与和努力，通过合理的植被覆盖措施、推广水土保持技术、强化法规建设、实施生态补偿机制、加强宣传教育、加大投入与政策支持、建立监测体系以及推动产学研合作等多项措施的综合应用。

(1) 合理地实施植被覆盖措施。针对我国水土流失的现状，植被覆盖措施在预防和治理水土流失方面发挥着至关重要的作用。合理的植被覆盖措施是水土保持综合治理中的一项关键对策，通过科学规划和实施植被保护，植被的根系能够牢固地固定土壤颗粒，形成天然的保护层，有效减缓水土流失，改善土壤质量，维护生态平衡，为农田的可持续发展创造了重要条件。植被覆盖也对水体生态系统起到了积极的保护作用，通过植被的阻隔，可以减缓降雨引起的地表径流，使水分渗透到土壤中，减少水流中的泥沙和养分的流失。此外，实施地形调整和梯田建设是水土保持综合治理中一项重要的对策，该建设通过科学规划和合理设计，有效减缓坡地的水流速度，减少水土流失，改善土壤质量，能够更有效地利用水资源，减少农田的水分流失，提高水分利用效率。

(2) 提高防灾减灾能力。水土流失会造成大量泥沙淤积江、河、湖、库，降低水利设施调蓄功能和天然河道泄洪能力，加剧下游洪涝灾害。近年来，我国局部地区短历时大暴雨频发，泥石流、滑坡、崩塌等灾害不断加剧，范围不断扩大，给人民群众生命财产安全带来极大的威胁。

应着力于江河防洪体系建设，通过大力实施水利枢纽工程、河道治理以及水库除险加固等水利工程建设，提升江河防御洪水能力。此外，可通过加强工程措施建设等手段，提高灾害防御能力。例如，可采取坡面治理工程，通过改变坡面的微小地形，增加植被覆盖，减少雨水对地面的冲刷力度，从而防止水土流失。通过修建谷坊、拦沙坝等工程设施，拦截泥沙，减少沟壑的侵蚀深度，同时调节洪水，减轻下游河道的淤积。还可以采用沟头防护、沟岸防护等措施，稳定沟道，防止沟头前进和沟岸扩张。对于山洪泥石流等自然灾害，需要采取专门的防治措施，包括修建排导槽、拦挡坝等工程设施，引导泥石流流向预定区域，减少对下游村庄和农田的危害。在实施工程治理措施的同时，需加强山区的植被保护，提高地表的稳定性，有效减轻洪涝、泥石流、干旱、滑坡、崩塌等自然灾害危害，对保护农田、基础设施和人民群众生命财产安全起到积极作用。

(3) 研发和推广先进的水土保持技术。随着科技的不断进步，现代技术已经成为水土保持工程规划和设计中不可或缺的一部分，智能化应用成为一个重要的方向。通过使用传感器网络、无人机等现代技术，并运用人工智能算法分析数据，可以实现对水土保持措施的优化和改进。

传统的水土保持监测往往依赖于人工巡查和手动采样，不仅耗时耗力，而且容易受到主观因素的影响。如今，随着物联网和无人机等技术的发展，智能化监测方式已经成为可能。人工智能算法的应用可以提供更加客观、准确的数据分析结果。通过部署传感器网络，可以实时监测土壤湿度、水位、风速等关键指标，获取准确的数据。同时，借助无人机的高空视角和搭载的多种传感器，可以对大范围的地区进行快速、高效的数据采集。这些实时监测和数据收集的技术可以提供更加全面和客观的数据基础，为水土保持工作提供科学依据。通过建立适当的模型和算法，将实时收集的数据进行处理和分析，可以发现数据中的规律和潜在关联性。例如，通过分析土壤湿度与降雨量、坡度等因素之间的关系，可以得出最佳的水土保持措施，从而最大限度地减少水土流失的风险。此外，人工智能算法还可以根据历史数据和实时监测结果进行预测，帮助决策者做出合理的决策，并及时调整水土保持策略，能够更加准确地评估和分析地区的地形、土壤类型以及降雨等因素对水土流失的影响。

借助遥感技术和地理信息系统（GIS），获取详细的地理数据，并将其应用于工程规划和设计中，利用这些技术，可以绘制出精确的地形图，并进行水土保持设施的布局和设计，从而最大限度地减少水土流失，保护土地资源。后续应当继续开展监测站点自动化升级改造，提升监测站网整体功能；加强遥感监测、地面监测、信息化监管数据的有机融合、系统分析，对国家水土保持重点工程、生产建设项目开展信息化监管。

(4) 推广保护性耕作和有机农业。传统的农业生产方式往往会导致土壤质量的下降和养分的流失，为了解决这个问题，需要推广保护性耕作和有机农业。保护性耕作是一种能够最大限度地减少土壤侵蚀和养分流失的耕作方式。通过使用覆盖物，如秸秆、苇草等，可以有效地保持土壤湿度和保护土壤表面免受雨水冲刷。此外，保护性耕作还可以减少机械耕作对土壤结构的破坏，提高土壤的持水能力和肥力。土壤质量的改善对于农田建设和可持续农业发展至关重要，良好的土壤质量不仅有助于保持养分和水分，还能够提供适宜的生长环境，促进植物的正常发育。通过科学的耕作方式、施肥制度等手段，治理工作有助于增加土壤的有机质含量，提高土壤的肥力水平，为高效的农业生产创造了必备的土壤条件。

水土保持综合治理强调生态农业的推广，鼓励农民采用可持续的农业经营方式。有机农业是一种注重生态平衡和可持续发展的农业生产方式，通过使用有机肥料和生物防治等措施，可以改善土壤质量并提高农作物的品质和产量。有机农业强调土壤生物多样性和循环利用，通过添加有机物质来增加土壤的有机质含量，改善土壤结构和水分保持能力。有机农业还注重生态系统的平衡，通过促进益生菌和有益昆虫的生长，来控制病虫害，减少对化学农药的依赖。推动有机农业、无化肥、低化肥、低农药的农业模式，有助于减少对环境的负面影响，降低农产品的生产成本，提高产品的品质。这不仅有利于农业的可持续发展，还满足了社会对绿色、安全农产品的需求。

推广保护性耕作和有机农业可以改善土壤质量，并带来许多环境和经济效益。首先，这些做法能够减少农药和化肥的使用，降低对环境的污染，并保护地下水资源的安全。其次，通过保持土壤湿度和提高养分利用效率，可以减少农作物的需水量和施肥量，节约资源成本。此外，由于有机农产品的市场需求逐渐增加，采用有机农业的农民还可以获得更高的农产品价格，增加农业收入。推行合理的农业耕作方式是水土保持综合治理中的一项至关重要的对策，通过科学合理的农耕操作，减缓水土流失、改善土壤质量，为农业可持续发展提供了基础和保障。合理的农业耕作方式降低了雨水对裸露土地的冲击力，能有效减缓水流对土壤的冲刷和侵蚀。

（5）强化宣传，提高做好水土保持工作的责任意识。各省（自治区、直辖市）要积极开展国家水土保持示范创建，支持指导符合要求的县级行政区、重点工程和生产建设项目申报国家水土保持示范县和示范工程。提升水土保持科技示范园建设管理水平，发挥好科普宣传教育和示范引领作用，不断提升示范效果。各地要把握重大节日节点，围绕水土保持重点工作，利用好主流媒体、发挥好自媒体微视频新媒体优势，全方位、系统性地宣传报道水土流失治理成效、先进典型，加强水土保持普法宣传，营造良好的舆论环境和社会氛围，各地要加大宣传力度，不仅要宣传面，还要宣传点，让各级党委、政府和人民群众更加支持水土保持工作。防止边治理边破坏，预防新的水土流失，必须加大对《中华人民共和国水土保持法》的宣传力度，使人民群众能够自觉参与到水土保持组织中，进一步增强自身的社会责任感。

（6）立足实际，全面推进退耕还林还草提质增效。我国自 1997 年提出实施可持续发展战略，将生态环境保护上升到和经济社会发展同等重要的高度，陆续实施了天然林资源保护、退耕还林还草等多项大规模的生态修复工程。自 1999 年试点以来，我国累计实施退耕地还林还草和配套荒山荒地造林种草 5 亿多亩，为全球增绿的贡献率超过 4%。截至目前，还需重点完成急需且有条件实施的退耕还林还草提质增效任务，构建结构完善、功能完备的林草生态系统，提升林草生态系统的整体功能，为建设生态文明、推进乡村振兴作出更大贡献。

我国退耕还林还草工程实施的地区森林覆盖率平均提高4%以上，土壤的微观形态得到改善，水源涵养和固碳释氧的功能有所提升，有效扭转了生态系统恶化的趋势，实践取得了积极的成效。因此，坚持因地制宜、分类实施退耕还林还草工作，不但恢复了植被，而且也达到了治理水土流失的目的，是保护生态环境的科学有效措施。

(7) 加强管理，着力做好对易发地区和生产建设项目的重点监管。各级要做好年度监督检查工作，落实好跨部门跨区域水土流失联防联控机制。在国家遥感监管的基础上，政府应当强化法规与执行，制定和完善水土保持法律法规，明确各级政府、企事业单位和个人的水土保持责任。省、市、县要加大违法违规项目查处力度，市、县要推动建立水土保持审批与监管、监管与执法、执法与司法衔接机制和公益诉讼制度，加强跨部门、跨区域协调监管和联合执法。通过加强对项目建设的监督管理，降低人为因素造成的水土流失；加大对生态植被的保护力度，对不合理开垦、乱砍滥伐等人为破坏生态环境的行为严厉制止，形成有力震慑，确保水土保持法规的严格执行。

积极推进全国水土保持信用信息平台应用，规范监督检查意见及相关执法文书。同时，要深入分析生产建设项目水土流失特点、存在问题及成因，查找监管漏洞，健全监管制度，落实监管措施，以高水平监管支撑高质量发展。按照《农林开发活动水土流失防治导则》，将禁垦坡度以上陡坡地水土流失风险认定纳入遥感解译判别范围，强化农林开发等生产建设活动监管。

(8) 推动产学研合作。加强水土保持领域的产学研合作，促进科研成果的转化与应用，提高水土保持工作的科技含量和效益。

(9) 以小流域为单元，形成防治体系。水土保持工程措施是小流域治理与开发的基础，能为林草措施及农业生产创造条件，防止水土流失，保护、改良和合理利用水土资源，并充分发挥其经济效益；在水土流失的农田中，采用改变小地形，是一种增加植被覆盖度和土壤抗蚀力的方法，防止土壤水分蒸发，水土保持林草措施。目前，小流域治理中的防护林主要包括分水岭防护林、护坡林、侵蚀沟道防护林、护岸护滩林等，是实现流域可持续发展与开发的根本措施。

(10) 总结治理经验，提高作用实效。充分利用现有技术，逐步加强对新技术的推广及运用，可根据气候变化、水土保持等特点设立试验示范点，通过示范，做到善于总结、善于提炼经验，如修建水平梯田，改变坡面水流路线、降低水流速度，促进泥沙就地沉积；实施大坝淤地工程，拦蓄泥沙，防止泥沙流入下游河中，使坝上泥沙淤积成“坝地”，土层深厚，土质良好，使水土流失得到有效治理；实施生态补偿机制，对水土流失严重的地区进行经济补偿，鼓励农民采取水土保持措施，促进生态恢复。

第2章

水土流失遥感监测技术

遥感技术，作为一种非接触、远距离的探测技术，能够迅速、准确地获取地表信息，并通过对数据的分析处理，揭示地表覆盖、土地利用、地形地貌等要素的时空变化。在水土流失综合治理中，传统的水土流失监测与治理方法往往受限于人力、物力和时间，难以实现对广大区域进行高效、实时的监测与评估。遥感技术不仅能够提供高分辨率、多尺度的地表信息，还能够结合地理信息系统（GIS）和模型模拟等技术，对水土流失进行定量评估、动态监测和趋势预测，为科学制定治理策略提供有力支撑。本章介绍了遥感原理的基本概念、遥感系统的组成、类型及其特点，概述了遥感技术的发展历程、电磁波与光谱特征、遥感成像原理与遥感图像处理及应用，并概要性介绍了遥感技术在水土流失监测中的应用。

2.1 遥感原理

2.1.1 遥感的基本概念

美国海军研究局的伊芙琳·普鲁特最早使用“遥感”一词。1961年，在美国国家科学院和美国国家研究理事会的资助下，于美国密歇根大学的威罗·兰实验室召开了“环境遥感国际讨论会”，此后，在世界范围内，遥感作为一门新兴的独立学科，获得飞速的发展。遥感是对地观测综合性技术，有广义和狭义之分。

遥感一词来源于英语 Remote Sensing，即“遥远的感知”。从广义上来说，遥感泛指一切无接触的远距离探测，包括对电磁场、力场（重力、磁力）、机械波（声波、地震波）等的探测。如蝙蝠用超声波探测障碍物、照相机照相等是无接触的探测信息，从这个方面来看，遥感的定义十分广泛。

狭义的遥感（RS）是应用探测仪器，不与探测目标相接触，从远处把目标的电磁波特性记录下来，通过分析揭示出物体的特征性质及其变化的综合性探测技术。总的来说，遥感是以地球为研究对象，以电磁波与地球表面物质相互作用为基础，探测、分析和研究地球与环境，揭示地球表面要素的空间分布特征与时空变化规律的一门科学技术。

2.1.2 遥感系统的组成与类型

遥感系统包括被测目标的信息特征、信息的获取、信息的传输与记录、信息的处理和信息的应用五大部分。被遥感系统测量或观察的物体或现象的特性可以是物理的（如地表温度、反射率等）、化学的、生物的（如生物量、植被健康等）或地质的（如岩石类型、地形等）。信息的获取通过遥感传感器从被测目标收集信息，遥感传感器可以是各种类型的，包括光学传感器（如全色、多光谱、高光谱相机）、雷达传感器（如合成孔径雷达SAR）或激光雷达（LiDAR）等。这些传感器安装在卫星、飞机或其他平台上，用于收集来自地表的信息。一旦信息被传感器获取，它就需要被传输到地面站或处理中心，并在那里被记录或存储。这通常涉及通过无线电波或卫星通信链路传输数据。数据通常以数字形式存储，以便后续处理和分析。在地面站或处理中心，收集到的原始数据会经过一系列的处理步骤，以提取出有用的信息。这些处理步骤通常包括辐射校正、几何校正、图像增强、特征提取、分类等。通过这些处理步骤，原始数据被转化为对地表特征、现象或过程的有意义的描述。最后，经过处理的信息被用于各种应用领域，如科学研究（气候监测、植被分析、地质调查等）、资源管理（农业管理、林业管理、水资源管理等）、灾害管理（洪水监测、火灾预警等）或城市规划（城市规划、环境监测等）。

遥感技术可以按照不同的原则和标准进行分类，常见的分类方式如下。

（1）按遥感平台，可分为以下类型：

1）航天遥感。利用在太空中的卫星或其他航天器搭载的遥感器进行遥感探测。具体来说，航天遥感使用的是空间飞行器，如卫星、飞船、火箭、航天飞机等。这些飞行器的飞行高度远高于航空遥感所使用的空中飞行器（如飞机、气球等），一般达到几百公里甚至上千公里。例如，通过高分一号、高分二号等卫星获取高分辨率遥感影像。

2）航空遥感。将遥感器安装在飞机、直升机等航空器上进行遥感探测。这种方式能够从空中获取较大范围的地表信息。

3）地面（近地）遥感。将遥感器放置在地面或接近地面的平台上进行遥感探测，如使用无人机或以高塔、车、船等为平台进行低空遥感。

4）宇航遥感。如太空站等。

（2）按探测的电磁波段，可分为以下类型：

1）紫外遥感。利用紫外波段（0.05～0.38μm）进行遥感探测，主要用于监测大气成分、地表物质反射特性，以及地质、环境监测等领域。

2）可见光遥感。利用可见光波段（0.38～0.76μm）进行遥感探测，主要用于获取地表物体的颜色和纹理信息。

3）红外遥感。利用红外波段（0.76～1000μm）进行遥感探测，可以反映地表物体的温度和辐射特性。

4）微波遥感。利用微波波段（1mm～1m）进行遥感探测，具有穿透云雾和地表覆盖物的能力，常用于地质勘查和海洋监测。

5）多波段遥感。探测波段在可见光波段和红外波段范围内，再分成若干窄波段来探测目标。

（3）按应用领域，可分为以下类型：

1）气象遥感。用于气象观测和预测。

2）海洋遥感。用于海洋环境监测和资源调查。

3）水文遥感。用于水文监测和水资源管理。

4）农业遥感。用于农作物监测、产量预估和农业资源调查。

5）林业遥感。用于森林资源监测、火险评估和森林病虫害监测。

6）地质遥感。用于地质勘查、矿产资源调查和地质灾害监测。

7）军事侦察遥感。用于军事侦察和目标识别等。

（4）按应用空间尺度，可分为全球遥感、区域遥感和城市遥感。全球遥感是全面系统地研究全球性资源与环境问题遥感的统称，而按国家、省区和自然区划或经济区等进行区域资源开发或环境保护等的遥感信息工程即为区域遥感和城市遥感。

此外，遥感技术还可以按传感器的工作方式分为有源（主动）遥感和无源（被动）遥感，以及按其他特定标准进行分类。这些分类方式有助于更好地理解和应用遥感技术，以满足不同领域的需求。

2.1.3 遥感的特点

遥感在诸多领域都有应用，作为一门综合性的对地观测技术，它具有其他技术手段与之无法比拟的优势，主要包括以下方面：

（1）探测范围大，遥感技术具有覆盖全球的能力。我国仅需 600 多张陆地卫星图像就可以实现全国的全面覆盖。这使得遥感技术能够在大范围内开展环境监测、资源调查、灾害预警等工作。

（2）获取信息速度快、周期短，相比实地测绘和航空摄影测量，遥感技术能够更快地获取地面信息。陆地卫星每 16 天就可以覆盖地球一遍，为地球观测提供了实时、高频次的数据支持。目前卫星数量很多，已经缩短覆盖成像的探测周期，提高整体工作效率。相较于传统的人工勘测，无论是在时间方面还是在效果方面都有突出的优势，且不会受到一些客观因素的干扰，整体技术效率高且周期适中。

（3）受地面条件限制少，遥感技术能突破地域的局限性，相较于传统的水文水质勘测技术，遥感技术能突破天气、复杂地形等客观因素的影响，不受地面自然条件和人为因素的限制，能够轻松获取高山、冰川、沙漠、沼泽等恶劣环境地区的信息。在一些地域特殊的地区也能实现安全作业，确保信息数据收集的完整性。借助遥感技术能跨越国界和地域限制，实现全方位无死角的数据整合。并且，收集的水文数据和资料也更加地多元化，具有重要的现实意义，能在提高水文水资源领域研究科学性的同时，保证精确度符合标准，这使得遥感技术在资源勘探、环境监测等领域具有独特的优势。

（4）手段多，获取的信息量大，遥感技术可以通过选用不同的波段和不同的遥感仪器，获取丰富的地面信息。这些信息不仅包括可见光波段的数据，还包括红外、微波等多波段的信息，为地球科学研究提供了丰富的数据源。

（5）动态监测能力强，遥感技术具有实时传输、快速处理的能力，可以实现对地球环境的动态监测。在环境监测中，遥感技术可以实时监测空气质量、水质、土壤污染等环境因素的变化情况，为环境保护和管理提供决策支持。

（6）应用领域广泛，遥感技术不仅应用于环境监测、资源调查等传统领域，还广泛应用于农业管理、水资源管理、城市规划与管理、气象预报等多个领域。随着技术的进步和遥感数据分辨率的提高，遥感技术的应用领域还将不断拓展。

（7）真实性与客观性，遥感获取信息的方式是客观的，不存在人的主观意识，能真实地反映研究对象的信息。然而，遥感技术虽然广泛应用于环境监测、资源调查等领域，但受限于分辨率、天气条件、地表深层信息获取等方面，仍存在一定的局限性。

2.2 遥感技术基础与应用

2.2.1 遥感技术发展历程

1608 年至 19 世纪中期是遥感发展的萌芽阶段。1608 年，汉斯·李波尔赛制造了世界第一架望远镜，为观测远距离目标开辟了先河。1839 年，达盖尔和尼普斯成功将拍摄的实物记录在胶片上，标志着有记录地面遥感阶段的开始。1858 年利用航空照片记录地面的状况是遥感技术的最早起点。20 世纪初至 20 世纪 50 年代是航空遥感阶段。航空遥感技术主要利用高空气球、飞机等航空器搭载遥感器进行地物探测。航空摄影技术成为这一阶段遥感技术的主要应用形式。第一次世界大战期间（1914—1918 年）应用大量的航空摄影开展军事侦察极大地促进了遥感技术的发展，成为遥感技术发展的里程碑。在第二次世界大战期间（1939—1945 年），航空照相的利用不再局限在可见光部分，还扩展到电磁波的更多波段，包括了红外和微波。战争中发展起来的航空照相技术受到高度的关注，战后仍然保持了很快的发展速度，到了 20 世纪 60 年代的航天遥感阶段，为美国海军开展一系列航空摄影研究工作的伊芙琳·普鲁特（EvelynPruitt）认为，仅用航空摄影这个概念来描述应用电磁波技术探测地表特征已经远远不够，于是提出了遥感（Remote Sensing）。20 世纪 60 年代后正是高新技术迅速发展的时期，工业技术的发展、电子设备的进步推动了航天技术的发展，一系列应用于不同目的和不同空间分辨率的卫星被发射上天，将遥感技术推向了一个新的时代。现在遥感技术已经涵盖了电磁波的可见光、红外和微波波段，成为探测地球表层不可替代的新兴技术。

美国著名的陆地卫星系列（LANDSAT）发射成功，开启了地球资源观测的新时代，让人类可以从太空对地球资源进行连续的观测，获得海量的数据资料，刻画地球表层的变化过程。遥感技术的成功应用，也不断地推动遥感技术向前发展。苏联、日本、法国、印度、中国和巴西等国家以及它们的联合机构等也纷纷发射遥感卫星。在 20 世纪 70—90 年代短短 20 年左右的时间里，随着卫星技术的进步，遥感也从单纯的技术性获取地表数据拓展成既可以获取海量空间数据，又可以挖掘数据质量的科学。

自动获取数据、分析数据和地理空间制图，以及遥感技术的发展几乎是平行发展起来的。遥感与地理信息系统技术在 20 世纪 70 年代以来都被广泛地应用于专题制图、城市规划、地理学应用、土壤科学等方面，这两项技术的核心主要就是大力发展空间数据收集、分类、反演、转换以及表达工具，以满足社会经济发展的各种需求。

2.2.2 电磁波与光谱特征

电磁波和光谱特征是物理学中两个至关重要的概念。电磁波作为信息传播的媒介，在日常生活中无处不在，而光谱特征则是理解和识别物质的重要手段。两者紧密相连，电磁波为光谱特征的产生提供了物质基础，而光谱特征则反映了电磁波与物质相互作用的结果。遥感技术利用不同波段的电磁波来探测和识别地表物体，而光谱特征则是这些物体在电磁波作用下所表现出的独特性质。

（1）电磁波。电磁波是由电场和磁场交替变化而产生的波动现象，这种波动以光速在空间中传播，并且具有波粒二象性，被广泛应用于地表物体的探测和识别。电磁波的频率范围极其广泛，从无线电波到伽马射线，涵盖了从低频到高频的多个频段。电磁波的特性主要由其频率、波长和速度等参数决定。其中，频率表示单位时间内电磁场振荡的次数，波长表示波动的一个完整周期内电磁场在空间中传播的距离，而速度则是频率和波长的乘积。在真空中，电磁波的速度是一个常数，即光速。

（2）电磁波谱。电磁波谱是一个连续的频率范围，覆盖了从极低频率的无线电波到极高频率的伽马射线。这个谱系中的电磁波按照频率或波长的不同，被分为不同的波段或区域。

1）无线电波。无线电波是频率最低的电磁波，其波长范围为几毫米到几千米。它们广泛应用于通信、广播和雷达等领域。

2）微波。微波的频率略高于无线电波，波长范围为几厘米到1m。微波在雷达和无线通信中具有重要的应用。

3）红外线。红外线的波长比微波短，但比可见光长。红外辐射是热辐射的一种形式，广泛应用于遥感、夜视和热成像等领域。

4）可见光。可见光是人类可以直接感知的电磁波，其波长范围为400～700nm。可见光遥感是遥感技术中最为直观和常用的方式之一。

5）紫外线。紫外线的波长比可见光短，其能量较高。紫外线在消毒、荧光分析和天文学等领域有重要应用。

6）X射线和伽马射线。X射线和伽马射线是频率最高的电磁波，其波长极短，能量极高。这些射线在医学成像、材料分析和天体物理学等领域有重要应用。

在遥感技术中，不同波段的电磁波被用于获取地球表面和大气层的信息。例如，可见光和红外波段常用于监测植被生长、水体分布和地表温度等；微波波段则常用于雷达遥感，可以穿透云层和地表覆盖物，获取地表结构和地下信息。通过对不同波段电磁波的接收和分析，遥感技术可以获取丰富的地球表面信息，为资源调查、环境监测、灾害预警和城市规划等领域提供重要支持。

2.2.3 遥感科学与技术

遥感是用物理手段、数学方法和地学分析实现对地综合观测的现代新兴科学技术，随着全球多源遥感对地观测技术的迅速发展，当今遥感发展已进入名副其实的大数据时代。遥感大数据具有海量的数据规模、快速的数据流转、多样的数据类型和巨大的数据价值，这为不同领域应用提供了十分便捷与科学准确的技术途径。

2.2.3.1 遥感成像原理

在遥感成像中，摄影成像和扫描成像是两种主要的技术方法。这两种方法虽然各有特点，但都是基于电磁波与地表物体相互作用的原理来获取图像的。

1. 摄影成像原理

摄影成像是一种通过摄影机或其他成像设备捕捉目标物体反射或发射的电磁波，并将其记录在感光材料上的成像方法。摄影成像主要利用可见光和近红外波段的电磁波来获取地表信息。其工作原理如下：

（1）电磁波发射与反射。太阳作为主要的自然光源，发射出包含可见光和近红外波段的电磁波。这些电磁波照射到地球表面后，被地表物体反射或散射。

（2）摄影机捕捉。遥感摄影机装载在卫星、飞机等平台上，通过其镜头和光学系统捕捉地表反射或散射的电磁波。

（3）感光材料记录。摄影机内的感光材料（如胶片或数字传感器）接收到光信号后，会发生化学反应或光电转换，将光信号转化为图像信息并记录下来。

（4）图像处理与分析。通过后续的图像处理技术，可以对摄影图像进行增强、校正和分类等操作，以提取出所需的地表信息。

2. 扫描成像原理

扫描成像是一种通过扫描装置逐点或逐线扫描目标物体，并将其反射或发射的电磁波转换为图像信息的方法。与摄影成像相比，扫描成像具有更高的空间分辨率和灵活性。扫描成像工作原理如下：

（1）扫描装置。扫描装置可以是机械式的（如摆镜式扫描仪）或电子式的（如推帚式扫描仪）。它们通过逐点或逐线扫描目标物体，获取其反射或发射的电磁波信息。

（2）探测器接收。扫描装置中的探测器（如光电倍增管、CCD等）接收到目标物体反射或发射的电磁波后，将其转换为电信号。

（3）数字化处理。电信号经过放大、滤波等处理后，被数字化并存储在计算机中。通过计算机处理，可以将这些数字信号转换为图像信息。

（4）图像处理与分析。与摄影成像相似，扫描图像也需要进行后续的图像处理和分析，以提取出所需的地表信息。

扫描成像方式主要分为以下几种：

（1）电子扫描成像。电视接收机天线接收到调制过的视频信号，经过一系列的处理（包括变频、中放、检波、视放等），由显像管的电子枪发射出随视频信号而变化的电子束。其原理是：电子束轰击荧光屏，将高速电子的动能转变为光能，在屏幕上出现亮点。电子束在荧光屏上迅速扫描，由于荧光屏的余晖和人视觉暂留，因此可以看到整幅画面，主要应用于电视接收和显示系统。

（2）光学机械扫描。机械扫描成像使用的扫描系统多为抛物面聚焦系统，如卡塞格伦光学系统，它将地物的电磁辐射聚焦到探测器。光学扫描系统的瞬时视场角很小，扫描镜只收集点的辐射能量，利用本身的旋转或摆动形成一维线性扫描，加上平台移动，实现对地物平面扫描，达到收集区域地物电磁辐射的目的，其特点是可以适应不同的波长范围，包括可见光、红外光、紫外光等。

（3）固体扫描成像是通过遥感平台的运动对目标地物进行扫描的一种成像方式。常用的探测元件是电子耦合器件（CCD），它用电荷量表示信号大小，用耦合方式传输信号。利用遥感平台的移动，配合固定的探测元件（如CCD），实现对地物的扫描成像。固体扫描成像具有感受波谱范围宽、畸变小、体积小、重量轻、系统噪声低、灵敏度高、功耗小、寿命长、可靠性高等优点。

（4）高光谱成像光谱扫描是一种能够同时获取目标地物图像和光谱曲线的技术。通常多波段扫描仪将可见光和红外波段分割成多个波段。成像光谱仪的图像由多达数百个非常窄且连续的光谱波段组成，覆盖了可见光、近红外、中红外和热红外区域全部光谱带。

2.2.3.2 多源遥感图像获取

遥感技术作为现代地球观测的重要手段，通过非接触传感器获取地面测量对象的信息，为资源调查、环境监测、灾害预警等提供了重要的数据支持。遥感技术系统是一个从地面到空中直至空间，从信息收集、存储、传输处理到分析判读、应用的技术体系，包括遥感信息获取、遥感信息传输和遥感信息提取应用三大部分。

1. 遥感信息获取

遥感信息获取是遥感技术系统的核心部分，它涉及遥感平台、传感器以及遥感数据处理等多个方面。

（1）遥感平台。遥感平台是搭载传感器的载体，可以是飞机、卫星、无人机等。遥感平台的选择直接影响遥感信息的获取质量和范围。例如，卫星遥感平台可以覆盖全球范围，提供大面积、连续、实时的遥感数据；无人机遥感平台具有灵活机动、成本低廉等优点，适用于局部地区的高精度遥感数据获取。

（2）传感器。传感器是遥感信息获取的关键设备，它能够接收和记录地面物体的电磁波信息。传感器的种类繁多，包括可见光相机、红外相机、雷达等。不同类型的传感器可以获取不同波段、不同分辨率的遥感数据，以满足不同应用需求。例如，可见光相机可以获取地物的颜色和纹理信息；雷达可以穿透云层、烟雾等障碍物，获取地物的结构和形状信息。

（3）遥感数据处理。遥感数据处理是对传感器获取的原始数据进行预处理和增强的过程。预处理包括辐射定标、几何校正、噪声去除等步骤，旨在消除传感器误差和环境因素的影响，提高遥感数据的精度和可靠性。增强处理则是利用图像处理技术，如滤波、锐化、融合等，提高遥感数据的可视化和解译能力。

2. 遥感信息传输

遥感信息传输是将传感器获取的遥感数据从遥感平台传输到地面接收站的过程。传输方式包括直接传输和间接传输两种。

（1）直接传输。直接传输是指通过遥感平台上的通信设备将遥感数据直接传输到地面接收站。这种方式具有实时性强、传输效率高等优点，但受到传输距离和通信容量的限制。直接传输通常适用于低空、近程的遥感应用，如无人机遥感、低空飞机遥感等。

（2）间接传输。间接传输是指将遥感数据存储在遥感平台的存储介质中，待遥感平台返回地面后再进行数据提取和传输。这种方式可以突破传输距离和通信容量的限制，实现全球范围内的遥感数据获取。间接传输通常适用于高空、远程的遥感应用，如卫星遥感等。

3. 遥感信息提取应用

遥感信息提取应用是将遥感数据转化为有用信息的过程，它涉及遥感图像的解译、分类、特征提取等多个方面。

(1) 遥感图像解译。遥感图像解译是通过对遥感图像进行目视解译或计算机自动解译，获取地物的类型、分布、结构等信息的过程。目视解译依赖于专家的经验和知识，具有准确度高、信息丰富等优点；计算机自动解译利用图像处理技术和模式识别算法，实现遥感图像的快速解译和分类。

(2) 遥感图像分类。遥感图像分类是根据遥感图像中地物的光谱特征和空间特征，将图像中的像元划分为不同的类别或类别的组合。分类方法包括监督分类和非监督分类两种。监督分类需要事先知道地物的类别和对应的样本数据，通过训练分类器实现对未知像元的分类；非监督分类不需要事先知道地物的类别，通过聚类算法将像元划分为不同的类别。

(3) 遥感图像特征提取。遥感图像特征提取是指从遥感图像中提取出具有代表性、可区分性的特征信息的过程。这些特征信息可以用于地物的识别、分类和监测等应用。特征提取方法包括纹理特征提取、形状特征提取、光谱特征提取等。

4. 遥感技术系统的应用

遥感技术系统已经广泛应用于资源调查、环境监测、灾害预警、城市规划等多个领域。例如，在资源调查中，遥感技术可以用于土地利用现状调查、矿产资源勘探等；在环境监测中，遥感技术可以用于空气质量监测、水质监测等；在灾害预警中，遥感技术可以用于地震、洪水、火灾等灾害的实时监测和预警；在城市规划中，遥感技术可以用于城市规划方案的评估和优化等。

5. 遥感图像的特征

由于传感器和遥感平台的类型多样，随着全球空间基础设施建设加速发展，立体式、多层次、多视角、全方位和全天候的对地观测时代已然来临。不同遥感平台搭载的各种传感器获得的多源遥感图像之间，主要存在空间分辨率、辐射分辨率、光谱分辨率和时间分辨率等指标性能差异。

空间分辨率是指数字图像上能够被详细区分的最小单元的尺寸或大小。遥感图像的空间分辨率一般有三种表示方式，即像元大小、线对数和瞬时视场。像元大小在遥感分析中，因为有地理空间坐标，空间分辨率常用单个像元所代表的地面面积大小表示，例如，Landsat 5 TM（Thematic Mapper）图像单个像元的面积为 28.5m×28.5m，其空间分辨率为 28.5m，通常近似为 30m。线对数是对于摄影系统来说，图像的空间分辨率通常用每毫米的线对数（线对/mm）来表示，线对是指一对同等大小的明暗条纹，每毫米内的线对数越多，说明图像的空间分辨率越高。扫描成像系统的空间分辨率常用瞬时视场表示，也称扫描分辨率，是指传感器内单个探测单元件的受光角或观测视野，单位为毫弧度（mrad)，瞬时视场越小，空间分辨率越高。

辐射分辨率是指传感器探测元件在接收光谱信号时所能分辨的最小辐射度差，该参数反映了传感器对光谱信号强弱的敏感程度和区分能力。辐射分辨率的表达式为

$$RL=\frac{R_{max}-R_{min}}{D} \tag{2-1}$$

式中：RL 为辐射分辨率；R_{max} 为最大辐射量值；R_{min} 为最小辐射量值；D 为辐射量化级。

在数字图像中，常用辐射量化级或称灰度级来表示辐射分辨率的大小。辐射量化等级越多，所得图像层次越丰富，辐射分辨率越高，图像质量越好，但数据存储量越大，反之亦然。例如，Landsat 5 TM 单波段图像辐射量化级为 8bit，图像有 28 个灰度级，图像亮度变化比较平滑；如果将其辐射量化级调整为 24 个灰度级，则图像亮度平滑程度降低，出现明显的层次感。

光谱分辨率是指传感器探测元件在接收目标地物辐射能量时所使用的波段数据（或称通道数）、波段位置和波段间隔。通常传感器的波段设计是有针对性的，因为不同地物在不同光谱波段有不同的吸收和反射特征。多光谱成像技术就是根据这个原理，将不同地物的反射光谱特性客观记录在不同波段的遥感图像上。高光谱数据则将可见光-近红外波段范围分割成几百个窄波段，具有很高的光谱分辨率，从而在连续光谱曲线上分辨出不同物体的微小光谱差异。

时间分辨率是指对同一区域进行重复观测的最小时间间隔。重复观测的时间间隔越小，时间分辨率越高。遥感图像的时间分辨率大小主要取决于飞行器的回归周期。但是具有侧视能力的传感器可以在不同轨道上从不同角度观测地面上的同一区域，因而大大提高了观测灵活性及时间分辨率。

随着多源遥感图像日积月累，遥感应用向纵深方向快速发展，许多国家的民用遥感数据政策也在不断调整，许多卫星遥感数据及其产品已可通过互联网免费下载获取。例如，美国地质勘探局（USGS）和美国国家航空航天局（NASA）的官方网站即可下载 Landsat 系列、MODIS 系列遥感数据与产品，中国资源卫星应用中心官方网站可以下载资源卫星系列、高分卫星系列的遥感数据。一些开放数据共享平台也提供有免费的遥感数据获取途径，例如，中国的地理空间数据云和自然资源卫星遥感云等。

2.2.3.3 遥感图像质量改善

遥感数字图像在成像过程中受到遥感平台、传感器、大气、地形等多因素影响，导致用户拿到的遥感图像存在一定的辐射畸变、几何畸变和图像噪声等质量问题。因此，在遥感应用过程中，需要对其进行预处理，以改善遥感图像的辐射质量、几何质量和视觉效果。

1. 辐射校正

遥感传感器在接收来自目标地物的电磁辐射能量时，受到传感器自身特性、大气作用以及地物光照条件（如地形起伏和太阳高度角变化）等影响，导致传感器的探测值与地物实际光谱辐射值不一致的情况称为辐射畸变。消除或修正遥感数据辐射畸变的过程称为辐射校正。

用户拿到的遥感数字图像是遥感传感器将接收到的入瞳处的辐射能量转化所得数字量化值（Digital Number，简称 DN）。DN 是最初始的遥感图像像元值，它是没有物理量纲的数值，某一波段不同像元的 DN 值差异是该波段在入瞳处辐射亮度的相对大小。受到传感器自身特性的影响，入瞳处的辐射能量转化成 DN 值时可能混入噪声。因此，传感器校正是辐射校正的第一环节。根据辐射传输原理，传感器入瞳处的太阳辐射主要来自三部分：一是目标地物的直接反射，这部分能量穿过大气到达传感器的过程中受到大气成分及气溶胶的吸收和散射而减弱；二是由于大气成分和气溶胶对太阳辐射的散射而直接进入传感器，这部分能量称为大气层辐射；三是目标地物周围背景的邻近反射，这部分能量来自大气散射后向下传播，再经周围背景反射而进入传感器。

（1）传感器校正。传感器校正是消除传感器自身带来的辐射误差，将传感器记录的无量纲 DN 值转换成有物理意义的大气顶层辐射亮度或反射率的处理过程。传感器校正依靠的是辐射定标，辐射定标的原理是建立数字量化值与其对应视场中辐射亮度值间的定量关系，以消除传感器引起的误差，包括相对辐射定标和绝对辐射定标。

1）相对辐射定标是为了校正探测元件的不均匀性，消除探测元件的响应不一致性，对原始亮度值进行归一化处理，从而使入射辐射量一致的像元对应的输出像元值也一致，以消除传感器本身的误差。需要注意的是，相对辐射定标得到的结果仍是不具备物理意义的 DN 值。

2）绝对辐射定标是建立 DN 值与实际辐射值之间的数学关系，以获取目标物的辐射绝对值，既可以在相对辐射定标基础上进行，也可以通过原始 DN 值和实际辐射值建立数学定标模型完成。绝对辐射定标得到大气顶层的辐射亮度或表观反射率。如果要得到辐射亮度值，可利用定标公式（2-2）：

$$L_\lambda = k_\lambda \times DN + c_\lambda \tag{2-2}$$

式中：L_λ 为波段 λ 的辐射亮度值，$W/(m^2 \cdot sr \cdot \mu m)$；$k_\lambda$ 和 c_λ 分别为波段 λ 的增益和偏移，单位和辐射亮度值相同。需要注意的是，辐射亮度值的单位需根据实际的定标参数即增益和偏移的单位来确定。

如果欲得表观反射率，则相应的定标公式为

$$\rho_\lambda = \pi L_\lambda d^2 / (ESUN_\lambda \cos\sigma) \tag{2-3}$$

式中：L_λ 为波段 λ 的辐射亮度值，$W/(m^2 \cdot sr \cdot \mu m)$；$d$ 为天文单位的日地距离，即 149597870700m；$ESUN_\lambda$ 为波段 λ 的太阳表观光谱辐照度，$W/(m^2 \cdot \mu m)$；σ 为太阳高度角，(°)。

（2）大气校正。大气校正是将大气顶层的辐射亮度值（或表观反射率）转换为地表反射的太阳辐射亮度值（或地表反射率），消除大气吸收、散射对辐射传输影响的处理过程。大气校正的方法很多，根据校正后的结果不同，可分为绝对大气校正和相对大气校正。绝对大气校正将遥感图像的 DN 值转换为地表反射率或地表辐射亮度；相对大气校正并不得到地物的实际反射率或辐射亮度，仅用 DN 值表示地物反射率或反射辐射亮度的相对大小。

根据校正的原理不同，可将大气校正模型分为统计模型和物理模型。统计模型是基于地表变量和遥感数据的相关关系建立的，不需要知道图像获取时的大气和几何条件，所需参数较少，简单易行。统计模型可有效概括从局部区域获取的数据，一般有较高的精度，但由于不同区域间地物分布有较大差异性，统计模型仅适用于局部地区，并不具有通用性。常用统计模型有经验线法和平场域法等。物理模型是根据遥感系统的物理规律建立的，可以通过不断加入新的知识和信息来改进模型，模型机理清晰，但相对较复杂，所需参数较多且通常难以获取，实用性较差。常用的物理模型有6S模型、Modtran模型等，多数遥感软件均有提供较实用的大气校正模型与方法。

（3）地形校正。在丘陵区和山区，地形坡度、坡向和太阳光照几何条件等对遥感图像的辐射亮度影响非常显著，朝向太阳的坡面会接收到更多的光照，图像色彩较明亮，背向太阳的阴面由于反射的是天空散射光，图像表现要暗淡些。复杂地形区遥感图像的这种辐射畸变称为地形效应。地形校正是消除地形效应引起的辐射亮度误差，使坡度不同但反射性质相同的地物具有相同亮度值的处理过程。

地形校正方法大致可分为三类，包括基于波段比的方法、基于超球面的方法和基于DEM的方法。基于波段比的方法是利用不同波段之间的光谱比值来消除地形阴影的，操作较简单，但目标地物有相似特征时，地表反照率的差异变得模糊不清。基于超球面的方法是将辐射测量向量映射到一个超球面上，从而实现对地形阴影和光谱信息的分离，对消除热红外波段的阴影效果较好。基于DEM的方法又可分为：统计-经验模型，如Teilet-回归校正和b校正；归一化模型，如二阶段校正；朗伯体反射率模型假设地表满足朗伯体反射条件，如余弦校正、C校正、SCS校正、SCS+C校正和Dymond-Shepherd校正；非朗伯体反射率模型考虑地表反射的真实情况，如Minnaert校正、Ekstrand校正和Minnaert-SCS校正。提供地形校正功能的常用软件不多，通常需要用户自行研发或从第三方获取。

（4）太阳高度角校正。太阳位置的变化会导致不同地表位置接收到的太阳辐射不同，从而导致不同地方、不同季节、不同时期获得的遥感图像间存在辐射差异。太阳位置通常用太阳高度角和方位角描述。太阳高度角计算公式如下：

$$\sin\sigma = \sin\varphi\sin\delta \pm \cos\varphi\cos\delta\cos t \qquad (2-4)$$

式中：σ为太阳高度角；φ为图像所在地区的地理纬度；δ为太阳赤纬（成像时太阳直射点的地理纬度）；t为时角（地区经度与成像时太阳直射点地区经度的经差）。当图像的地理纬度与太阳直射点纬度处于同一南北半球时，“±”号取“－”，反之则取“＋”。

太阳高度角校正目的是将太阳光线倾斜照射时获取的图像校正为太阳光线垂直照射时获取的图像。通常，通过调整图像的平均亮度来实现，校正公式为

$$DN' = DN/\sin\sigma \qquad (2-5)$$

式中：DN'为校正后的亮度值；DN为原始亮度值；σ为太阳高度角。

2. 几何校正

遥感成像过程中，由于传感器内部因素如透镜辐射方面的畸变像差、透镜切线方向畸变、透镜的焦距误差和采样速率变化等，遥感平台因素如平台高度变化、速度变化、姿态变化和轨道偏移等，以及客观的地球因素如地球自转、地形起伏和地球曲率等，导致传感器生成的图像像元相对于目标地物的实际位置发生了挤压、扭曲、拉伸和偏移等现象，称为几何畸变。按照畸变性质不同，可分为系统性畸变（内部）和随机性畸变（外部）。系统性畸变是指由遥感系统造成的畸变；随机性畸变是指大小不能预测，其出现带有随机性质的几何偏差。

遥感图像几何校正分为几何粗校正和几何精校正。几何粗校正是根据产品畸变的原因，利用空间位置变化关系，采用计算公式和取得的辅助参数进行的校正，又称系统几何

校正，一般由遥感数据地面接收站完成。几何精校正是在几何粗校正基础上，不考虑引起畸变的原因，直接利用地面控制点建立起图像像元坐标与目标物地理坐标间的数学模型，实现不同坐标系统中像元位置变换的处理过程。常用遥感软件均提供有几何校正功能，几何校正操作包括空间位置（像元坐标）的变换和像元灰度值的重新计算（重采样）两步骤。

正射校正是几何校正的高级形式。常规的几何校正对消除遥感平台、传感器和地球曲率等因素造成的几何畸变有较好效果，且可对图像进行地理参考定位，但是并不能消除中心投影过程中地形起伏引起的几何畸变。正射校正是引入 DEM 消除地形起伏引起几何畸变的处理过程，不仅能实现常规几何校正，还能将图像中心投影转变成正射投影，使图像具有更精确的空间位置。

3. 去除噪声

图像噪声是指造成图像失真、质量下降的图像信息，在遥感图像上常表现为孤立的异常偏大或偏小的像元点或像元块。图像获取与传输记录过程中，成像系统、传输介质和记录设备不完善以及图像处理不当等，均可能引入噪声。遥感图像上有噪声既影响视觉效果，也会给特征变换和信息提取等后续处理带来麻烦。减少或消除图像噪声的过程称为去除噪声处理。

图像去除噪声既可以在空间域处理，也可以在变换域处理。空间域处理的原理是借助像元与其邻近像元间的关系来判断并去除噪声，常用的处理方法有均值滤波、中值滤波和平滑滤波等。变换域处理则是在图像的某个变换域内去除或压缩噪声的变换域系数，保留原始信号的变换域系数，再变换到空间域以实现去除噪声目的，常用的处理方法有主成分变换、小波变换和傅里叶变换等。常用遥感软件均提供有相关功能且操作简便。

4. 影像增强

遥感图像增强是遥感数据处理中的一项重要技术，旨在通过一系列技术手段改善图像质量，增强图像中的有用信息，以便于后续的图像解译和应用，包括辐射域增强处理、光谱域增强处理和空间域增强处理。

（1）辐射域增强处理。辐射域增强处理聚焦于改善图像的辐射亮度值和对比度，以突出图像中的关键信息。常用的辐射域增强方法包括：

1）线性拉伸。通过线性变换将图像的灰度级拉伸到整个可能的灰度范围，以提高图像的对比度。

2）直方图均衡化。根据图像的灰度直方图来调整图像的灰度级，使得图像的灰度分布更加均匀，从而增强图像的对比度。

3）分段线性拉伸。将图像的灰度级分为多个区间，对每个区间进行不同的线性拉伸，以适应图像中不同亮度区域的特点。

辐射域增强处理还包括辐射定标和辐射校正等步骤。辐射定标是将图像的灰度值转换为物理量（如辐射亮度或反射率）的过程，有助于消除传感器本身的影响，提高图像的真实性。而辐射校正则是通过一系列数学模型和算法，消除大气、地形等因素对图像的影响，进一步提高图像的质量。

（2）光谱域增强处理。光谱域增强处理关注图像中不同波段的光谱信息，通过调整这些波段的信息来增强图像的光谱特性。常用的光谱域增强方法包括：

1）波段比值法。计算两个不同波段图像的像素值之比，以突出两个波段之间的相对差异，常用于植被指数、水体指数等的计算。

2）主成分分析（PCA）。通过对多个波段图像进行线性变换，提取出图像中的主要成分，以消除波段之间的相关性，同时减少数据量。PCA 变换后的主成分图像可以突出图像中的某些特征，如植被、水体等。

3）光谱锐化。将高分辨率的空间信息与低分辨率的光谱信息相结合，以提高图像的光谱分辨率和空间分辨率，这种方法常用于融合多源遥感数据。

光谱域增强处理的效果可以通过波段相关性、光谱分辨率等指标进行评估。

（3）空间域增强处理。空间域增强处理直接对遥感图像的像素进行运算和处理，以改善图像的视觉效果和信息质量。常用的空间域增强方法包括：

1）滤波技术。通过滤波器对图像进行平滑处理或锐化处理，以消除噪声或增强图像的边缘信息。常用的滤波器包括高斯滤波器、中值滤波器、拉普拉斯滤波器等。

2）边缘增强。通过检测图像中的边缘信息并进行增强，以提高图像的清晰度。常用的边缘检测方法包括梯度算子、罗伯特算子、普瑞维特算子等。

3）形态学处理。基于数学形态学的理论和方法对图像进行处理，以改善图像的空间结构。常用的形态学操作包括腐蚀、膨胀、开运算和闭运算等。

空间域增强处理的效果可以通过边缘保持度、细节增强度等指标进行评估。

5. 影像融合

影像融合能实现信息的互补，由于不同遥感数据或非遥感数据可应用领域不同，不同遥感数据或非遥感数据具有不同的特点和优势，为了弥补某一种数据的不足，可将多种遥感平台，多时相遥感数据之间，以及遥感数据与非遥感数据之间的信息组合匹配，这就是多种信息源的融合。通过融合，可以消除冗余信息，突出有用的专题信息，从而提高影像的解译精度和效率，弥补了单一数据的不足，提供更全面、准确的信息。融合后的影像数据具有更丰富的信息，更有利于综合、深入地分析，可以应用于更广泛的领域，如环境监测、城市规划、农业管理、灾害预警等。

影像融合的方法多种多样，传统的方法包括：

（1）IHS 变换法。将影像分解为亮度（Intensity）、色调（Hue）和饱和度（Saturation）三个分量，然后分别进行处理和融合。

（2）主成分分析（PCA）法。利用主成分分析对多光谱影像进行变换，提取主要信息成分，并与全色影像进行融合。

（3）Brovey 变换法。一种基于色彩变换的融合方法，适用于低植被覆盖区域的影像融合。

（4）高通滤波法。通过高通滤波处理，增强影像的高频细节信息，提高空间分辨率。

然而，这些传统融合方法均为中低分辨率卫星影像所研发，应用于高分辨率卫星影像时，常发生过度曝光导致色彩偏差、失真、空间信息损失等情况，而且传统算法一次仅能处理三波段。为了解决传统方法的局限性，加拿大 New Brunswick 大学的 Yun Zhang 博士研发了 Pan sharpening 全自动影像融合方法。该方法通过精确的图像配准和高频分解技术，能够保留原始影像的空间细节。Pan sharpening 方法基于物理成像机理和先验知识，考虑图像的空间几何纹理信息相关性，确保地物光谱边缘与几何边缘一致，有效削弱光谱失真，且支持 8bit、16bit、32bit 多种数据类型处理，满足不同类型卫星影像的融合需求。Pan sharpening 方法已成功应用于多种卫星影像上，如 SPOT、Landsat、IKONOS、QuickBird 等，为农业、城市规划、环境监测等领域提供了高质量、高分辨率的遥感图像。

6. 影像镶嵌

当研究区超出单幅遥感图像所覆盖的范围时，通常需要将两幅或多幅图像拼接起来形成一幅或一系列覆盖全区的较大图像，该过程就是影像镶嵌。早期的影像镶嵌主要通过裁切光学相片拼接在一起，这种方法由于技术限制，自然存在较大拼接误差。目前，通常采用数字影像镶嵌方法，该方法可以较好地实现"无缝"拼接，大大提高了影像的拼接精度和效果。

影像镶嵌的原理主要基于几何位置镶嵌和灰度（或色彩）镶嵌两个过程。几何位置镶嵌即确保镶嵌影像间对应物体几何位置严格对应，无明显的错位现象，可通过相邻影像间的几何配准实现，目的是确定影像的重叠区。灰度（或色彩）镶嵌是确保位于不同影像上的同一物体镶嵌后不因两影像的灰度差异导致灰度产生突变现象，可通过色彩平衡处理实现，调整不同时相或成像条件下获取的影像的色调，使其保持一致。

影像镶嵌前须指定一幅参考图像，该图像将作为镶嵌过程中进行色彩匹配、空间位置匹配及镶嵌后输出图像的基准。参考图像的选择应考虑到其亮度和色彩的均匀性，以便后续的颜色调整。选择的参与镶嵌的卫星图像质量要尽可能好（无云或少云），同时各图像的成像时间尽可能比较接近，以减少后续的色调调整等工作量与难度。镶嵌过程中首先进行影像定位，即相邻影像间的几何配准，目的是确定影像的重叠区。重叠区确定的准确与否直接影响到影像镶嵌效果的好坏。其次应注意色彩平衡，不同时相或成像条件存在差异的影像，由于辐射水平不一样，影像的亮度差异较大。色彩平衡是遥感影像数字镶嵌技术中的一个关键环节，需要通过直方图均衡、色彩平滑等技术使接边尽量一致。最后在影像重复覆盖区，各镶嵌图像之间应有较高的配准精度。必要时在图像之间利用控制点进行精确的空间位置匹配，以提高配准精度。

通过采用现代数字影像镶嵌方法，并遵循上述步骤和要点，可以有效地将多幅遥感图像拼接成一幅高质量、大范围覆盖的影像。但要实现高精度的影像镶嵌是相当复杂的，尤其是在镶嵌的影像间选取控制点进行匹配及配准，需要大量的时间和计算量。随着亚米级高空间分辨率图像的广泛应用，发展影像镶嵌的自动化技术显得越来越重要。

2.2.3.4 遥感图像自动分类

遥感图像自动分类是指以遥感数字图像为数据源，在计算机软、硬件系统支持下，综合运用图像处理、地学分析、模式识别和人工智能等，实现对各种感兴趣目标地物信息的自动化或智能化获取技术过程。这是根据感兴趣目标在遥感图像上的特征差异，判断并识别其类别属性和空间分布（如空间位置、面积大小）等信息的过程。

地物在遥感图像上的每个属性（如光谱属性、空间属性）均可当作一个变量，参与分类的这些属性（也称为特征变量）构成了一个 n 维特征空间。理想情况下，同类地物应有相同或相似的特征描述，它们的像元在 n 维特征空间中自然聚焦在一起；而不同地物应有不同的特征描述，不同地物的像元在 n 维特征空间中呈分离状态。多波段遥感图像中，参与分类的每一个波段均可看作是一个变量，计算机分类时称为原始图像的特征变量，一个像元可看成由 n 维特征变量构成的 n 维空间中的一个点，同类地物的像元自然形成 n 维空间中的一个点群，特征属性差异明显的不同地物在 n 维空间中形成若干点群，计算机分类时先分析特征空间中这些点群的特点（如点群的位置、分布中心、分布规律等），再确定不同点群间分界线，最终完成分类任务。

遥感图像分类方法按不同的标准可分出不同的类型。例如，按先验知识是先参与分类还是后参与分类，可分为监督分类和非监督分类。监督分类是根据先验知识首先对每个类别选择一些训练样本，再通过分析训练样本来选择特征变量并构建判别函数，最后把遥感图像中的各像元划分到给定的类别中去。非监督分类是事先不考虑预分类别，即在没有类别先验知识的情况下，仅据图像的特征相似性将所有像元划分为若干类别后，再据先验知识来判定不同类别的具体属性。此外，如果图像分类时像元的划分概率为100%，则称为硬分类，否则称为软分类；如果基于数据的统计特性进行分类，则属于统计分类，否则为决策树分类；如果分类对象是像元，则属于逐像元分类，否则为面向对象分类。

虽然遥感图像分类的方法和相应的算法很多（如平行盒式算法、距离判断算法、最大似然法、光谱信息离散度、神经元网络、支持向量机分类算法、K-均值算法、ISODATA算法和深度学习算法等），而且随着技术的发展分类方法也在不断更新，但每一种方法都有其局限性，没有一种方法可以完美解决所有的分类问题，可根据实际应用场景选取相对分类效果更好的分类方法。

2.2.3.5 定量遥感参数反演

遥感卫星获取的原始数据主要是电磁波信号，需要经过一系列的处理才能变成易理解、可应用的地表参量信息，这个处理过程称为定量遥感。具体讲，定量遥感是利用遥感传感器获取的目标地物电磁波信息，在先验知识和计算机系统支持下，定量获取观测目标参量或特性的方法与技术。定量遥感的核心研究内容是从遥感数据中确定陆表环境变量的数值，并在初级产品（经几何定位和辐射定标的原始观测数据）基础上生成标准的（具有相同时间分辨率和相同面积或角度的网格）高级产品供更多的用户使用。因此，定量遥感包括五个部分，即数据获取、数据预处理、前向辐射传输模型的建立与变量反演、高级产品的生成和遥感应用。

作为新兴的遥感信息获取与分析方法，定量遥感强调通过数学的或物理的模型将遥感信息与观测目标参量联系起来，定量地反演或推算出某些地学目标参量。将来陆表遥感也无须再特别强调定量遥感了，因为所有的遥感方法都不会直接使用低级遥感数据，目标识别或地表分类都会用地表反射率或其他高级遥感产品。随着国内外定量遥感算法的推陈出新，地表反射率、下行太阳辐射、地表反照率、地表温度、长波辐射、总净辐射、日光诱导叶绿素荧光（SIF）、植被生化参数、叶面积指数、光合有效辐射比、植被覆盖度、森林高度、生物量、植被生产力、土壤水分、雪水当量、雪盖、陆面蒸散、地表与地下水量等地表参数的遥感产品研发、评价与精度验证和应用等日趋完善，下面就几种常用的参数做概要介绍。

(1) 地表反照率。地表反照率（Albedo）是广泛应用于地表能量平衡、中长期天气预测和全球变化研究的重要参数，定义为短波波段地表所有反射辐射能量与入射辐射能量之比。地表反照率反映了地表表面对太阳辐射的反射能力，是地表辐射能量平衡及地气相互作用的驱动因子之一。地表反照率增加，会导致净辐射减小，相应的感热通量和潜热通量减少，造成大气辐射上升减弱，云和降水减少，土壤湿度减小，进而使得地表反照率增加，形成一个正反馈过程。遥感常用的反照率有：

1）窄波段反照率，对应于某一传感器的特定波段，比如TM的第1波段反照率、MODIS的第2波段反照率等。

2）短波反照率，由于到达地表的太阳辐射大部分属于短波辐射，所以短波反照率是地表能量平衡研究的重点，常用到的短波范围有0.25～5μm和0.3～3μm两种，它们对应的反照率差别很小，一般不作区别。

3）可见光反照率和近红外反照率，前者波段范围为0.3～0.7μm，后者波段范围为0.7～3μm，植被和土壤的反射特性在这两个波段范围有明显差异。

(2) 地表温度。地表温度（Land Surface Temperature，LST）由局地尺度的地表状况和大尺度的大气状况决定，是地表和大气间相互作用过程中物质和能量交换的结果。地表温度和地表发射率共同决定了地表辐射能量平衡中的长波辐射，是气候、水文、生态和生物地球化学模式的关键输入参数。由于在遥感像元尺度，除大面积的水体、沙漠和茂盛的草原外，很难找到均一像元，温度和发射率的定义并不能简单套用其在经典物理学中的定义。严格讲，地表温度的定义有热力学或动力学温度、亮度温度和辐射温度，但是遥感所能获取的仍然是像元的平均温度。全球或区域尺度的地表温度主要通过红外和被动微波传感器探测。红外传感器探测的地表温度有较高的空间分辨率，但是仅能在晴空条件下获得。被动微波得到的地表温度空间分辨率较低，但是能够获得全天候的数据。

(3) 叶面积指数。叶面积指数（Leaf Area Index，LAI）是指单位土地面积上植物叶片总面积占土地面积的倍数。由于叶片表面是物质和能量交换的主要场所，冠层截留、蒸散发、光合作用等重要的生物物理过程均与LAI紧密关联。LAI是许多植被—大气相互作用模型，特别是关于碳循环和水循环的模型中的一个关键参数。LAI的大小会直接影响太阳光在植被中的辐射传输过程，进而影响植被冠层顶部的光学特性，如反射率等。LAI可用叶面积仪在野外或实验室内直接观测采集叶片的面积进行估算。遥感技术通过获取冠层光辐射信息来估算LAI，一种方法是通过冠层光辐射信息和叶面积指数的统计经验关系，另一种方法是通过物理的辐射传输模型从冠层光辐射信息反演LAI。

(4) 植被指数。根据植被的光谱特性，将遥感可见光和红外等波段反射率进行组合，得到各种植被指数。植被指数是对地表植被状况的简单、有效和经验的度量，迄今已定义了超过40种植被指数，它们被广泛应用于全球及区域地表参数估算研究中。常用的植被指数多利用了冠层反射或辐射的红光和近红外波段的信息，将它们组合成比例形式，得到比值植被指数（Ratio Vegetation Index，RVI）或归一化差异植被指数（Normalized Difference Vegetation Index，NDVI）等，计算公式为

$$RVI = \rho_{red} / \rho_{nir} \tag{2-6}$$

$$NDVI=(\rho_{nir}-\rho_{red})/(\rho_{nir}+\rho_{red}) \tag{2-7}$$

式中：ρ_{red} 和 ρ_{nir} 分别为红光和近红外波段的反射率。

（5）植被覆盖度。植被覆盖度（Fractional Vegetation Cover，FVC）是指植被（包括叶、茎、枝）在地面的垂直投影面积占统计区总面积的百分比。它是刻画地表植被覆盖程度的一个重要参数，在生态环境变化、地球表面的大气圈、土壤圈、水圈和生物圈及圈层之间相互作用的研究中都是重要的参考量。此外，植被覆盖度在地表过程和气候变化、天气预报数值模拟以及农业、林业、资源环境管理、土地利用、水文、灾害风险监测、干旱监测等领域也有广泛应用。遥感获取植被覆盖度的方法据模型建立的原理不同，可分为经验模型法、物理模型法和机器学习法。经验模型法采用简单的统计模型或回归关系求算植被覆盖度，最典型的是建立 NDVI 和植被覆盖度之间的经验关系，然后再用 NDVI 估算植被覆盖度。物理模型法考虑到了复杂的冠层辐射传输模型，如涉及叶片层的反射和吸收等辐射传输过程，再通过查找表或其他机器学习法简化反演过程获取植被覆盖度。机器学习法指的是一类通过样本数据训练获得知识，快速实现遥感数据到植被覆盖度对应转换的方法，但是其大量样本一般需要通过其他植被覆盖度产品、高分辨率数据分类或复杂的物理模型模拟等手段得到。

（6）生物量。广义生物量包括地上生物量和地下生物量，即地上生长的树木、灌木、藤木、根茎及土壤中相关的粗细废弃物。通常定义的生物量用干重表示，例如，地上树木生物量表示有烘焙法得到的一个稳定的地表树木干重。基于样地的生物量估测通常用单位面积生物量（如 Mg/hm^2 或 kg/m^2）。遥感数据已成为生物量估算的一种重要数据源，生物量遥感估算的方法可分为直接方法和间接方法。前者利用多元回归分析、k-最近邻（KNN）方法、神经网络方法或其他算法，直接建立生物量与光谱响应的关系用于生物量估算。后者通过遥感获取 LAI、结构信息（郁闭度和高度）或阴影比率等这些与生物量间接相关的特征参量，建立相应的方程来估算生物量。

（7）植被生产力。植被是陆地生态系统的主体，在维持全球物质与能量循环、调节碳平衡、减缓大气 CO_2 浓度和气候变暖等方面扮演着重要角色。其中，陆地生态系统植被生产力反映了植物通过光合作用吸收大气中的 CO_2，将光能转化为化学能，同时积累有机干物质的过程，体现了陆地生态系统在自然条件下的生产力，是估算地球支持能力及评价生态系统可持续发展的一个重要指标。植被生产力可分为总初级生产力（Gross Primary Production，GPP）和净初级生产力（Net Primary Production，NPP）。前者是指生态系统中绿色植物通过光合作用，吸收太阳能同化二氧化碳合成有机物的速率；后者则表示从总初级生产力中扣除植物自养呼吸所消耗的有机物后剩余的部分。遥感数据为准确反演和模拟植被生产力提供了可靠的方法和数据基础。基于光能利用率原理，利用遥感反演植被指数和叶面积指数信息的光能利用率模型已被广泛用于区域及全球尺度的植被生产力估算。以遥感数据为基础的植被分布类型和风、温度、湿度等气象要素也是动态植被模型估算植被生产力的重要驱动数据。

（8）陆面蒸散。陆面蒸散（ET 或 E）是指从土壤或植被冠层、根茎、枝干的表面及水面传输到大气中的水分。这种水分交换通常包括水从液态到气态的相变过程，因此，伴随着能量吸收和地面降温的过程。遥感并不能直接观测到陆面蒸散，大部分遥感估算陆面蒸散的算法均借助莫宁-奥布霍夫相似理论（MOST）和 Penman - Monteith 方程，并利用遥感估算的地表参数数据来估计蒸散。在满足大叶假定和地表能量平衡等条件下，Penman - Monteith 方程可从 MOST 推导得到，因此两者并没有本质上的差别。但在实际应用中，MOST 相关方法利用大气-陆面温差来估算地表蒸散，需要精确估算陆气温度，因而对陆气温差的误差较为敏感。Penman - Monteith 相关方法在较大程度上降低了这种敏感性，因为该方程主要与地表有效能量和气孔导度有关，而这两个变量可用植被指数（叶面积指数）、入射辐射和相对湿度的参数化方程来表达。

(9) 土壤水分。土壤水分一般指保存在非饱和土壤层（或渗流层）土壤孔隙中的水分。地表土壤水分主要指地表以下 5cm 土壤层所含水分，而根层土壤水分则指植被可利用水分，一般指地表以下 200cm 土壤层所含水分。获取土壤水分的时空分布，对理解地球系统有重要意义。在地表与大气通过蒸腾作用和植物呼吸作用交换水热能量的过程中，土壤水分是其最关键的变量之一，它会影响显热和潜热的分配，并由此影响气候过程，尤其容易影响气温和大气边界层的稳定性，甚至对降水产生影响。当前，被动微波遥感无疑是获取地表水分的最佳方式，其对土壤水分变化有直接的物理联系和高敏感性。其中，L 波段是目前最佳的星载探测手段，但是受限于被动微波遥感的空间分辨率较低，而且主动微波遥感反演土壤水分的精度有限，许多研究者基于光学遥感或多源遥感结合的方式来反演土壤水分。

2.2.4 遥感技术的应用

随着科技的飞速发展，遥感技术以其快速、全面、准确的特性，在多个领域得到了广泛的应用。从环境监测到农业管理，从城市规划到军事侦察，遥感技术都发挥了至关重要的作用。

(1) 遥感技术在环境监测中的应用。环境监测是遥感技术的重要应用领域之一。通过遥感技术，可以实时监测空气质量、水质、土壤污染等环境问题。例如，利用卫星遥感技术可以获取大气中各种污染物的分布情况和浓度信息，为空气污染预警和治理提供重要数据支持。同时，遥感技术还可以用于监测水体污染，通过分析水体反射的光谱信息，判断水体中污染物的种类和浓度，为水环境保护提供科学依据。

(2) 遥感技术在农业管理中的应用。遥感技术在农业管理中的应用也日益广泛。通过遥感技术，可以实时监测作物生长状况、土壤湿度、病虫害情况等，为精准农业提供数据支持。农民可以根据遥感数据，制订科学的种植计划和管理措施，提高作物产量和质量。此外，遥感技术还可以用于评估农业资源潜力，为农业可持续发展提供科学依据。利用遥感技术可以分析土地资源的分布和类型，为土地资源的合理利用提供指导。

(3) 遥感技术在城市规划与管理中的应用。在城市规划与管理领域，通过遥感技术，可以获取城市空间分布、土地利用、交通状况等信息，为城市规划和管理提供数据支持。利用遥感图像可以直观展示城市的空间结构、用地布局和交通网络等，为城市规划提供科学依据。同时，遥感技术还可以用于监测城市违法建筑、交通拥堵等问题，为城市管理提供重要信息。

(4) 遥感技术在海洋监测中的应用。海洋监测是遥感技术的另一个重要应用领域。通过遥感技术，可以实时监测海洋的颜色、温度、海平面高度等参数，为海洋资源开发和环境保护提供重要信息。例如，利用卫星遥感技术可以监测海洋渔业资源的分布和数量，为渔业资源的可持续利用提供科学依据。同时，遥感技术还可以用于监测海洋污染和海洋灾害等问题，为海洋环境保护和灾害预警提供重要支持。

（5）遥感技术在军事侦察与国家安全中的应用。在军事侦察与国家安全领域，通过遥感技术，可以获取敌方军事设施、地形地貌等信息，为军事决策提供支持。同时，遥感技术还可以用于边境监控、反恐等国家安全领域，提高国家安全防范能力。例如，利用遥感技术可以实时监测边境地区的动态情况，为边境管理部门提供及时、准确的信息支持。

此外，遥感技术有效促进了土地利用和覆盖变化的监测与分析，该技术还助力城市交通与基础设施规划，为城市的可持续发展提供了科学依据，也为工程质量与安全监测、城市环境监测与保护以及建筑物变形监测等方面提供了全新的视角和解决方案。遥感技术还应用于地质灾害以及对洪水的监测中，在洪水的监测中，可以实现对洪水淹没面积、洪水水深和水量进行精准、快速计算与提取，建立健全的洪涝灾害应急体系。利用遥感覆盖范围广、能精确及时收集数据这一特点，还可以运用遥感进行水土保持的实时监测。

2.3 遥感技术在水土流失监测方面的应用

2.3.1 水土流失系统监测存在问题

水土流失工作内容涉及水土流失预防保护、水土流失综合治理、水土流失监管、水土保持监测等多方面，是一项综合的、系统的、全面的工作。传统的水土流失监测主要依靠地面调查和实地测量等。

1. 地面实地调查

（1）通过在研究区域内选择具有代表性的样地，进行详细的实地调查，记录植被覆盖、土壤类型、侵蚀特征（如冲沟、沟壑）等信息。样地调查能够提供详细的局部数据，但覆盖范围有限，难以全面反映大区域的水土流失状况。

（2）使用相机拍摄被侵蚀区域的照片，通过定期拍摄对比分析侵蚀变化。这种方法能够直观地展示侵蚀特征和变化趋势，但主要依赖人力，也难以在大范围内实施。

2. 定点观测

（1）在流域内设置雨量计和流量计，记录降雨量和径流量。通过分析降雨和径流数据，可以推测降雨引起的侵蚀量和泥沙输送量。这种方法能够提供定量的数据，但需要长期监测和数据积累。

（2）在河流或小溪的关键位置设置沉积物采样装置，定期采集水样和泥沙样品，测定泥沙含量。通过分析泥沙量，可以评估上游区域的侵蚀强度和泥沙输送情况，但以人工为主，局限性强。

（3）通过实地调查记录植被类型、覆盖度和生长状况，或在固定区域内设置样方，定期记录样方内的植被变化情况。植被覆盖度与土壤侵蚀密切相关，植被越茂密，土壤侵蚀越轻。通过长期监测植被变化，可以间接评估水土流失情况，但覆盖范围有限。

3. 土壤侵蚀测量

(1) 设置侵蚀柱或侵蚀槽，直接测量表土侵蚀量。侵蚀柱是一根垂直埋入土壤中的柱子，通过测量柱子露出地表部分的长度变化来计算侵蚀量；侵蚀槽则是一段开挖的土壤，通过收集和测量侵蚀槽内积累的泥沙量来评估侵蚀强度。因实际涉及土壤、水、风和生物的复杂交互，侵蚀槽或侵蚀柱无法完全捕捉到这些动态变化，且短期内观察到的结果可能无法反映长期的侵蚀趋势。

(2) 通过定期测量沟壑的宽度、深度和长度变化，评估沟壑侵蚀的进展。这种方法适用于明显的沟壑侵蚀区域，但需要较长时间的持续监测。

4. 经验分析

(1) 通过传统测绘手段（如全站仪、水准仪）测量地形高程、坡度、坡向等参数，绘制地形图，分析地形特征和侵蚀形态。地形测绘虽能够提供详细的地形数据，但工作量大，难以在大范围内实施。

(2) 结合地质和地貌学理论，分析地貌形态和侵蚀特征，推测侵蚀过程和强度。地貌形态分析依赖经验和理论推断，具有一定的不确定性。

传统的调查技术具有耗资、耗力、数据缺乏代表性、出成果耗时长、成果精度低、数据不能及时更新等弊端，加上传统的地面方法往往难以达到规模和覆盖范围。因此，迫切需要一种全面、高效、便捷的技术手段来适应新时期水土保持工作高质量发展的要求。

2.3.2 水土流失遥感监测的优势

随着科技的发展，遥感监测和无人机航测等现代技术在水土流失监测中得到了广泛应用。这些技术相较于传统的地面调查和测量方法，在监测范围、经济成本等方面具有明显的优势，具体体现在：

(1) 及时准确监测信息。遥感技术借助高分辨率遥感影像，能够获取到更为精准和丰富的地表信息，为提高水土流失监测与分析的精度和效率提供强有力的保障。遥感技术通过对捕捉到的地表变化及环境信息，可以更全面地掌握水土流失实时状况，从而更精确地评估对环境造成的影响。此外，高分辨率遥感影像还能够识别和分析各种影响水土流失的因素，如气候变化、地形地貌、植被覆盖等。现代遥感技术，如 Landsat、Sentinel 卫星和 WorldView - 3 等，能够提供细致的地表数据。这些数据不仅能精确定位侵蚀区域，还能帮助识别小尺度的侵蚀特征，如沟壑和滑坡。遥感技术可以提供频繁的影像数据更新，尤其是气象卫星和高轨道卫星，可以每日多次扫描地表。通过多时相数据的叠加分析，能够及时发现和追踪水土流失的动态变化。遥感影像可以同时获取多光谱和高光谱信息，使得对土壤、植被和水体等多种地表要素的综合分析成为可能。通过这些综合分析，可以识别并量化各类影响水土流失的因素，从而提供全面的环境状况评估。

(2) 深入偏远地区。针对广阔且难以进入的地形，特别是在偏远或危险地区，遥感监测提供了一种经济高效且灵活的解决方案，可在不危及人类安全的情况下进入具有挑战性的景观进行监测和评估。遥感和无人机技术能够在极端环境条件下工作，无须人员亲自前往，降低了监测作业的风险。这对于山区、荒漠、热带雨林等难以进入的区域尤为重要。相比于传统地面调查的高成本和长时间，遥感和无人机技术能够在短时间内覆盖大面积区域，减少了人力和物力的投入，提升了监测的经济效益。无人机可以灵活调整飞行路径和高度，适应各种复杂地形，获取特定区域的详细数据。这种灵活性使得无人机能够应对多种监测需求，从局部细节到广域覆盖。

（3）覆盖范围广、时相全、精度高。无人机遥感还可以克服空间和时间分辨率的局限性。用遥感技术进行区域水土流失动态监测，可以充分发挥卫星影像覆盖范围广、时相全、精度高的优势，实现大范围、高效率的水土流失监测。监测效率的提高使动态监测成为可能，获得的监测成果能够服务于生态环境保护相关政策以及国民经济和社会发展规划的制定。通过提供实时或近乎实时的数据，无人机可以实现动态监测，这对于评估不断变化的环境条件和及时响应新出现的保护需求至关重要。遥感卫星能够在一次扫描中覆盖大面积区域，从国家级到区域级的水土流失监测都能高效完成。例如，一颗卫星可以在数天内完成对一个国家的全覆盖。卫星遥感可以提供频繁的时相数据，尤其是多颗卫星联合工作时，可以实现几天甚至每天的监测频率。这对于监测水土流失的季节变化、突发事件和长期趋势非常有利。现代卫星和无人机技术能够提供高分辨率影像（如 WorldView－3 达到 30cm 分辨率），并且多光谱和高光谱数据能够细致区分地表特征，提供精细化的分析结果。无人机可以提供实时数据，进行动态监测，捕捉环境的快速变化，这对于应急响应、灾害评估和即时决策支持非常重要。

2.3.3 水土流失遥感监测技术应用

遥感技术应用于水土流失监测领域，能够显著提高数据获取的速度和广度、监测的精度和细节、时空分析能力、综合评估和预测的科学化水平，以及监测的经济性和安全性。20 世纪 70 年代以后，我国水土流失治理相关部门以航天、航空等多层次遥感资料为信息源，以大中小不同尺度对我国大江大河、重点水土流失区和小流域进行遥感调查与监测，编制了大量的遥感图件，不仅及时准确地为政府提供了决策依据，而且大大加快了水土保持的现代化与信息化。遥感技术在水土流失监测领域主要应用在以下几个方面。

1. 全国尺度土壤侵蚀遥感调查

自 20 世纪 70 年代末起，随着遥感和 GIS 技术的发展，包括大尺度遥感影像数据可获得性难度的降低，我国先后开展了 3 次土壤侵蚀遥感调查。第 1 次是 1985 年前后，水利部利用多光谱扫描仪（MSS）遥感影像通过人工目视解译，手工勾绘成图，对全国的水土流失状况进行了调查，编制了全国分省 1∶50 万及全国 1∶250 万水土流失现状图。第 2 次是 1999 年，主要利用 TM 遥感影像作为土地利用和盖度解译的基础数据，辅以分辨率较低的 DEM 图人机交互判读不同土地利用/不同盖度和不同坡度条件下的土壤侵蚀强度，利用 GIS 软件及遥感技术等的全数字化操作，基本查清了我国水土流失的主要类型及分布，对不同地区乃至全国水土流失状况有了更为全面、准确的把握。第 3 次是 2000 年，此次是在 1999 年调查的基础上进行的，技术方法手段基本相同，调查划分出水蚀风蚀交错区，明确了重点治理地区，从宏观上掌握了水土流失的动态情况。

这 3 次土壤侵蚀调查都是基于遥感影像数据和 GIS 技术的，以一定空间分辨率遥感影像为基础（TM 影像一般的空间分辨率为 30m），利用目视解译或全数字作业的人机交互判读，辅以地形、土地利用、植被覆盖等因子的分析，参照水利部标准（中华人民共和国水利部，2007）确定土壤侵蚀强度，概括为综合判别法水土流失遥感监测，成果不仅反映了我国水土保持生态环境建设的现状和发展变化趋势，而且为水土保持生态建设、西部大开发、国土整治、江河治理、水利和农林、环境保护等提供了可靠的资料，为宏观决策提供了科学依据。

2. 区域水土流失的遥感监测

区域水土流失遥感监测技术应用是当前水土保持工作中的重要手段，它以现代航空、航天遥感影像为基础资料源，借助计算机图像处理和光谱分析技术，获取不同时相遥感影像的地形坡度、土地利用、植被覆盖和水土保持工程措施实施情况等关键信息，按照统一的方法和规范，对区域内影响水土流失的主要因子进行连续或定期监测，结合定量土壤侵蚀模型（如中国土壤流失方程 CSLE 模型、风力侵蚀和冻融侵蚀模型等），量化分析评估区域的水土流失状况及其防治情况。将分析结果以图表、报告等形式输出，为政府和相关部门制定水土保持政策、规划治理措施提供科学依据。

近年来区域水土流失的遥感监测技术取得了显著的进展，并且正在不断发展和完善。这些进展为评估水土流失的潜在风险、制定科学的水土保持措施提供了有力支持，对于保护生态环境和促进可持续发展具有重要意义。区域水土流失的遥感监测主要进展体现在以下几个方面：

（1）遥感数据源多样化。从传统的卫星遥感数据，如光学遥感影像和雷达遥感数据，到近年来兴起的无人机遥感数据，都为区域水土流失监测提供了更多的选择。无人机遥感技术能够以较低的成本进行长时间、大范围区域水土流失状况的监测，并且可以提供更高分辨率的数据。随着高光谱遥感、激光雷达等新型遥感技术的发展，未来将更多地应用于水土流失监测中，提高监测的精细化和准确性。

（2）监测方法与技术流程的优化。随着遥感技术的不断发展，监测方法和技术流程也得到了优化。例如，通过多光谱和高光谱成像技术，可以获取地表物体的多种属性信息，从而更准确地评估水土流失的潜在风险。同时，遥感数据的预处理、信息提取和数据校正等环节也得到了改进，提高了数据的质量和准确性。

（3）遥感与 GIS 技术的结合。地理信息系统（GIS）技术的引入为区域水土流失遥感监测提供了强大的空间分析和数据处理能力。通过将遥感数据与 GIS 技术相结合，可以实现对监测区域的空间分布、动态变化等信息的可视化展示和定量分析，为制定科学的水土保持措施提供了有力支持。

（4）监测精度的提高。随着遥感技术的不断进步和监测方法的优化，区域水土流失的遥感监测精度也在不断提高。现在，遥感技术已经可以实现对监测区域内植被覆盖度、土壤类型和分布、地形坡度等因素的精确测量和分析，为评估水土流失的潜在风险提供了更加可靠的数据支持。

（5）智能化和自动化的趋势。随着人工智能、大数据和机器学习等技术的不断发展，区域水土流失的遥感监测正在向智能化和自动化的方向发展。通过训练机器学习模型，可以实现对遥感数据的自动解译和分析，提高监测效率和准确性。构建智能化的水土流失监测系统，实现监测数据的自动处理和分析。

3. 生产建设项目水土保持遥感监管

水土保持监督执法是保障水土保持法律法规有效实施的重要手段。在我国生态环境的水土保持工作中，所采取的相应措施普遍都具有工作量大、工作难度高和工作范围广等特点。遥感技术可以用于水土保持监督执法，提高执法的效率和准确性。无人机遥感技术以其卓越的精准性和灵活性，能够高度契合水土保持执法工作的各项要求，进而确保水土保持监督工作的实际效果达到最大化。这种技术的应用不仅提升了监督效率，还增强了监督的准确性和全面性，为水土保持工作提供了强有力的技术支持。通过影像数据，可以实时监测地表变化情况，发现违法违规行为。例如，通过比较不同时间点的遥感影像数据，可以发现非法开垦、滥伐林木等违法违规行为，为执法部门提供线索和证据。同时，结合地面巡查和无人机等技术手段，可以实现对违法违规行为的快速定位和打击，保障水土保持法律法规的有效实施。

2013 年，水利部印发了《全国水土保持信息化规划（2013—2020 年）》，明确了水土保持信息化建设目标，提出了生产建设项目“天地一体化”监管的思路；2015 年印发了《全国水土保持信息化工作 2015—2016 年实施计划》，提出各流域管理机构在大中型生产建设项目集中连片区域，选取 1 个生产建设活动多、地面扰动形式多样、水土保持技术力量强、机构完善的县作为示范县，开展预防监督监管示范；各省（自治区、直辖市）水行政主管部门选取 1 个示范县开展预防监督监管示范。2017 年印发的《全国水土保持信息化工作 2017—2018 年实施计划》，提出继续开展省级监管示范推广工作，进一步扩大了试点范围：其中，北京、山东、河南、广东、广西、贵州、云南、陕西等 8 省（自治区、直辖市）和晋陕蒙接壤地区实现生产建设项目“天地一体化”监管全覆盖。其他省（自治区、直辖市）至少在 2018 年在一个地市实现监管全覆盖。2019—2023 年起连续组织开展了全国生产建设项目水土保持遥感监管工作，并成为水利部常态化监管工作；5 年来，累计发现人为水土流失违法违规项目 13.9 万个，查处了大量以前传统手段难以发现的违法违规行为，全国水土流失违法违规项目数量和扰动面积实现“双下降”，水土保持方案审批和设施验收数量实现“双提升”，从源头上有效控制了人为水土流失产生。通过连续五年探索和实践，水土保持遥感监管取得了显著工作成效：一是构建了“解译、判别、认定、查处”的水土保持遥感监管技术路线；二是建立了“水利部下发、地方查处、流域核查”的工作组织模式；三是研发了“协同解译、监管服务、现场核查”的协同解译与数据管理平台系统；四是研发了遥感监管扰动图斑智能标注系统，实现了扰动图斑快速、精确、智能提取；五是摸清了人为水土流失监管的薄弱环节，并查处了大量违法违规行为。

4. 水土保持治理效益评价

中华人民共和国成立 60 年来，我国的水土流失治理逐步由单一措施、分散治理、零星开展的群众自发行为发展成为国家生态建设的重点工程全面规划、综合治理、整体推进。水土保持工程是防治水土流失的重要措施之一，包括梯田、拦沙坝、护坡等，治理工程的建设规模和覆盖范围不断扩大，治理效益日益凸显。随着 GIS、GPS 技术不断完善及在水土保持上的广泛应用，遥感技术在水土流失防治效果监测中发挥着重要作用，通过遥感影像数据，可以提取出水土保持工程的位置、规模和结构等信息，并与地面监测数据相结合，评估工程实施后的效果，水土保持治理效益研究也逐渐由小区发展到田块，由小流域发展到大尺度流域。

通过遥感影像数据可以实现定期监测水土保持工程、生物和耕作等措施的数量和质量，如水土保持林、种草、封山育林（草）、梯田等的面积和质量，以及治沟工程和坡面工程的数量和质量。此外，通过遥感监测实施水土保持措施后的效益，包括蓄水保土、减沙、植被类型与覆盖度变化、增加经济收益、增产粮食以及土壤流失控制比、林草植被恢复率及覆盖率等指标，可以分析防治措施实施后水土流失的变化情况，评估防治效果。例如，通过比较防治措施实施前后的遥感影像数据，可以分析植被覆盖度的变化情况、土壤侵蚀程度的减轻程度等，从而评估防治措施的有效性。除了水土保持工程外，还有许多其他的水土保护措施，主要包括物理工程措施、生物措施和其他临时防治措施，如退耕还林、护坡结构、封禁治理等，遥感技术也可以用于这些措施的监测和评估。通过遥感影像数据，可以提取出退耕还林区的植被覆盖度、土地利用类型等信息，评估退耕还林措施的实施效果。同时，通过时间序列遥感影像数据的分析，可以追踪封禁治理区的植被恢复情况和土壤侵蚀程度的变化，为制定针对性的治理措施提供科学依据。

因此，通过时间序列遥感影像数据的分析，可以追踪水土保持工程的长期效果，水土保持效益评价由多数的静态评价转向更为实用有效的静态与动态评价相结合，从而可从整体上反映小流域或一定区域的社会、经济和生态子系统的常规规律，为以后的效益预测和系统调控提供前提条件。随着遥感技术的不断发展和完善，其在水土流失监测中的应用将更加广泛和深入，为水土保持事业的发展和生态环境的保护作出更大的贡献。

第3章

水土流失综合判别法遥感监测

3.1 概况介绍

指标综合方法的共同特征是综合应用单个或多个侵蚀因子，制定决策规则，与各侵蚀等级建立关联关系。侵蚀因子的选择以及决策规则的制定通常是基于专家的判断，或对区域侵蚀过程的深刻认识。最基本的方法是根据侵蚀过程中各侵蚀因子的重要性，分别赋予不同的权重，通过因子的加权或加权平均结合已制定的决策规则确定侵蚀风险。

最为常用的是基于《土壤侵蚀分类分级标准》（SL 190—2007）中三因子（土地利用、植被覆盖度和地形坡度），按照耕地与非耕地分别在坡度与覆盖度上的表现进行分级。从而划分土壤侵蚀等级。这种方法综合考虑了土地利用类型、植被覆盖度和地形坡度状况，通过三种因子的叠加对水土流失强度等级进行划分，获得研究区的水土流失类型、强度、面积和空间分布数据。采用此方法计算的结果受到的人为干扰较小，较为客观。

3.2 技术方法

3.2.1 工作内容与技术路线

水土流失综合判别法遥感监测基于“3S”（RS、GIS、GPS）高新技术手段，充分应用基础资料收集整编、面向对象遥感分析、人机交互遥感解译、植被覆盖度反演、多因子空间叠加分析、水土流失强度分级、野外调查及抽样复核等方法，提取区域土地利用、植被覆盖及地形等水土流失因子，获得生产建设项目的类型、规模及空间分布等相关资料，摸清生产建设项目人为水土流失状况，采用三因子综合判别法，实现自然水土流失强度分级，查清区域水土流失类型、强度、面积和空间分布状况，并分析水土流失动态变化情况。主要包括基础资料收集与整理、水土流失因子提取、野外调查和验证、土壤侵蚀强度判定等工作内容，技术路线流程如图3-1所示。

3.2.2 基础资料收集与整理

获取与处理的主要数据包括三类资料：地形数据、遥感数据以及其他资料等。上述资

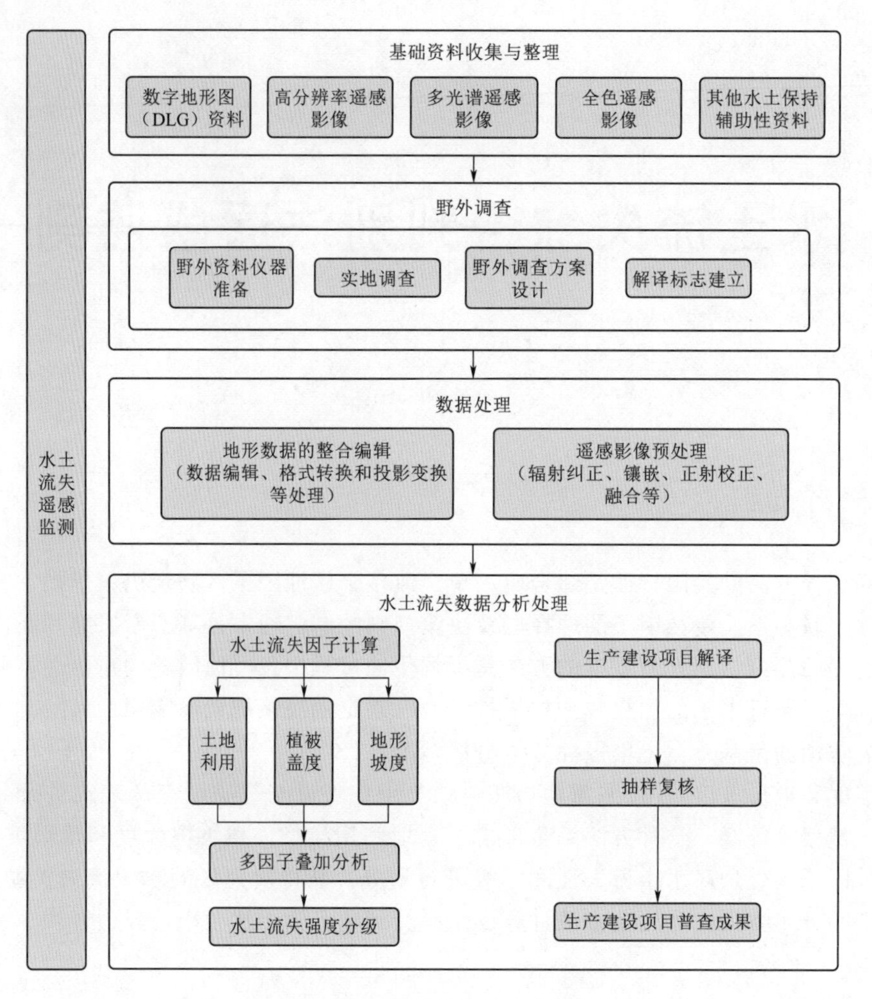

图3-1 水土流失综合判别法遥感监测技术路线图

料作为水土流失遥感监测所需的基础数据和必要的解译辅助资料，是遥感解译、分析、制图以及报告编写的基础。

3.2.2.1 地形数据收集与整编

收集完整的研究区范围内一定比例尺数字地形图（DLG）资料（精度越高越好），基于ArcGIS软件对数字地形数据进行必要的整编工作，主要包括等高线、高程点、水系、地名等专题要素图层的提取、拼接和编辑工作，各专题要素图层通过编辑处理实现无缝拼接，满足生成要求的DEM和制作普查专题图件的要求。具体流程如图3-2所示。

3.2.2.2 遥感数据收集与预处理

1. 遥感影像数据概况

水土流失综合判别法遥感监测主要采用高分辨率多光谱影像，开展土地利用遥感解译和植被覆盖度反演等工作，如国外的ALOS卫星影像、国内的环境卫星及GF-1和GF-2卫星影像，以上述三种类型的卫星为例介绍相关的遥感影像数据概况，具体卫星参数见表3-1。

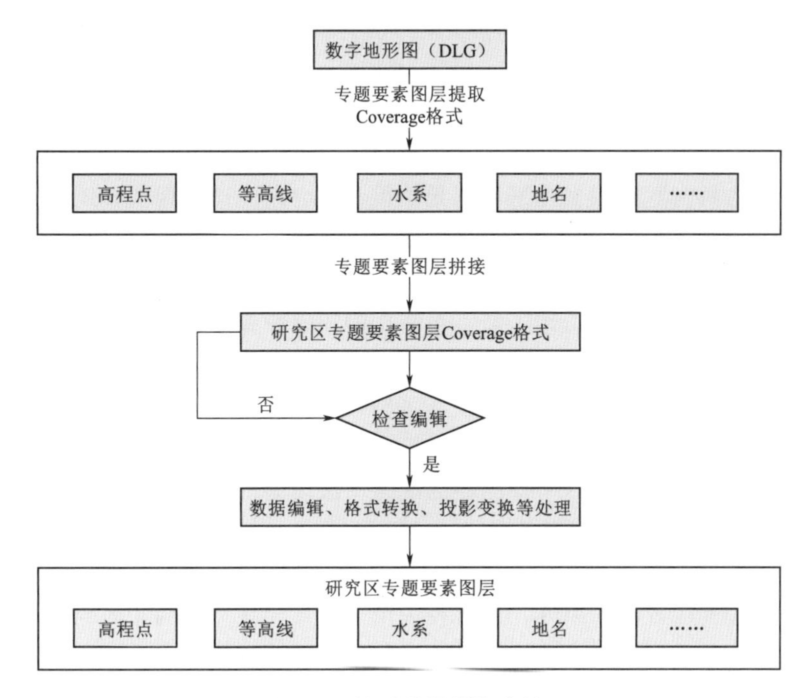

图 3-2 地形数据整编流程图

表 3-1 ALOS 卫星、环境卫星、GF-1 和 GF-2 卫星参数

卫星	ALOS	环境卫星	GF-1	GF-2
发射时间	2006 年 1 月	2008 年 9 月	2013 年 4 月	2014 年 8 月
轨道高度	691.65km		645km	645km
轨道倾角	98.16°			
运行周期	98.16min	2d	97min	97min
波谱范围	0.42～0.50μm（10m） 0.52～0.60μm（10m） 0.61～0.69μm（10m） 0.76～0.89μm（10m） 全色 0.52～0.77μm（2.5m）	0.43～0.52μm（30m） 0.52～0.60μm（30m） 0.63～0.69μm（30m） 0.76～0.90μm（30m）	0.45～0.52μm（8m） 0.52～0.59μm（8m） 0.63～0.69μm（8m） 0.77～0.89μm（8m） 全色 0.45～0.9μm（2m）	0.45～0.52μm（3.2m） 0.52～0.59μm（3.2m） 0.63～0.69μm（3.2m） 0.77～0.89μm（3.2m） 全色 0.45～0.9μm（0.8m）

对地观测卫星 ALOS 能够获取全球高分辨率陆地观测数据，主要应用目标为测绘、区域环境观测、灾害监测、资源调查等领域。ALOS 卫星载有三个传感器：全色遥感立体测绘仪（PRISM），主要用于数字高程测绘；先进的可见光与近红外辐射计（AVNIR-2），用于精确陆地观测；相控阵型 L 波段合成孔径雷达（PALSAR），用于全天时全天候陆地观测。

GF-1 和 GF-2 是我国自主研发的民用光学遥感卫星。它们是“高分辨率对地观测系统”的核心组成部分。GF-1 搭载两台相机，全色相机可获取 2m 分辨率黑白影像，多光谱相机可获取 8m 分辨率彩色影像（蓝、绿、红、近红外 4 个波段），填补了我国民用亚米级遥感数据的空白。GF-2 是我国首颗民用亚米级光学遥感卫星，它搭载两台相机，全色相机可获取 0.8m 分辨率黑白影像，多光谱相机可获取 3.2m 分辨率彩色影像，可满足国土资源普查、环境监测、城市规划等领域的数据需求，为相关部门决策提供了重要依据。

环境卫星的两颗光学小卫星（HJ-1A 和 HJ-1B）于 2008 年 9 月 6 日发射成功。A 星光学有效载荷为两台宽覆盖多光谱可见光相机和一台超光谱成像仪，B 星光学有效载荷为两台宽覆盖多光谱可见光相机和一台红外相机。

2. 遥感数据的预处理

在进行水土流失遥感分析工作之前，对采用的遥感影像进行正射校正、辐射校正、影像增强与融合以及影像镶嵌等预处理。

（1）正射校正。原始的遥感图像存在严重的几何变形，引起几何变形的原因主要有：①卫星的姿态、轨道以及地球的形状和运动等外部因素；②遥感器本身结构性能和扫描镜的不规则运动、检测器采样延迟、探测器的配置、波段间的配准失调等内部因素；③纠正上述误差而进行一系列换算和模拟而产生的处理误差。

一般几何校正旨在消除大气传输、传感器自身、地球曲率等因素造成的几何畸变，而正射校正除了一般几何校正作用外，还可校正由于地形起伏造成的几何畸变。其中，控制点收集采用地形图或野外采集坐标，采集地形图或野外地物点与遥感图像上特征同位点的地理坐标作为控制点，尽可能选择较多的分布均匀、易识别定位的目标点作为校正控制点，进行几何校正。

正射校正应满足《基础地理信息数字产品 1∶10000、1∶50000 数字正射影像图》（CH/T 1009—2001）的要求，其中，遥感数据几何校正误差平原区控制在 1.5 个像元以内，山区控制在 3 个像元以内。

（2）辐射校正。辐射校正指在光学遥感数据获取过程中，产生的一切与辐射有关的误差的校正，其包括辐射定标和大气校正。由于遥感影像成像过程的复杂性，传感器接收到的电磁波能量与目标自身辐射的能量是不一致的，传感器输出的能量包含了由于太阳位置和角度条件、大气条件、地形影响和传感器自身的性能等所引起的各种失真，这失真不是地面目标自身的辐射，因此必须加以纠正和消除。

1）辐射定标。将记录的原始 DN 值转换为大气外层表面反射率，目的是消除传感器自身产生的误差。技术流程如下：

从头文件中获取影像 Gain 和 Bias；以环境卫星遥感影像为例，利用 ENVI 软件中的 Band Math 模块，输入辐射定标的增益和偏移数值，逐波段对环境卫星遥感影像数据进行辐射定标，将影像 DN 值转换为具有物理意义的辐射亮度值。

$$L_b = \mathrm{Gain} \cdot \mathrm{DN}_b + \mathrm{Bias} \tag{3-1}$$

式中：L_b 为辐射亮度值，$\mathrm{W/(cm^2 \cdot \mu m \cdot sr)}$；Gain 和 Bias 为增益和偏移，单位和辐射亮度值相同；辐射亮度值和 DN 值是线性关系。

同样类似操作，将辐射亮度值转换为大气表观反射率：

$$\rho_b = \frac{\pi L_b d^2}{ESUN_b \cos\theta_s} \tag{3-2}$$

式中：L_b 为辐射亮度值；d 为天文单位的日地距离；$ESUN_b$ 为太阳表观光谱辐照度；θ_s

为太阳高度角，(°)。

2）大气校正。将辐射亮度值或者表观反射率转换为地表实际反射率，目的是消除大气散射、吸收、反射引起的误差，主要分为两种类型：统计型和物理型。统计型是基于陆地表面变量和遥感数据的相关关系，优点在于容易建立并且可以有效地概括从局部区域获取的数据，例如验线性定标法、内部平场域法等。物理型遵循遥感系统的物理规律，但是建立和学习这些物理模型的过程漫长而曲折，模型是对现实的抽象，所以一个逼真的模型可能非常复杂，包含大量的变量，例如 6s 模型、Mortran 等。

（3）影像增强和融合。充分利用高空间分辨率的全色波段与低空间分辨率的多光谱波段各自优势，得到高空间分辨率的多光谱影像，为土地利用遥感解译工作提供基础影像数据。

（4）影像镶嵌。对于研究区面积较大的地方，可能需要数十景遥感影像才能完全覆盖研究区范围，因此，需要进行遥感影像镶嵌，即将多景遥感影像镶嵌得到一幅覆盖研究区范围的完整影像。遥感影像镶嵌的关键包括以下两点：

1）在空间上将多幅不同的影像镶嵌在一起。因为在不同时间用相同的传感器以及在不同时间用不同的传感器获得的影像，其几何位置和变形是不同的。解决空间镶嵌的实质是几何/正射校正，按照前面的几何/正射校正方法将所有参加镶嵌的影像纠正到统一的坐标系中，去掉重叠部分后将多景影像拼接起来形成一幅完整的影像。

2）保证镶嵌后的影像色彩一致，色调相近，没有明显的接缝。该步可以通过亮度/反差调整和镶嵌边界线平滑解决。

3.2.2.3　其他资料收集整编

收集一些具有辅助性的文字资料和电子资料，例如行政区划矢量图，并对成果资料进行整编分析。所有数据资料来源应可靠，数据资料整编应规范、准确。

3.2.3　水土流失因子提取

3.2.3.1　土地利用因子解译

1. 遥感解译分类体系

参照《适用于水土保持土地利用现状的分类标准》《土地利用现状分类》（见表 3-2），确定待划分的水土流失遥感监测土地利用类型为水田、旱地、坡耕地、林草地、火烧迹地、建筑用地、生产建设用地、水域和其他 9 种类型，具体编码和定义见表 3-3。

表 3-2　　　土地利用分类对照表

GB/T 21010—2007 土地分类				土壤侵蚀分析中土地分类
编码	名称	编码	名称	对应名称
01	耕地	011	水田	水田
		012	水浇地	
		013	旱地	旱地
02	园地	021	果园	坡耕地
		022	茶园	
		023	其他林地	

续表

<table>
<tr><th colspan="4">GB/T 21010—2007 土地分类</th><th>土壤侵蚀分析中土地分类</th></tr>
<tr><th>编码</th><th>名称</th><th>编码</th><th>名称</th><th>对应名称</th></tr>
<tr><td rowspan="3">03</td><td rowspan="3">林地</td><td>031</td><td>有林地</td><td rowspan="6">林草地（含火烧迹地）</td></tr>
<tr><td>032</td><td>灌木林地</td></tr>
<tr><td>033</td><td>其他林地</td></tr>
<tr><td rowspan="3">04</td><td rowspan="3">草地</td><td>041</td><td>天然牧草地</td></tr>
<tr><td>042</td><td>人工牧草地</td></tr>
<tr><td>043</td><td>其他草地</td></tr>
<tr><td rowspan="4">05</td><td rowspan="4">商服用地</td><td>051</td><td>批发零售用地</td><td rowspan="5">建筑用地（含生产建设用地）</td></tr>
<tr><td>052</td><td>住宿餐饮用地</td></tr>
<tr><td>053</td><td>商务金融用地</td></tr>
<tr><td>054</td><td>其他商服用地</td></tr>
<tr><td rowspan="3">06</td><td rowspan="3">工矿仓储用地</td><td>061</td><td>工业用地</td></tr>
<tr><td>062</td><td>采矿用地</td><td>生产建设用地</td></tr>
<tr><td>063</td><td>仓储用地</td><td rowspan="23">建筑用地（含生产建设用地）</td></tr>
<tr><td rowspan="2">07</td><td rowspan="2">住宅用地</td><td>071</td><td>城镇住宅用地</td></tr>
<tr><td>072</td><td>农村宅基地</td></tr>
<tr><td rowspan="8">08</td><td rowspan="8">公共管理与公共服务用地</td><td>081</td><td>机关团体用地</td></tr>
<tr><td>082</td><td>新闻出版用地</td></tr>
<tr><td>083</td><td>科教用地</td></tr>
<tr><td>084</td><td>医卫慈善用地</td></tr>
<tr><td>085</td><td>文体娱乐用地</td></tr>
<tr><td>086</td><td>公共设施用地</td></tr>
<tr><td>087</td><td>公园与绿地</td></tr>
<tr><td>088</td><td>风景名胜设施用地</td></tr>
<tr><td rowspan="5">09</td><td rowspan="5">特殊用地</td><td>091</td><td>军事设施用地</td></tr>
<tr><td>092</td><td>使领馆用地</td></tr>
<tr><td>093</td><td>监教场所用地</td></tr>
<tr><td>094</td><td>宗教用地</td></tr>
<tr><td>095</td><td>殡葬用地</td></tr>
<tr><td rowspan="7">010</td><td rowspan="7">交通运输用地</td><td>101</td><td>铁路用地</td></tr>
<tr><td>102</td><td>公路用地</td></tr>
<tr><td>103</td><td>街巷用地</td></tr>
<tr><td>104</td><td>农村道路</td></tr>
<tr><td>105</td><td>机场用地</td></tr>
<tr><td>106</td><td>港口码头用地</td></tr>
<tr><td>107</td><td>管道运输用地</td></tr>
</table>

续表

GB/T 21010—2007 土地分类				土壤侵蚀分析中土地分类
编码	名称	编码	名称	对应名称
011	水域及水利设施用地	111	河流水面	水域
		112	湖泊水面	
		113	水库水面	
		114	坑塘水面	
		115	沿海滩涂	
		116	内陆滩涂	
012	其他土地	121	空闲地	其他
		122	设施农用地	
		123	田坎	
		124	盐碱地	
		125	沼泽地	
		126	沙地	
		127	裸地	

表 3-3　　水土流失遥感监测土地利用分类表

名称	含　义
水田	用于种植水稻、莲藕等水生农作物的耕地。包括实行水生、旱生农作物轮种的耕地
旱地	除水田、坡耕地以外的其他耕地。包括无灌溉设施，主要靠天然降水种植旱生农作物或仅靠引洪淤灌的耕地、有水源保证和灌溉设施种植旱生农作物的耕地、种植蔬菜等的非工厂化的大棚用地等
坡耕地	分布在山坡上（大于 5°），地面平整度差、跑水跑肥跑土突出、作物产量低的旱地
林草地	生长乔木、竹类、灌木的土地及沿海生长红树林的土地，包括迹地，不包括居民点内部的绿化林木用地、铁路、公路征地范围内的林木，以及河流、沟渠的护堤林；指生长草本植物为主的土地
火烧迹地	森林中经火灾烧毁后尚未长起新林的土地
建筑用地	城乡居民点、企事业单位用地、地面线路和场站用地等土地，包括在建建设项目、居民点、绿化、民用机场、港口、码头、地面运输管道和各种道路等用地
生产建设用地	生产建设过程中需要挖填土石方，扰动地表，损坏植被的项目
水域	陆地水域，海涂，沟渠、水工建筑物等用地。不包括滞洪区和已垦滩涂中的耕地、园地、林地、居民点、道路等用地
其他	不属于上述土地利用类型的土地

考虑坡耕地易产生水力与重力侵蚀的特点，加上长期受到人为的干扰以及不合理的利用，大多受到土壤侵蚀的破坏或面临侵蚀的威胁，并存在不同程度的退化，生产力低下，是人为活动频繁而生态较脆弱的地区，因此，将坡耕地列为单独一项土地利用类型进行分类。火烧迹地为南方地区常见的一种属于人为活动导致并能够造成一定土壤侵蚀的特殊地类，故将其单独作为一种土地利用类型进行分类。

针对生产建设项目，由于其工程特性通常伴有大面积的地表扰动，导致项目区地表土壤裸露，产生一定土壤侵蚀，便于后期的管理，将其细分为采矿，采石取土，交通运输工程，开发区建设，水利、电力工程等五类，见表3-4。

表3-4　　生产建设项目分类体系表

大　类	具　体　类　型
生产建设项目	1. 采矿（矿产）
	2. 采石取土（取土、取石、取料）
	3. 交通运输工程（公路、铁路、管道）
	4. 开发区建设（房地产、经济开发区、旅游区、城镇新区）
	5. 水利、电力工程等（水电站、水工程）

2. 遥感解译方法

传统的遥感土地利用解译方法，以单个像素为解译单位，过于着眼于局部而忽略了附近整片图斑的几何结构情况，并且人为的主观性和经验认知对解译结果有较大的影响，从而严重制约了信息提取的精度。

面向对象方法的分类单元是地物对象而不是传统意义上的像素，充分利用了对象信息（色调、形状、纹理、层次）和类间信息（与邻近对象、子对象、父对象的相关特征），实现对遥感影像的计算机自动分割，解译结果受到人为干扰较少，客观性更强。面向对象遥感影像分类主要借助于eCognition软件平台实现。

分类的具体流程如图3-3所示。具体流程如下：

（1）对采用的遥感影像进行多尺度分割（遵循异质性最小的原则，把光谱信息相似的邻近像元归为影像对象，影像对象包括了光谱、空间与形状特征的同质性），从而获得具有空间实体意义的面向对象土地利用图斑。

（2）在影像分割的基础上，建立9种土地利用类型的分类体系，分析不同地类的对象特征和类间特征，建立判别规则或训练类别样本，进行土地利用分类，得到初步的分类结果。

（3）依据野外实际调查所建立的解译标志，对初步分类结果进行人机交互式修正。

（4）由另外一组技术人员对人机交互式修正后的分类结果进行进一步的复核、验证，得出最终的土地利用分类结果。

解译工作精度要求：地类解译精度大于85%，几何精度（面积或长度）大于90%；解译得到的图斑边界线走向和形状与影像特征的允许误差小于1～2个像元，图斑界线接边允许误差小于1～2个像元。

在土地利用初步分类的基础上，对生产建设项目进一步细分，利用野外调查数据和五类不同生产建设项目在遥感影像上各自的特点，将生产建设项目初步遥感解译结果细分，并结合Google earth影像对生产建设项目初步遥感解译成果进行逐图斑检查、修正、编辑和完善。以生产建设项目在ALOS影像和Google earth影像上的特征为例进行说明。

（1）开发区建设。开发区建设多分布在城镇周围或一些主干公路沿线，在ALOS影像上通常呈斑块状，边界较规则。容易出错的地方：一些建筑物尤其是众多工业厂房由于

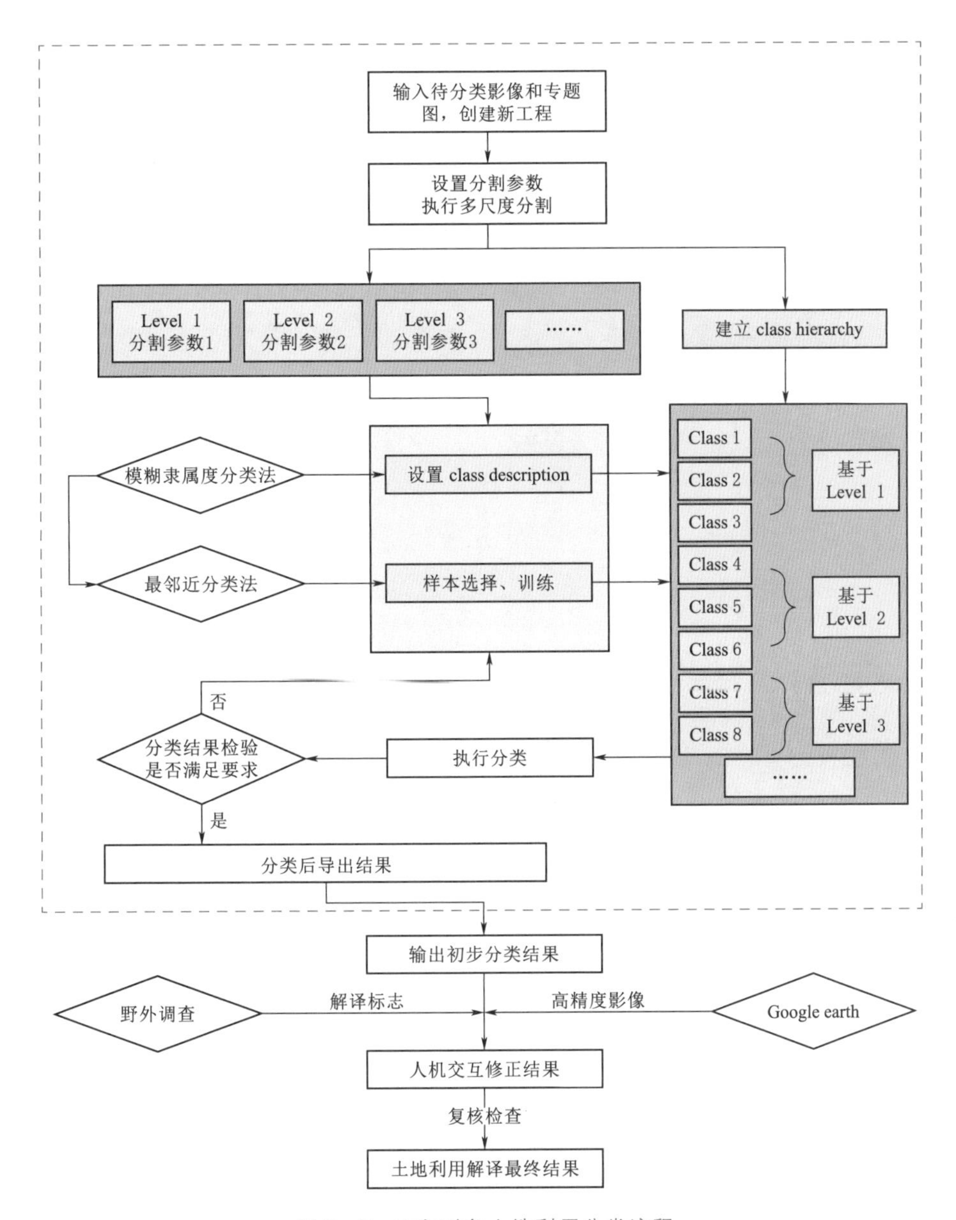

图 3-3　面向对象土地利用分类流程

顶部颜色的原因，在遥感影像上表现与裸地相近，容易被误判为开发区建设，因此对于不确定的斑块，可以通过真假色转变的方法来确认，如图 3-4 所示。

（2）交通运输工程。修路与其他类型的侵蚀较容易判别，ALOS 影像上修路通常呈狭长的长条形，但除铁路或有等级的公路很容易解译出来外，许多狭窄的土质山路在遥感影像上一般表现为一条淡淡的白线或黄线，很难解译出来，如图 3-5 所示。

（3）采矿。采矿通常位于山区，色调与周围其他土地利用类型反差大，且通常采矿周边有进场山路，斑状或面状分布，容易与其他地类区分。但即使是同属于采矿，ALOS 影像上由于矿产资源种类不同，在遥感影像上也有可能表达不一样，尤其容易将采矿与采石

（a）ALOS影像　　（b）Google earth影像

图3-4 开发区建设ALOS影像与Google earth影像

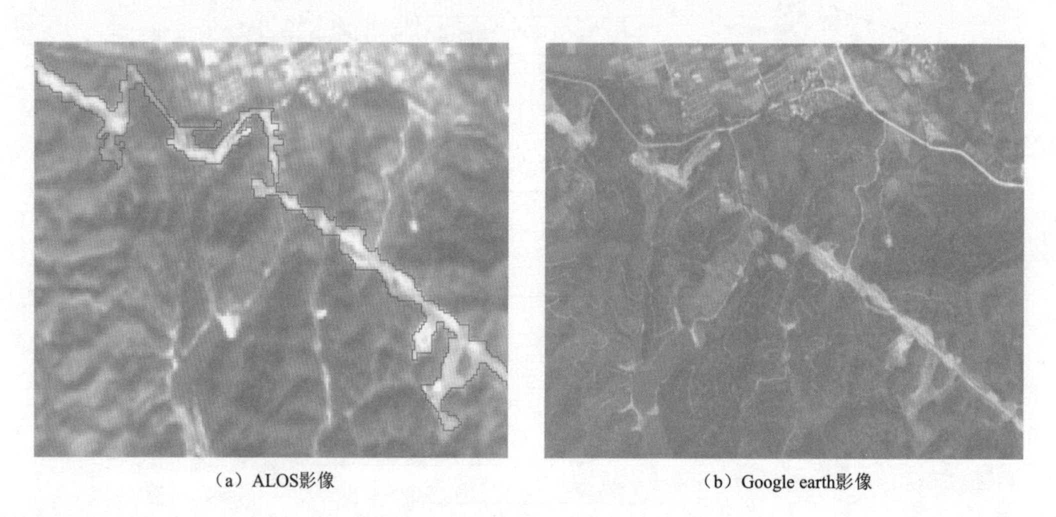

（a）ALOS影像　　（b）Google earth影像

图3-5 修路ALOS影像与Google earth影像

取土混淆。因此在解译前，首先结合野外调查的采矿和采石取土点，对应Google earth影像尽量多地确认不同种类采矿和采石取土在遥感影像上的表达形式，经过分析发现采石取土场通常面积不是很大，而由于其自上而下的开采活动，在影像上会呈现一定的立体感，且形成明显阴影；而采矿通常沿矿脉采集，通常面积很大或斑状分布。

对于非法采矿，通常会在一定区域内呈现密布众多面积不大的矿点，例如稀土矿，而且由于稀土矿筛选需经过几道化学工序，遥感影像上的稀土矿会被很规则的分为几个小块，这种特征在Google earth影像上表现更为明显；铁矿区和煤矿区露天开展得较多，矿区面积很大，除白色、黄色外，还会夹杂其他较深的颜色；高岭土矿通常面积也较大，由于选矿的需要，很多高岭土矿区都会有一个较大的水池等。

但由于采矿和采石取土的种类太多，仅靠上面这些因素分析仍然不够。因此，除此之外，在碰到大量分布的采矿和采石取土斑块时，可以在网上首先确认当地的矿产资源的种类，以减少误判，如图3-6所示。

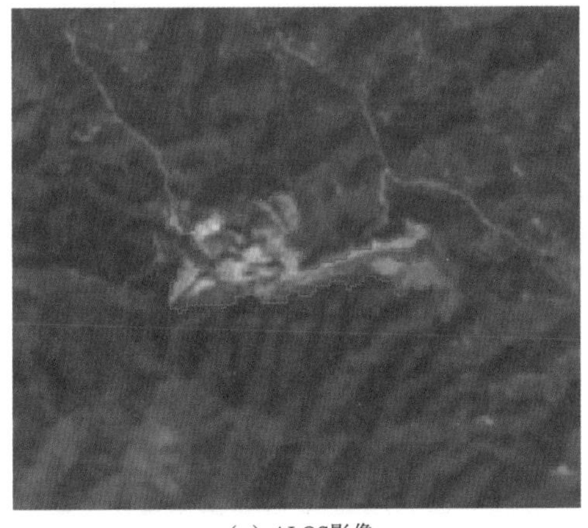

（a）ALOS影像

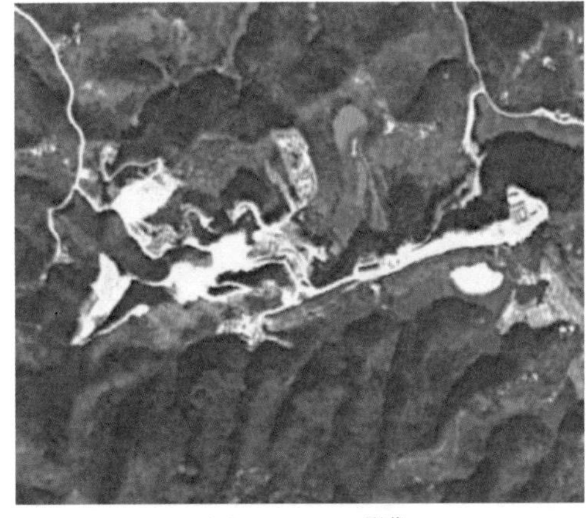

（b）Google earth影像

图 3-6　采矿 ALOS 影像与 Google earth 影像

（4）采石取土。采石取土与采矿相似，通常位于山区，色调与周围其他土地利用类型反差大，且周边有进场山路，不明显区别为采石取土场由于自上而下的开采活动，通常面积不大，且在 ALOS 影像上形成明显阴影，呈面状或块状，如图 3-7 所示。

（a）ALOS影像

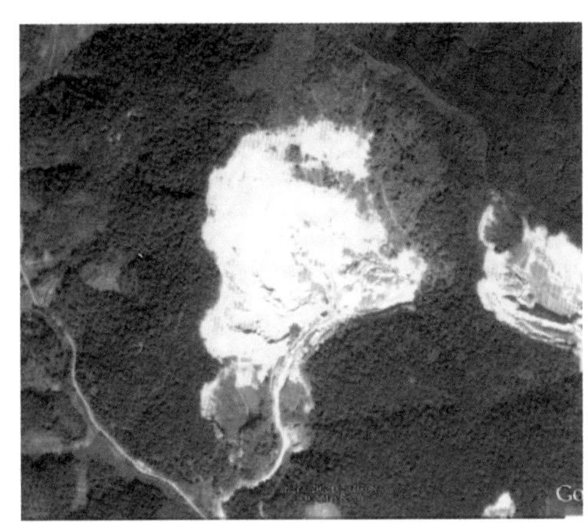

（b）Google earth影像

图 3-7　采石取土 ALOS 影像与 Google earth 影像

（5）水利、电力工程。水利、电力工程色调与周围其他土地利用类型反差大，但类型不同，在 ALOS 影像上表达也各有特点。水电站、水利枢纽等通常分布在较大河流、湖泊、水库附近，通常扰动面积大、呈块状分布；风电场多远离居民聚居地，单个风电机组占地面积通常不大，但各机组之间有道路（通常路表裸露）相连，在 Google earth 影像上容易区分。另外，处在施工初期的水利、电力工程容易与其他生产建设项目类型混淆，通过收集研究区内新建水利、电力工程资料，提高分类精度，如图 3-8 所示。

3. 解译精度分析

通过将土地利用解译结果与野外调查结果进行对比，可以计算获得土地利用类型精度分析表，见表 3-5，可进一步计算统计土地利用遥感解译的每个地类及整体精度。

（a）ALOS影像

（b）Google earth影像

图3-8 水利、电力工程ALOS影像与Google earth影像

表3-5 土地利用类型精度分析表

解译类型	调查类型								
	旱地	火烧迹地	建筑用地	生产建设用地	林草地	坡耕地	水田	水域	总计
旱地									
火烧迹地									
建筑用地									
生产建设用地									
林草地									
坡耕地									
水田									
水域									
总计									

3.2.3.2 地形坡度因子计算

利用一定比例尺DLG等高线、高程点数据，通过三维空间分析，生成DEM，据此计算土地坡度，并对坡度进行分级，获得坡度分级专题图，其分级标准见表3-6。

表3-6 土壤侵蚀坡度分级标准

级别	1	2	3	4	5	6
坡度/(°)	≤5	5～8	8～15	15～25	25～35	>35

以1∶5万地形图为例说明地形坡度因子计算技术流程，如图3-9所示。

(1) 收集覆盖研究区的1∶5万数字地形图（DLG）。根据地形图拼接的需要，将研究区分成 N 个区域，在ArcInfo Workstation中进行terlk图层（含等高线和高程点要素）的拼接，得到 N 个区域的terlk图层（Coverage格式）。

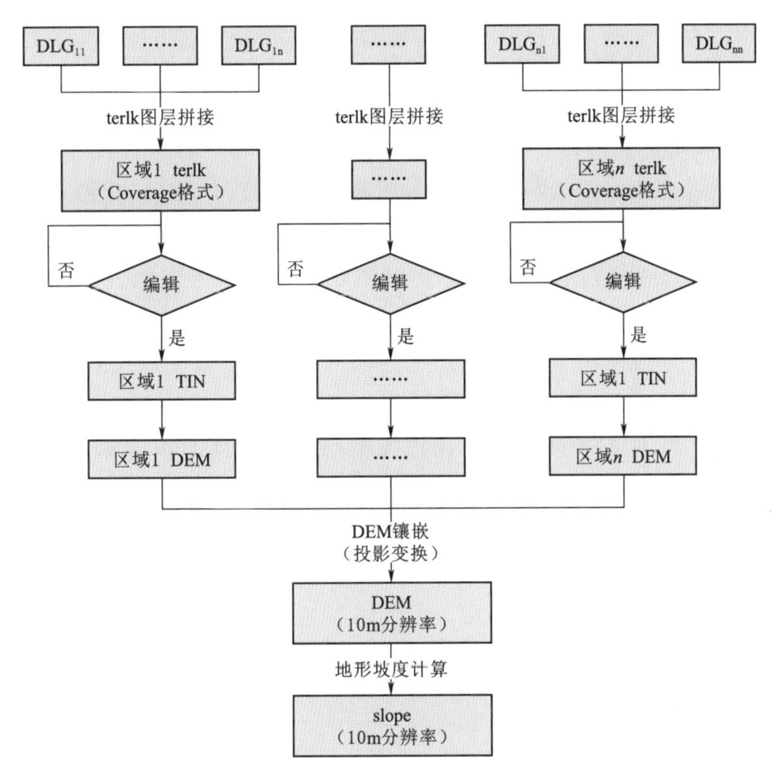

图 3-9　地形坡度因子计算流程图

（2）利用 ArcGIS 软件，对拼接好的 terlk 图层进行图形和属性的编辑处理，检查无误后，在 ArcInfo Workstation 中利用 arctin 命令生成 N 个区域的 TIN（不规则三角网）。

（3）在 ArcInfo Workstation 中利用 tinlattice 命令生成研究区范围内 N 个区域 10m 分辨率的 DEM（数字高程模型），ESRI GRID 格式。

（4）利用 ArcGIS 软件的 Arc ToolBox 工具，对研究区 N 个区域的 DEM 进行镶嵌，并进行投影变换处理，得到一幅完整的研究区 DEM 图，10m 分辨率，ESRI GRID 格式。

（5）利用 ArcGIS 软件的地形坡度计算工具，进行研究区地形坡度的计算，获得研究区地形坡度因子（Slope）。

3.2.3.3　植被盖度因子反演

1. 植被覆盖度反演方法

归一化植被指数（NDVI）转化法：利用遥感影像计算 NDVI，然后利用回归模型计算像元植被覆盖度，获得植被覆盖栅格专题图并进行统计分析，植被覆盖度遥感反演流程如图 3-10 所

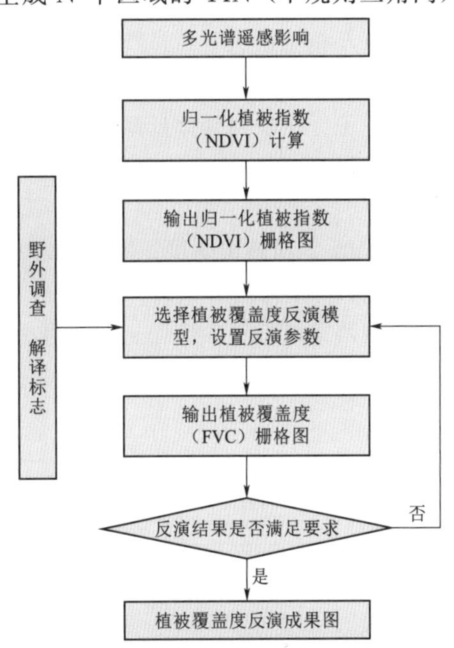

图 3-10　植被覆盖度遥感反演流程图

示，计算技术流程如下：

（1）植被指数计算。遥感影像反映的地物，除了植被覆盖的区域外，还有水体、云、土壤以及城镇等裸露地表，上述地物类型在可见光和近红外波段的光谱特征是区分它们的依据。水体在R1（可见光波段）的吸收较小，反射率较高，而在R2（近红外波段）反射率几乎降为零，即全部吸收，R2－R1＜0，所得到的NDVI（归一化植被指数，Normalized Difference Vegetation Index）值为负；云在R2、R1波段几乎都是均匀的漫反射，两通道的反射率很接近，NDVI值接近于零；城镇以及沙地等裸露地表的反射率R1波段略高，R2稍低，但整体是NDVI值接近于零；植被在两波段上有陡坡效应，NDVI值大于零，并且随着植被的种类和长势而变化；土壤在R1、R2波段上的反射率也随波长的增加而增加，但一般情况下，NDVI值要比植被小。

研究表明，NDVI对土壤背景的变化较为敏感。当植被的覆盖密度小于15%时，其值高于裸土的实际值；当植被的覆盖密度大于80%时，其值的变化则变得不明显；在上下两个极值之间，NDVI随植被的密度线性增加。因此，利用归一化植被指数可作为有无植被和植被长势的判断依据。

植被指数计算是以影像像元为单元，由遥感影像的红光波段和近红外波段计算归一化植被指数（NDVI），获得归一化植被指数栅格图。归一化植被指数（NDVI）计算公式如下：

$$NDVI=\frac{\rho_{NIR}-\rho_{RED}}{\rho_{NIR}+\rho_{RED}} \tag{3-3}$$

式中：NDVI为归一化植被指数；ρ_{NIR} 为遥感影像近红外波段的反射率；ρ_{RED} 为遥感影像红光波段的反射率。

（2）植被覆盖度计算。在获得NDVI成果图的基础上，根据野外实地调查GPS记录的坐标以及植被信息，通过统计、分析等方法，建立植被指数与植被覆盖度之间的回归关系模型，利用归一化植被指数（NDVI）计算成果，进行植被覆盖度反演，获取植被覆盖度栅格图像。植被覆盖度反演公式如下：

$$FVC=\left(\frac{NDVI-NDVI_{min}}{NDVI_{max}-NDVI_{min}}\right)k \tag{3-4}$$

式中：FVC 为植被覆盖度；NDVI为像元NDVI值；$NDVI_{max}$、$NDVI_{min}$ 为像元所在地类的转换系数；k 为经验系数。

植被覆盖度分级参照《土壤侵蚀分类分级标准》（SL 190—2007）中的植被覆盖度分级标准，见表3-7，分为低覆盖、中低覆盖、中覆盖、中高覆盖和高覆盖5级。

表3-7 植被覆盖度分级标准

级别	1	2	3	4	5
类型	低覆盖	中低覆盖	中覆盖	中高覆盖	高覆盖
植被覆盖度/%	≤30	30～45	45～60	60～75	＞75

2. 反演精度分析

由于综合判别法中林草地的土壤侵蚀结果主要受植被覆盖度的影响，同时，土壤侵蚀分级标准中，将植被覆盖度分为了小于等于30%，30%～45%，45%～60%，60%～75%和大于75%等5个等级，因此，对植被覆盖度的验证主要是通过判断野外调查获得的林草地植被覆盖度与遥感解译的林草地植被覆盖度是否在同一个级别进行的，与土地利用解译精度分析相同，见表3-8。

表3-8　植被覆盖度精度检验

解译类型	调查类型					
	≤30%	30%～45%	45%～60%	60%～75%	>75%	合计
≤30%						
30%～45%						
45%～60%						
60%～75%						
>75%						
合计						

3.2.4 野外调查与验证

开展水土流失野外调查工作旨在获取研究区范围内典型区域的土地利用、植被覆盖度、水土流失类型和强度等级等实地第一手资料，为建立土地利用类型、植被覆盖度等解译标志，以及对土地利用分类、植被覆盖度反演、水土流失强度分级和普查成果验证等工作提供基础数据支持。

野外调查主要采取典型区域无人机调查和现场抽样调查相结合的方式。主要内容为：无人机获取基本调查单元的高分辨率遥感影像（飞行高度约为250m，飞行面积约为1100m×1100m）；地面现场调查获取调查单元与调查点的经纬度位置、地形坡度、土地利用、植被覆盖、水土流失强度和照片等，在此基础上，进行野外调查成果内业整理与遥感解译，获取基本调查单元的业务调查数据等，建立土地利用类型、植被覆盖和水土流失强度等遥感解译标志和成果验证样本。野外调查主要分为三个阶段，即准备期、实地调查期和分析整理期，技术流程如图3-11所示。

3.2.4.1 调查单元选取

基于针对性、代表性、典型性、可行性、灵活性原则，根据研究区的水土流失现状调查初步结果选取基本调查单元，选取土地利用变化较大、解译时地类不太确定或者水土流失强度较大的图斑作为典型区域。

（1）针对性。野外调查的主要目的是建立土地利用、植被覆盖度及水土流失强度的影像解译标志，为水土流失因子获取和土壤侵蚀强度计算和变化分析提供基础数据，因此，调查主要针对土地利用因子变化相对较大和水土流失较为严重的区域。

（2）代表性。选择的调查单元是基于水土流失现状调查的初步结果数据精心挑选的，确保数据在研究区范围内均匀分布，同时兼顾了不同土地利用类型和水土流失强度的多样性，以便这些调查单元能够全面代表各个区域在不同土地利用下的水土流失基本情况。

（3）典型性。本次选择的调查单元依据土地利用解译结果数据，结合水土流失计算成

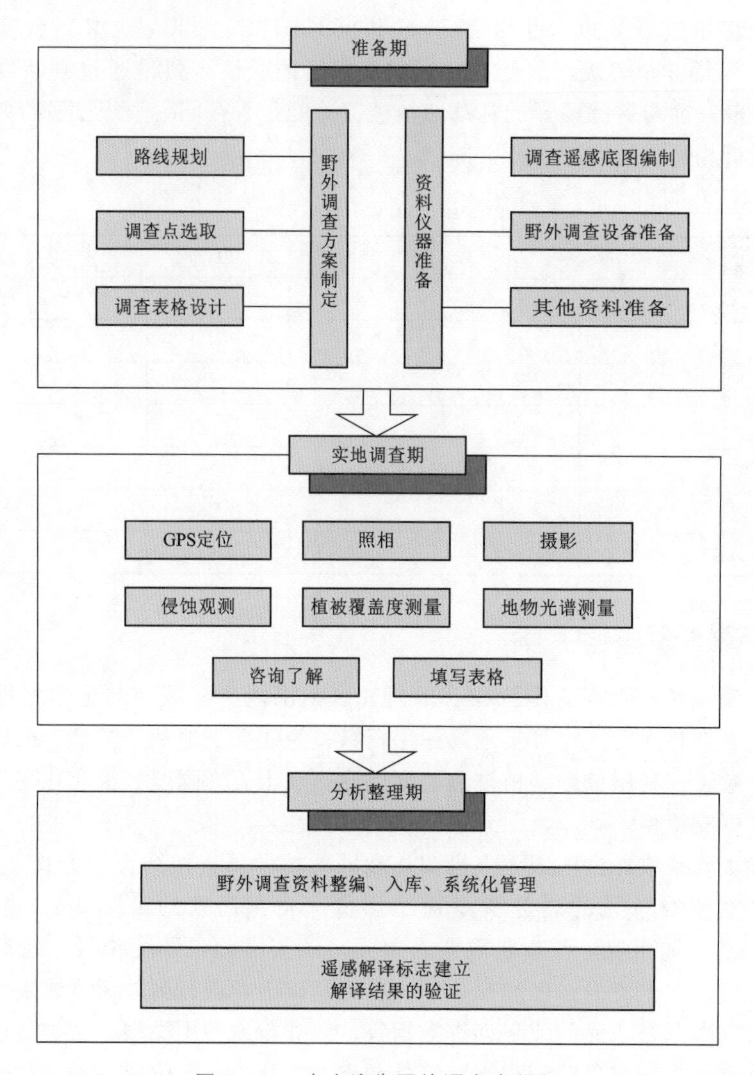

图 3－11 水土流失野外调查流程图

果数据，对土地利用变化较大和水土流失严重的地方适当增加点数，着重考察典型区域。

（4）可行性。根据道路、交通情况，选择能够到达的调查区域作为调查点，实在不能到达的点位可删除。

（5）灵活性。在已选点的基础上，开展野外工作时，可以中途增加明显自然侵蚀的、植被覆盖相对较差及地形较复杂的区域作为调查单元。

3.2.4.2 现场调查法

一般来说，野外调查采取典型区域重点调查和沿公路线抽样调查的方式进行野外踏勘。典型区域重点调查是按选择好的调查点进行详细考察记录，公路线抽样踏查是指前往调查点或返回的过程中，对公路两侧感兴趣区域随时停车考察记录。实地记录其土地利用类型、植被覆盖状况、水土流失类型和程度、林种等情况，并与遥感影像颜色、纹理特征进行对比，记录其特征，建立遥感解译标志，调查记录如图 3－12 所示。

野外调查单元表格

调查单元编号:__________调查图斑编号:_________________调查时间: ___年___月___日____时____分 结束:_____时____分

经纬度:________°________′________″E ________°________′________″N 海拔:_______m 行政位置:________

土地利用类型:

1 水田:水稻( ) 莲藕( ) 其他( )

2 旱地:小麦( ) 玉米( ) 大棚( ) 蔬菜( ) 果园( ) 茶园( ) 其他( )

3 坡耕地:小麦( ) 玉米( ) 果园( ) 茶园( ) 其他( )

4 林草地:灌木林地( ) 有林地( )【乔木林( ) 幼林地( ) 疏林地( ) 退耕还林( )】其他林地( )
天然牧草地( ) 人工草地( ) 其他草地( )

5 火烧迹地:初期( ) 中期( ) 后期( )

6 生产建设用地:采矿( ) 采石取土( ) 交通运输工程( ) 开发区建设( ) 水利水电工程( )
【建设阶段:铲平( ) 主体施工( )】

7 建筑用地:住宅用地( ) 工业仓储用地( ) 商服及公共用地( ) 特殊用地( ) 交通运输用地( )
水利水电设施( )

8 水域:水库( ) 池塘( ) 河流( ) 其他( )

9 其他:空闲地( ) 设施农用地( ) 盐碱地( ) 裸土地( ) 裸岩石砾地( ) 补充:______________

坡度/(°)	0~5	5~8	8~15	15~25	25~35	>35
第一个人估算						
第二个人估算						

植被盖度/%	0	0~10	10~20	20~30	30~40	40~45~50		50~60	60~70	70~75~80		80~90	90~100
第一个人估算													
第二个人估算													

侵蚀强度	微度	轻度	中度	强烈	极强烈	剧烈
第一个人估算						
第二个人估算						

照片:起止编号:________________________ 是否典型地类( ) 调查人员:_________________________

图 3-12 野外调查记录示意图

3.2.4.3 无人机调查法

根据野外调查布局方案,野外调查单元采用无人机航拍获取超高分辨率遥感影像,然后通过无人机影像拼接软件,将野外获取的无人机照片导入到软件中,经过对齐照片、优化对齐方式、生成密集点云、生成网格、生成纹理等步骤生成野外调查区域的 3D 模型,然后导出等高线图像,导出正射影像得到野外调查区域的无人机拼接影像。

在进行无人机影像拼接前,首先,需要对无人机照片飞行高度和照片重叠度进行筛选,以便使拼接的无人机影像更加精确符合要求。由于无人机的飞行高度决定了无人机照片的分辨率,无人机照片的横纵向重叠度影响了无人机拼接影像的成果质量,为了保证无人机拼接影像的结果达到相对应的分辨率以及无较大变形,需要提前筛选出飞行高度相对一致且相邻照片的横纵向重叠度不低于 50%的照片,再进行下一步拼接。其次,由于无人机飞行过程中 GPS 信号偏移导致最终拼接影像与其实际位置存在偏差,需要对无人机影像进行进一步的精校正,基于野外布置的 GPS 控制点对拼接的无人机影像进行精校正,将野外控制点的经纬度数据导入 ArcGIS 生成对应的控制点,在 ArcGIS 中利用 Georeferencing 功能(地理配准),将无人机影像中对应 GPS 控制点的影像位置校正到 GPS 控制点以完成对无人机影像的校正,并将完成精校正的影像重新导出作为无人机影像处理的成果。

3.2.4.4 野外验证

土壤侵蚀解译完成后，结合野外调查数据对室内解译结果进行验证，由于土地利用类型与土壤侵蚀分布之间存在密切关系，并且是土壤侵蚀计算的三因子之一；同时，植被覆盖度也是判断土壤侵蚀情况的重要因子。因此，对综合判别法水土流失遥感监测精度的评价分为三个部分：一是对遥感影像土地利用类型解译结果精度估算和分析；二是对植被覆盖度精度进行验证；三是对最终土壤侵蚀结果进行精度评价。主要内容如下：

（1）土地利用分类的信息提取成果验证。

（2）植被覆盖度计算结果验证。

（3）土壤侵蚀强度的信息提取成果验证。

（4）解译中的疑、难点以及需要补充的解译标志验证。

3.2.5 土壤侵蚀强度判定

3.2.5.1 土壤侵蚀分类分级标准

《土壤侵蚀分类分级标准》（SL 190—2007）是由水利部于2007年批准发布的行业标准。该标准全面系统地规定了土壤侵蚀类型分区、土壤侵蚀强度分级以及土壤侵蚀程度等内容，它为统一评价土壤侵蚀状况、指导防治措施制订提供了技术依据，是防治土壤侵蚀、维护生态环境的重要标准。标准根据气候、地形、植被等因素，将土壤侵蚀类型划分为一级和二级类型区。一级类型区包括水力侵蚀区、风力侵蚀区和冻融侵蚀区，重力侵蚀和混合侵蚀不应单独分类型区，水力侵蚀类型区宜分为西北黄土高原区、东北黑土区、北方土石山区、南方红壤丘陵区和西南土石山区5个二级类型区；风力侵蚀类型区宜分为“三北”戈壁沙漠及沙地风沙区、沿河环湖滨海平原风沙区2个二级类型区；冻融侵蚀类型区宜分为北方冻融土侵蚀区、青藏高原冰川冻土侵蚀区2个二级类型区。各大流域、各省（自治区、直辖市）可在全国二级分区的基础上，再细分为三级类型区和亚区。常见的侵蚀强度分级见表3-9～表3-11。

表3-9 水力侵蚀强度分级

级别	平均侵蚀模数/[t/(km^2·a)]	平均流失厚度/(mm/a)
微度	＜200，＜500，＜1000	＜0.15，＜0.37，＜0.74
轻度	200，500，1000～2500	0.15，0.37，0.74～1.9
中度	2500～5000	1.9～3.7
强烈	5000～8000	3.7～5.9
极强烈	8000～15000	5.9～11.1
剧烈	＞15000	＞11.1

注 本表流失厚度系按土的干密度1.35g/cm^3折算，各地可按当地土壤干密度计算。

表3-10 重力侵蚀分级指标

崩塌面积占坡面面积比/%	＜10	10～15	15～20	20～30	＞30
强度分级	轻度	中度	强烈	极强烈	剧烈

表 3-11 风力侵蚀强度分级

级别	床面形态（地表形态）	植被覆盖度（非流沙面积）/%	风蚀厚度/(mm/a)	侵蚀模数/[t/(km² · a)]
微度	固定沙丘、沙地和滩地	>70	<2	<200
轻度	固定沙丘、半固定沙丘、沙地	70～50	2～10	200～2500
中度	半固定沙丘、沙地	50～30	10～25	2500～5000
强烈	半固定沙丘、流动沙丘、沙地	30～10	25～50	5000～800
极强烈	流动沙丘、沙地	<10	50～100	8000～15000
剧烈	大片流动沙丘	<10	>100	>15000

基于《土壤侵蚀分类分级标准》（SL 190—2007）的综合判别法（土地利用、植被覆盖度和地形坡度）分级情况见表 3-12。

表 3-12 土壤侵蚀分级标准

地类		地面坡度/(°)				
		5～8	8～15	15～25	25～35	>35
非耕地林草覆盖度/%	60～75	轻度	轻度	轻度	中度	中度
	45～60	轻度	轻度	中度	中度	强烈
	30～45	轻度	中度	中度	强烈	极强烈
	≤30	中度	中度	强烈	极强烈	剧烈
坡耕地		轻度	中度	强烈	极强烈	剧烈

3.2.5.2 基本评价单元的确定

基本评价单元是进行区域土壤侵蚀评价的最小单位，评价单元的划分应客观地反映出研究区区域尺度下土壤侵蚀自然环境背景在一定空间及时间上的差异。在同一评价单元中侵蚀环境因子具有一致的基本属性，不同的评价单元都应有自己独特的自然属性，能反映出不同的地貌类型、土壤类型和土地利用类型等信息。因此，在进行水土流失情况评价时，需要确定土壤侵蚀评价的基本评价单元。关于区域土壤侵蚀评价单元的确定，已有的研究中采用了三种方法，具体如下：

（1）简单地块法。根据模型计算的需要，用行政区划边界、地貌单元、径流网络或土地利用特征之一划分地块，实际上指的是一种实际存在的具有明显分界的行政或自然空间单元。

（2）综合地块法。根据地貌、土地利用、土壤等影响土壤流失的环境因子划分地块，以此为基础采集和管理因子数据并计算土壤流失量。

（3）规则格网法。以遥感影像的像元、DEM 或其他空间数据的栅格方格，作为最初评价分析的单元。实际上，这种方法指的是理想坡面，即坡度、植被和土地利用等状况相对均一的地理单元。

上述三种方法，前两者是基于一定的行政或自然边界，具有一定的地理基础，即实际存在的地理单元，该单元对应于图上的一个图斑；后者属于一种数据存储单元和图形数据处理中的像元单元，数据的计算量较大。表面上，这样的单元划分似乎会造成将具有地理基础的地貌单元切割或拼凑，但实际上，使用规则格网的方法能细致地反映出组成地块的每个像元的土壤侵蚀情况，从而使得到的侵蚀面积结果更加准确，也使遥感影像的高分辨率优势得到最大程度的发挥。在上述分析数据格式和基本评价单元的基础上，结合考虑遥感调查使用的空间分辨率来确定研究区相应的土壤侵蚀基本评价单元，开展数据分析工作。

3.2.5.3 侵蚀强度判定流程

土壤侵蚀强度判定流程如图 3－13 所示。首先将矢量土地类型利用类型矢量图、不同分辨率的栅格数据转化为同一分辨率（以 10m 为例）的土地利用类型、植被覆盖度和地形坡度栅格图；结合栅格数据叠加分析原理，对土地利用类型、植被覆盖度和地形坡度数据进行空间叠加分析操作，得到土壤侵蚀栅格图层；为使土壤侵蚀情况能够以图斑形式展现，将土壤侵蚀栅格数据与土地利用矢量数据综合分析，得到土壤侵蚀初步矢量图。

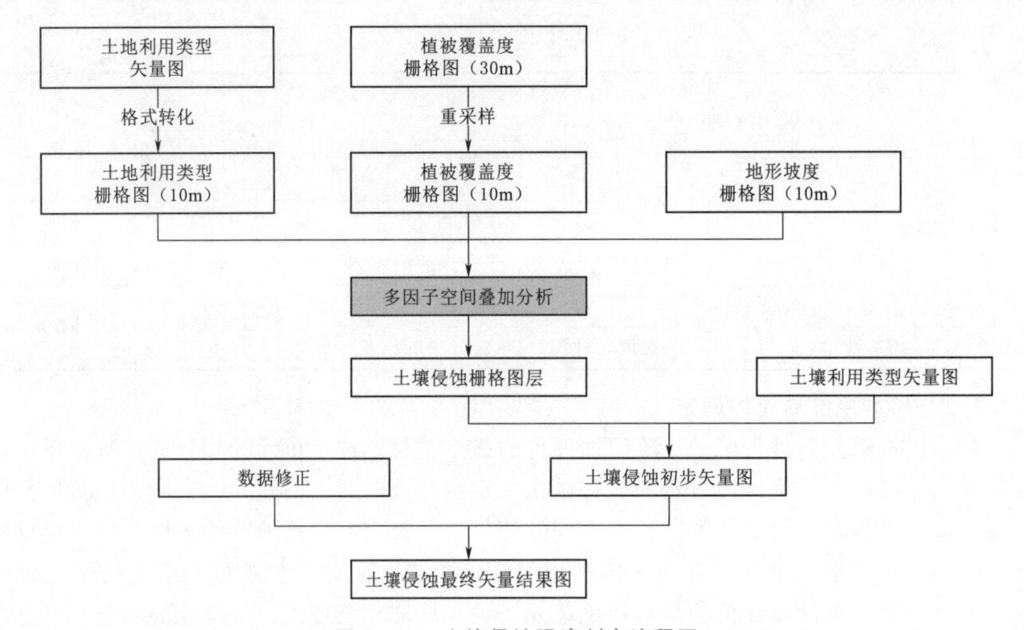

图 3－13 土壤侵蚀强度判定流程图

1. 空间分析数据格式的转化

土壤侵蚀强度的计算涉及土地利用类型、土地坡度和植被覆盖度三个图层，需要对三个图层进行叠加分析。目前，叠加分析分为矢量 GIS 叠加和栅格 GIS 叠加两种主要类别，因此，需要确定数据图层的数据格式。

矢量多边形叠加将两个或多个多边形图层进行叠加，产生一个新的多边形图层。新图层的多边形是原图层多边形交割的结果，每个多边形的属性含有原图层多边形的所有属性数据，以及在原图层中的序号。由于新图层的多边形是原图层多边形交割的结果，因此它们总是比原图层的多边形碎小且不均，特别是参与叠加的因子图层数目较多（土地利用类型、土壤侵蚀和地形坡度三个图层），并且原图层本身的多边形较密，如果再使用矢量数据进行叠加分析，生成的结果层多边形将过于细密和不均，地域单元过于细密会带来合理性、可视性等方面难题。

由于栅格 GIS 的叠加分析中各图层格网一致，叠加过程中分析评价的基本单元，或最小公共地理单元不变，因而不存在矢量多边形叠加中结果层基本单元可能过于细密的问题。因此，对土壤侵蚀强度的分析评价中，输入图层的数据格式确定为栅格图层。

如图 3-13 中所示，土地利用类型为矢量数据，同时，植被覆盖度反演结果为 30m 分辨率栅格数据，首先需要将这两种数据共同转化为 10m 分辨率的栅格数据；在数据格式转化的过程中，对三种图层的栅格进行编码。土地利用类型、植被覆盖度和地形坡度三种图层的编码原则如下。

土地利用类型共分为水田、旱地、坡耕地、林草地、火烧迹地、建筑用地、生产建设用地、水域和其他等 9 种类型，分别按照表 3-13 中的内容对土地利用类型进行编码。

表 3-13　土地利用类型编码

土地利用类型	水田	旱地	建筑用地	水域	坡耕地	其他	林草地	生产建设用地	火烧迹地
编码	100	200	300	400	500	600	700	800	900

植被覆盖度分级参照《土壤侵蚀分类分级标准》（SL 190—2007）中的植被盖度分级标准，分为低覆盖、中低覆盖、中覆盖、中高覆盖和高覆盖 5 级，并按照表 3-14 进行编码。

表 3-14　植被覆盖度分级编码

级别	1	2	3	4	5
植被覆盖度/%	≤30	30～45	45～60	60～75	>75
编码	10	20	30	40	50

地形坡度分级参照《土壤侵蚀分类分级标准》（SL 190—2007）中的地形坡度分级标准，按照坡度的大小分为 6 级，并根据表 3-15 进行编码。

表 3-15　地形坡度分级编码

级别	1	2	3	4	5	6
地形坡度/(°)	≤5	5～8	8～15	15～25	25～35	>35
编码	1	2	3	4	5	6

2. 多因子空间叠加分析

基于格式转化后的土地利用类型、植被覆盖度和地形坡度各因子栅格图作为输入图层，用土壤侵蚀数据库空间分析的功能进行叠加分析（即三个栅格图层相加的运算），叠加求值如图 3-14 所示，最终得到土壤侵蚀栅格图层。

结合图 3-14 所示，参照《土壤侵蚀分类分级标准》（SL 190—2007）中对土壤侵蚀的判断可知，土壤侵蚀栅格图层中，每个栅格值为形如 abc 的三位数字，a 代表该栅格的土地利用类型，范围为 1～9；b 代表该栅格的植被覆盖度等级，范围为 1～5；c 代表该栅格的地形坡度等级，范围为 1～6。每个栅格数值代表的侵蚀强度类型如下所示：

当栅格的数值格式为 1bc、2bc、3bc 和 4bc 时，表示该栅格的土壤侵蚀类型为微度；

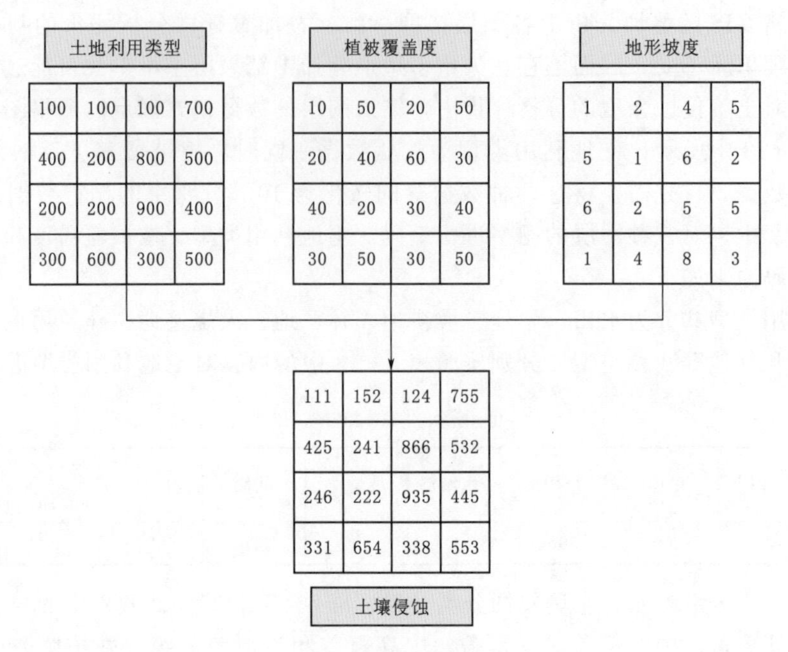

图3-14 土壤侵蚀叠加分析

当栅格的数值格式为8bc时，表示该栅格的土壤侵蚀类型为工程侵蚀；当栅格的数值格式为9bc时，表示该栅格的土壤侵蚀类型为火烧迹地；当栅格的数值格式为5bc时，表示该栅格的土壤侵蚀类型为坡耕地，具体侵蚀等级的判断见表3-16；当栅格的数值格式为6bc和7bc时，表示该栅格的土壤侵蚀类型为自然侵蚀，具体侵蚀等级的判断见表3-17。

表3-16 坡耕地侵蚀强度判定表

编码格式	5b1	5b2	5b3	5b4	5b5	5b6
坡耕地侵蚀强度	微度	轻度	中度	强烈	极强烈	剧烈

注 坡耕地侵蚀强度表中，b的取值对坡耕地侵蚀强度的判定没有影响。

表3-17 自然侵蚀强度判定表

a51	a52	a53	a54	a55	a56
a41	a42	a43	a44	a45	a46
a31	a32	a33	a34	a35	a36
a21	a22	a23	a24	a25	a26
a11	a12	a13	a14	a15	a16

注 当a=6或a=7时适用该表格，表中不同颜色代表不同的自然侵蚀强度等级，具体如下所示。

颜色图例						
自然侵蚀强度	微度	轻度	中度	强烈	极强烈	剧烈

利用上述判定规则即可获得土壤侵蚀栅格图像中各个像元的土壤侵蚀强度，如图3-15所示。同时，可以统计出各种土壤侵蚀类型的面积。

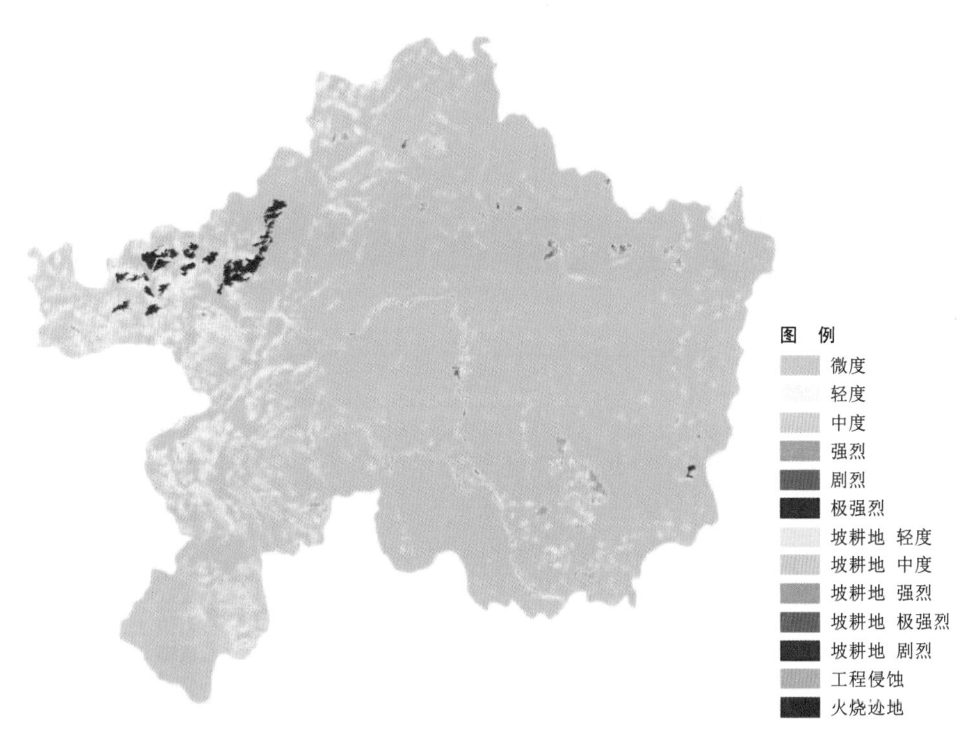

图 3-15 栅格数据叠加分析后获得的土壤侵蚀结果

3. 土壤侵蚀基本评价单元的归并

由于土壤侵蚀栅格数据获得的是图像上每个像元的侵蚀情况，尽管获得的各类型土壤侵蚀的面积比较准确，但是由于土壤侵蚀的基本评价单元为 10m×10m 的像元，与矢量数据相比，栅格数据图形显示质量较差、精度较低，不利于后期土壤侵蚀数据的成图；同时，考虑到水土流失遥感监测结果是土壤侵蚀规划治理工作的基础，图的质量关系到后续治理工作能否顺利进行，因此，需要将土壤侵蚀栅格点归并至矢量格式的土地利用图斑。

具体过程如下：使用 ArcGIS 的 Zonal statistics as table 工具（见图 3-16），统计每块土地利用类型图斑中的各种土壤侵蚀栅格的数量，根据土地利用类型图斑内各种土壤侵蚀栅格所占比例的不同，判断该土壤侵蚀图斑的土壤侵蚀等级，从而得到土壤侵蚀矢量结果，如图 3-17 所示。

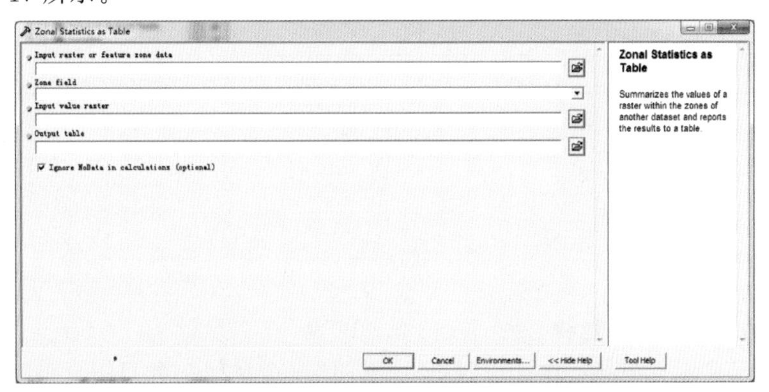

图 3-16 Zonal statistics as table 工具

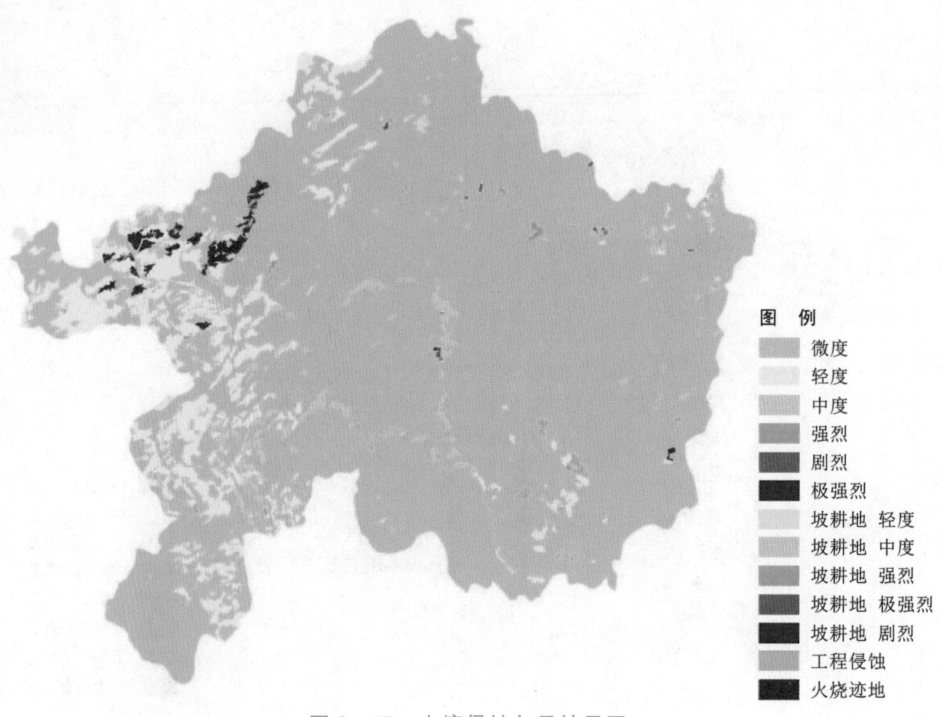

图3-17 土壤侵蚀矢量结果图

3.2.5.4 侵蚀强度判定精度验证

将土壤侵蚀按照自然侵蚀-微度、自然侵蚀-轻度及以上强度和人为侵蚀三种类型进行复核验证，通过判断野外调查获得的侵蚀类型与遥感解译结果是否为同一侵蚀类型来验证土壤侵蚀的计算结果，见表3-18。

表3-18 土壤侵蚀强度判定结果精度验证

解译类型	调查类型			
	自然侵蚀-微度	人为侵蚀	自然侵蚀-轻度及以上强度	合计
自然侵蚀-微度				
人为侵蚀				
自然侵蚀-轻度及以上强度				
合计				

3.3 应用案例

3.3.1 监测区概况

3.3.1.1 地理位置与地质地貌

珠海市位于广东省南部，珠江口西岸，“五门”（金星门、磨刀门、鸡啼门、虎跳门、崖门）之水汇流入海处。地处北纬21°08′～22°27′，东经113°03′～114°19′。内陆东与香港特别行政区、深圳市隔海相望，南与澳门特别行政区相连，西邻新会、台山市，北与中山市接壤。珠海市是我国重要的口岸城市，设有拱北、横琴、珠澳跨境工业区3个陆运口岸和九洲港、湾仔港轮渡客运、珠海港、斗门港、万山港5个水运口岸，共8个国家一类口岸，是仅次于深圳的中国第二大口岸城市。

珠海市出露地层较简单，第四系（Q）地层广泛发育，按成因类型可分为残积层、冲洪积层、冲积海积层、海积层及人工填土。除第四系地层外，在东北部和中西部零星出露有古生代的寒武系、泥盆系和中生代的侏罗系地层。

珠海市地貌形态明显受北东、北西向构造线控制，被北东、北西向断裂切割成断块式隆升与沉降的地貌单元，形成了断块隆升山地与沉降平原。各断块山体、断块山体内的低平地和凹陷平原的展布方向呈北东向，珠江口外岛屿也受北东向构造线的控制，三列岛屿呈北东向排列，珠江口外沉积盆地展布也呈北东向展布。而珠江的入海水道（如磨刀门水道、泥湾门水道），则受北西向构造控制。

3.3.1.2 气候条件与水文特征

珠海市地处珠江口西岸，濒临广阔的南海，属典型的南亚热带季风海洋性气候。终年气温较高，1979—2000年年平均气温22.5℃；气候湿润，年平均相对湿度80%；雨量充沛，年平均降雨量达到2061.9mm。常受南亚热带季候风侵袭，多雷雨。4—9月盛行东南季风，为雨季，降水量占全年的85%；10月至次年3月盛行东北季风，为旱季。大气的年平均相对湿度是79%。每年初春时节，细雨连绵，空气相对湿度较大，有时可达到100%。灾害性天气主要是台风和暴雨，个别年份冬季受寒潮低温影响。台风出现的时间多在6—10月，年平均4次左右。严重影响珠海市的台风平均每年1次，暴雨有5次左右。

广东省河流众多，主要有西江、北江、东江，三江汇流为珠江。珠江水系有八大出海口，从北至南依次为虎门、蕉门、洪奇门、横门、磨刀门、鸡啼门、虎跳门、崖门。珠海市地处西江下游滨海地带，境内河流众多，西江诸分流水道与当地河冲纵横交织，属典型的三角洲河网区。在珠海市斗门区北部，西江分为磨刀门水道、螺洲溪、荷麻溪、涝涝溪、涝涝西溪等5支分流入境，进而分汇为磨刀门、鸡啼门、虎跳门等3支干流，由北向南纵贯全境，分口注入南海。干流沿程与众多侧向分流、汇流河道衔接，既有自然分流汇水，亦有闸引闸排。西江诸分流水道沿岸均已筑堤联围，水流受到有效制导，河道基本形成稳定的平面形态。

3.3.1.3 人口区划与经济状况

2017年末珠海市常住人口176.54万人，比上年末增加9.01万人，增长5.38%。人口城镇比89.37%。全市常住人口出生率12.25‰，死亡率2.81‰，自然增长率9.44‰。

截至2017年年末，珠海市总面积为1732.33km^2，设有香洲区、金湾区、斗门区3个行政区，下辖15个镇、9个街道，并设立珠海市横琴新区、珠海高新技术产业开发区、珠海保税区、珠海高栏港经济区、珠海万山海洋开发试验区5个经济功能区。

2017年珠海市实现地区生产总值（GDP）2564.73亿元，同比增长9.2%。全市第一产业实现增加值45.53亿元，增长4.1%，对GDP增长的贡献率为0.8%；第二产业实现增加值1288.75亿元，增长11.6%，对GDP增长的贡献率为63.2%；第三产业实现增加值1230.45亿元，增长6.9%，对GDP增长的贡献率为36.0%。三次产业的比例为1.8∶50.2∶48.0。2017年全市完成固定资产投资1662.02亿元，比上年增长19.6%。分产业看，第二产业投资336.71亿元，增长17.1%，其中工业投资336.78亿元，增长17.2%，工业投资中的制造业投资295.29亿元，增长22.4%；第三产业完成投资1324.06亿元，增长20.5%。房地产开发投资666.12亿元，增长3.9%。民间投资739.97亿元，增长15.8%；工业技术改造完成投资额194.84亿元，增长32.1%。

3.3.1.4 水土流失背景

1986年至今，广东省已开展了多次全省水土流失遥感监测工作，发布了多期水土保持监测公告。全省最近一次（第四次）水土流失遥感监测于2011年开展，其中珠海市的水土流失状况如图3-18和图3-19所示。

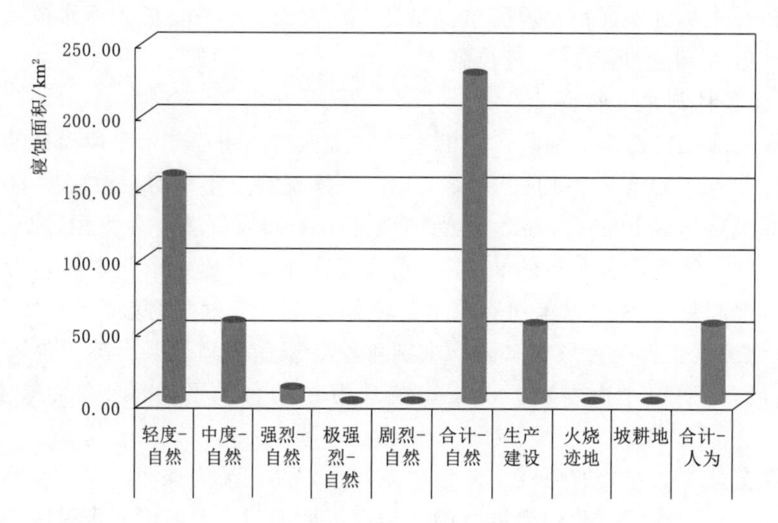

图3-18 珠海市土壤侵蚀面积柱状图

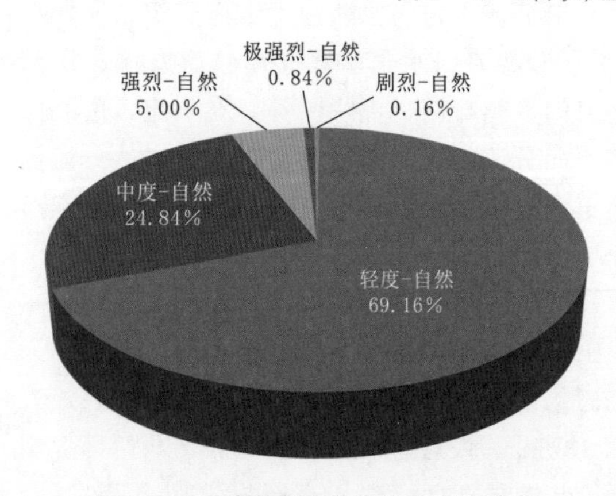

图3-19 珠海市自然侵蚀各强度等级面积占自然侵蚀总面积比例

广东省第四次水土流失遥感监测结果显示，珠海市总侵蚀面积为286.67km²，其中，自然侵蚀面积230.17km²，人为侵蚀面积56.50km²。结合图3-18和图3-19可知，自然侵蚀中，轻度侵蚀面积最大，为159.20km²，占自然侵蚀总面积的69.16%；中度侵蚀次之，占自然侵蚀总面积的24.84%，强烈、极强烈和剧烈的面积依次递减，分别占自然侵蚀总面积的5.00%、0.84%和0.16%。人为侵蚀中，生产建设用地侵蚀面积较大，为56.14km²，火烧迹地和坡耕地面积较小。

距离最近一次水土流失调查已经过去7年时间，珠海市的水土流失强度与空间分布等情况已发生了很大的变化，迫切需要开展新一轮水土流失遥感调查，掌握水土流失类型、强度、面积、空间分布、动态变化与水土保持成效等新情况，为开展水土保持规划、治理、监督管理、目标责任制考核等工作提供新的基础资料。

3.3.2 技术路线

珠海市水土流失遥感监测在高效、有力的项目组织管理基础上，基于“3S”高新技术手段，充分应用基础资料收集整编、野外调查、面向对象遥感分析、植被覆盖度反演、多因子空间叠加分析、水土流失强度分级、抽样复核等技术方法和手段，采用 GF-1 融合 2m 影像（局部区域补充 GF-2 融合 1m 影像）开展的土地利用因子解译工作；GF-1 宽幅 16m 多光谱影像计算相同（或相近）时期的植被覆盖度，获得植被覆盖度、土地利用等水土流失因子，根据《土壤侵蚀分类分级标准》（SL 190—2007）技术标准，利用综合判别法进行水土流失强度分级，查清水土流失类型、强度、面积、空间分布和变化状况；采用无人机等先进的技术手段开展野外调查工作。项目的主要流程如下，技术路线如图 3-20 所示。

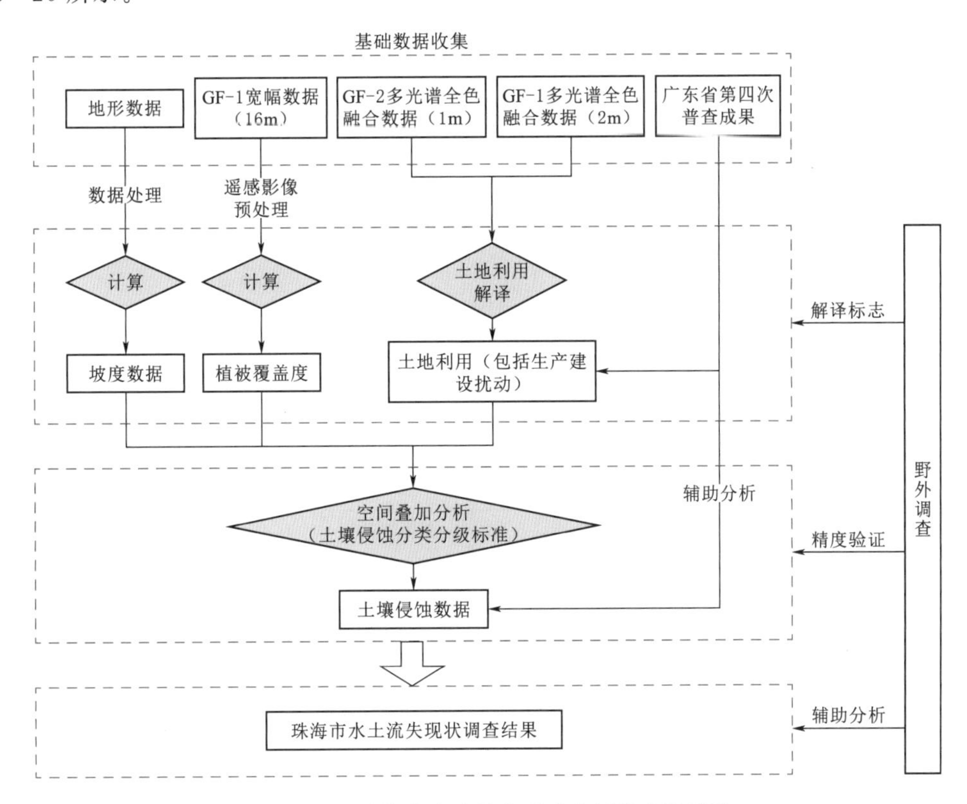

图 3-20 珠海市水土流失遥感监测技术路线图

（1）收集覆盖珠海市高分辨率遥感影像、地形等基础资料，获取全市土地利用类型、植被覆盖度、地形坡度等水土流失因子，验证各因子精度，分析各因子空间分布情况。

（2）采用无人机等先进的技术手段开展野外调查工作，为建立土地利用类型、生产建设项目扰动地块等解译标志、开展成果精度验证提供基础依据。

（3）依据《土壤侵蚀分类分级标准》（SL 190—2007），全面查清全市水土流失现状，分析水土流失的类型、强度、面积、空间分布和生产建设扰动地块类型、数量、面积、空间分布情况。

3.3.3 监测任务

3.3.3.1 资料收集与整理

1. 地形数据收集与整编

首先，收集完整的全市范围内1∶2000数字地形图（DLG）资料。基于ArcGIS软件，对1∶2000数字地形数据进行必要的整编工作，主要包括等高线、高程点、水系、地名等专题要素图层的提取、拼接和编辑工作，各专题要素图层通过编辑处理实现无缝拼接，满足生成1∶2000的DEM和制作普查专题图件的要求。具体技术流程实现如下，如图3-21所示。

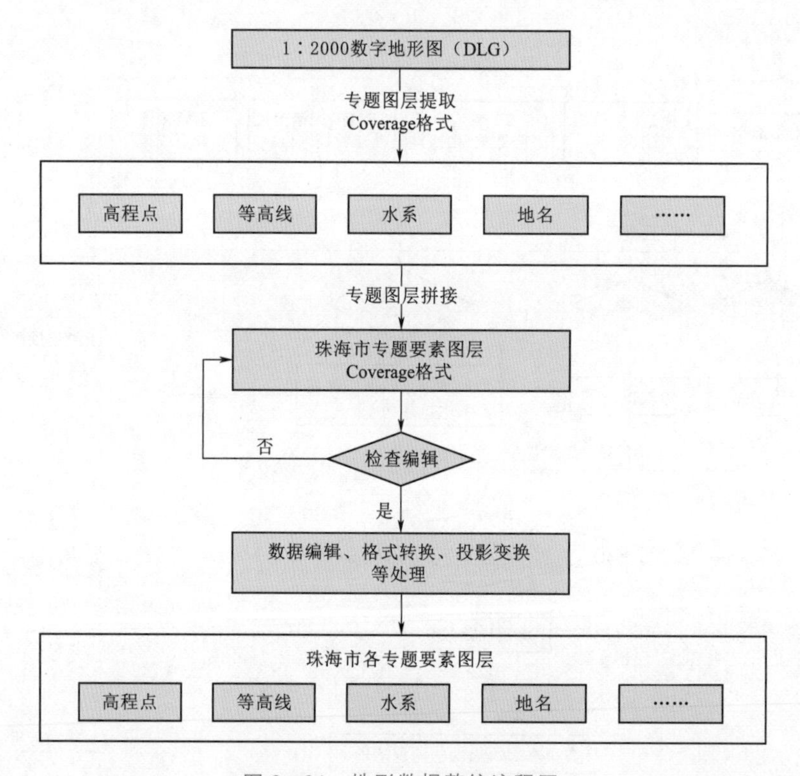

图3-21 地形数据整编流程图

（1）收集珠海市1∶2000数字地形图（DLG）资料，利用ArcGIS软件提取高程点、等高线、水系、地名等专题要素图层（Coverage格式）。

（2）利用ArcGIS软件的ArcInfo Workstation模块，编写AML程序实现对各专题图层的无缝拼接（Coverage格式）。

（3）对拼接后的各专题图层进行数据编辑、格式转换和投影变换等处理，获得珠海市的地形专题图层数据，满足生成1∶2000的DEM和制作专题图件的要求。

2. 遥感数据收集及预处理

(1) 遥感数据情况。收集2017年全年及2018年1—6月最近时相覆盖珠海市的遥感影像，采用GF-1卫星2m分辨率融合影像（局部区域补充GF-2卫星融合1m分辨率融合影像）开展土地利用因子解译工作；采用GF-1宽幅16m分辨率多光谱影像计算相同（或相近）时期的全市植被覆盖度。GF-1、GF-2卫星影像参数见表3-19。

表3-19 高分卫星主要参数

卫星	GF-1	GF-2	GF-1宽幅
空间分辨率	2m	1m	16m
用途	全市水土流失调查		全市植被覆盖度计算
覆盖范围	全市		
遥感数据成像时间	2017年全年及2018年1—6月成像的遥感数据		
波谱范围	0.45～0.52μm 0.52～0.59μm 0.63～0.69μm 0.77～0.89μm	0.45～0.52μm 0.52～0.59μm 0.63～0.69μm 0.77～0.89μm	0.45～0.52μm 0.52～0.59μm 0.63～0.69μm 0.77～0.89μm

(2) 遥感数据的预处理。进行水土流失遥感分析工作之前，对用于遥感解译的GF-1和GF-2影像进行几何校正/正射校正、辐射校正、图像增强、融合以及图像镶嵌等预处理，技术路线如图3-22所示。

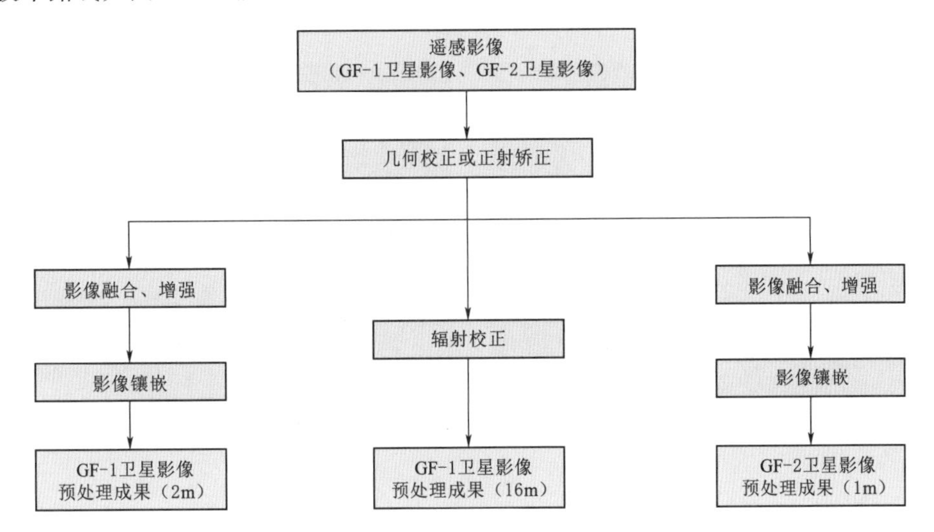

图3-22 遥感影像预处理技术流程

1) 几何校正/正射校正。具体内容见3.2.2.2，这里不再赘述。

2) 影像镶嵌。由于珠海市岛屿较多，需要多景遥感影像才能覆盖全市范围，因此，需要进行遥感影像镶嵌，由多景遥感影像得到一幅覆盖全市范围的完整影像。关键包括以下两点。第一，在空间上将多幅不同的影像镶嵌在一起，因为在不同时间用相同的传感器以及在不同时间用不同的传感器获得的影像，其几何位置和变形是不同的，解决空间镶嵌的实质是几何/正射校正，按照前面的几何/正射校正方法将所有参加镶嵌的影像纠正到统一的坐标系中，去掉重叠部分后将多景影像拼接起来形成一幅完整的影像。第二，保证镶嵌后的影像色彩一致，色调相近，没有明显的接缝，该步可以通过亮度/反差调整和镶嵌边界线平滑解决。

成果要求：遥感数据正射校正误差平原区控制在1.5个像元以内，山区控制在3个像元以内，正射影像图满足《基础地理信息数字产品 1∶10000 1∶50000 数字正射影像图》(CH/T 1009—2001) 规范要求。

对比分析发现，原始影像自身位置有所偏差，并与广东省第四次水土流失遥感普查的影像位置也有所偏差，如图3-23所示。

图3-23 原始影像分布情况图

经过预处理后遥感影像的位置与广东省第四次水土流失遥感普查珠海市影像较为符合，精度达到要求，如图3-24所示。

3. 其他资料收集与处理

收集广东省第四次水土流失遥感普查项目珠海市成果，珠海市的市、县（区）、乡镇三级行政区划边界电子矢量图等其他相关资料，并对成果进行整编分析。数据要求：所有数据资料来源应可靠，数据资料整编应规范、准确。

图 3-24 影像预处理位置检查图

3.3.3.2 水土流失野外调查

开展野外调查工作旨在获取典型区域的土地利用、植被覆盖度、水土流失强度等实地第一手资料，为建立土地利用分类、植被覆盖度和水土流失强度等解译标志，并为土地利用分类、植被覆盖度反演、坡度计算和土壤侵蚀强度结果验证等工作提供基础数据支持，本次采用无人机调查和地面现场调查相结合的方式。

3.3.3.3 水土流失因子提取

（1）土地利用因子解译。参照《适用于水土保持土地利用现状的分类标准》《土地利用现状分类》详见表 3-2 和表 3-3。确定待划分的土地利用类型为水田、旱地、坡耕地、林草地、水域、建筑用地、生产建设用地、火烧迹地和其他 9 种类型。然后运用土地利用遥感解译方法进行解译工作，随后进行土地利用遥感解译的精度验证。

（2）地形坡度因子计算。利用珠海市数字地形图（DLG）的高程点与等高线数据，计算全市 DEM（数字高程模型），格式为 ESRI GRID。在获得 DEM 数据的基础上，利用

DEM进行地形坡度计算，获得全市地形坡度栅格图，格式为ESRI GRID，对地形坡度进行分级，获得地形坡度分级专题图。

（3）植被盖度因子反演。本项目中植被覆盖度计算方法采用归一化植被指数（NDVI）转化法。利用遥感影像计算NDVI，然后利用回归模型计算像元植被覆盖度，获得植被覆盖度栅格专题图并进行统计分析。

3.3.3.4 土壤侵蚀强度判定

1. 土壤侵蚀分类分级标准

珠海市土壤侵蚀类型的分类选自广东省第四次水土流失遥感普查的土壤侵蚀分类分级标准，见表3-20，因珠海市没有火烧迹地和坡耕地，所以简化为表3-21。

表3-20 广东省第四次水土流失遥感监测土壤侵蚀分类分级标准

<table>
<tr><td rowspan="5">自然侵蚀</td><td colspan="2">轻度</td></tr>
<tr><td colspan="2">中度</td></tr>
<tr><td colspan="2">强烈</td></tr>
<tr><td colspan="2">极强烈</td></tr>
<tr><td colspan="2">剧烈</td></tr>
<tr><td rowspan="7">人为侵蚀</td><td colspan="2">工程侵蚀（生产建设用地）</td></tr>
<tr><td colspan="2">火烧迹地</td></tr>
<tr><td rowspan="5">坡耕地</td><td>轻度</td></tr>
<tr><td>中度</td></tr>
<tr><td>强烈</td></tr>
<tr><td>极强烈</td></tr>
<tr><td>剧烈</td></tr>
</table>

土壤侵蚀类型主要分为自然侵蚀和人为侵蚀。自然侵蚀分为轻度、中度、强烈、极强烈和剧烈5种级别；人为侵蚀主要为工程侵蚀（生产建设用地）。自然侵蚀级别的划分，采用基于《土壤侵蚀分类分级标准》（SL 190—2007）的三因子（土地利用类型、植被覆盖度和地形坡度）分级法，即根据全市的土地利用类型、植被覆盖度和地形坡度状况，进行自然侵蚀的水土流失强度等级的划分。

表3-21 珠海市水土流失遥感监测土壤侵蚀分类分级标准

<table>
<tr><td rowspan="5">自然侵蚀</td><td>轻度</td></tr>
<tr><td>中度</td></tr>
<tr><td>强烈</td></tr>
<tr><td>极强烈</td></tr>
<tr><td>剧烈</td></tr>
<tr><td>人为侵蚀</td><td>工程侵蚀（生产建设用地）</td></tr>
</table>

依据《土壤侵蚀分类分级标准》（SL 190—2007），全面查清全市水土流失现状，分析水土流失的类型、强度、面积、空间分布和生产建设扰动地块类型、数量、面积、空间分布情况。

2. 土壤侵蚀强度计算流程

首先将土地利用类型矢量图、不同分辨率的栅格数据转化为10m分辨率的土地利用类型、植被覆盖度和地形坡度栅格图，结合栅格数据叠加分析原理，对土地利用类型、植被覆盖度和地形坡度数据进行空间叠加分析操作，得到土壤侵蚀栅格图层。为使土壤侵蚀情况能够以图斑形式展现，将土壤侵蚀栅格数据叠加与土地利用矢量数据叠加综合分析，得到土壤侵蚀初步矢量图。

2011年广东省土壤侵蚀遥感调查显示，珠海市的侵蚀类型只有水力侵蚀和工程侵蚀两类，上述过程可以计算得到珠海市水力侵蚀情况，根据土地利用分类可以得到珠海市工程侵蚀情况，两个结果叠加最终得到珠海市土壤侵蚀图，流程如图3-25所示。

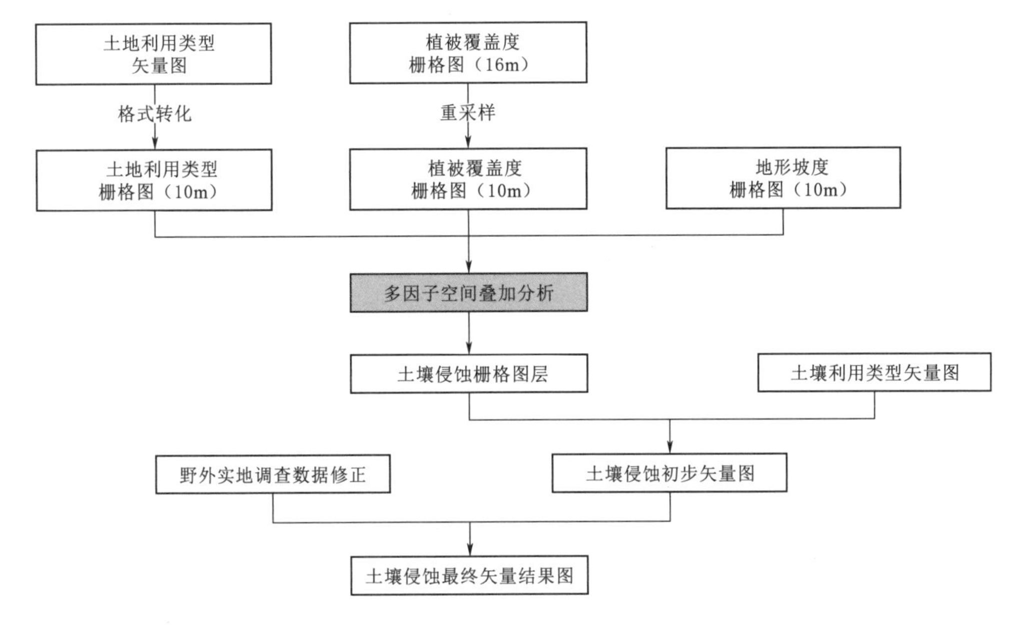

图 3-25　珠海市水土流失遥感监测土壤侵蚀判定流程图

3.3.4　结果分析与评价

3.3.4.1　野外调查情况

在珠海市水土流失野外调查中，共选取 32 个野外调查单元进行无人机野外调查工作。每个调查单元选取 2～3 个调查点进行地面现场调查，共计进行了 75 个调查点的调查工作，经过筛选共筛选出 64 个调查点的数据，调查照片和无人机航拍数据总计 10.1GB。调查单元在全市范围内均匀分布，其中斗门区 10 个，金湾区 11 个，香洲区 11 个，分布情况如图 3-26 所示。

3.3.4.2　土地利用情况

土地利用解译分析主要通过野外调查的方法对土地利用分类结果进行验证。本次野外调查中获得 64 个野外调查点的土地利用类型数据。通过将土地利用解译结果与野外调查结果进行对比，获得了土地利用类型精度分析表，见表 3-22。由表 3-22 可知，土地利用遥感解译整体精度为 90.63%。

根据遥感解译结果，珠海市土地利用分为 7 大类（无坡耕地和火烧迹地），分别为旱地、建筑用地、生产建设用地、林草地、水田、水域和其他土地利用，如图 3-27 所示。从图 3-27 可知，林草地面积最大，为 620.46km^2，占全市总面积的 35.82%；水域次之，面积为 513.14km^2，占全市总面积的 29.62%；其余的分别为：建筑用地面积为 318.42km^2，占 18.38%；水田面积为 166.50km^2，占全市总面积的 9.61%；生产建设用地面积为 88.50km^2，占 5.11%；其他用地面积为 16.92km^2，占 0.98%；旱地面积最小，为 8.39km^2，占 0.48%。

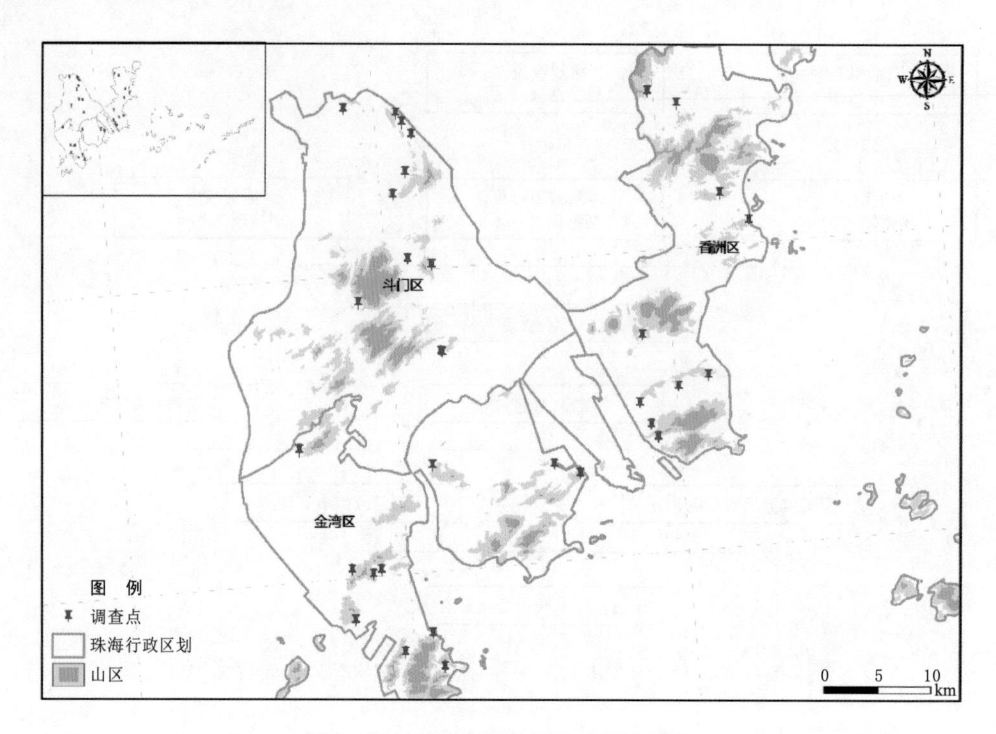

图 3-26 珠海市野外调查点分布情况

表 3-22 土地利用类型精度分析表

解译类型	调查类型						
	旱地	建筑用地	生产建设用地	林草地	水田	水域	总计
旱地	4	0	0	0	1	0	5
建筑用地	0	3	1	0	0	0	4
生产建设用地	0	0	13	0	0	0	13
林草地	0	0	0	25	0	0	25
水田	1	0	0	2	11	0	14
水域	0	0	0	0	1	2	3
总计	5	3	14	27	13	2	64

珠海市土地利用现状统计情况见表 3-23，可以看出：林草地、建筑用地和旱地在香洲区分布面积最大，水田和水域面积在斗门区分布面积最大，生产建设用地在金湾区分布面积最大。香洲区为市政府所在地，相对其他两个区而言发展较快，城镇建筑面积较大，同时拥有较多的森林公园，林草面积较大；斗门区有大量养殖产业和农作物，所以水田和水域面积较大；金湾区开发建设活动较多，具有较大面积的生产建设用地。

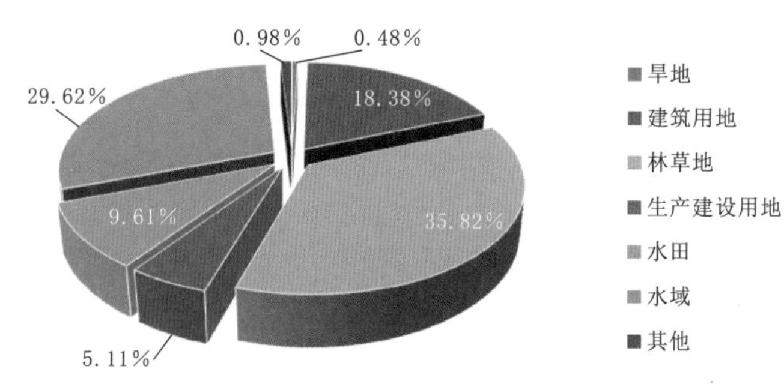

（a）珠海市土地利用比例分布图

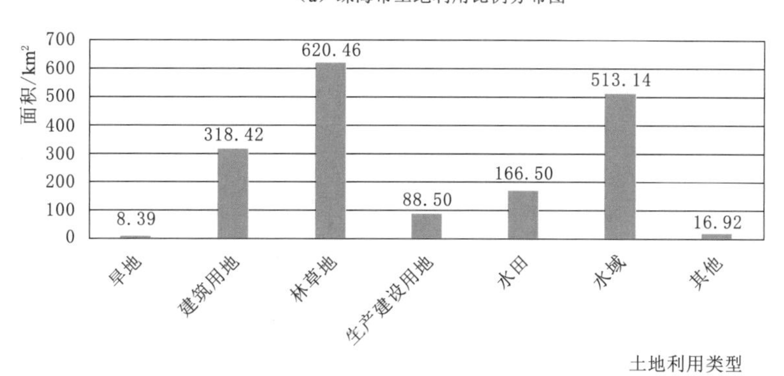

（b）珠海市土地利用分布图

图 3-27　珠海市土地利用面积统计图

表 3-23　　　　珠海市土地利用统计表　　　　单位：km^2

行政区划		旱地	建筑用地	林草地	其他	生产建设用地	水田	水域	合计
总计		8.39	318.42	620.46	16.92	88.50	166.50	513.14	1732.33
斗门区	白蕉镇	0.23	26.20	30.66	0.04	3.38	22.98	114.24	197.73
	白藤街道	0.00	5.72	0.64	0.00	0.60	3.02	8.79	18.77
	斗门镇	0.54	12.80	46.36	0.37	3.07	18.11	23.78	105.04
	井岸镇	0.96	20.89	41.47	1.25	4.64	6.31	12.05	87.57
	莲洲镇	0.12	6.75	10.07	0.13	0.75	20.06	49.79	87.67
	乾务镇	1.11	17.60	41.40	3.15	4.86	18.15	66.96	153.23
	小计	2.96	89.96	170.60	4.94	17.30	88.62	275.61	649.99
金湾区	红旗镇	0.08	15.53	10.29	0.15	3.47	11.81	31.93	73.26
	南水镇	0.08	32.30	82.40	1.45	6.57	3.49	23.48	149.78
	平沙镇	0.09	16.88	26.09	0.23	8.96	39.26	63.02	154.53
	三灶镇	0.27	32.46	51.40	1.70	18.69	11.26	70.15	185.92
	小计	0.52	97.17	170.17	3.52	37.69	65.82	188.59	563.48
香洲区	翠香街道	0.00	6.10	7.78	0.02	0.26	0.23	1.20	15.58
	担杆镇	0.00	0.16	34.89	6.12	0.99	0.00	2.77	44.93
	拱北街道	0.00	7.25	1.36	0.00	0.18	0.00	0.15	8.93

续表

行政区划		旱地	建筑用地	林草地	其他	生产建设用地	水田	水域	合计
香洲区	桂山镇	0.00	1.46	7.82	0.31	1.83	0.00	0.99	12.42
	横琴镇	2.23	15.45	42.97	0.58	13.59	2.08	13.48	90.37
	吉大街道	0.00	6.31	4.97	0.00	0.13	0.00	0.61	12.02
	梅华街道	0.00	5.12	0.49	0.01	0.08	0.07	0.00	5.77
	南屏镇	0.63	20.39	18.63	0.27	2.91	4.38	10.66	57.87
	前山街道	0.26	24.66	23.51	0.01	1.91	0.36	1.35	52.06
	狮山街道	0.00	4.42	2.07	0.00	0.04	0.00	0.18	6.71
	唐家湾镇	0.41	30.17	85.88	0.19	8.61	4.36	11.72	141.34
	湾仔街道	1.19	7.98	12.68	0.12	2.75	0.58	2.97	28.28
	万山镇	0.19	0.14	28.82	0.83	0.07	0.00	2.84	32.89
	香湾街道	0.00	1.66	7.82	0.00	0.18	0.00	0.01	9.67
	小计	4.91	131.29	279.68	8.45	33.52	12.06	48.94	518.86

3.3.4.3　地形坡度情况

如图 3-28 所示，珠海市坡度小于 5°的土地面积为 1187.54km²，占总面积的 68.55%，接近 70%；5°～8°之间为 41.65 km²，占总面积的 2.40%；8°～15°之间为 120.83km²，占总面积的 6.98%；15°～25°之间为 232.55km²，占总面积的 13.42%；

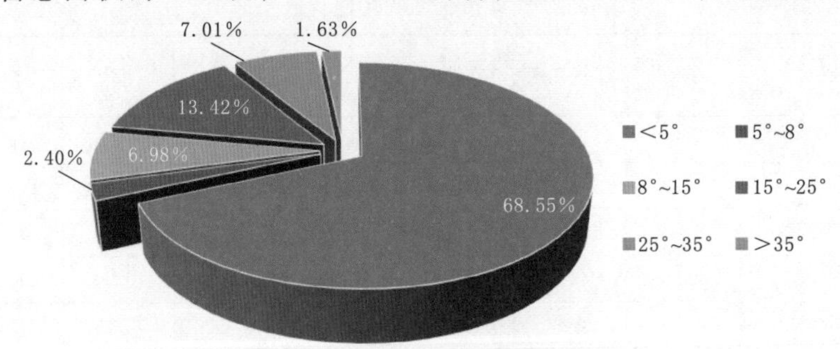

（a）珠海市各坡度面积比例分布图

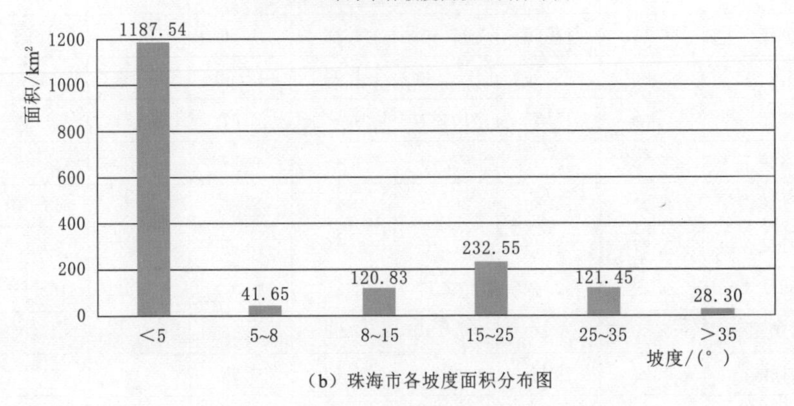

（b）珠海市各坡度面积分布图

图 3-28　珠海市各坡度土地面积统计图

25°～35°之间为 121.45km²，占总面积的 7.01%；大于 35°的为 28.30km²，占总面积的 1.63%，说明珠海市的大部分地形较为平坦，但是局部区域有山区分布。

珠海市坡度分级面积见表 3-24。可以看出：斗门、金湾和香洲区坡度分布规律与全市相似，小于 5°的土地面积最大，其次为 15°～25°的土地面积，大于 35°的土地面积最小，说明珠海市地形较为平坦，但每个区都有山地分布。

表 3-24 珠海市分区坡度统计表 单位：km²

行政区划		<5°	5°～8°	8°～15°	15°～25°	25°～35°	>35°	合计
总计		1187.54	41.65	120.83	232.55	121.45	28.30	1732.33
斗门区	白蕉镇	170.57	1.97	6.95	12.32	4.97	0.96	197.74
	白藤街道	18.64	0.01	0.03	0.06	0.03	0.00	18.77
	斗门镇	67.74	5.82	9.85	13.86	6.11	1.68	105.05
	井岸镇	45.86	1.90	8.44	18.40	10.17	2.79	87.56
	莲洲镇	83.52	0.28	0.87	1.85	0.95	0.21	87.67
	乾务镇	116.51	4.58	10.71	14.24	6.03	1.13	153.20
	小计	502.82	14.56	36.85	60.72	28.26	6.76	649.99
金湾区	红旗镇	65.86	0.29	1.61	3.90	1.44	0.15	73.26
	南水镇	81.25	2.61	10.45	29.56	20.99	4.93	149.78
	平沙镇	133.97	1.56	5.82	9.48	3.25	0.44	154.52
	三灶镇	141.75	2.77	10.86	21.65	7.78	1.12	185.93
	小计	422.84	7.24	28.73	64.58	33.46	6.64	563.48
香洲区	翠香街道	6.71	0.70	2.06	3.99	1.90	0.22	15.59
	担杆镇	4.08	1.26	5.15	14.13	14.08	6.24	44.94
	拱北街道	7.18	0.45	0.45	0.60	0.23	0.01	8.93
	桂山镇	2.87	0.55	1.67	3.90	2.73	0.70	12.42
	横琴镇	55.55	1.74	8.55	16.82	6.38	1.34	90.38
	吉大街道	5.76	0.79	1.79	2.40	1.13	0.15	12.02
	梅华街道	4.31	0.67	0.53	0.24	0.02	0.00	5.77
	南屏镇	38.96	0.96	4.21	9.48	3.65	0.59	57.87
	前山街道	27.50	3.56	6.73	9.99	3.80	0.47	52.06
	狮山街道	4.19	0.41	0.82	0.92	0.34	0.03	6.71
	唐家湾镇	82.54	6.57	13.45	23.51	12.91	2.36	141.34
	湾仔街道	16.56	0.54	2.90	5.94	2.09	0.26	28.28
	万山镇	3.64	1.30	5.13	11.42	9.01	2.39	32.89
	香湾街道	2.03	0.36	1.79	3.91	1.45	0.14	9.67
	小计	261.88	19.86	55.25	107.25	59.73	14.90	518.86

3.3.4.4 植被覆盖情况

由于三因子分析中主要是林草地的土壤侵蚀结果受植被覆盖度的影响，同时，土壤侵蚀分级标准中，将植被覆盖度分为了小于等于30%，30%～45%，45%～60%，60%～75%和大于75%等5个等级。因此，对植被覆盖度的验证主要是通过判断野外调查获得的林草地植被覆盖度与遥感解译的林草地植被覆盖度是否在同一个级别进行，见表3-25。经过野外调查获得的植被覆盖度与植被覆盖度计算结果进行精度验证，验证精度为91.7%。综合分析后认为，植被覆盖度的计算精度基本满足《水土保持遥感监测技术规范》(SL 592—2012) 对图斑属性解译精度的要求。

表3-25 植被覆盖度精度检验

解译类型	调查类型					
	≤30%	30%～45%	45%～60%	60%～75%	>75%	合计
≤30%	1	0	0	0	0	1
30%～45%	0	1	0	0	0	1
45%～60%	0	0	5	0	0	5
60%～75%	0	0	0	8	1	9
>75%	0	0	0	1	8	9
合计	1	1	5	9	9	25

如图3-29所示，珠海市林草植被覆盖度大于75%的土地面积为305.10km²，占总面积的49.17%；60%～75%之间为134.13km²，占总面积的21.62%；45%～60%之间为64.47km²，占总面积的10.39%；30%～45%之间为41.25km²，占总面积的6.65%；小于30%的面积为75.50km²，占总面积的12.17%，整体而言珠海市林草覆盖度较高。

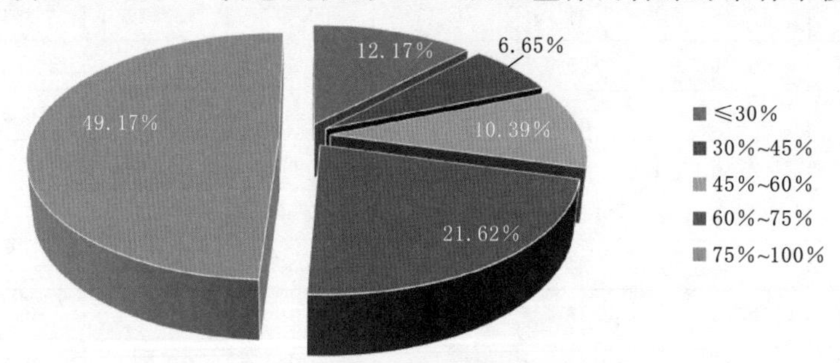

(a) 珠海市植被覆盖度面积比例分布图

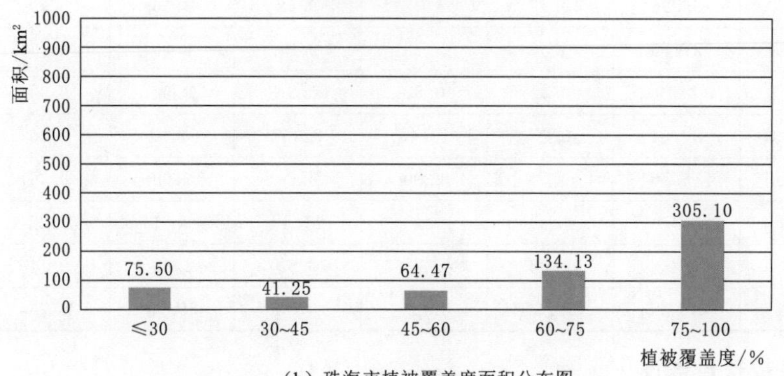

(b) 珠海市植被覆盖度面积分布图

图3-29 珠海市植被覆盖度统计图

珠海市植被覆盖分级面积见表3-26。可以看出：斗门区、金湾区和香洲区林草植被覆盖分布规律与全市相似，覆盖度在75%～100%的林草面积最大，其次为覆盖度小于等于30%的林草地面积，覆盖度30%～45%的林草地面积最小。

表3-26　珠海市分区植被覆盖统计表　单位：km^2

行政区划		≤30%	30%～45%	45%～60%	60%～75%	75%～100%	合计
总计		75.50	41.25	64.47	134.13	305.10	620.46
斗门区	白蕉镇	3.71	2.98	4.58	11.81	7.58	30.66
	白藤街道	0.30	0.18	0.13	0.03	0.00	0.64
	斗门镇	2.71	3.55	5.85	12.11	22.15	46.36
	井岸镇	1.76	1.68	3.32	7.54	27.17	41.47
	莲洲镇	2.65	1.18	2.05	3.32	0.87	10.07
	乾务镇	2.37	2.73	4.46	9.52	22.31	41.40
	小计	13.49	12.30	20.39	44.33	80.08	170.60
金湾区	红旗镇	1.73	1.28	1.63	2.35	3.31	10.29
	南水镇	19.98	4.95	8.26	21.12	28.09	82.40
	平沙镇	2.96	2.19	3.38	8.90	8.65	26.09
	三灶镇	7.72	5.21	7.13	11.60	19.75	51.40
	小计	32.39	13.63	20.39	43.97	59.79	170.17
香洲区	翠香街道	0.20	0.14	0.27	0.93	6.23	7.78
	担杆镇	4.54	1.79	2.54	3.89	22.13	34.89
	拱北街道	0.26	0.11	0.16	0.63	0.19	1.36
	桂山镇	1.45	0.51	0.69	0.94	4.24	7.82
	横琴镇	6.67	2.52	4.06	9.92	19.80	42.97
	吉大街道	0.68	0.32	0.88	1.51	1.58	4.97
	梅华街道	0.09	0.08	0.11	0.16	0.06	0.49
	南屏镇	1.26	0.78	1.15	2.48	12.95	18.63
	前山街道	1.02	0.96	1.77	3.68	16.08	23.51
	狮山街道	0.42	0.32	0.67	0.62	0.04	2.07
	唐家湾镇	9.98	6.65	9.60	16.54	43.11	85.88
	湾仔街道	1.27	0.34	0.36	0.92	9.79	12.68
	万山镇	1.64	0.70	1.20	2.71	22.57	28.82
	香湾街道	0.15	0.11	0.22	0.91	6.44	7.82
	小计	29.62	15.31	23.69	45.83	165.23	279.68

3.3.4.5　水土流失情况

将土壤侵蚀按照自然侵蚀-微度，自然侵蚀-轻度及以上强度和人为侵蚀三种类型进行复核验证，通过判断野外调查获得的侵蚀类型与遥感解译结果是否为同一侵蚀类型来验证土壤侵蚀的计算结果。经过对数据的分析处理（见表3-27），自然侵蚀-微度的判断正确率为97.37%，人为侵蚀的判断的正确率为84.21%，自然侵蚀-轻度及以上等级的正确率为85.71%。综上所述，土壤侵蚀的判断正确率为92.19%，可以满足合同精度要求。

表3-27　土壤侵蚀计算结果精度检验　单位：个

解译类型	调查类型			
	自然侵蚀-微度	人为侵蚀	自然侵蚀-轻度及以上强度	合计
自然侵蚀-微度	37	2	0	39
人为侵蚀	0	16	1	17
自然侵蚀-轻度及以上强度	1	1	6	8
合计	38	19	7	64

如图3-30所示，珠海市水土流失珠海市总的水土流失面积为257.40km²，其中自然侵蚀为轻度的土地面积为109.92km²，占侵蚀总面积的42.71%；中度为54.14km²，占总面积的21.03%；强烈为7.76km²，占总面积的3.02%；极强烈为2.03km²，占总面积的0.79%；剧烈的面积为0.38km²，占总面积的0.15%；工程侵蚀的面积为83.16km²，占总面积的32.31%。相对比珠海市2011年的水土流失面积286.67km²而言，本次监测结果显示水土流失面积减小29.27km²，相比较而言自然侵蚀减小幅度较大，人为侵蚀面积反而增大，这与珠海市近几年注重生态，城市快速发展密切相关。整体而言，珠海市的水土流失面积减小，生态环境改善。

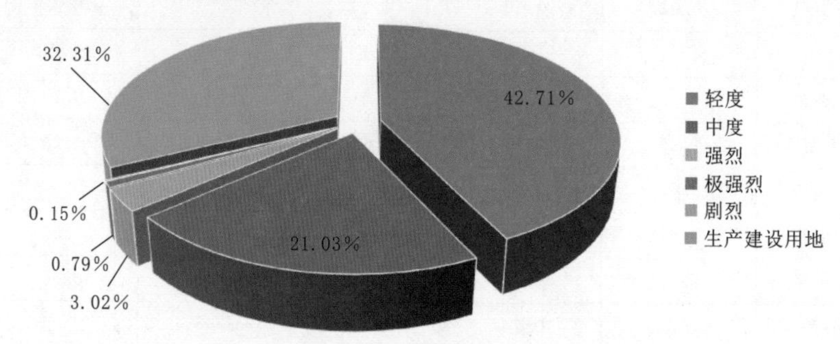

(a) 珠海市水土流失面积比例分布图

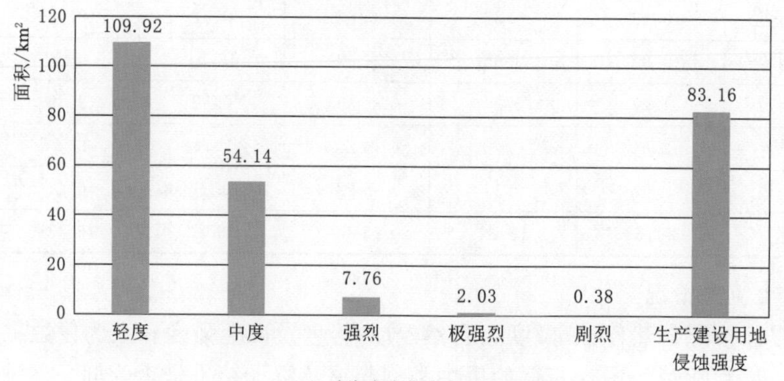

(b) 珠海市水土流失面积分布图

图3-30　珠海市水土流失统计图

珠海市水土流失结果见表 3－28。可以看出：香洲区水土流失面积最大，金湾区水土流失面积次之，斗门区水土流失面积最小；金湾区工程侵蚀面积最大，香洲区次之，斗门区最小。金湾区和香洲区城市发展较快，所以分布大量生产建设项目，而斗门区人为活动相对较小，生产建设项目较少，工程侵蚀面积小。

表 3－28　珠海市水土流失面积统计表　单位：km^2

行政区划		轻度	中度	强烈	极强烈	剧烈	工程侵蚀	合计
总计		109.92	54.14	7.76	2.03	0.38	83.16	257.40
斗门区	白蕉镇	8.28	4.60	0.56	0.13	0.03	3.18	16.78
	白藤街道	0.01	0.05	0.01	0.00	0.00	0.56	0.63
	斗门镇	8.23	3.54	0.29	0.05	0.00	2.88	15.00
	井岸镇	5.03	3.53	0.50	0.10	0.01	4.37	13.52
	莲洲镇	1.70	1.11	0.11	0.03	0.01	0.70	3.66
	乾务镇	6.93	3.47	0.43	0.08	0.01	4.57	15.50
	小计	30.18	16.30	1.89	0.39	0.05	16.27	65.08
金湾区	红旗镇	1.72	1.36	0.14	0.03	0.01	3.26	6.53
	南水镇	8.43	9.86	2.03	0.68	0.15	6.17	27.33
	平沙镇	6.50	2.94	0.32	0.09	0.01	8.41	18.27
	三灶镇	9.60	7.49	1.34	0.36	0.08	17.55	36.42
	小计	26.25	21.66	3.83	1.17	0.25	35.40	88.55
香洲区	翠香街道	0.61	0.44	0.04	0.01	0.00	0.24	1.35
	担杆镇	17.13	0.00	0.00	0.00	0.00	0.93	18.06
	拱北街道	0.43	0.30	0.03	0.00	0.00	0.16	0.93
	桂山镇	3.77	0.00	0.00	0.00	0.00	1.70	5.47
	横琴镇	7.36	4.90	0.68	0.21	0.05	12.79	25.99
	吉大街道	1.14	1.11	0.15	0.02	0.00	0.12	2.54
	梅华街道	0.12	0.06	0.01	0.00	0.00	0.07	0.26
	南屏镇	1.89	1.22	0.19	0.03	0.00	2.73	6.07
	前山街道	2.83	1.50	0.21	0.04	0.00	1.79	6.37
	狮山街道	0.83	0.57	0.05	0.01	0.00	0.03	1.48
	唐家湾镇	9.09	5.26	0.54	0.13	0.02	8.09	23.13
	湾仔街道	0.65	0.49	0.09	0.01	0.00	2.59	3.83
	万山镇	7.04	0.00	0.00	0.00	0.00	0.06	7.11
	香湾街道	0.60	0.34	0.04	0.01	0.00	0.17	1.17
	小计	53.50	16.18	2.04	0.48	0.08	31.49	103.76

珠海市水土流失消长分析见表 3－29，可以看出：相比 2011 年广东省第四次水土流失遥感调查中珠海市水土流失面积总体减少 29.27 km^2，比例为 10.21%。其中自然侵蚀面积减小 55.94 km^2，比例为 24.30%，具体到各个强度等级：轻度、中度和强烈侵蚀面

积不同程度的降低，减小面积分别为 49.28 km²、3.02 km² 和 3.76 km²，比例分别为 30.95%、5.28%和 32.64%；极强烈和剧烈侵蚀面积增加，比例分别为 5.18%和 5.56%；人为侵蚀面积反而增加 26.66 km²，比例为 47.19%，坡地开发从 2011 年的 0.36 km²，减小为无，工程侵蚀面积增加 27.02 km²，比例达到了 28.13%。

表 3-29　　珠海市水土流失消长分析表

项目	自然侵蚀						人为侵蚀			总侵蚀
	轻度	中度	强烈	极强烈	剧烈	自然小计	工程侵蚀	坡地开发	人为小计	
2011 年面积/km²	159.20	57.16	11.52	1.93	0.36	230.17	56.14	0.36	56.50	286.67
2018 年面积/km²	109.92	54.14	7.76	2.03	0.38	174.23	83.16	0.00	83.16	257.40
消长面积/km²	−49.28	−3.02	−3.76	0.10	0.02	−55.94	27.02	−0.36	26.66	−29.27
消长比例/%	−30.95	−5.28	−32.64	5.18	5.56	−24.30	48.13	−100.00	47.19	−10.21

第4章

水土流失定量模型法遥感监测

4.1 概况介绍

水土流失定量模型法遥感监测和水土流失综合判别法遥感监测的区别是整体技术方法不一致，综合判别法是综合应用单个或多个侵蚀因子，制定决策规则，与各侵蚀等级建立关联关系，而定量模型法通常采用土壤流失方程（CSLE/RUSLE等模型）计算土壤侵蚀模数并评价土壤侵蚀强度，主要是通过资料收集和获取，充分结合高精度遥感影像解译、大比例地形图（1∶10000或1∶50000）数据全区域拼接等，构建覆盖全区域的降水、土壤、地形、植被水土保持工程措施等土壤侵蚀影响因子的数据库，叠加分析计算土壤侵蚀模数，最终得到全区域的土壤侵蚀强度、面积和空间分布成果。

为深入贯彻党中央、国务院关于生态文明建设的决策部署，推进落实《中华人民共和国水土保持法》和《全国水土保持规划（2015—2030年）》，全面加强水土保持监测，充分发挥其对政府决策、经济社会发展和社会公众服务的作用，水利部于2017年1月印发《水利部关于加强水土保持监测工作的通知》（水保〔2017〕36号），2018年2月印发《全国水土流失动态监测规划（2018—2022年）》，明确动态监测范围为全国、省级和县级行政区，以及国家与地方关注的重点区域，监测内容主要为水土流失面积、强度和分布状况。2018年，水利部（包括各流域机构）和各省（自治区、直辖市）水行政主管部门按照“统一规划、统一管理、统一方法、统一标准”的原则，组织开展并完成了以县级行政区为单元的全国年度水土流失动态监测工作全覆盖。为规范全国水土流失动态监测工作组织和实施，水利部印发了《区域水土流失动态监测技术规定（试行）》，确定采用资料收集、遥感监测、野外调查、模型计算和统计分析相结合的方法，主要包括基础资料收集、水土流失专题信息提取、土壤侵蚀模数计算与强度判定、水土流失动态分析、成果管理等主要环节，期中包括初步成果咨询论证、成果审核与复核、成果汇总与分析等。2018年度水土流失动态监测以县级行政区为单元，基于土壤侵蚀模型计算侵蚀模数，评价水土流失的面积、分布和强度，结合综合防治情况分析水土流失动态变化。深入挖掘动态监测成果，分析数据提取相关信息，开展数据共享和数据服务，将充分发挥水土保持监测工作在政府决策、经济社会发展和社会公众服务中的作用。2018年水土流失动态监测首次实现了全国卫星遥感监测全覆盖。其中有1866个县级行政区采用空间分辨率为2m的遥感影像，有 983 个县级行政区采用空间分辨率为 16m 的遥感影像，占比分别为 44%和 56%。2019 年首次实现了全国 2m 卫星遥感监测全覆盖。2020 年首次实现了全国当年 2m 卫星遥感监测全覆盖。至此，2018—2022 年，全国连续 5 年实现了全国水土流失动态监测国土面积全覆盖。

水利部 2022 年印发了《全国水土流失动态监测实施方案（2023—2027 年）》（以下简称《实施方案》）。制定《实施方案》、打造全国水土流失动态监测升级版，是贯彻落实中共中央、国务院关于生态文明建设重大决策部署，推动新阶段水利高质量发展的重要举措，是今后五年开展全国水土流失动态监测工作的重要依据。《实施方案》在系统总结 2018 年以来全国水土流失动态监测工作成效经验的基础上，经深入调查研究、广泛征求意见，提出了 2023—2027 年全国水土流失动态监测的指导思想、工作目标和重点任务。《实施方案》紧密围绕保障国家生态安全、服务重大国家战略，以推动新阶段水利高质量发展为主线，以水土保持管理需求为牵引，全面强化全国水土流失动态监测，完善提升监测评价体系与能力，充分发挥水土保持监测在政府决策、经济社会发展和社会公众服务中的作用，为科学推进水土流失综合治理、提升生态系统质量和稳定性、加快生态文明和美丽中国建设提供坚实基础支撑。《实施方案》确定今后五年全国水土流失动态监测的工作目标和重点任务是：全面实施年度全国水土流失动态监测，及时定量掌握全国各级行政区及重点流域、区域水土流失状况和防治成效；创新开展水土流失图斑落地，实现适宜治理水土流失图斑精准识别定位；探索农田、森林、草原、荒漠典型生态系统水土保持功能等级评价方法路径，从水土保持功能角度反映生态系统质量、稳定性状况及提升方向，充分发挥水土保持监测在生态系统保护成效监测评估中的作用；有序推进东北黑土区侵蚀沟、黄土高原淤地坝淤积情况、黄河中游粗泥沙集中来源区水土流失与入黄泥沙、长江经济带重点区域坡耕地、南方崩岗、典型暴雨水土流失等专项调查，对年度动态监测工作形成有益补充；加强动态监测成果挖掘凝练和深度分析，整编年度水土流失动态监测成果，编制《中国水土保持公报》并及时向社会发布；严格技术管理与质量控制，强化遥感解译与专题信息提取抽查、成果复核及审查；加强监测数据入库和管理，全面提升高新技术融合应用能力和监测数据智能管理水平，为智慧水利建设提供算据基础；加强动态监测组织实施，构建形成上下协同、空地一体、全面精准、智慧高效的监测工作体系，有效支撑水土保持高质量发展和生态保护修复。

4.2 技术方法

4.2.1 工作内容与技术路线

开展不同土地利用类型土壤侵蚀特征、不同坡度等级耕地和梯田土壤侵蚀特征、分坡度等级和不同植被覆盖度园林草地土壤侵蚀特征、人为扰动地块土壤侵蚀特征情况分析。对比分析年际间土地利用、植被覆盖、水土保持措施、人为扰动用地和土壤侵蚀等变化情况及治理成效分析。

水土流失定量模型法遥感监测采用资料收集、遥感解译、野外调查、模型计算和统计分析相结合的技术路线开展。主要技术环节包括基础资料准备、遥感影像选择与预处理、遥感解译与专题信息提取、野外调查验证、土壤侵蚀模数计算和强度判定、结果统计与动态变化分析等。通过与上一年定量模型法水土流失遥感监测结果对比，分析评价水土流失面积、各侵蚀强度面积动态变化情况，获取区域水土流失动态变化情况。技术路线如图 4-1 所示。

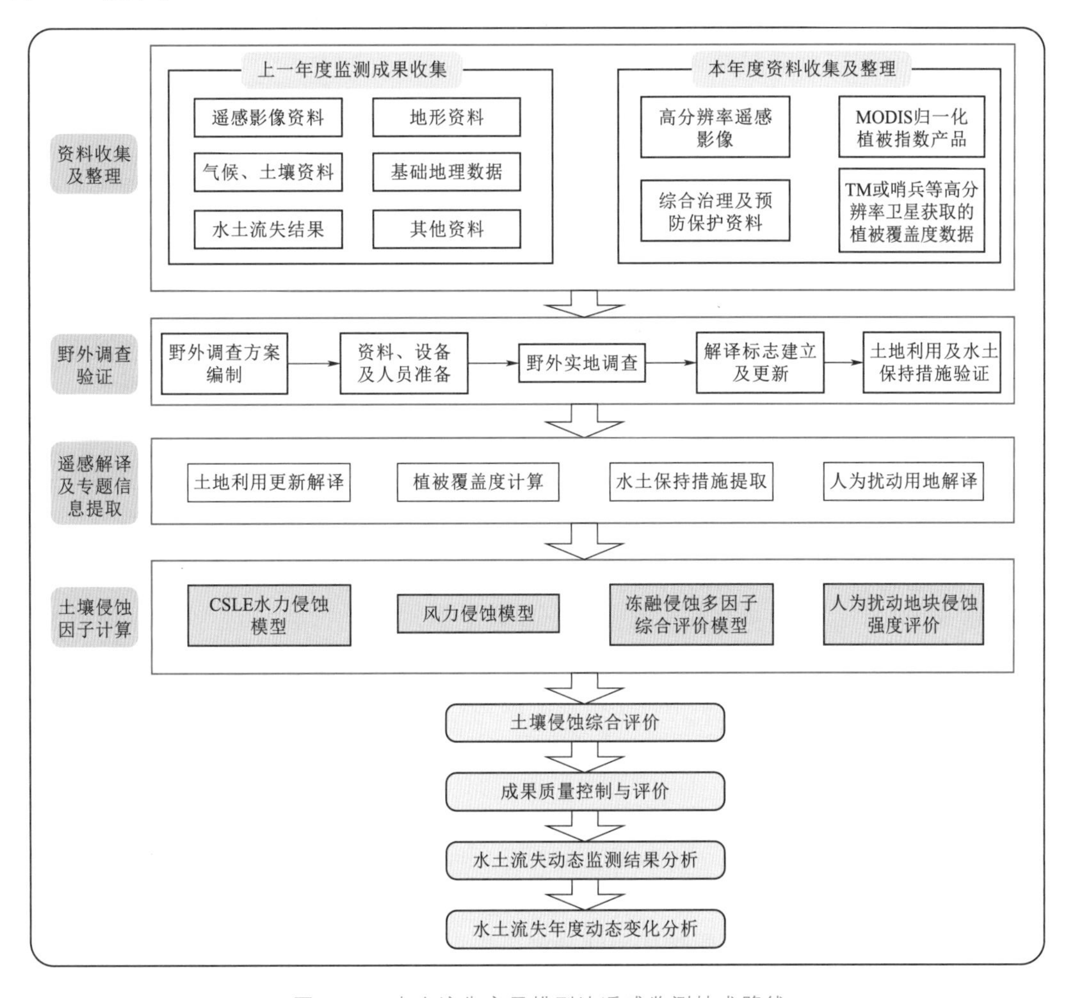

图 4-1 水土流失定量模型法遥感监测技术路线

4.2.2 基础资料收集整理

4.2.2.1 降水量和风速资料

（1）收集调查区域内各国家气象观测站、水文观测站、水位观测站、生态环境观测研究站等气象站点实测长序列（大于 30 年）的逐日降雨量数据（日降水量登记表见表 4-1），分析日、月、年数据缺测率，剔除日雨量小于 12mm 的非侵蚀性降雨，确定可用资料后计算各气象站半月降雨侵蚀力、年降雨侵蚀力、半月降雨侵蚀力占年降雨侵蚀力的比例，利用空间局部插值法（克里金插值法），生成调查区域空间分辨率 10m×10m 的降雨侵蚀力栅格数据。技术路线见图 4-2。

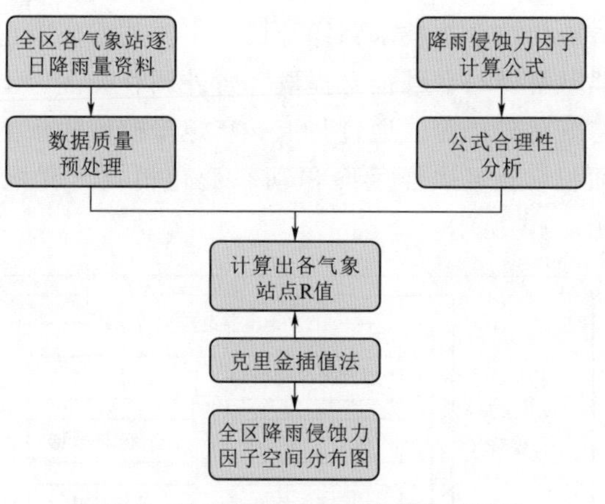

图 4-2 降雨侵蚀力因子计算技术路线

(2) 收集调查区域内各国家气象观测站、生态环境观测研究站等实测站点长序列（大于 25 年）的逐日整点风速风向资料（风速风向登记表见表 4-2），在风力侵蚀、水力风力侵蚀交错区和风力冻融侵蚀交错区，应在每个县级行政区收集不少于 1 个站点的 25 年的资料。

4.2.2.2 土壤资料与径流泥沙资料

(1) 收集全国第二次土壤普查、全国土壤基础性质调查（土系调查）、不同土壤侵蚀类型区的坡面观测场或坡面径流小区观测等数据以及代表性地区的土壤理化性状资料，包括不同土种或土系土壤粒径级配空间数据和按照采样点提交土壤粒径级配统计数据，主要用于更新计算土壤可蚀性因子。

(2) 收集第一次全国水利普查水土保持情况普查中的土壤可蚀性因子计算成果。

(3) 选择典型小流域，要求人工与自然坡面径流场、小流域控制站、具有径流泥沙观测资料的中小河流水文测站等合理嵌套并形成系统观测体系，收集其径流泥沙定位观测数据，用于小流域水土流失防治成效分析。

4.2.2.3 基础地理数据

(1) 收集数字线划图（DLG）、数字高程模型（DEM）、数字栅格地图（DRG）、数字表面模型（DSM）地形图等基础地理数据。收集水系、道路、居民点、河湖岸线等其他基础地理类数据。

(2) 基于数字高程模型提取的地形坡度、坡长数据。

(3) 基础地理数据比例尺应为 1∶10000 或 1∶50000。

4.2.2.4 遥感影像数据

(1) 解译土地利用和水土保持措施的遥感影像。一般为正射纠正后的影像（含镶嵌后的）产品，包含全色或多光谱波段（红、绿、蓝、近红外），如 GF1、GF2、GF6、GF7、ZY3、ZY1E、CBERS-04A 等系列卫星。建议选择监测当年的影像，年际间遥感影像时相应保持相对一致。建议遥感影像的空间分辨率为 2m（或优于 2m）。

(2) 计算 NDVI 的遥感影像。一般为归一化植被指数（NDVI）产品和其他多光谱遥感影像（红、绿、蓝、近红外波段），如 MODIS 产品 MOD13Q1、Landsat、Pleiades、Sentinel 等。

1) 近 3 年 MODIS 归一化植被指数（NDVI）产品，空间分辨率优于 250m。以第 8 期和第 9 期 MODIS 产品均值作为第 9 期产品，原第 9 期至第 23 期产品序号依次递推，与前 8 期共同形成 24 期 MODIS 产品。

2) 监测年前 3 年的 Landsat 或类似的多光谱影像（包括蓝、绿、红和近红外 4 个波段），时间分辨率每年不少于 3 期（至少包含 1 期夏季影像），空间分辨率优于 30m。有也可通过购买、协作等途径，获取满足 NDVI 计算时间（24 个半月）和空间分辨率（优于 30m）的遥感影像数据，提高 NDVI 计算的空间尺度精度。

表 4-1　日降水量登记表

1　气象站（水文站）基本信息 1.1　台站名称________ 1.2　台站站号______　1.3　经度□□□°□□′□□″　1.4　纬度□□°□□′□□″　1.5　海拔______m　1.6 年份______																															
日期	2　日降水量/mm																														
月＼日	1	2	3	4	5	6	7	8	9	10	11	12	13	14	15	16	17	18	19	20	21	22	23	24	25	26	27	28	29	30	31
1																															
2																															
3																															
4																															
5																															
6																															
7																															
8																															
9																															
10																															
11																															
12																															

填表人：　　　　　　联系电话：　　　　　　填表日期：____年____月____日

指标解释及填表说明

【1 气象站（水文站）基本信息】填写气象站或水文站的名称、站号、经度、纬度、高程以及所填写气象数据对应的年份。

【1.1 台站名称】填写气象站或水文站全称。

【1.2 台站站号】填写气象站或水文站站号。

【1.3 经度】填写气象站或水文站所在位置的经度，单位度、分、秒，保留整数位。

【1.4 纬度】填写气象站或水文站所在位置的纬度，单位度、分、秒，保留整数位。

【1.5 高程】填写气象站或水文站所在位置的海拔高度，单位米，保留整数位。

【1.6 年份】填写气象数据对应的年份。

【2 日降水量】填写当日降水量，单位毫米（mm），保留一位小数。如遇某年数据整体缺测时，在表格“年份”中填写“－9999”；如遇某月数据整体缺测时，在当月“1”日和“2”日分别填写“－9999”。如遇某日数据缺测时，在当日填写“－9999”。

表4-2　　风速风向登记表见表

1气象台站基本信息

1.1　台站名称__________　1.2　台站站号________　1.3　经度□□□°□□′□□″
1.4　纬度□□°□□′□□″　1.5高程____m　1.6　年份____　1.7　月份____

日期	2：00		8：00		14：00		20：00		日期	2：00		8：00		14：00		20：00	
	2.1 风速	2.2 风向	2.1 风速	2.2 风向	2.1 风速	2.2 风向	2.1 风速	2.2 风向		2.1 风速	2.2 风向	2.1 风速	2.2 风向	2.1 风速	2.2 风向	2.1 风速	2.2 风向
1									17								
2									18								
3									19								
4									20								
5									21								
6									22								
7									23								
8									24								
9									25								
10									26								
11									27								
12									28								
13									29								
14									30								
15									31								
16																	

填表人：　　　　联系电话：　　　　填表日期：____年____月____日

指标解释及填表说明

【1气象台站基本信息】填写气象台站的名称、站号、经度、纬度、高程以及所填写气象数据对应的年份、月份。

【1.1台站名称】填写气象台站全称。

【1.2台站站号】填写气象台站站号。

【1.3经度】填写气象台站所在位置的经度，单位度、分、秒，保留整数位。

【1.4纬度】填写气象台站所在位置的纬度，单位度、分、秒，保留整数位。

【1.5高程】填写气象台站所在位置的高程，单位米，保留整数位。

【1.6年份】填写气象数据对应的年份。

【1.7月份】填写气象数据对应的月份。

【2风速和风向】填写当日风速和风向。

【2.1风速】填写当日对应的风速，单位米/秒（m/s），保留一位小数。只填写当日大于等于5m/s风速的数据，小于5m/s时不填写数字（即为空）。如遇某日数据缺测时，填写“－9999”，如遇某年或某月数据整体缺测时，在表格“年份”或“月份”中填写“－9999”。

【2.2风向】只填写当日对应时刻，并大于等于5m/s风速的风向数据，小于5m/s时对应风向不填写数字（即为空）。如遇某日数据缺测时，填写“－9999”，如遇某年或某月数据整体缺测时，在表格“年份”或“月份”中填写“－9999”。

（3）计算植被覆盖度（FVC）的数据。

1）植被覆盖度。基于归一化植被指数反演生成的植被覆盖度数据，包括基于 MODIS－NDVI 归一化植被指数数据生产的植被覆盖度数据、基于其他遥感影像归一化植被指数数据生产的植被覆盖度数据、融合或修正后的植被覆盖度数据、计算植被覆盖与生物措施因子的植被覆盖度数据。

2）林下盖度曲线。基于区域内水土保持监测站点观测数据获取的果园、其他园地、有林地、其他林地 24 个半月林下盖度数据。

3）植被覆盖度修正参数。基于第一次全国水利普查土壤侵蚀调查 250m 分辨率 MODIS－FVC 数据与 30m 分辨率 Landsat 计算的植被覆盖度数据，计算得到的 250m 分辨率转 30m 分辨率的植被覆盖度修正参数。

（4）计算表土湿度因子的数据产品。一般为亮温数据产品或土壤湿度数据产品，用于风力侵蚀地区表土湿度因子计算。如 AMSR－E 或 AMSR2 亮温数据产品、欧洲太空局 METOP 卫星 ASCAT（先进微波散射计）体积含水量数据。

1）亮温数据产品。收集逐日 AMSR－E 数据（空间分辨率为 25km，时间为 2002 年 6 月 1 日至 2011 年 10 月 4 日），以及 AMSR2 数据（空间分辨率为 25km 或 10km，时间自 2012 年 7 月 2 日始）。

2）土壤湿度数据产品。可直接采用欧洲太空局 METOP 卫星 ASCAT（先进微波散射计）体积含水量数据，时间分辨率为 10 天，每年 36 期，空间分辨率 10km。

（5）评价冻融循环状态、统计冻融日循环天数的数据产品。收集逐日 MODIS 地表温度数据产品（分别为 MOD11A1、MOD11B1 和 MOD11C1），空间分辨率优于 6km。以地表温度判定冻融循环状态，统计年均冻融日循环天数。

（6）无人机航拍影像、遥感监管影像等其他辅助影像。收集用于解译土地利用和水土保持措施的遥感影像无人机航拍影像、遥感监管影像等其他辅助影像。遥感影像均应经过辐射纠正、正射纠正以及融合、镶嵌等预处理。

4.2.2.5 土地利用数据

收集区域内国土调查及年度国土变更调查空间数据和统计数据、地理国情监测（地理国情普查）空间数据和统计数据、林地草地资源调查数据、统计年鉴数据等，主要用于土地利用专题数据遥感解译参考及其结果校核，尤其是耕地、林地、草地等土地利用类型一级类解译成果的校核。

4.2.2.6 水土保持重点工程资料

收集水土保持重点工程的设计、实施、监理、监测、竣工验收及信息化（图斑精细化）监管数据、全国水土保持规划实施情况考核评估数据、统计年鉴数据等相关资料，包括工程类型、项目实施区域，以及主要水土保持措施的分布、数量或面积等。

可通过“水土保持重点工程图斑精细化管理系统”获取的工程边界、水土保持措施等矢量数据，主要用于水土保持措施遥感解译参考、结果校核和辅助性分析评价工作。可通过“全国水土保持信息管理系统”获取的项目实施方案基本信息、项目措施配置数据、水土流失综合治理重点工程措施设计图斑数据、水土流失综合治理重点工程竣工验收图斑数据等。可通过“全国水土保持规划实施情况信息管理系统”获取的水土保持治理措施图斑数据、省级自评材料等，如矢量边界、统计表、专题报告等。可以从发展改革、林草、自然资源、农业农村、生态环境等部门获取实施水土流失治理空间数据或实施的水土流失治理基础资料，如矢量边界、统计表、专题报告等。

4.2.2.7 生产建设扰动资料

收集生产建设项目水土保持监督检查与核查、信息化监管、监测、设施验收报备等相关资料。可通过"全国水土保持监督管理系统""生产建设项目水土保持信息化监管系统"获取生产建设项目扰动图斑位置、范围、现场照片、项目水土保持特性、水土流失防治责任范围与分区、监督检查和监督执法、监测监理、设施验收报备、方案落实情况与核查、疑似违法违规扰动图斑遥感监管现场核查等相关资料数据，辅助人为扰动地块侵蚀强度评价与结果校核。

4.2.2.8 上一年度成果资料

收集上一年度水土流失遥感监测成果和关键过程数据，包括成果、电子数据、野外调查资料、成果报告等，用于年际间水土流失状况对比分析。

4.2.2.9 其他资料

其他资料包括：①可用于辅助或支持遥感解译与专题信息提取、土壤侵蚀模数计算和强度判定、动态变化分析等工作的相关资料；②可用于因子更新或优化的其他相关基础资料。

4.2.2.10 空间数据坐标及投影方式

以上所涉及的基础地理数据、遥感影像、专题图等空间数据建议采用CGCS2000国家大地坐标系，建议采用1985国家高程基准，投影方式建议采用正轴等面积割圆锥投影（Albers投影），建议采用中央经线105°E，标准纬线25°N和47°N，也可根据区域所处地理位置，确定相应的中央经线和标准纬线。

4.2.3 遥感影像选择与预处理

卫星影像数据预处理具体包括两类：用于土地利用和水土保持措施解译的高分辨率卫星遥感影像数据以及用于植被计算的多光谱遥感影像数据。

4.2.3.1 高分遥感影像数据预处理

高分遥感影像数据需要辐射校正、正射校正、融合、镶嵌和裁切等处理。影像数据空间分辨率应优于2m。

4.2.3.2 MODIS-NDVI数据预处理

MODIS-NDVI数据预处理流程包括原始数据的格式转换、投影变换以及对空值或异常值修正。

（1）格式转换。由于MOD13Q1产品数据采用的是HDF科学数据存储与分发数据格式，与影像数据和其他基础数据的格式不一致，需要进行数据格式转换。

（2）投影变换。坐标系采用CGCS2000国家大地坐标系，投影为Albers投影，中央经线设置为105°E。由于影像数据空间参考与方案要求以及年度成果要求不一致，因此需要对所有影像进行投影变换，转换成要求的空间参考坐标系。

（3）空值或异常值修正。由于MOD13Q1产品数据自身质量问题，数据存在部分区域异常值和空值的情况。在分析MODIS产品数据特点和任务需要的基础上，利用异常或空值区域相邻月份的值进行逐像素填充和修补，以获得有效值相对完整的监测区域NDVI产品数据。

4.2.4 野外调查与解译标志建立

4.2.4.1 野外调查目的

开展野外调查工作旨在获取典型区域的土地利用、植被覆盖度、水土保持措施、人为扰动用地、水土流失强度等现场第一手资料，为建立土地利用和水土保持措施解译标志提供基础数据，并为土地利用分类、植被覆盖度反演、人为扰动用地强度评价和土壤侵蚀因子结果验证等提供支撑。另外，对于土地利用解译过程中的疑难点和专题信息提取过程中的误差区域，采用抽样调查的方法进行野外验证。

4.2.4.2　野外调查方法

采用野外现场调查为主，高分影像复核和无人机航拍为辅的方式，开展水土流失野外调查工作，并对调查成果进行内业整理与遥感解译，获取典型区域的土地利用类型、植被覆盖度、人为扰动用地等实地第一手资料，为建立土地利用类型和水土保持措施解译标志、人为扰动用地强度评价，水土流失各因子精度验证等工作提供基础数据支撑。

4.2.4.3　野外调查流程

野外调查主要分为内业和外业两部分工作内容：内业主要是制定调查方案、选取调查点，同时，需要对野外获取的野外调查点进行室内整理分析，获取现场调查点的植被覆盖度、土地利用、人为扰动用地和水土流失因子信息。外业主要是进行野外实地调查，具体技术路线如图 4－3 所示。

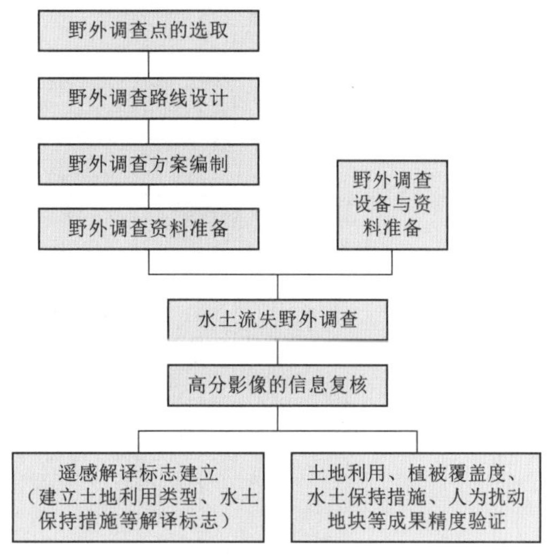

图 4－3　水土流失野外调查流程图

（1）选择调查点。根据每组分配调查县的遥感影像资料情况，选取土地利用变化较大、解译时地类不太确定和解译中的疑难点等图斑作为野外调查点。调查点选取符合针对性、代表性、典型性、可行性、补充性等原则。

1）针对性原则：调查主要针对土地利用与水土保持措施重点类型和重点区域，调查选点依据由初步解译的土地利用数据，重点关注不同土地利用类型的面积、数量和分布，并在选点时再次对山体阴影、纹理、影像色彩等因子不准确造成的干扰进行排除。

2）代表性原则：本次选择的调查点和单元数据与解译的各地类图斑数理较一致，相对均匀地分布于林地、草地、耕地及其他地类上，确保查单元能够代表区域内不同土地利用类型的基本情况。

3）典型性原则：选择的调查点依据初步解译结果，参考历史监测成果数据，对重点监测区域适当增加调查点数量，要求对初步解译中有把握的图斑进行实地验证，对有疑问的图斑进行详细调查和记录。

4）可行性原则：根据道路、交通情况，选择能够到达的调查区域作为调查点。

5）补充性原则：开展野外调查过程中，中途适当增加土地利用单一、土壤侵蚀和水土保持措施明显，坡耕地面积大于 $10hm^2$ 的区域作为调查点。调查组每天总结调查点土地利用类型，第二天适当调整不同土地利用类型图斑数量。

（2）现场调查。现场抽样调查是对在调查路线沿线感兴趣区域选择若干个调查点，每个调查点选择3～7个图斑填写调查表，进行拍照，实地记录其土地利用类型、植被覆盖度、人为扰动用地、水土保持措施等信息，并与遥感影像的颜色、纹理等特征进行对比，记录其特征，从而为建立解译标志、流失地块强度评价和土壤侵蚀因子结果验证等奠定基础。

4.2.4.4 植被覆盖与生物措施因子调查

在区域内选择典型林地、园地和草地样方（见图4-4），采用垂直拍照法（见图4-5）或样方法现场调查园林草地类的综合盖度、郁闭度和林下盖度等植被覆盖度参数，形成的林下盖度调查成果可用于修正植被覆盖与生物措施B因子。

图4-4 样方法示例图

图4-5 垂直拍照法示例图

4.2.4.5 水土保持措施调查

针对土坎水平梯田、石坎水平梯田、水平阶、竹节沟、鱼鳞坑等水保措施开展调查，主要开展梯田类型（如水平梯田、隔坡水平梯田、坡式梯田、反坡梯田）、梯田标准和质量、损毁程度、开垦利用方式等内容的野外调查验证，见图 4－6。

图 4－6　梯田调查示例图

4.2.4.6　人为扰动用地调查复核

选择不小于人为扰动地块总数的 2%（其中新增人为扰动地块实地调查验证的地块数量不低于 50%），开展人为扰动地块实地调查验证，见图 4－7。应按项目类型、地形地貌、生产建设阶段和扰动方式、区域分布等选择典型的扰动地块或项目进行现场调查验证，结果可用于类比分析或校核基于影像提取的人为扰动地块侵蚀强度结果。

图 4－7　人为扰动用地调查示例图

4.2.4.7　建立解译标志

根据遥感影像的空间分辨率、时相，典型地物的色调、几何特征与大小等影像特征，采用遥感影像、典型调查与实地对照的方法，建立土地利用和水土保持措施遥感解译标志，见表 4－3。解译标志应具有代表性、实用性和稳定性，并在野外调查中进一步验证解译标志，并根据实地情况修改、补充。

表 4-3　土地利用与水土保持措施遥感影像解译标志记录表（示例）

1 标志编号	2 土地利用/措施名称	3 影像特征描述	4 影像	5 照片	6 说明
1101	水田	色调：随季节变化，绿色，色调均匀； 纹理：整体平滑； 形状：形状规则，边界清晰； 空间分布：位于坝地，临近水源	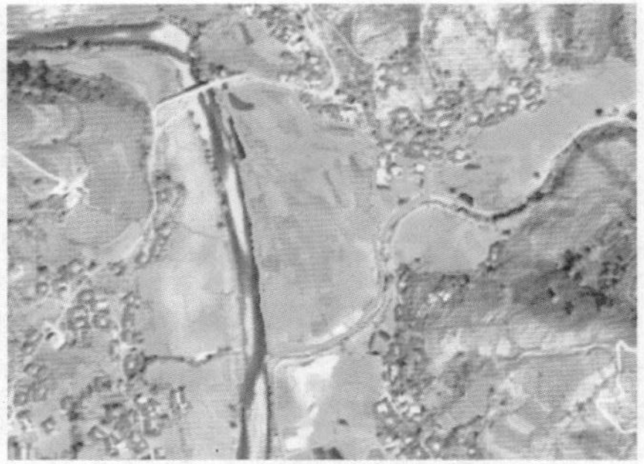		经度：115°10′8.208″E； 纬度：24°52′36.581″N； 照片编号：G157 图斑 2.JPG； 照片拍摄方位：北 0°； 照片拍摄日期：2023 年 8 月 15 日
1202	水浇地	色调：白色，色调均匀； 纹理：整体平滑； 形状：形状规则，边界清晰； 空间分布：位于平地，临近居民点和旱地			经度：115°1′4.092″E； 纬度：25°1′5.57″N； 照片编号：G151(8).JPG； 照片拍摄方位：西北 340°； 照片拍摄日期：2023 年 8 月 16 日

续表

1　标志编号	2　土地利用/措施名称	3　影像特征描述	4　影像	5　照片	6　说明
1303	旱地	色调：影像上呈淡绿，色调不均； 纹理：粗糙； 形状：多呈现不规则状，边界清晰； 空间分布：多分布于平原，临近居民地			经度：115°11′38.039″E； 纬度：24°52′0.334″N； 照片编号：G144 图斑 1(4).JPG； 照片拍摄方位：东南 110°； 照片拍摄日期：2023 年 8 月 15 日
2104	果园	色调：黄绿色，色调不均匀； 纹理：粗糙，颗粒感明显； 形状：不规则状； 空间分布：位于山坡下部，散布于耕地周围			经度：115°44′28.464″E； 纬度：24°59′22.705″N； 照片编号：IMG_143724.JPG； 照片拍摄方位：东北 40°； 照片拍摄日期：2023 年 8 月 16 日

续表

1 标志编号	2 土地利用/措施名称	3 影像特征描述	4 影像	5 照片	6 说明
2205	茶园	色调：墨绿色，色调不均匀； 纹理：颗粒不显著； 形状：不规则状； 空间分布：位于山坡，多分布在低山丘陵			经度：115°4′52.348″E； 纬度：24°53′48.465″N； 照片编号：IMG_114324.JPG； 照片拍摄方位：东北40°； 照片拍摄日期：2023年8月17日
2306	其他园地	色调：黄绿色，色调不均匀； 纹理：粗糙，颗粒感明显； 形状：不规则状； 空间分布：临近居民点			经度：116°33′15.947″E； 纬度：25°58′7.21″N； 照片编号：G089图斑1(2).JPG； 照片拍摄方位：西北275°； 照片拍摄日期：2023年7月8日

续表

1 标志编号	2 土地利用/措施名称	3 影像特征描述	4 影像	5 照片	6 说明
3107	有林地	色调：深绿色、墨绿色，色调较均匀； 纹理：粗糙，颗粒感明显，颗粒密集； 形状：不规则状； 空间分布：多位于深山区，集中连片分布			经度：115°1′1.236″E； 纬度：25°2′20.29″N； 照片编号：IMG_131215.JPG； 照片拍摄方位：西南260°； 照片拍摄日期：2023年8月20日
3208	灌木林地	色调：绿色，色调不均匀； 纹理：粗糙，颗粒感相对明显，颗粒离散； 形状：不规则状； 空间分布：位于山区，多分布于有林地边缘			经度：115°0′29.961″E； 纬度：24°47′5.057″N； 照片编号：IMG_083352.JPG； 照片拍摄方位：东北40°； 照片拍摄日期：2023年8月22日

续表

1 标志编号	2 土地利用/措施名称	3 影像特征描述	4 影像	5 照片	6 说明
3309	其他林地	色调：疏林地呈土黄色间杂浅绿色斑点，迹地呈棕褐色，色调不均匀； 纹理：粗糙，颗粒感不明显； 形状：不规则状； 空间分布：位于山坡，常沿等高线开辟临时道路			经度：114°52′49.671″E； 纬度：24°42′42.556″N； 照片编号：G158（3）.JPG； 照片拍摄方位：东南100°； 照片拍摄日期：2023年8月23日
4110	天然牧草地	色调：土黄色； 纹理：均质； 形状：不规则状、块状，边界不明显； 组合特征：结构均一； 空间分布：位于高原与山区			经度：104°35′37.316″E； 纬度：25°57′57.473″N； 照片编号：DSC01678.JPG； 照片拍摄方位：东北50°； 照片拍摄日期：2023年6月18日

续表

1 标志编号	2 土地利用/措施名称	3 影像特征描述	4 影像	5 照片	6 说明
4211	人工牧草地	色调：灰绿色； 纹理：纹理较细，均质； 形状：规则方形或块状； 组合特征：结构均一； 空间分布：位于旱地周围			经度：104°16′26.281″E； 纬度：25°53′36.913″N； 照片编号：IMG _ 2017.JPG； 照片拍摄方位：东 90°； 照片拍摄日期：2023 年 6 月 12 日
4312	其他草地	色调：土黄色，间杂零星绿点，色调不均匀； 纹理：粗糙； 形状：不规则状、块状，边界不明显； 空间分布：位于山坡中上部			经度：114°56′4.692″E； 纬度：24°45′42.408″N； 照片编号：G147 图斑 2(4).JPG； 照片拍摄方位：东北 40°； 照片拍摄日期：2023 年 8 月 5 日

续表

1 标志编号	2 土地利用/措施名称	3 影像特征描述	4 影像	5 照片	6 说明
5113	城镇建设用地	色调：亮白色或灰黑色； 纹理：粗糙，轮廓清晰； 形状：规则，呈集中连片的面状； 空间分布：位于平地			经度：115°1′35.542″E； 纬度：24°47′35.846″N； 照片编号：IMG_084414.JPG； 照片拍摄方位：北0°； 照片拍摄日期：2023年8月6日
5214	农村建设用地	色调：灰白色； 纹理：粗糙，轮廓不清晰； 形状：不规则斑块； 空间分布：零散分布，与耕地农田相间			经度：115°6′47.887″E； 纬度：25°0′31.061″N； 照片编号：IMG_111406.JPG； 照片拍摄方位：西北340°； 照片拍摄日期：2023年8月8日

续表

1 标志编号	2 土地利用/措施名称	3 影像特征描述	4 影像	5 照片	6 说明
5315	人为扰动用地	色调：深黄色，色调不均匀； 纹理：粗糙； 形状：不规则块状，间杂不规则阴影； 空间分布：多分布在山区工矿，有临时道路连接			经度：115°2′44.008″E； 纬度：24°42′36.369″N； 照片编号：1a016736－d02c.JPG； 照片拍摄方位：北 0°； 照片拍摄日期：2023 年 8 月 10 日
5416	其他建设用地	色调：蓝色； 纹理：整体平滑； 形状：规则矩形； 空间分布：孤立于居民点零星分布			经度：115°2′20.622″E； 纬度：25°1′5.415″N； 照片编号：G150（7）.JPG； 照片拍摄方位：西北 330°； 照片拍摄日期：2023 年 8 月 11 日

续表

1 标志编号	2 土地利用/措施名称	3 影像特征描述	4 影像	5 照片	6 说明
6117	农村道路	色调：土黄色； 纹理：粗糙； 形状：折线状、条带状，宽度1～8m，边界不清晰； 空间分布：多分布在村间，连接村庄			经度：114°59′11.985″E； 纬度：24°47′6.376″N； 照片编号：IMG_152438.JPG； 照片拍摄方位：西北340°； 照片拍摄日期：2023年8月12日
6218	其他交通用地	色调：灰色或灰白色； 纹理：平滑； 形状：曲线形、线状，宽度固定； 空间分布：依地形布设，连接城镇			经度：114°59′33.797″E； 纬度：24°47′2.778″N； 照片编号：IMG_152754.JPG； 照片拍摄方位：东南120°； 照片拍摄日期：2023年8月13日

续表

1 标志编号	2 土地利用/措施名称	3 影像特征描述	4 影像	5 照片	6 说明
7119	河湖库塘	色调：蓝黑色； 纹理：光滑； 形状：条带状； 空间分布：位于山谷，临近居民点			经度：115°11′19.231″E； 纬度：24°46′8.279″N； 照片编号：IMG_2355.JPG； 照片拍摄方位：东北45°； 照片拍摄日期：2023年8月14日
8420	裸岩石砾地	色调：浅灰色，色调不均匀； 纹理：粗糙，立体感强； 形状：不规则斑块状； 空间分布：多位于山坡中上部			经度：105°18′13.604″E； 纬度：25°57′15.856″N； 照片编号：18.JPG； 照片拍摄方位：南170°； 照片拍摄日期：2023年6月21日

续表

1 标志编号	2 土地利用/措施名称	3 影像特征描述	4 影像	5 照片	6 说明
20101	土坎梯田	色调：随季节变化，土黄色，色调均匀； 纹理：平滑； 形状：呈不规则宽条带状，阶梯明显，边界清晰； 空间分布：位于山坡，临近水源			经度：115°12′43.541； 纬度：24°51′9.73″N； 照片编号：IMG_7639.JPG； 照片拍摄方位：西南220°； 照片拍摄日期：2023年8月1日
20102	石坎梯田	色调：土黄色，色调不均，有明显的田坎； 纹理：粗糙； 形状：呈不规则宽条带状，阶梯明显，边界清晰； 空间分布：多分布于山坡上，临近居民地			经度：106°38′8.581″E； 纬度：27°12′35.135″N； 照片编号：IMG_124406.JPG； 照片拍摄方位：西南220°； 照片拍摄日期：2023年7月6日

续表

1 标志编号	2 土地利用/措施名称	3 影像特征描述	4 影像	5 照片	6 说明
20303	水平阶	色调：黄绿色，色调不均匀； 纹理：粗糙，颗粒感明显，等间距条状，有果树阴影； 形状：不规则状； 空间分布：位于山坡下部，散布于耕地周围，沿等高线分布	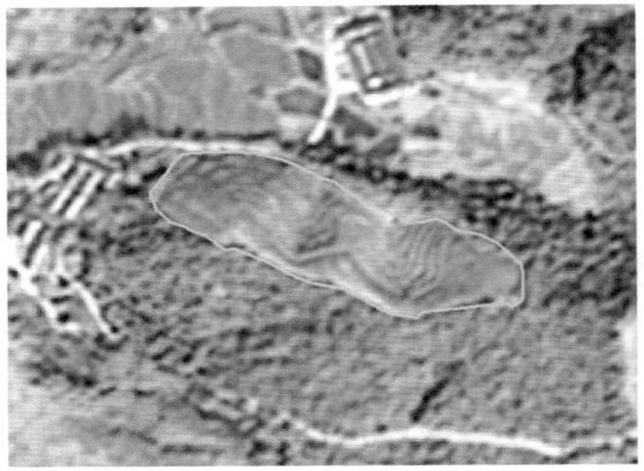		经度：115°12′0.584； 纬度：24°56′49.492″N； 照片编号：IMG_7694.JPG； 照片拍摄方位：西南200°； 照片拍摄日期：2023年8月15日
21704	地表覆盖措施	色调：色彩多样； 形状：不规则状； 空间分布：位于人为扰动用地周围			经度：115°15′0.325； 纬度：24°45′49.562″N； 照片编号：IMG_5764.JPG； 照片拍摄方位：西南180°； 照片拍摄日期：2023年8月15日

注 GF影像为RGB真彩色组合；水绿色多边形为图斑。

4.2.5 遥感解译与专题信息提取

在土地利用与水土保持措施信息解译提取前，需要对所有参与解译的技术人员进行培训，包括信息提取涉及的各种技术手段及操作流程，以及监测区的主要土地利用类型、水土保持措施及其影像特征，各种土地利用与水土保持措施之间的区别等，每位解译人员必须认真学习掌握。

4.2.5.1 土地利用解译

土地利用共分为耕地、园地、林地、草地、建设用地、交通运输用地、水域及水利设施用地和其他土地8大类，各大类又共分为25个二级类，各类具体名称及含义见表4-4。土地利用类型解译工作主要利用历史土地利用数据和收集的土地利用资料，基于遥感影像和土地利用基础数据，结合解译标志，进行人机交互式土地利用更新解译工作，获得监测区耕地、园地、林地、草地、建设用地、交通运输用地、水域及水利设施用地等土地利用数据。

表4-4 土地利用分类体系

一级类		二级类		含义
编码	名称	编码	名称	
1	耕地	—	—	指种植农作物的土地，包括熟地，新开发、复垦、整理地，休闲地（含轮歇地、休耕地）；以种植农作物（含蔬菜）为主，间有零星果树、桑树或其他树木的土地；平均每年能保证收获一季的已垦滩地和海涂。耕地中包括固定的沟、渠、路和地坎（埂）；临时种植药材、草皮、花卉、苗木等的耕地，临时种植果树、茶树和树木且耕作层未破坏的耕地，以及其他临时改变用途的耕地
		11	水田	指用于种植水稻、莲藕等水生农作物的耕地。包括实行水生、旱生农作物轮种的耕地
		12	水浇地	指有水源保证和灌溉设施，在一般年景能正常灌溉，种植旱生农作物的耕地。包括种植蔬菜等的非工厂化的大棚用地
		13	旱地	指无灌溉设施，主要靠天然降水种植旱生农作物的耕地，包括没有灌溉设施，仅靠引洪淤灌的耕地
2	园地	—	—	指种植以采集果、叶、根、茎、汁等为主的集约经营的多年生木本和草本作物，覆盖度大于50%或每亩株数大于合理株数70%的土地。包括用于育苗的土地
		21	果园	指种植果树的园地
		22	茶园	指种植茶树的园地
		23	其他园地	指种植桑树、橡胶、可可、咖啡、油棕、胡椒、药材等其他多年生作物的园地
3	林地	—	—	指生长乔木、竹类、灌木的土地，及沿海生长红树林的土地。包括迹地，不包括居民点内部的绿化林木用地，铁路、公路征地范围内的林木，以及河流、沟渠的护堤林
		31	有林地	指树木郁闭度≥0.2的乔木林地，包括红树林地和竹林地
		32	灌木林地	指灌木覆盖度≥40%的林地
		33	其他林地	包括疏林地（指树木郁闭度≥0.1、<0.2的林地）、未成林地、迹地、苗圃等林地

续表

一级类		二级类		含义
编码	名称	编码	名称	
4	草地	—	—	指生长草本植物为主的土地
		41	天然牧草地	指以天然草本植物为主，用于放牧或割草的草地
		42	人工牧草地	指人工种植牧草的草地
		43	其他草地	指树木郁闭度<0.1，表层为土质，生长草本植物为主，不用于畜牧业的草地
5	建设用地	51	城镇建设用地	指城镇用于生活居住的各类房屋及其附属设施用地、商业、服务业、机关团体、新闻出版、科教文卫、公用设施及与这些用地相连或邻近的工业生产、储藏等用地
		52	农村建设用地	指农村用于生活居住的宅基地、村中道路、商店、养殖设施、空地、其他公用设施等
		53	人为扰动用地	指监测当期正在发生的因建设、生产活动等引起人为水土流失的地块。如采矿、采石、采（砂）沙场、砖瓦窑等地面生产用地、排土（石）及尾矿堆放地、在建（含三通一平未开工项目）生产建设项目用地等
		54	其他建设用地	指孤立于城镇或村庄的工业生产、物资存放场所、盐田用地；独立于城镇、村庄的军事设施、涉外、宗教、监教、殡葬、风景名胜等用地；独立存在的设施农业用地等
6	交通运输用地	—	—	指用于运输通行的地面线路、场站等的土地。包括民用机场、汽车客货运场站、港口、码头、地面运输管道和各种道路及轨道交通用地
		61	农村道路	在农村范围内，南方宽度≥1.0m、≤8m，北方宽度≥2.0m、≤8m，用于村间、田间交通运输，并在国家公路网络体系之外，以服务于农村农业生产为主要用途的道路（含机耕道）
		62	其他交通用地	除“农村道路”以外的所有交通运输用地
7	水域及水利设施用地	—	—	指陆地水域、滩涂、沟渠、沼泽、水工建筑物、冰川及永久积雪等用地。不包括滞洪区和已垦滩涂中的耕地、园地、林地、居民点、道路等用地
		71	河湖库塘	河流、湖泊、水库、坑塘及各种滩涂、水工建筑
		72	沼泽地	指经常积水或渍水，一般生长湿生植物的土地。包括草本沼泽、苔藓沼泽、内陆盐沼、森林沼泽、灌丛沼泽和沼泽草地等
		73	冰川及永久积雪	指表层被积雪常年覆盖的土地
8	其他土地	—	—	指上述地类以外的其他类型的土地
		81	盐碱地	指表层盐碱聚集，生长天然耐盐植物的土地
		82	沙地	指表层为沙覆盖、基本无植被（地表植被覆盖度小于5%）的土地，包括沙漠，不包括滩涂中的沙地
		83	裸土地	植被覆盖度小于5%的土质土地
		84	裸岩石砾地	地表砾石覆盖大于70%或裸岩覆盖率大于70%的土地

注 1. 本表根据不同土地利用对水土流失的影响特征，参考《土地利用现状分类》（GB/T 21010—2017）制定。
2. 特殊情况的处理：水域两岸、河漫滩属于土地利用一级类水域及水利设施用地范围；入海水道等两堤之间存在长期耕种的土地或基本农田。除长期退耕外，撂荒地（现状为草地）的土地利用类型应判定为耕地，并备注为撂荒地。园地、林地、草地有梯田等水土保持措施时，应在属性表中标明措施名称和代码。
3. 人为扰动地块：基于遥感影像解译或野外调查判定的人为扰动用地的图斑。

4.2.5.2 水土保持措施解译

基于遥感影像，提取水土保持措施类型、面积，水土保持措施分类见表4-5。为提高工作效率，在实际解译过程中，水土保持措施信息提取和土地利用信息提取一并进行。依据解译获取的土地利用和水土保持措施类型，勾绘土壤侵蚀地块边界，填写土壤侵蚀地块矢量文件的属性表。

表4-5 水土保持措施分类

一级分类		二级分类		含义描述	备注
代码	名称	代码	名称		
1	生物措施	101	造林	采取人工或飞播方式种植的乔木林、灌木林、混交林、植物篱、经果林等；四旁植树林、农田防护林等；生产建设项目扰动土地采取的生物护坡措施	园地对应三级措施类型“经果林”，代码为“1011”。 在东北、西北地区，可根据需要增加三级措施类型“农田防护林”，代码“1012”。 可根据需要增加植物篱、草水路、四旁林和植物护坡等三级措施类型，代码分别为“1013”“1014”“1015”和“1016”
		102	种草	采取人工或飞机播种方式种草、草水路等，以防治水土流失；生产建设项目扰动土地采取的种草措施	
		103	封育	原始植被遭到破坏后，通过围栏封禁，严禁人畜进入，经长期恢复为乔木林、灌木林、草场等	
		104	生态恢复	原始植被遭到破坏后，通过政策、法规、及其他管理办法等，采取限制或轮牧方法限制人畜进入，经长期恢复为乔木林、灌木林、草地等	
2	工程措施	201	梯田	为防止水土流失，通过人工或推土机等建造的土坎水平梯田、石坎水平梯田、坡式梯田、隔坡梯田、窄梯田、软埝等	根据地域特征和工作需要，可增加三级分类“土坎水平梯田”“石坎水平梯田”“坡式梯田”“隔坡梯田”“窄梯田”“软埝”，代码分别为“20101”“20102”“20103”“20104”“20105”“20106”
		202	地埂	指在坡耕地上沿等高线培修的土埂，以截短坡长，调蓄径流	
		203	水平阶（反坡梯田）	适用于15°～25°的陡坡，阶面宽1.0～1.5m，具有3°～5°反坡，也称反坡梯田。上下两阶间的水平距离，以设计的造林行距为准。要求在暴雨中各台水平阶间斜坡径流，在阶面上能全部或大部容纳入渗，以此确定阶面宽度、反坡坡度，调整阶间距离	

续表

一级分类		二级分类		含义描述	备注
代码	名称	代码	名称		
2	工程措施	204	水平沟	适用于15°～25°的陡坡。沟口上宽0.6～1.0m，沟底宽0.3～0.5m，沟深0.4～0.6m，沟由半挖半填做成，内侧挖出的生土用在外侧做梗。树苗植于沟底外侧。根据设计的造林行距和坡面暴雨径流情况，确定上下两沟的间距和沟的具体尺寸	
		205	竹节沟	坡面或道路旁修筑深宽各0.5～1m的沟，每隔2～5m留一土档，分段开挖似“竹节”。具有留蓄雨水，减缓径流，积留表土的作用	
		206	鱼鳞坑	坑平面呈半圆形，长径0.8～1.5m，短径0.5～0.8m；坑深0.3～0.5m，坑内取土在下沿做成弧状土埂，高0.2～0.3m（中部较高，两端较低）。各坑在坡面基本上沿等高线布设，上下两行坑口呈“品”字形错开排列。坑的两端，开挖宽深各约0.2～0.3m、倒“八”字形的截水沟	
		207	大型果树坑	在土层极薄的土石山区或丘陵区种植果树时，须在坡面开挖大型果树坑，深0.8～1.0m，圆形直径0.8～1.0m，方形各边长0.8～1.0m，取出坑内石砾或生土，将附近表土填入坑内	
		208	坡面小型蓄排工程	指防治坡面水土流失的截水沟、排水沟、蓄水池、沉沙池等工程	
		209	路旁、沟底小型蓄引工程	主要包括涝池、水窖等。主要设在村旁、路旁、有足够地表径流来源的地方。涝池主要修于路旁，用于拦蓄道路径流，防止道路冲刷与沟头前进；同时可供饮牲口和洗涤之用；窖址应有深厚坚实的土层，距沟头、沟边20m以上，距大树根10m以上。在土质地区和岩石地区都有应用。在土质地区的水窖多为圆形断面，可分为圆柱形、瓶形、烧杯形、坛形等，其防渗材料可采用水泥砂浆抹面、黏土或现浇混凝土；岩石地区水窖一般为矩形宽浅式，多采用浆砌石砌筑	
		210	沟头防护	主要指沟头蓄水型或排水型防护工程，用来制止坡面暴雨径流，制止沟头前进	

续表

一级分类		二级分类		含义描述	备注
代码	名称	代码	名称		
2	工程措施	211	谷坊	主要修建在沟底比降较大（5%～10%或更大）、沟底下切剧烈发展的沟段。其主要任务是巩固并抬高沟床，制止沟底下切，稳定沟坡，制止沟岸扩张（沟坡崩塌、滑塌、泻溜等）。谷坊分土谷坊、石谷坊、植物谷坊三类	
		212	淤地坝	指在沟壑中筑坝拦泥，巩固并抬高侵蚀基准面，减轻沟蚀，减少入河泥沙，变害为利，充分利用水沙资源的一项水土保持治沟工程措施。包括小型（一般坝高5～15m，库容1万～10万m^3，淤地面积0.2～2hm^2）、中型（一般坝高15～25m，库容10万～50万m^3，淤地面积2～7hm^2）、大型（一般坝高25m以上，库容50万～500万m^3，淤地面积7hm^2以上）三种规模	在黄土高原地区，可增加三级分类“大型淤地坝”“中型淤地坝”和“小型淤地坝”，代码分别为“20111”“20112”“20113”
		213	引洪漫地	指在暴雨期间引用坡面、道路、沟壑与河流的洪水、淤漫耕地或荒滩的工程	
		214	引水拉沙造地	有水源条件的风沙区采用引水或抽水拉沙造地	
		215	沙障固沙	沙障是用柴草、活性沙生植物的枝茎或其他材料平铺或直立于风蚀沙丘地面，以增加地面糙度，削弱近地层风速，固定地面沙粒，减缓和制止沙丘流动。一般有带状和网状两种沙障	
		216	工程护路	在道路开挖面或堆砌面建设工程，保护道路，防止水土流失	
		217	地表覆盖措施	指除造林或种草之外的，对人为扰动用地中采取的苫盖以及地面硬化（含建构筑物）等防治措施	

4.2.6 土壤侵蚀模数计算与强度判定

本专著主要针对水力侵蚀模型做详细介绍，风力侵蚀和冻融侵蚀不做介绍。

4.2.6.1 水力侵蚀模型

在水力侵蚀地区，采用中国土壤流失方程CSLE（Chinese Soil Loss Equation）计算土壤侵蚀模数。方程基本形式为

$$A = RKLSBET \tag{4-1}$$

式中：A为土壤侵蚀模数，t/(hm^2·a)；R为降雨侵蚀力因子，(MJ·mm)/(hm^2·h·a)；

K 为土壤可蚀性因子，$(t\cdot hm^2\cdot h)/(hm^2\cdot MJ\cdot mm)$；$L$ 为坡长因子，无量纲；S 为坡度因子，无量纲；B 为植被覆盖与生物措施因子，无量纲；E 为工程措施因子，无量纲；T 为耕作措施因子，无量纲。

1. 侵蚀因子计算

(1) 降雨侵蚀力因子 R 计算公式如下：

$$\overline{R}=\sum_{k=1}^{24}\overline{R}_{半月k} \tag{4-2}$$

$$\overline{R}_{半月k}=\frac{1}{N}\sum_{i=1}^{N}\sum_{j=0}^{m}(\alpha\cdot P_{i,j,k}^{1.7265}) \tag{4-3}$$

$$\overline{WR}_{半月k}=\frac{\overline{R}_{半月k}}{\overline{R}} \tag{4-4}$$

式中：$\overline{R}$ 为多年平均年降雨侵蚀力，$(MJ\cdot mm)/(hm^2\cdot h\cdot a)$；$k$ 为取 1，2，…，24，指将一年划分为 24 个半月；$\overline{R}_{半月k}$ 为第 k 个半月的降雨侵蚀力，$(MJ\cdot mm)/(hm^2\cdot h)$；$i$ 取 1，2，…，N；N 为 1986—2015 年的时间序列，后续按五年序列顺延更新；j 取 0，1，…，m；m 为第 i 年第 k 个半月内侵蚀性降雨日的数量（侵蚀性降雨日指日雨量大于等于 10mm）；$P_{i,j,k}$ 为第 i 年第 k 个半月第 j 个侵蚀性降雨量，mm；如果某年某个半月内没有侵蚀性降雨量，即 $j=0$，则令 $P_{i,0,k}=0$；α 为参数，暖季（5—9 月）α 取 0.3937，冷季（10—12 月，1—4 月）α 取 0.3101；$\overline{WR}_{半月k}$ 为第 k 个半月平均降雨侵蚀力（$\overline{R}_{半月k}$）占多年平均年降雨侵蚀力（$\overline{R}$）的比例。

将站点降雨侵蚀力数据插值为等值线图和栅格图层，具体如下：

1) 将站点多年平均 1～24 个半月降雨侵蚀力转为矢量文件，采用普通克里金插值方法，生成 10m 空间分辨率的 24 个半月降雨侵蚀力栅格数据。

2) 将 24 个半月降雨侵蚀力栅格数据累加为年降雨侵蚀力栅格数据。

3) 将 24 个半月降雨侵蚀力栅格数据除以年降雨侵蚀力栅格数据，得到 24 个半月降雨侵蚀力占年降雨侵蚀力比例的栅格数据。

(2) 土壤可蚀性因子 K。基于收集到的径流小区观测资料和第一次全国水利普查水土保持情况普查土壤可蚀性因子计算方法，更新计算土壤可蚀性因子；也可直接采用第一次全国水利普查水土保持情况普查土壤可蚀性因子成果或基于标准径流小区的观测数据更新，标准径流小区计算土壤可蚀性因子 K 的公式为

$$K=A/R \tag{4-5}$$

式中：A 为坡长 21.13m，坡度 9%（5°），清耕休闲径流小区观测的多年平均（一般需要 12 年以上连续观测，南方观测年限可适当减少）土壤侵蚀模数，$t/(hm^2\cdot a)$；R 为与小区土壤侵蚀观测对应的多年平均年降雨侵蚀力，$(MJ\cdot mm)/(hm^2\cdot h\cdot a)$。

经重采样，生成 10m 空间分辨率的 K 因子栅格数据。

(3) 坡长因子 L 和坡度因子 S。

1) 坡长因子计算公式为

$$L_i=\frac{\lambda_i^{m+1}-\lambda_{i-1}^{m+1}}{(\lambda_i-\lambda_{i-1})22.13^m} \tag{4-6}$$

式中：λ_i，λ_{i-1} 为第 i 个和第 $i-1$ 个坡段的坡长，m；m 为坡长指数，随坡度而变，无量纲。

$$m=\begin{cases}0.2 & \theta\leqslant 1^\circ \\ 0.3 & 1^\circ<\theta\leqslant 3^\circ \\ 0.4 & 3^\circ<\theta\leqslant 5^\circ \\ 0.5 & \theta>5^\circ\end{cases} \tag{4-7}$$

2）坡度因子计算公式为

$$S=\begin{cases}10.8\sin\theta+0.03 & \theta<5^\circ \\ 16.8\sin\theta-0.5 & 5^\circ\leqslant\theta<10^\circ \\ 21.9\sin\theta-0.96 & \theta\geqslant 10^\circ\end{cases} \tag{4-8}$$

式中：S 为坡度因子，无量纲；θ 为坡度，(°)。

当土地利用（含林地、草地）地块的坡度大于30°时，一律取30°代入公式（4-8）计算坡度因子。除执行上述规定外，林地、草地的坡度因子采用公式 $S=10.8\sin\theta+0.03$ 计算。生成的 L、S 栅格数据分辨率均重采样为10m。

(4) 植被覆盖与生物措施因子 B。利用 MODIS 归一化植被指数（NDVI）产品和 Landsat/哨兵或类似的多光谱影像（包括蓝、绿、红和近红外4个波段），采用参数修订方法或融合计算方法，得到24个半月30m空间分辨率的植被覆盖度，结合24个半月降雨侵蚀力因子比例和土地利用类型计算 B 因子。经重采样，生成10m空间分辨率的 B 因子栅格数据。园地、林地和草地采用公式计算，其余土地利用类型直接查表4-6进行赋值。园地、林地和草地 B 因子计算公式为

$$B=\sum_{i=1}^{24}SLR_i\cdot WR_i \tag{4-9}$$

式中：WR_i 为前面计算的第 i 个半月降雨侵蚀力占全年侵蚀力比例，取值范围为0～1；SLR_i 为第 i 个半月园地、林地和草地的土壤流失比例，无量纲，取值范围为0～1。

茶园和灌木林地 SLR_i 计算公式为

$$SLR_i=\frac{1}{1.17647+0.86242\times 1.05905^{100\times FVC}} \tag{4-10}$$

果园、其他园地、有林地和其他林地 SLR_i 计算公式为

$$SLR_i=0.44468e^{(-3.20096\times GD)}-0.04099e^{(FVC-FVC\times GD)}+0.025 \tag{4-11}$$

草地 SLR_i 计算公式为

$$SLR_i=\frac{1}{1.25+0.78845\times 1.05968^{100\times FVC}} \tag{4-12}$$

式中：FVC 为基于NDVI计算的植被覆盖度，取值范围为0～1；GD 为乔木林的林下盖度，取值范围为0～1，包括除乔木林冠层以外的所有植被（灌木、草本和枯落物）构成的林下盖度。

(5) 水土保持工程措施因子 E。根据解译获取的土壤侵蚀地块属性表的“工程措施类型或代码”字段值，查水土保持工程措施因子赋值表（见表4-7），获取水土保持工程措施因子值。经重采样，生成10m空间分辨率的 E 因子栅格数据。

表 4-6　　非园地、林地、草地的 B 因子赋值表

土地利用一级类型	土地利用二级类型	代码	B 因子值	说　　明
耕地	水田	11	1	水土保持效益通过 T 反映
	水浇地	12	1	水土保持效益通过 T 反映
	旱地	13	1	水土保持效益通过 T 反映
建设用地	城镇建设用地	51	0.01	相当于 80%的植被覆盖度
	农村建设用地	52	0.025	相当于 60%的植被覆盖度
	人为扰动用地	53	1	相当于无植被覆盖
	其他建设用地	54	0.01	相当于 80%的植被覆盖度
交通运输用地	农村道路	61	1	相当于无植被覆盖
	其他交通用地	62	0.01	相当于 80%的植被覆盖度
水域及水利设施用地	—	7	0	强制为 0，使得侵蚀量等于 0
其他土地	—	8	0	“裸土地”字符则赋值为 1，否则赋值为 0

表 4-7　　水土保持工程措施因子赋值表

二级级类	工程措施名称	工程措施代码	E 因子值
梯田	土坎水平梯田	20101	0.084
	石坎水平梯田	20102	0.121
	坡式梯田	20103	0.414
	隔坡梯田	20104	0.347
地埂		202	0.347
水平阶（反坡梯田）		203	0.151
水平沟		204	0.335
鱼鳞坑		206	0.249
大型果树坑		207	0.160

注　1. 对应表 4-4，除上述水土保持工程措施需进行因子赋值外，其他措施只统计面积、长度或处数，不进行因子赋值，也不纳入土壤侵蚀模型计算。

2. 对于坡度≤2°的耕地，如未采取梯田等水土保持工程措施，应考虑等高耕作措施，因子赋值为 0.431。

（6）耕作措施因子 T。根据解译获取的土壤侵蚀地块属性表的“耕作措施轮作区代码”字段值，查耕作措施轮作措施赋值表（见表 4-8），获取耕作措施因子值。经重采样，生成 10m 空间分辨率的 T 因子栅格数据。

表 4-8　　全国轮作区名称及代码（含 T 因子赋值）

一级区	一级区名	二级区	二 级 区 名	T 因子值
01	青藏高原喜凉作物一熟轮歇区	11	藏东南川西河谷地喜凉作物一熟区	0.272
		12	海北甘南高原喜凉作物一熟轮歇区	0.272
02	北部中高原半干旱喜凉作物一熟区	21	后山坝上晋北高原山地半干旱喜凉作物一熟区	0.488
		22	陇中青东宁中南黄土丘陵半干旱喜凉作物一熟区	0.488

续表

一级区	一级区名	二级区	二 级 区 名	T因子值
03	北部低高原易旱喜温一熟区	31	辽吉西蒙东南晋北半干旱喜温作物一熟区	0.417
		32	黄土高原东部易旱喜温作物一熟区	0.417
		33	晋东半湿润易旱作物一熟填闲区	0.417
		34	渭北陇东半湿润易旱冬麦一熟填闲区	0.417
04	东北平原丘陵半湿润喜温作物一熟区	41	大小兴安岭山麓岗地喜凉作物一熟区	0.331
		42	三江平原长白山地温凉作物一熟区	0.331
		43	松嫩平原喜温作物一熟区	0.331
		44	辽河平原丘陵温暖作物一熟填闲区	0.331
05	西北干旱灌溉一熟兼二熟区	51	河套河西灌溉一熟填闲区	0.279
		52	北疆灌溉一熟填闲区	0.281
		53	南疆东疆绿洲二熟一熟区	0.281
06	黄淮海平原丘陵水浇地二熟旱地二熟一熟区	61	燕山太行山前平原水浇地套复二熟旱地一熟区	0.397
		62	黑龙港缺水低平原水浇地二熟旱地一熟区	0.426
		63	鲁西北豫北低平原水浇地粮棉两熟一熟区	0.391
		64	山东丘陵水浇地二熟旱坡地花生棉花一熟区	0.425
		65	黄淮平原南阳盆地旱地水浇地二熟区	0.413
		66	汾渭谷地水浇地二熟旱地一熟二熟区	0.378
		67	豫西丘陵山地旱地坡地一熟水浇地二熟区	0.392
07	西南中高原山地旱地二熟一熟水田二熟区	71	秦巴山区旱地二熟一熟兼水田两熟区	0.403
		72	川鄂湘黔低高原山地水田旱地两熟兼一熟区	0.396
		73	贵州高原水田旱地两熟一熟区	0.410
		74	云南高原水田旱地二熟一熟区	0.425
		75	滇黔边境高原山地河谷旱地一熟两熟区	0.429
08	江淮平原丘陵麦稻二熟区	81	江淮平原麦稻两熟兼早三熟区	0.392
		82	鄂豫皖丘陵平原水田旱地两熟兼早三熟区	0.372
09	四川盆地水旱二熟兼三熟区	91	盆西成都平原水田麦稻两熟区	0.422
		92	盆东丘陵低山水田旱地两熟三熟区	0.411
10	长江中下游平原丘陵水田三熟二熟区	101	沿江平原丘陵水田早三熟二熟区	0.338
		102	两湖平原丘陵水田中三熟二熟区	0.312
11	东南丘陵山地水田旱地二熟三熟区	111	浙闽丘陵山地水田旱地三熟二熟区	0.354
		112	南岭丘陵山地水田旱地二熟三熟区	0.338
		113	滇南山地旱地水田二熟兼三熟区	0.395
12	华南丘陵沿海平原晚三熟热三熟区	121	华南低丘平原晚三熟区	0.466
		122	华南沿海西双版纳台南二熟三熟与热作区	0.459

注 全国轮作区分区详见《中国耕作制度70年》附录3中国耕作制度区划县（市）名录（中国农业出版社，2005年）。

2. 土壤侵蚀模数计算

基于GIS或其他空间分析应用平台，利用土壤侵蚀因子计算值，运用中国土壤流失方程CSLE，对降雨侵蚀力因子R、土壤可蚀性因子K、坡长因子L、坡度因子S、植被覆盖与生物措施因子B、工程措施因子E、耕作措施因子T进行图层栅格乘积运算，得到每个栅格的土壤侵蚀模数。

4.2.6.2 人为扰动地块侵蚀强度评价

1. 基于影像提取的人为扰动地块

根据人为扰动地块原地面平均坡度和解译的措施或覆盖状况，判定其土壤侵蚀强度。

(1) 地块原地面平均坡度<5°且林草（或苫盖、硬化）措施面积占比≥50%的，其侵蚀强度判定为微度；林草（或苫盖、硬化）措施面积占比<50%的，为轻度。遥感影像解译时，应对林草（或苫盖、硬化）措施进行标注。

(2) 对于山区、丘陵区、风沙区的人为扰动地块，应叠加DEM，提取原地面平均坡度，根据遥感影像和水土保持措施实施情况，合理判断侵蚀强度。

(3) 地块原地面平均坡度5°～15°为中度，15°～30°为强烈，30°以上为极强烈。

2. 基于实地调查的人为扰动地块

对选定的典型人为扰动地块，根据所处地貌类型、区域以及水土流失治理度等指标，采用综合评判方法，评价人为扰动地块侵蚀强度，并基于水土流失治理情况，分析人为扰动地块的地表覆盖、林草植物措施、工程措施实施面积及其水土流失面积减少或强度降低等治理恢复情况。判定指标见表4-9。

表4-9 人为扰动地块土壤侵蚀强度判定指标

所处地貌类型区	所在区域	对应的项目部位	水土流失治理度/%			
			<30	30～50	50～70	≥70
平原区	—	—	中度	轻度	微度	微度
山丘区	城镇区域及周边	非采矿类项目取土（石、料）场、弃土（石、渣）场之外的地块	中度	轻度	微度	微度
		采矿类项目的所有部位，非采矿类项目的取土（石、料）场、弃土（石、渣）场	强烈	中度	轻度	微度
	城镇以外区域	非采矿类项目取土（石、料）场、弃土（石、渣）场之外的地块	极强烈	强烈	轻度	微度
		采矿类项目的所有部位，非采矿类项目的取土（石、料）场、弃土（石、渣）场	剧烈	强烈	中度	微度

注 1. 水土流失治理度是指扰动地块内水土流失治理达标面积占水土流失总面积的百分比。水土流失治理达标面积是指对水土流失区域采取水土保持措施，使土壤流失量达到容许土壤流失量或以下的面积，以及建立良好排水体系，并不对周边产生冲刷的地面硬化面积和永久建筑物占用地面积。“%”的取值为下含上不含，如“30～50”表示含30%、不含50%。
2. 若水土保持措施毁坏、质量不达标或不符合设计要求，按照“无措施”处理。

3. 结果类比或校核

根据典型扰动地块或项目现场调查及其土壤侵蚀强度评价结果，采用类比分析的方法，辅助评判或校核基于影像提取的人为扰动地块侵蚀强度结果。

利用收集到的生产建设项目扰动图斑位置、范围、现场照片等资料，辅助开展人为扰动地块（地块面积一般大于$1hm^2$）侵蚀强度评价与结果校核。

4.2.6.3 土壤侵蚀强度评价

依据《土壤侵蚀分类分级标准》(SL 190—2007) 等技术标准，评价每个栅格的土壤侵蚀强度。人为扰动地块直接采用其土壤侵蚀强度评价结果，并转为栅格图层（重采样为

10m)，与其他土地利用类型的土壤侵蚀计算栅格图层融合形成土壤侵蚀专题图层，用于评价侵蚀强度和水土流失面积统计。

4.2.6.4 水土流失面积综合分析计算

对于发生水力侵蚀、风力侵蚀和冻融侵蚀的栅格，应基于各种类型侵蚀强度的评价结果，综合分析确定区域的水土流失面积。

1. 综合分析原则

(1) 对于发生冻融侵蚀的栅格，若水力侵蚀或风力侵蚀的强度不小于轻度，则把该栅格的水土流失面积纳入水力侵蚀或风力侵蚀类型。

(2) 对于发生水力侵蚀和风力侵蚀的评价结果，按照仅保留高强度等级侵蚀类型的原则，确定每个栅格的侵蚀类型及其面积。若侵蚀强度相同，则确定为水力侵蚀强度等级。

2. 综合分析计算步骤

(1) 分析每个栅格的侵蚀类型，对于水力侵蚀或风力侵蚀强度不小于轻度的栅格，作为水力侵蚀或风力侵蚀类型，而不再计入冻融侵蚀类型。

(2) 比较每个栅格的水力侵蚀和风力侵蚀强度，仅保留强度高的侵蚀类型，而不再保留另一种侵蚀类型。

(3) 对于只有某一类侵蚀类型的栅格，统计这类侵蚀的微度、轻度、中度、强烈、极强烈和剧烈等各级强度的面积。

(4) 轻度及其以上各级土壤侵蚀强度面积之和为水土流失面积。

4.2.7 结果统计与动态变化分析

根据水土流失遥感监测结果，结合抽样调查以及综合治理、土地利用、人为扰动用地、林草覆盖等相关统计资料，开展水土流失动态变化情况评价分析，包括水土流失强度、面积及空间分布变化等分析评价，具体水土流失动态变化分析方案如图 4-8 所示。

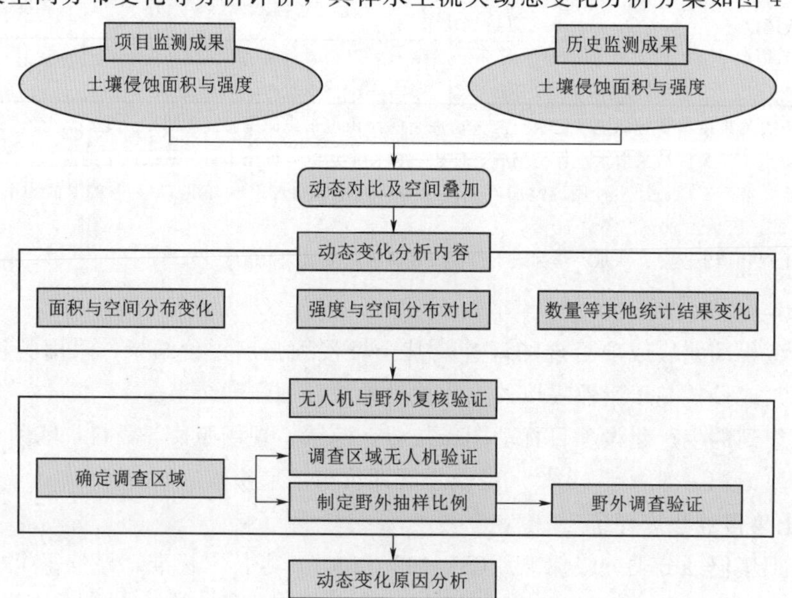

图 4-8 水土流失动态变化分析对比评价方法

4.3 应用案例

4.3.1 研究区概况

4.3.1.1 自然概况

(1) 地理位置。高明区位于东经112°22′34″～112°55′06″，北纬22°38′46″～23°01′05″，区域形状狭长，东西长达55km，南北相距42km。地处于广东省中部，珠江三角洲西翼，是珠江、西江交汇的重要节点。东南和南面与鹤山市交界，西南与新兴县相连，西北与高要市接壤，东北隔西江与佛山市三水区、南海区相望。高明区人民政府所在地荷城，东距佛山市47km，西上肇庆市64km，南下江门市65km，离广州市68km，距香港101海里，距澳门74海里。

(2) 地形地貌。高明区域内西、南部和中、北部部分为低山丘陵及台地，东部及东北部是广阔的冲积平原，形成一个西、南、北三面环山、西南向东北倾斜的狭长地形。低山丘陵台地山区包括更合、杨和及明城大部分地区。冲积平原区包括杨和、荷城和明城的一部分地区。域内山地与丘陵，多为海拔150m以下的低矮山岗和丘陵。山一般在海拔150～400m，个别800m以上，坡度在30°左右。南部杨和镇皂幕山为佛山第一峰，主峰海拔805m。丘陵海拔105m以下，坡度在25°左右。台地海拔50m以下，坡度在10°左右。山地与丘陵面积为595.2km^2，占全区总面积62%。高明境域由明城向东（偏北）伸展形成冲积平原，地势平缓，是围田区，总面积305.6km^2，占全区总面积的32%。

(3) 气候。高明区位于北回归线以南，属南亚热带季风气候，日照充足，热量丰富，雨量充沛，雨热同季，气候温和而湿润，无霜期长。2018年降水量为2017.5mm，年平均气温为23.2℃，年日照时数为1551.3h。

(4) 水系水资源。高明区内河流众多，西江干流从高明边境通过，高明河贯穿整个高明区，属西江一级支流，是高明的母亲河。西江在富湾大顶岗进入高明境域流经渡头马宁、苏村、扶丽等村边境，在石岩头汇纳高明河后流出，河段长17.48km。高明河（沧江河），发源于高明境域西部托盘顶，全河横贯境域东西，干流流经合水、更楼、新圩、明城、人和、西安、三洲、荷城等地，在石岩头汇入西江，全长82.4km。高明地下水蕴藏量为2.55亿m^3。矿泉水资源丰富，已开发利用的有碧露矿泉水、三千尺矿泉水、皂幕山矿泉水等。西江（高明段）水质评价项目达到《地表水环境质量标准》（GB 3838—2002）Ⅱ类标准；高明河主干流基本达到Ⅲ水质类别要求。

4.3.1.2 社会经济情况

(1) 人口与区划。2018年年末，高明区常住总人口44.29万人，户籍总人口32.04万人。年末常住人口比去年末增加2700人，增长0.6%，其中城镇人口比重88.9%。高明区辖1个街道（荷城）、3个镇（杨和、更合、明城），区政府驻荷城街道。全区总面积960万km^2。

(2) 经济发展状况。2018年，全区实现地区生产总值879.49亿元，增长5.5%，全国综合实力百强区排名上升至第42位。完成一般公共预算收入40.40亿元，增长11.5%；外贸进出口总值200.6亿元，增长11.0%；城镇和农村居民人均可支配收入分别达到3.54万元和2.41万元，分别增长8.6%、9.3%。制造业提质发展，先进制造业增加值占规上工业增加值比重提高至44.0%。现代服务业加快发展，旅游接待人数、旅游收入分别增长15.4%、13.0%。

4.3.2 佛山市高明区水土流失背景

4.3.2.1 水土流失现状

按照《土壤侵蚀分类分级标准》(SL 190—2007)，高明区土壤侵蚀类型区为南方红壤丘陵区，土壤侵蚀容许流失量为500t/(km^2·a)，土壤侵蚀以水力侵蚀、沟蚀为主，自然水土流失轻微。根据《水利部办公厅关于印发〈全国水土保持规划国家级水土流失重点预防区和重点治理区复核划分成果〉的通知》（办水保〔2013〕188号）和《广东省水利厅关于划分省级水土流失重点预防区和重点治理区的公告》（2015年10月13日），高明区属于广东省水土流失一般监测区。

根据广东省第四次水土流失遥感普查成果报告，佛山市高明区总面积960km^2，水土流失总面积为120.98km^2，其中因自然侵蚀引起的水土流失面积101.69km^2，占总侵蚀面积的84.06%；人为侵蚀造成的水土流失面积为19.29km^2，占总侵蚀面积的15.94%。侵蚀类型以自然侵蚀中的轻度侵蚀为主。

广东省2018年全省水土流失遥感调查中高明区的水土流失总面积为98.01km^2，其中轻度侵蚀面积80.78km^2，占水土流失总面积的82.42%，中度侵蚀、强烈侵蚀、极强烈侵蚀、剧烈侵蚀面积分别为9.73km^2、4.54km^2、2.61km^2、0.35km^2。侵蚀类型以轻度侵蚀为主。

4.3.2.2 水土保持情况

近年来，当地水行政主管部门，全面贯彻执行水土保持法律、法规，以实施水土保持议案为契机，稳妥地推进水土保持生态建设的开展，采取各种措施，一定程度上减少了水土流失的发生，改善了生态环境。主要表现在以下两个方面：

(1) 加强宣传：通过采取宣传水土保持法律法规，以及做好水土保持的重要性等方法，增强人们水土保持意识，减少对环境的破坏。

(2) 落实责任：对即将动工的开发建设项目，则按照“谁破坏谁治理”的原则，落实责任人限期治理，主要做好预防措施和取弃土场的拦蓄、边坡防护、裸露土地植被恢复等工作。

4.3.3 监测内容与技术路线

4.3.3.1 监测内容与指标

高明区水土流失遥感监测的主要内容包括土地利用、植被覆盖、水土流失、水保措施等几个方面。具体监测内容与指标见表4-10。

4.3.3.2 工作内容

根据监测内容与指标制定以下三方面工作内容：

表 4-10 调查内容与指标

序号	监测内容	监测指标	监测方法
1	土地利用	土地利用类型与面积	遥感监测，野外调查
2	植被覆盖	林草覆盖度	遥感监测，野外调查
3	水土流失	土壤侵蚀面积与强度	遥感监测，野外调查，模型计算
4	水保措施	水保措施类型和数量	资料收集、遥感监测

（1）利用遥感监测技术手段及实地勘验，结合多源数据获取高明区 2018 年水土流失影响因子，包括降雨侵蚀力因子 R、土壤可蚀性因子 K、坡长因子 L、坡度因子 S、植被覆盖与生物措施因子 B、工程措施因子 T、耕作措施因子 E。

（2）采用中国土壤流失方程模型计算高明区水土流失模数，按照《水土流失分类分级标准》获取高明区水土流失强度分布。

（3）汇总数据成果，分析高明区 2019 年度水土流失分布特征和动态变化。

4.3.3.3 技术路线

在水土保持监测工作的新形势和新要求下，按照《区域水土流失动态监测技术规定》（试行）、《水土保持遥感监测技术规范》（SL 592—2012）、《土壤侵蚀分类分级标准》（SL 190—2007）等行业规范相关要求，基于近年来开展的大量同类工作积累的丰富经验和关键技术，采用中国土壤侵蚀方程（CSLE 模型），主要运用国产高分遥感、无人机及常规地面抽样调查等技术手段，制定水土流失遥感监测的技术路线，见图 4-9。

技术路线包括实施方案编制、基础资料准备、遥感影像选择与预处理、解译标志建立、遥感解译与专题信息提取、野外调查验证、土壤侵蚀模数计算和强度判定和监测成果管理等内容。

4.3.3.4 实施依据

为保证取得成果资料的统一性、标准性与现势性，项目主要引用国家和水利部等行业技术标准和文件如下：

（1）《土壤侵蚀分类分级标准》（SL 190—2007）；

（2）《水土保持遥感监测技术规范》（SL 592—2012）；

（3）《卫星遥感图像产品质量控制规范》（DZ/T 0143—1994）；

（4）《土地利用数据库标准》（GB/T 1016—2007）；

（5）《土地利用现状分类》（GB/T 21010—2017）；

（6）《第二次全国土地调查技术规程》（TD/T 1014—2007）；

（7）《水土保持监测技术规程》（SL 277—2002）；

（8）《全国水土流失动态监测与公告项目监测成果整编规范》（水利部水土保持监测中心）；

（9）《区域水土流失动态监测技术规定（试行）》（水利部水土保持监测中心，2018 年）。

4.3.4 具体工作任务

4.3.4.1 基础资料准备

此次高明区水土流失遥感监测工作结合遥感技术手段与实地野外调查相结合的工作方

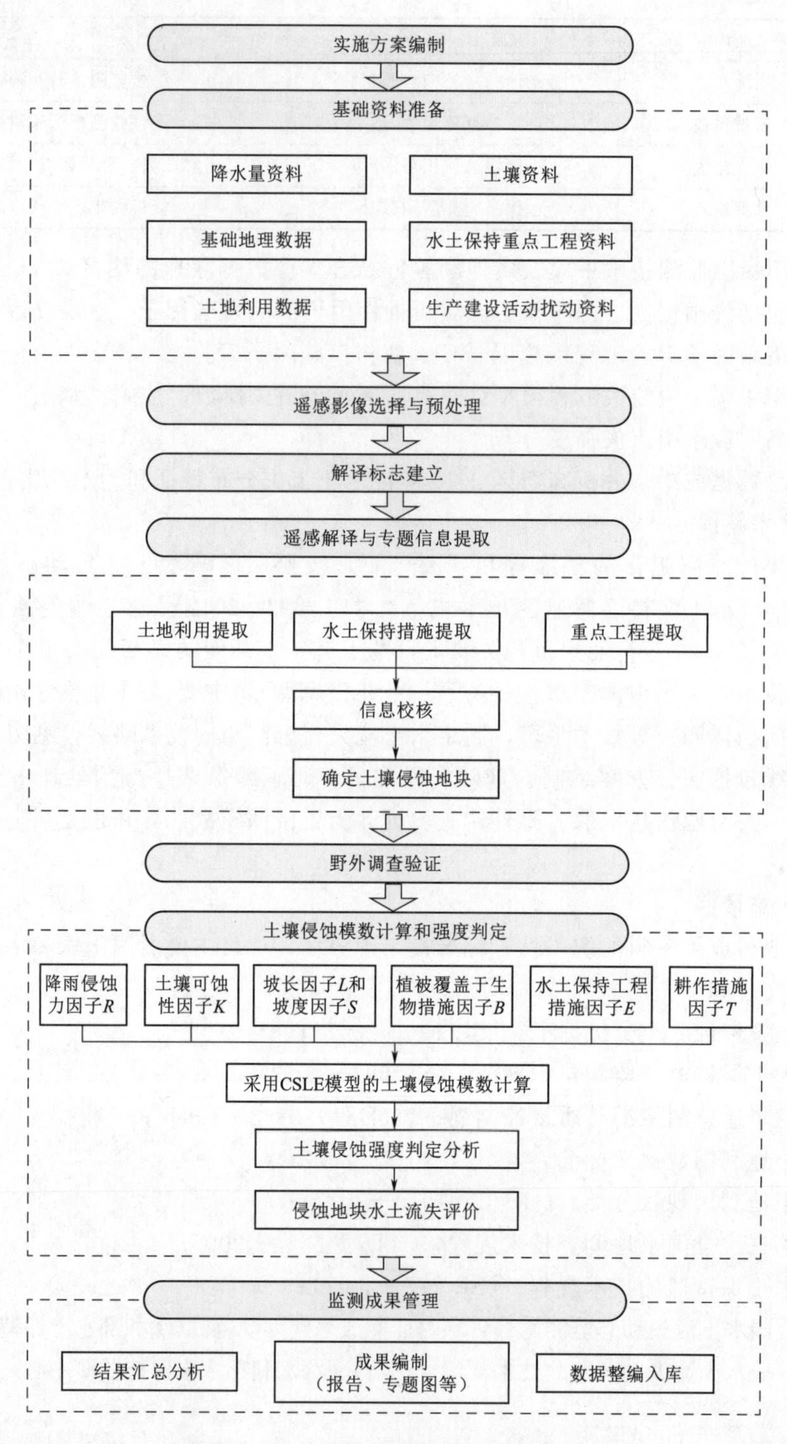

图4-9 水土流失遥感监测总体技术路线

式展开，因此工作需要一定的数据支撑。此次工作主要需要以下数据：

1. 遥感影像

根据《区域水土流失动态监测技术规定（试行）》，本次用的遥感影像有高分辨率遥感影像（高分一号和高分六号卫星）和 MODIS 影像 NDVI 产品数据。

（1）高分辨率遥感影像。采用高分数据解译土地利用和水土保持措施，影像数据处理空间分辨率为 2m。高明区共采用了 1 景高分一号卫星影像和 2 景高分六号卫星影像，时相为 2019 年 9—10 月。影像列表见表 4 - 11。

表 4 - 11　　影　像　列　表

类型	年份	序号	时间（年-月-日）	名　　称
GF1	2019	1	2019 - 10 - 02	GF1B_PMS_E112_4_N23_0_20191002_L1A1227703903
GF6	2019	2	2019 - 09 - 26	GF6_PMS_E113_0_N22_4_20190926_L1A1119928856
	2019	3	2019 - 09 - 26	GF6_PMS_E113_2_N23_2_20190926_L1A1119929977

（2）MODIS 影像 16 天合成 NDVI 产品数据。MODIS（moderate - resolution imaging spectro - radiometer）中分辨率成像光谱仪是 EOS 系列卫星 Tera 和 Aqua 上的一个重要的传感器，是卫星上唯一将实时观测数据通过 X 波段向全世界直接广播，并可以免费接收数据无偿使用的星载仪器，全球许多国家和地区都在接收和使用 MODIS 数据。按照专题属性分类，MODIS 产品有 44 种，可以分为大气、陆地、冰雪、海洋四个专题数据产品，如其中 MOD13Q1MODIS/Terra Vegetation Indices 16 - Day 13Global250m Sin Grid 属于陆地专题的产品。按照数据处理级别分类如下：

0 级数据产品：指卫星地面站直接接收到的、未经处理的包括全部数据信息在内的原始数据；

1 级数据产品：指 1A 级数据，已经被赋予定标参数；

2 级数据产品：指 1B 级数据，经过定标定位后的数据，数据为国际标准的 EOS - HDF 格式；

3 级数据产品：在 1B 级数据的基础上，对由遥感器成像过程产生的边缘畸变进行校正，产生 3 级产品。

4 级数据产品：由参数文件提供的参数，对图像进行几何纠正和辐射校正，使图像的每一点都有精确的地理编码、反射率和辐射率 4 级产品的 MODIS 图像进行不同时相的匹时，误差小于 1 个像元，该级产品是应用级产品不可缺少的基础。

5 级及以上数据产品：根据各种应用模型开发 5 级产品。

MODISMOD13Q1（MODIS/TerraVegetationIndices16 - Day3 Global 250m SIN Grid）数据是采用 Sinusoidal 投影方式的三级网格陆地植被数据产品，拥有 250m 的空间分辨率 16 天间隔高时相大尺度数据。MODIS MOD13Q1 数据产品一共有 NDVI，EVI，VI_Quality，red_reflectance 12，NIR_reflec - tance，blue_reflectance 等 12 个波段。其中，MODIS 归一化植被指数（NDVI1）是对 AVHRR（NOAA 数据产品）的 NDVI 产品有益补充，提供了更高分辨率持续性的时间序列影像数据。MODS 新的增强型植被指数（EVI），最大限度地减少树冠背景的变化，并保持在茂密的植被条件下的敏感性，

MOD13 植被指数可用于植被状况的全球监测和产品展示，土地覆盖和土地覆盖变化，可以利用这些数据模拟全球生物地球化学和水文过程与全球和区域气候，表征地表生物物理性质和过程等。

本次工作所需的 MODIS 影像 16 天合成 NDVI 植被盖度产品数据主要用于植被覆盖的估算，此次收集到的 MODIS_NDVI 产品数据涉及评估年即 2019 年前三年（包括本年度）即 2017 年、2018 年和 2019 年的 MODIS_NDVI 产品数据，三年共计 69 景（见表 4-12），完全覆盖项目监测区。

表 4-12　MODIS 影像列表

序号	影像文件名
1	MOD13Q1. A2017001. h28v06. 006. 2017020214050
2	MOD13Q1. A2017017. h28v06. 006. 2017034073327
3	MOD13Q1. A2017033. h28v06. 006. 2017053063154
4	MOD13Q1. A2017049. h28v06. 006. 2017066031527
5	MOD13Q1. A2017065. h28v06. 006. 2017082122037
6	MOD13Q1. A2017081. h28v06. 006. 2017111085049
7	MOD13Q1. A2017097. h28v06. 006. 2017116164404
8	MOD13Q1. A2017113. h28v06. 006. 2017131014226
9	MOD13Q1. A2017129. h28v06. 006. 2017145231818
10	MOD13Q1. A2017145. h28v06. 006. 2017164072241
11	MOD13Q1. A2017161. h28v06. 006. 2017178080826
12	MOD13Q1. A2017177. h28v06. 006. 2017194070000
13	MOD13Q1. A2017193. h28v06. 006. 2017209233942
14	MOD13Q1. A2017209. h28v06. 006. 2017234112337
15	MOD13Q1. A2017225. h28v06. 006. 2017250141544
16	MOD13Q1. A2017241. h28v06. 006. 2017262090441
17	MOD13Q1. A2017257. h28v06. 006. 2017276133113
18	MOD13Q1. A2017273. h28v06. 006. 2017290090403
19	MOD13Q1. A2017289. h28v06. 006. 2017310141549
20	MOD13Q1. A2017305. h28v06. 006. 2017325113639
21	MOD13Q1. A2017321. h28v06. 006. 2017337222246
22	MOD13Q1. A2017337. h28v06. 006. 2017353223915
23	MOD13Q1. A2017353. h28v06. 006. 2018004225458
24	MOD13Q1. A2018001. h28v06. 006. 2018295100750
25	MOD13Q1. A2018017. h28v06. 006. 2018295115516
26	MOD13Q1. A2018033. h28v06. 006. 2018296122931
27	MOD13Q1. A2018049. h28v06. 006. 2018296153145
28	MOD13Q1. A2018065. h28v06. 006. 2018298001043

续表

序号	影像文件名
29	MOD13Q1. A2018081. h28v06. 006. 2018298185428
30	MOD13Q1. A2018097. h28v06. 006. 2018299002845
31	MOD13Q1. A2018113. h28v06. 006. 2018299024028
32	MOD13Q1. A2018129. h28v06. 006. 2018299150206
33	MOD13Q1. A2018145. h28v06. 006. 2018300234238
34	MOD13Q1. A2018161. h28v06. 006. 2018301070843
35	MOD13Q1. A2018177. h28v06. 006. 2018301214826
36	MOD13Q1. A2018193. h28v06. 006. 2018304005818
37	MOD13Q1. A2018209. h28v06. 006. 2018304031124
38	MOD13Q1. A2018225. h28v06. 006. 2018305194136
39	MOD13Q1. A2018241. h28v06. 006. 2018305205018
40	MOD13Q1. A2018257. h28v06. 006. 2018306145752
41	MOD13Q1. A2018273. h28v06. 006. 2018307052900
42	MOD13Q1. A2018289. h28v06. 006. 2018317211948
43	MOD13Q1. A2018305. h28v06. 006. 2018335131016
44	MOD13Q1. A2018321. h28v06. 006. 2018343135320
45	MOD13Q1. A2018337. h28v06. 006. 2019004171721
46	MOD13Q1. A2018353. h28v06. 006. 2019007181839
47	MOD13Q1. A2019001. h28v06. 006. 2019029065056
48	MOD13Q1. A2019017. h28v06. 006. 2019035114755
49	MOD13Q1. A2019033. h28v06. 006. 2019050022925
50	MOD13Q1. A2019049. h28v06. 006. 2019109133719
51	MOD13Q1. A2019065. h28v06. 006. 2019111112754
52	MOD13Q1. A2019081. h28v06. 006. 2019111113139
53	MOD13Q1. A2019097. h28v06. 006. 2019114040339
54	MOD13Q1. A2019113. h28v06. 006. 2019130115454
55	MOD13Q1. A2019129. h28v06. 006. 2019147112634
56	MOD13Q1. A2019145. h28v06. 006. 2019166144744
57	MOD13Q1. A2019161. h28v06. 006. 2019184011443
58	MOD13Q1. A2019177. h28v06. 006. 2019200100341
59	MOD13Q1. A2019193. h28v06. 006. 2019215084448
60	MOD13Q1. A2019209. h28v06. 006. 2019229083305
61	MOD13Q1. A2019225. h28v06. 006. 2019243085138
62	MOD13Q1. A2019241. h28v06. 006. 2019263150723
63	MOD13Q1. A2019257. h28v06. 006. 2019274144423

续表

序号	影像文件名
64	MOD13Q1. A2019273. h28v06. 006. 2019292070807
65	MOD13Q1. A2019289. h28v06. 006. 2019306043248
66	MOD13Q1. A2019305. h28v06. 006. 2019322045008
67	MOD13Q1. A2019321. h28v06. 006. 2019340092410
68	MOD13Q1. A2019337. h28v06. 006. 2019357045407
69	MOD13Q1. A2019353. h28v06. 006. 2020010090038

2. DEM数据

数字高程模型（Digital Elevation Model，DEM）是通过有限的地形高程数据实现对地面地形的数字化模拟，描述了包括高程在内的各种地貌因子，如坡度、坡长、坡向、坡度变化率等信息。收集涉及高明区范围的1∶50000数字地形图（DLG），用于上述专题信息的提取。

3. 土地利用数据

收集监测区的地理国情普查土地利用矢量数据，基于遥感影像，用于监测区土地利用解译提取工作。

4.3.4.2 遥感影像预处理

1. 高分影像预处理

获得高分遥感影像数据后，根据解译需要，对影像进行必要的处理，包括大气纠正、几何正射校正、镶嵌、融合、彩色合成以及匀色等处理过程，最终生成2m分辨率的高明区模拟真彩色遥感影像图（见图4-10），作为水土流失基础数据土地利用和水土保持措施的提取数据。

2. MODIS_NDVI产品数据预处理

（1）格式转换。由于MOD13Q1产品数据采用的是HDF科学数据存储与分发数据格式，与影像数据和其他基础数据的格式不一致，需要进行数据格式转换。

（2）坐标投影。本次所有成果数据投影坐标为：CGCS2000国家大地坐标系，采用1985国家高程基准，投影方式为正轴等面积割圆锥投影（Albers投影），统一采用中央经线105°E，标准纬线25°N和47°N。

（3）空值或异常值填充。由于MOD13Q1产品数据在格式转换后会出现部分区域异常值和空值的情况。这种情况下，在充分分析MODIS产品数据特点和任务需要的基础上，利用异常或空值区域附近月份的值进行逐像素填充和修补，以获得有效值相对完整的NDVI产品数据。

4.3.4.3 野外调查及解译标志

在野外调查开展之前，为明确野外调查的具体内容、方法，编写野外调查方案。内容如下：

（1）调查目的及内容。水土流失监测指标采用遥感技术和野外调查获取。通过解译分析土地利用、植被覆盖度及水土保持措施等水土流失因子，采用模型计算法获取区域整体

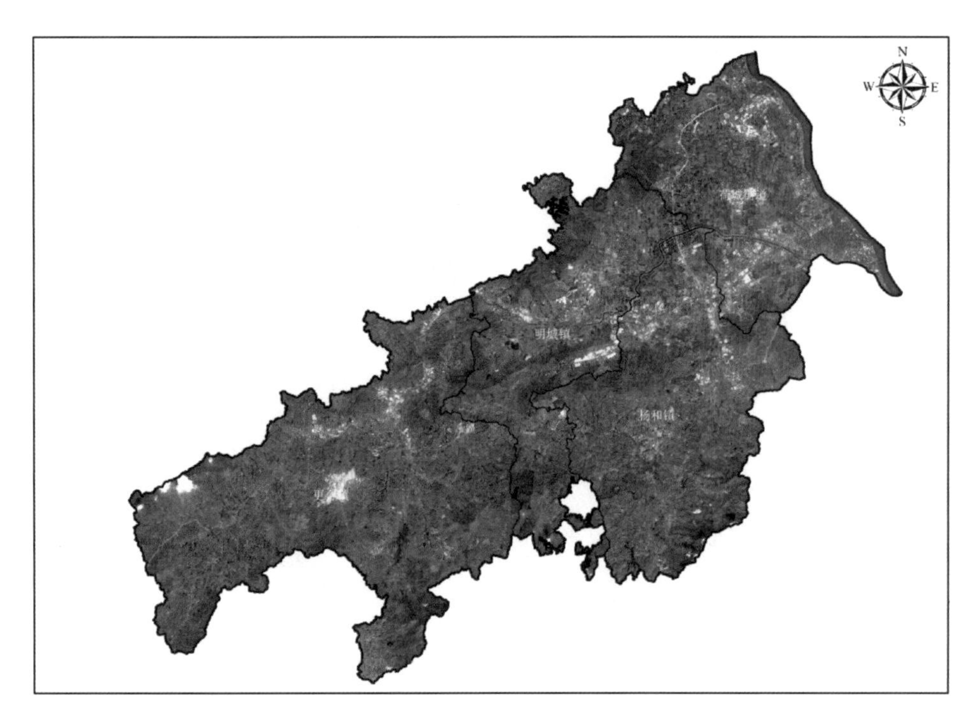

图 4－10　高明区遥感影像预处理成果

的水土流失状况。开展野外调查工作旨在获取典型区域的土地利用、植被覆盖度、水土保持措施、水土流失强度等实地第一手资料，为建立土地利用和水土保持措施解译标志提供基础数据，并为土地利用分类、植被覆盖度反演和土壤侵蚀强度结果验证等提供支撑。另外，对于土地利用解译过程中的疑难点和专题信息提取过程中的误差区域，可采用抽样调查的方法进行野外验证。

（2）调查方法及技术路线。野外调查采取典型区域重点调查和沿公路线抽样踏查的方式。典型区域重点调查是按选择好的调查点进行详细调查。公路线抽样踏查是指前往调查点或返回的过程中，对公路两侧感兴趣区域随时停车考察记录。实地记录其水土流失类型、强度和面积、土地利用方式、植被覆盖状况、土壤等情况，并与遥感影像色调、纹理特征进行对比，记录其特征，从而为解译标志的建立奠定基础。

野外调查步骤分为 GPS 定位，数码相机拍照记录，影像特征描述，调查点植被覆盖状况、土地利用类型、水土流失类型及强度记录等工作。

调查所需设备：GPS、数码相机等。

（3）调查点选择。为全面了解高明区水土流失的现状、分布、强度、动态变化等情况，本次野外调查根据全县的水土流失特点选择了典型水土流失点进行重点调查，结合调查人员、工作量、时间安排等，据遥感影像共选择了 81 个调查单元，进行实地水土流失典型调查，调查点分布如图 4－11 所示（图中黄色三角即为所选调查点），每个调查单元共调查 3～4 个图斑，共涉及调查图斑数量 255 个。

（4）建立解译标志。根据遥感影像的空间分辨率、时相，典型地物的色调、几何特征与大小等影像特征，采用遥感影像、典型调查与实地对照的方法，建立土地利用和水土保

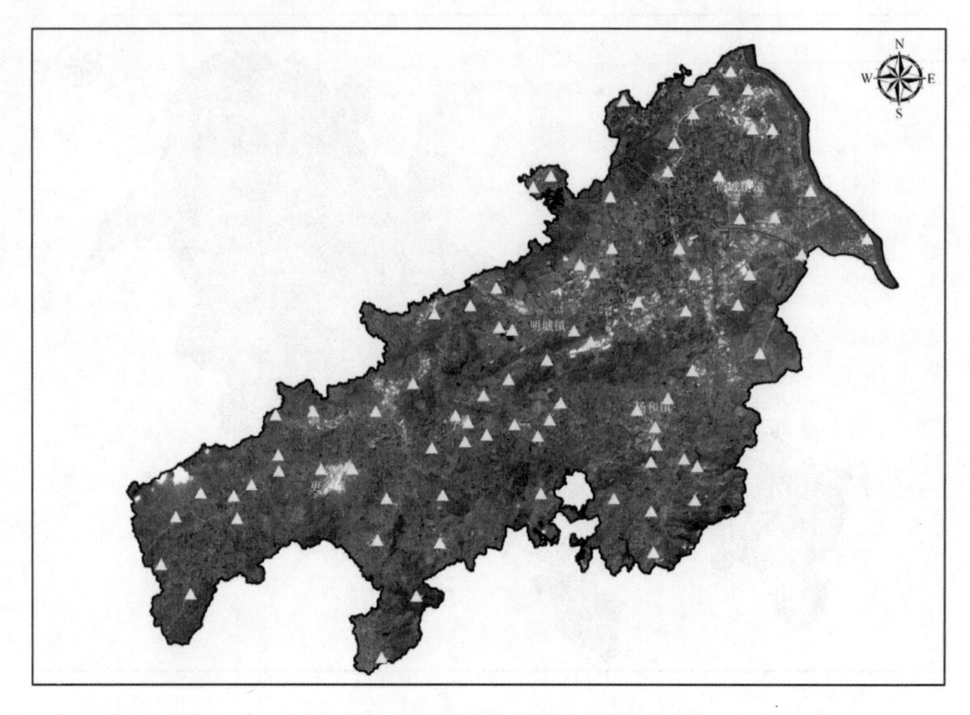

图 4-11 高明区野外调查点分布图

持措施遥感解译标志。解译标志应具有代表性、实用性和稳定性，并在野外调查中进一步验证解译标志，根据实地情况修改、补充。基于水土流失野外调查数据，建立高明区土地利用和水土保持措施的解译标志1套，见表4-13。

4.3.4.4 土地利用解译

人为活动作为水土流失发生和发展的外部条件，往往具有双重作用。一方面，合理的土地利用可以通过改变局部坡度、增加植被覆盖等方式抑制水土流失的发生和发展；另一方面，不合理的人为活动将加剧水土流失的发生和发展，如修路、采矿等开发建设活动损坏的地貌、植被和表土层不予恢复整治，不合理的采伐林木和整地造林。因此，获取区域土地利用状况信息是评价水土流失的关键环节。

土地利用解译主要基于地理国情普查土地利用矢量成果数据，结合最新遥感影像和解译标志，开展土地利用的更新解译工作，获得监测区耕地、园地、林地、草地、建设用地、交通运输用地、水域及水利设施用地等土地利用数据，统计土地利用类型和面积。

4.3.4.5 地形资料整理

收集完整的监测范围 1∶50000 数字地形图（DLG）资料，基于 ArcGIS 软件，对 1∶50000 数字地形数据进行必要的整编工作，主要包括等高线、高程点、水系、地名等专题要素图层的提取、拼接和编辑工作。各专题要素图层通过编辑处理实现无缝拼接，满足生成 1∶50000 DEM 和制作普查专题图件的要求。具体技术流程实现如下（见图 4-12）：

表 4-13　土地利用与水土保持措施遥感影像解译标志记录表

标志编号	土地利用与措施名称	影像特征描述	影像	照片	说明
1101	水田	色调：淡绿色； 纹理：块状整齐排列； 形状：规则方形或块状； 组合特征：临近河流； 空间分布：位于坝地			经度：112°34′51.522″E； 纬度：22°47′31.928″N； 照片编号：IMG_DSC_8677.JPG； 照片拍摄方位：东南135°； 照片拍摄日期：2020年1月2日
1202	水浇地	色调：土黄色、淡绿色； 纹理：条带纹理整齐排列； 形状：规则状、条带状； 组合特征：临近居民点； 空间分布：位于平地			经度：112°35′43.328″E； 纬度：23°6′56.842″N； 照片编号：DSC_1177.JPG； 照片拍摄方位：北0°； 照片拍摄日期：2020年1月3日

续表

标志编号	土地利用与措施名称	影像特征描述	影像	照片	说明
1303	旱地	色调：土黄色、淡绿色； 纹理：条带纹理整齐排列； 形状：规则状、条带状； 组合特征：临近居民点； 空间分布：位于平地			经度：112°43′24.673″E； 纬度：22°53′36.471″N； 照片编号：IMG_DSC_0179.JPG； 照片拍摄方位：北10°； 照片拍摄日期：2020年1月3日
2104	果园	色调：黄绿色； 纹理：等间距点状纹理，有果树阴影； 形状：不规则状； 组合特征：散布于耕地周围； 空间分布：山坡下部			经度：112°26′38.988″E； 纬度：22°43′13.580″N； 照片编号：IMG_DSC_7005.JPG； 照片拍摄方位：北22°； 照片拍摄日期：2020年1月8日

续表

标志编号	土地利用与措施名称	影像特征描述	影像	照片	说明
2205	茶园	色调：黄绿色、茶色； 纹理：等间距线状纹理，无阴影； 形状：不规则状； 组合特征：多山区； 空间分布：零星分布	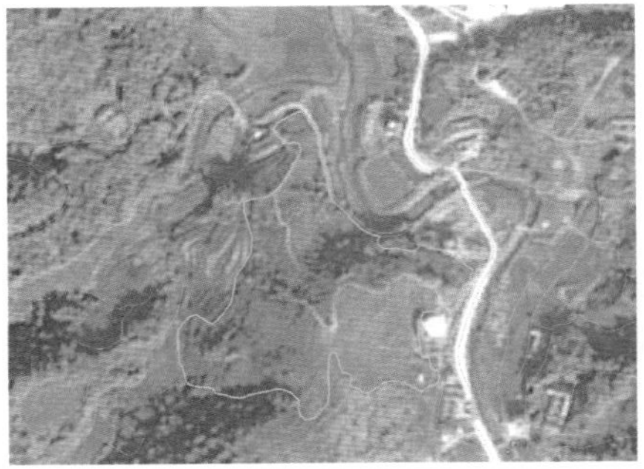		经度：112°34′24.221″E； 纬度：23°10′12.92″N； 照片编号：WRJA008－3.JPG； 照片拍摄方位：垂直； 照片拍摄日期：2020年1月10日
2306	其他园地	色调：黄绿色； 纹理：等间距点状纹理，有阴影； 形状：不规则状； 组合特征：旱地相间； 空间分布：零星分布			经度：112°44′19.112″E； 纬度：23°10′31.763″N； 照片编号：GZ008图斑1(1).JPG； 照片拍摄方位：北0°； 照片拍摄日期：2020年1月15日

续表

标志编号	土地利用与措施名称	影像特征描述	影像	照片	说明
3107	有林地	色调：深绿色； 纹理：粗糙，密集颗粒状； 形状：条带状； 组合特征：多位于深山区； 空间分布：呈条带状连片分布			经度：112°48′47.415″E； 纬度：22°51′33.565″N； 照片编号：IMG_DSC_8776.JPG； 照片拍摄方位：西北318°； 照片拍摄日期：2020年1月14日
3208	灌木林地	色调：绿色； 纹理：粗糙，有粒状分布； 形状：不规则状； 组合特征：有林地边缘； 空间分布：位于山区			经度：112°39′20.368″E； 纬度：23°9′39.337″N； 照片编号：DSC0156656.JPG； 照片拍摄方位：西北320°； 照片拍摄日期：2020年1月12日

续表

标志编号	土地利用与措施名称	影像特征描述	影像	照片	说明
3309	其他林地	色调：绿色或棕褐色； 纹理：粗糙，点状纹理较明显； 形状：不规则状； 组合特征：与有林地界线不清； 空间分布：位于山区			经度：112°38′44.685″E； 纬度：22°43′55.145″N； 照片编号：IMG_DSC_8778.JPG； 照片拍摄方位：西 272°； 照片拍摄日期：2020 年 1 月 5 日
4310	其他草地	色调：土黄色； 纹理：均质； 形状：不规则状、块状，边界不明显； 组合特征：结构均一，坡度陡； 空间分布：位于高原与山中上部			经度：112°33′14.448″E； 纬度：23°12′24.871″N； 照片编号：G193 图斑 1(3).JPG； 照片拍摄方位：东 90°； 照片拍摄日期：2020 年 1 月 11 日

续表

标志编号	土地利用与措施名称	影像特征描述	影像	照片	说明
5111	城镇建设用地	色调：亮白色； 纹理：粗糙，规则矩形； 形状：集中连片的面状、条带状； 组合特征：街道整齐划一； 空间分布：位于谷地和平地			经度：112°51′29.689″E； 纬度：22°53′29.195″N； 照片编号：IMG_DSC02023.JPG； 照片拍摄方位：东95°； 照片拍摄日期：2020年1月14日
5212	农村建设用地	色调：灰白色； 纹理：粗糙，规则矩形； 形状：分散的点状、块状； 组合特征：与耕地农田相间； 空间分布：零星分布			经度：112°44′8.217″E； 纬度：22°42′51.483″N； 照片编号：IMG_DSC02903.JPG； 照片拍摄方位：南185°； 照片拍摄日期：2020年1月5日

续表

标志编号	土地利用与措施名称	影像特征描述	影像	照片	说明
5313	人为扰动用地	色调：亮白色； 纹理：粗糙，不规则阴影； 形状：块状； 组合特征：有农村道路连接； 空间分布：多位于山区			经度：112°38′58.889″E； 纬度：22°49′18.58″N； 照片编号：IMG_DSC02944.JPG； 照片拍摄方位：东南140°； 照片拍摄日期：2020年1月9日
5414	其他建设用地	色调：灰白色； 纹理：粗糙，规则矩形； 形状：规则状； 组合特征：孤立于居民点； 空间分布：零星分布			经度：112°41′24.22″E； 纬度：23°10′12.92″N； 照片编号：WRJA009－2.JPG； 照片拍摄方位：垂直； 照片拍摄日期：2020年1月12日

续表

标志编号	土地利用与措施名称	影像特征描述	影像	照片	说明
6115	农村道路	色调：浅灰色或土黄色； 纹理：边缘不清晰，不等距； 形状：曲折细线条状； 组合特征：连接村庄或耕地； 空间分布：多山区			经度：112°42′37.407″E； 纬度：22°47′32.77″N； 照片编号：IMG_094050.JPG； 照片拍摄方位：北 22°； 照片拍摄日期：2020 年 1 月 15 日
6216	其他交通用地	色调：灰色或灰白色； 纹理：固定宽度； 形状：曲线形、线状； 组合特征：连接城镇； 空间分布：依地形布设			经度：112°47′52.078″E； 纬度：22°52′14.347″N； 照片编号：IMG_DSC02153.JPG； 照片拍摄方位：南 175°； 照片拍摄日期：2020 年 1 月 14 日

续表

标志编号	土地利用与措施名称	影像特征描述	影像	照片	说明
7117	河湖库塘	色调：深蓝色； 纹理：光滑，水库有笔直的坝体； 形状：不规则状、块状； 组合特征：与其他地物界线清晰； 空间分布：位于山洼处			经度：112°47′30.787″E； 纬度：22°56′9.858″N； 照片编号：IMG_2355.JPG； 照片拍摄方位：东 18°； 照片拍摄日期：2020 年 1 月 9 日
8318	裸土地	色调：土黄色； 纹理：均质，部分斑状阴影； 形状：块状或带状； 组合特征：山坡中上部； 空间分布：零星分布			经度：112°53′34.103″E； 纬度：23°10′8.6767″N； 照片编号：Google83.JPG； 照片拍摄方位：垂直； 照片拍摄日期：2020 年 1 月 12 日

续表

标志编号	土地利用与措施名称	影像特征描述	影像	照片	说明
10101	造林	色调：深绿色或黄绿色； 纹理：粗糙、颗粒状； 形状：块状或条带状； 空间分布：多位于山坡下部，道路两旁或耕地周围			经度：112°39′47.22″E； 纬度：22°45′7.6″N； 照片编号：DJI_0120.JPG； 照片拍摄方位：20°； 照片拍摄日期：2020年1月11日
21702	地表覆盖措施	色调：绿色或土灰色； 纹理：光滑； 形状：条带状或块状； 空间分布：零星分布，位于人为扰动用地中的苫盖或地面硬化等措施			经度：112°49′49.59″E； 纬度：22°49′48.99″N； 照片编号：DJI_0451.JPG； 照片拍摄方位：30°； 照片拍摄日期：2020年1月10日

注 GF影像为RGB真彩色组合；水绿色多边形为图斑。

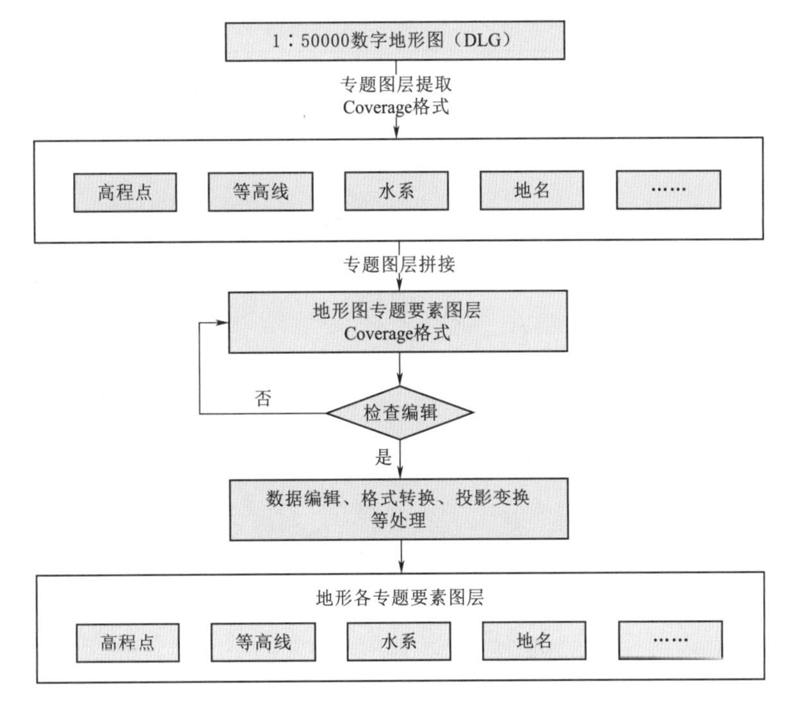

图 4-12　地形数据整编流程图

（1）基于监测区 1∶50000 数字地形图（DLG）资料，利用 ArcGIS 软件提取高程点、等高线、水系、地名等专题要素图层（Coverage 格式）。

（2）利用 ArcGIS 软件的 ArcInfo Workstation 模块，编写 AML 程序实现对各专题图层的无缝拼接（Coverage 格式）。

（3）对拼接后的各专题图层进行数据编辑、格式转换和投影变换等处理，获得监测区的地形专题图层数据，满足生成 1∶50000 DEM 和制作专题图件的要求。

4.3.4.6　土壤侵蚀计算及强度等级划分

采用中国土壤流失方程（Chinese Soil Loss Equation，CSLE）计算项目区的土壤流失量。CSLE 模型是在美国 USLE 及 RUSLE 方程的基础之上，根据我国土壤特性的实际情况进行修改制定的，目前已在全国土壤侵蚀计算中得到广泛应用。方程基本形式为

$$A = RKLSBET \tag{4-13}$$

式中：A 为土壤侵蚀模数，$t/(hm^2 \cdot a)$；R 为降雨侵蚀力因子，$(MJ \cdot mm)/(hm^2 \cdot h \cdot a)$；$K$ 为土壤可蚀性因子，$(t \cdot hm^2 \cdot h)/(hm^2 \cdot MJ \cdot mm)$；$L$ 为坡长因子，无量纲；S 为坡度因子，无量纲；B 为植被覆盖与生物措施因子，无量纲；E 为工程措施因子，无量纲；T 为耕作措施因子，无量纲。

通过高精度遥感解译与地面单元野外调查相结合的方式分别对 7 个因子进行获取和计算，得到覆盖项目区的各因子值栅格数据，分辨率均为 10m×10m，如图 4-13～图 4-19 所示。

依据《土壤侵蚀分类分级标准》（SL 190—2007），评价每个栅格的土壤侵蚀强度，将高明区的土壤侵蚀强度划分为微度、轻度、中度、强烈、极强烈、剧烈共 6 个等级，具体

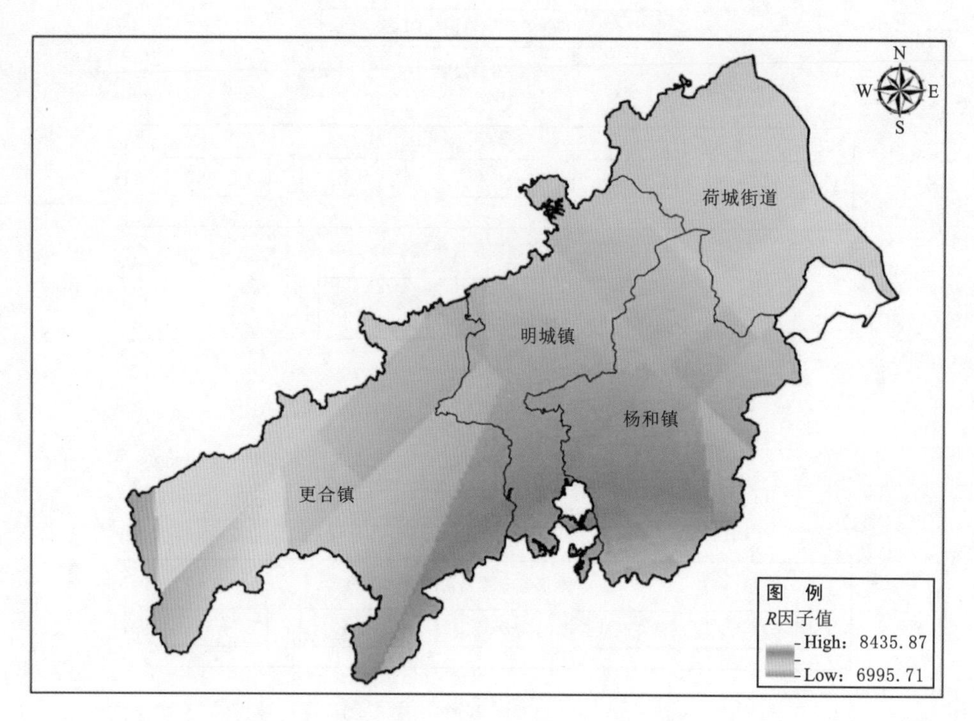

图 4-13 高明区降雨侵蚀力图

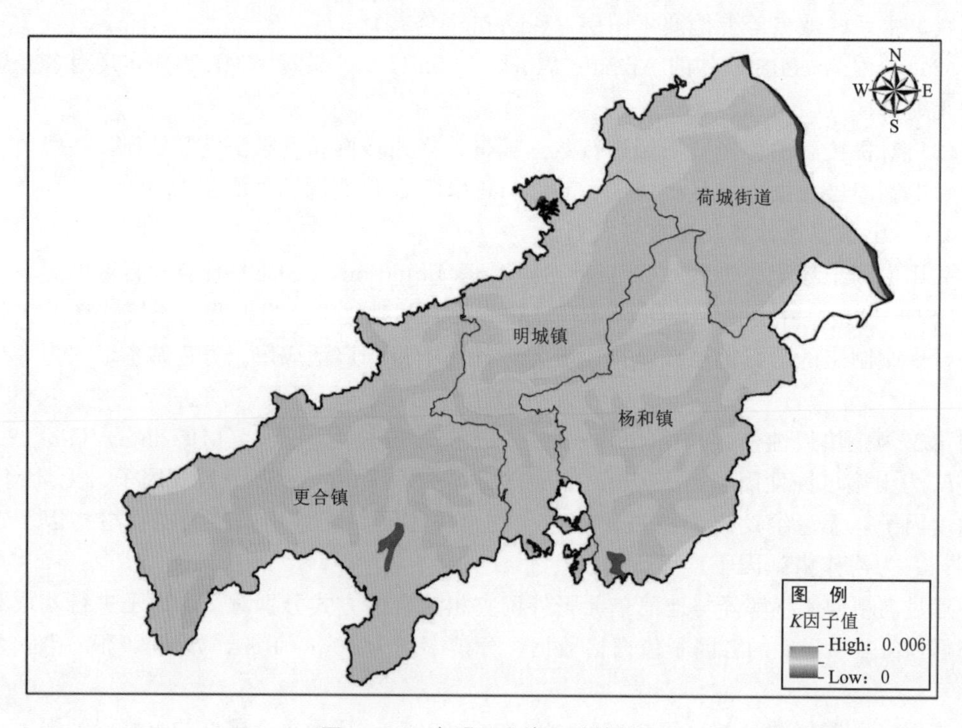

图 4-14 高明区土壤可蚀性图

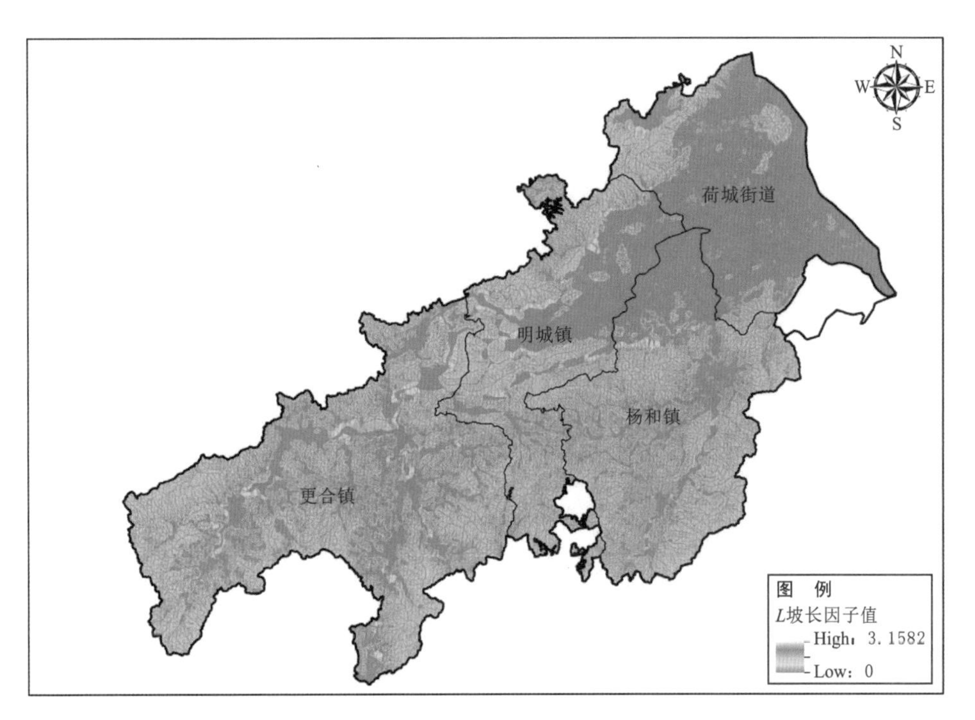

图 4－15 高明区坡长因子图

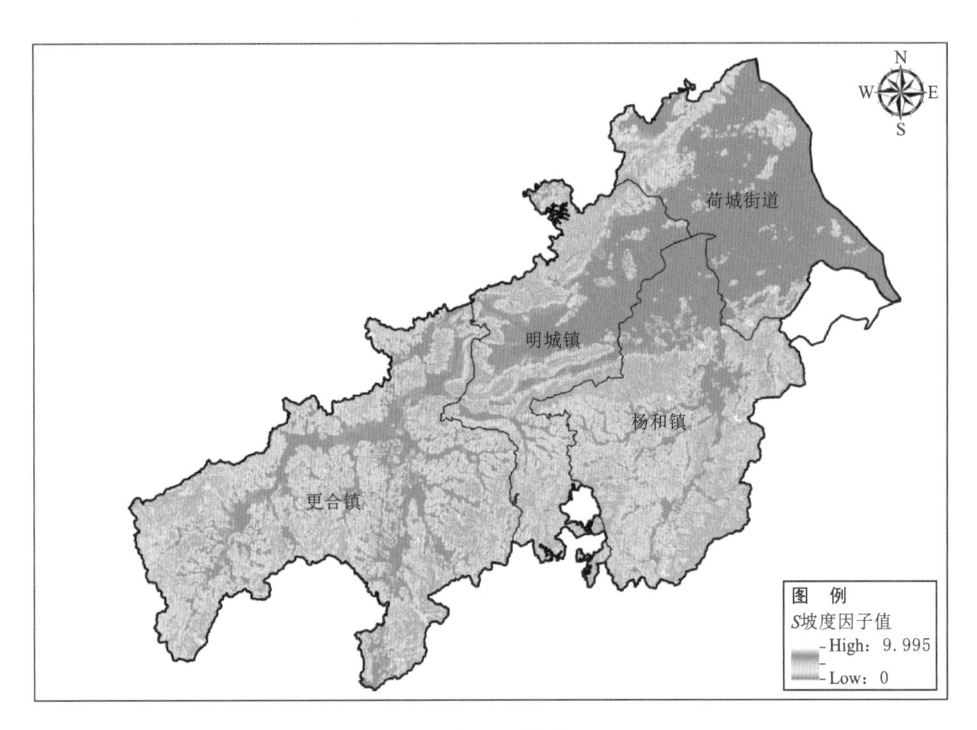

图 4－16 高明区坡度因子图

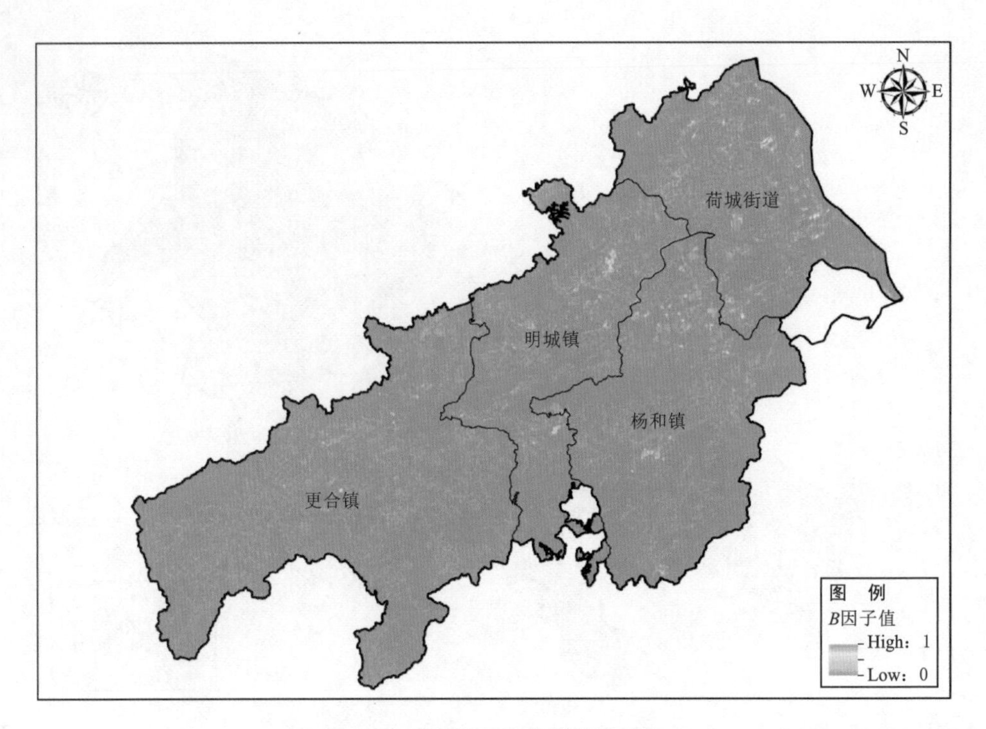

图4-17 高明区生物措施因子图

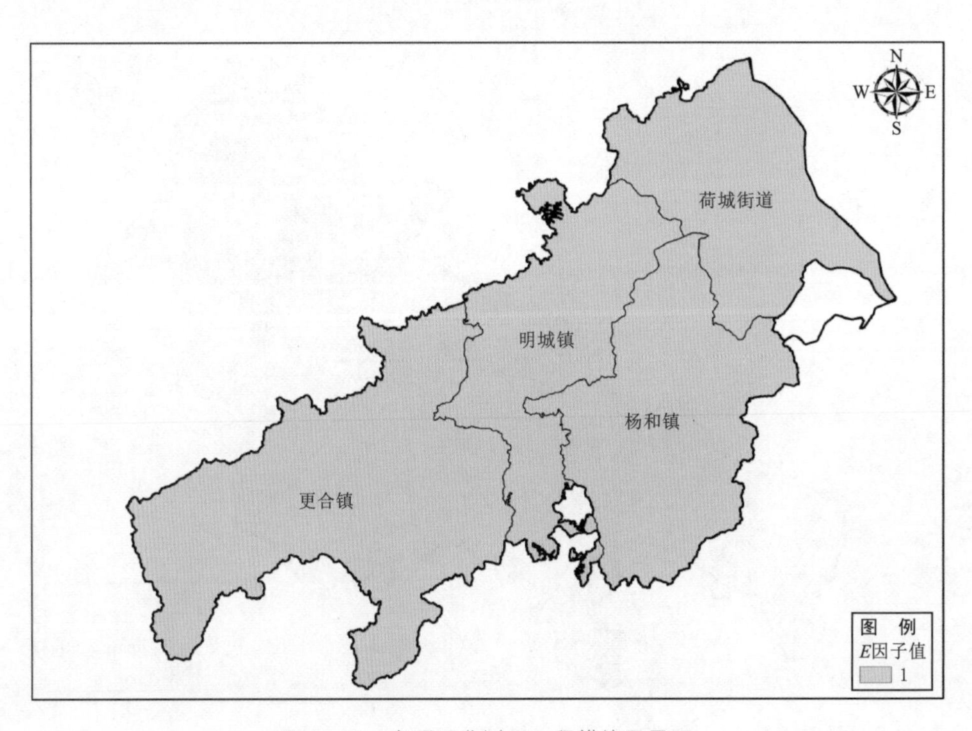

图4-18 高明区监测区工程措施因子图

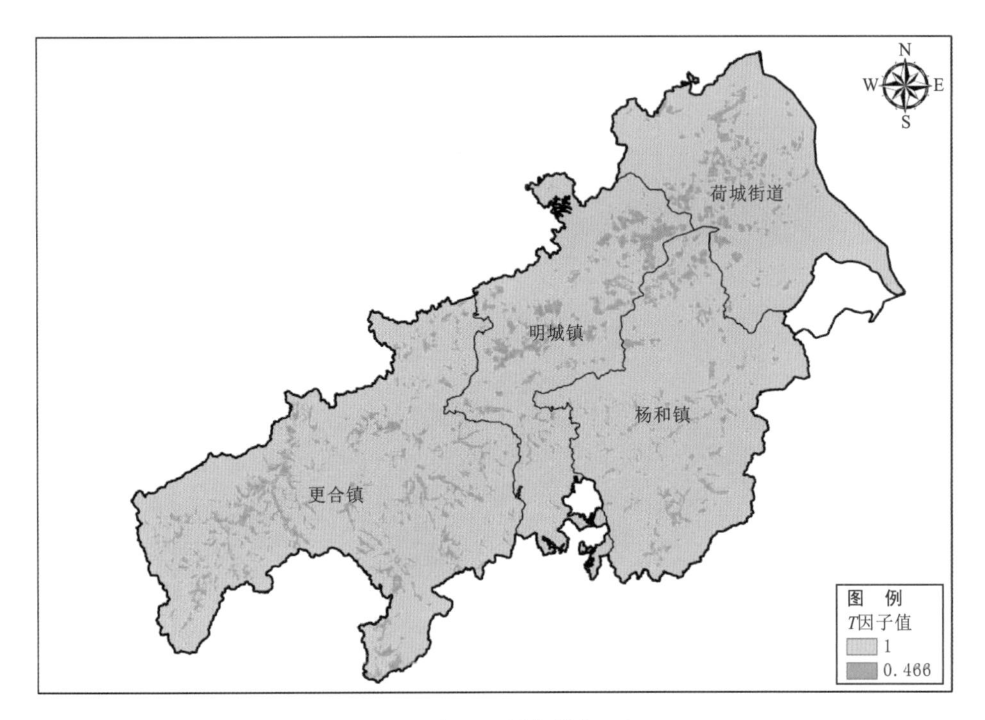

图 4-19　高明区耕作措施因子图

划分依据如表 4-14 所示。以镇级行政区为基本对象，统计分析水土流失总面积及各侵蚀强度等级的面积，如图 4-20 和图 4-21 所示。

表 4-14　　土壤水蚀强度分级表

级　别	平均侵蚀模数/[t/(km^2·a)]	级　别	平均侵蚀模数/[t/(km^2·a)]
微度	≤500	强烈	5000～8000
轻度	500～2500	极强烈	8000～15000
中度	2500～5000	剧烈	＞15000

4.3.5　监测结果分析与评价

4.3.5.1　土地利用

土壤侵蚀受多种因素的综合影响，土地利用类型是影响土壤侵蚀最重要的因素。土地利用改变了原有地表植被类型及其覆盖度和微地形，从而影响土壤侵蚀的动力和抗侵蚀阻力系统，在区域土壤侵蚀发展中起重要作用。

按照耕地、园地、林地、草地、建设用地、交通运输用地、水域及水利设施用地和其他土地 8 大类进行统计分析。监测结果（见图 4-22 和图 4-23）表明，高明区土地利用以林地为主，面积为 515.81km^2，占监测区总面积的 53.73%；其次，水域及水利设施用地面积为 156.30km^2，占监测区总面积的 16.28%；其他土地利用类型面积从大到小依次为建设用地面积 116.12km^2、占总面积的 12.10%，耕地面积 101.63km^2、占总面积的

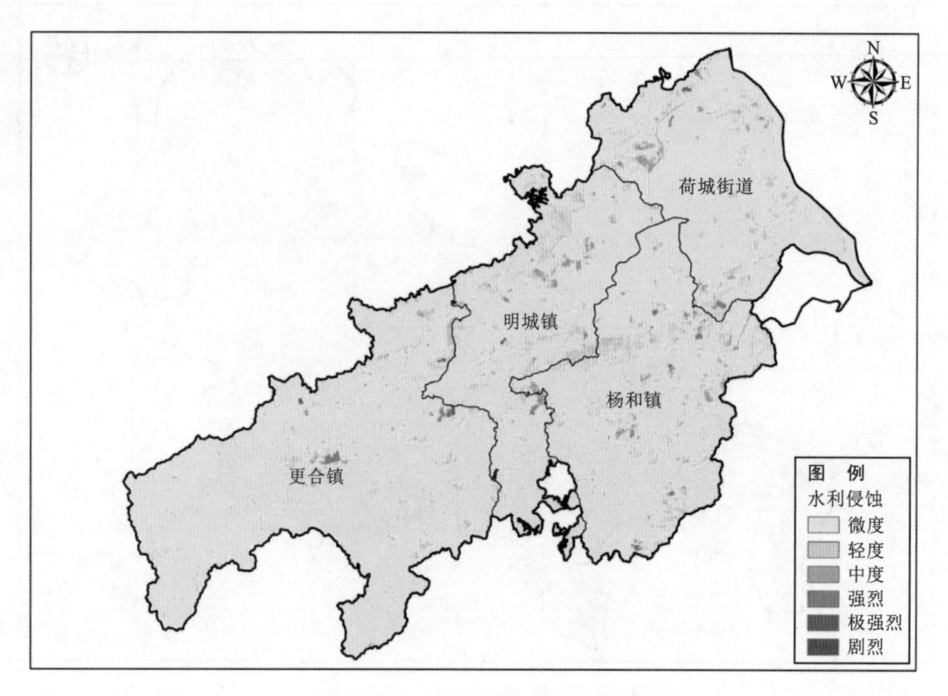

图4-20 高明区水土流失图

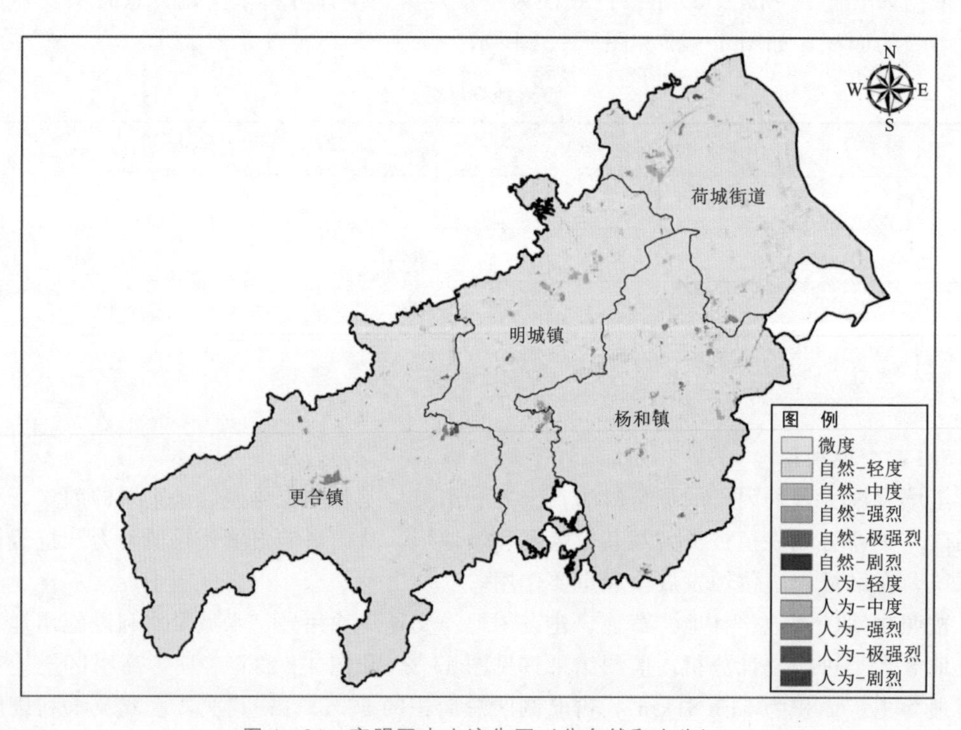

图4-21 高明区水土流失图（分自然和人为）

10.59%，园地面积 29.08km²、占总面积的 3.03%，草地面积 20.49km²、占总面积的 2.13%，交通运输用地面积 19.89km²、占总面积的 2.07%，其他土地面积 0.68km²、占总面积的 0.07%。

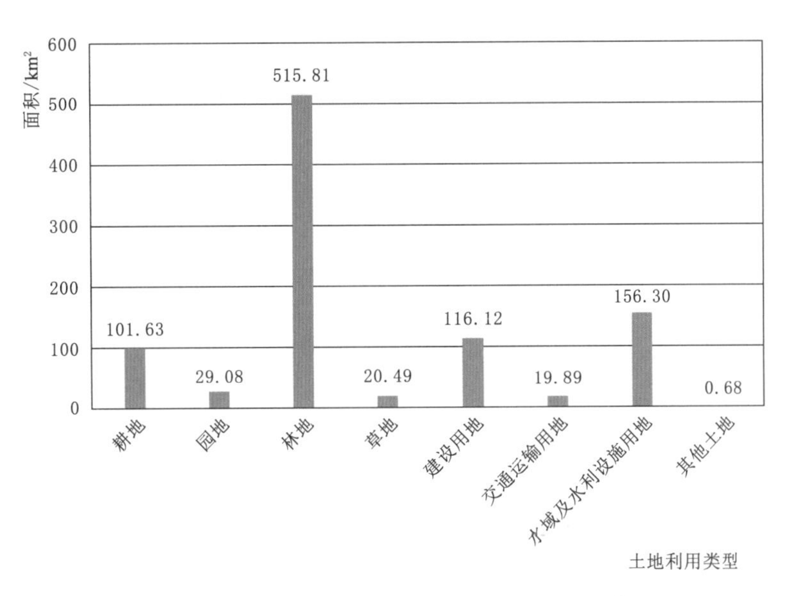

图 4-22　高明区不同土地利用类型面积统计

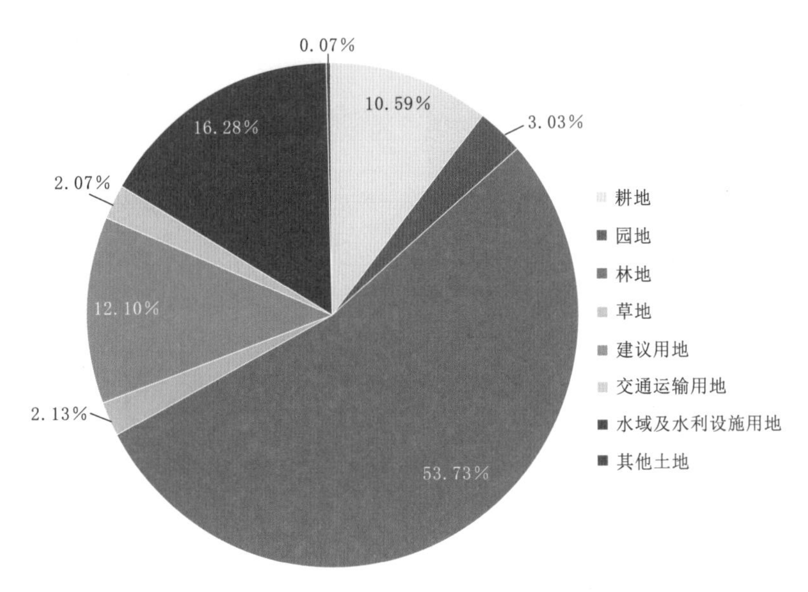

图 4-23　高明区不同土地利用类型占比

具体到各镇（街道）不同土地利用类型面积（见表 4-15、表 4-16 和图 4-24、图 4-25），林地均占到各镇（街道）的多数，其中，杨和镇比例最高，占镇总面积的 64.01%，其次为更合镇和明城镇，林地占其总面积比例分别为 63.22%和 53.50 %，而荷城街道比例最小，只占 22.46%。

表 4-15　各镇级行政区土地利用面积统计表　单位：km^2

行政区	耕地	园地	林地	草地	建设用地	交通运输用地	水域及水利设施用地	其他土地	合计
荷城街道	17.03	2.02	41.17	8.34	51.32	6.37	56.91	0.11	183.27
杨和镇	17.95	6.46	149.60	4.20	24.12	3.56	27.61	0.23	233.73
明城镇	24.38	5.86	100.44	5.21	19.73	3.51	28.44	0.19	187.76
更合镇	42.27	14.74	224.60	2.74	20.95	6.45	43.34	0.15	355.24
高明区	101.63	29.08	515.81	20.49	116.12	19.89	156.30	0.68	960.00

表 4-16　各镇级行政区不同土地利用面积占比统计表　%

行政区	耕地	园地	林地	草地	建设用地	交通运输用地	水域及水利设施用地	其他土地
荷城街道	9.29	1.10	22.46	4.55	28.00	3.48	31.06	0.06
杨和镇	7.68	2.76	64.01	1.80	10.32	1.52	11.81	0.10
明城镇	12.98	3.12	53.50	2.77	10.51	1.87	15.15	0.10
更合镇	11.90	4.15	63.22	0.77	5.90	1.82	12.20	0.04
高明区	10.59	3.03	53.73	2.13	12.10	2.07	16.28	0.07

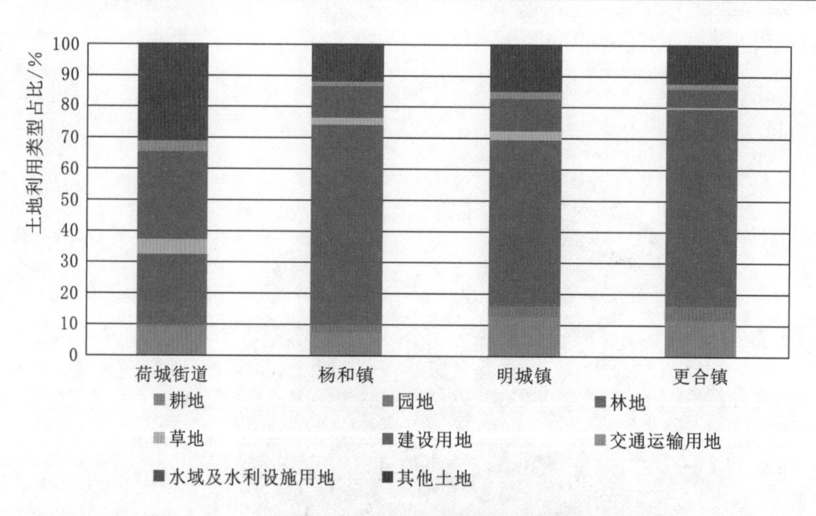

图 4-24　各镇级行政区不同土地利用类型占比统计

水域及水利设施用地在荷城街道和明城镇占比较高，分别占镇（街道）总面积的31.06%和15.15%；建设用地在荷城街道和明城镇的占比较高，分别为28.00%和10.51%；耕地在明城镇和更合镇的占比较高，分别为12.98%和11.90%，其他土地利用类型在各镇（街道）占比均比较小。

4.3.5.2 植被覆盖度

地表植被覆盖状况与土壤侵蚀存在着密切的联系，是进行土壤侵蚀分类的重要标准。采用遥感定量模型，计算得到植被覆盖度因子，然后按水土保持植被覆盖度分级标准进行分级，从而获得高明区植被覆盖度分级图。

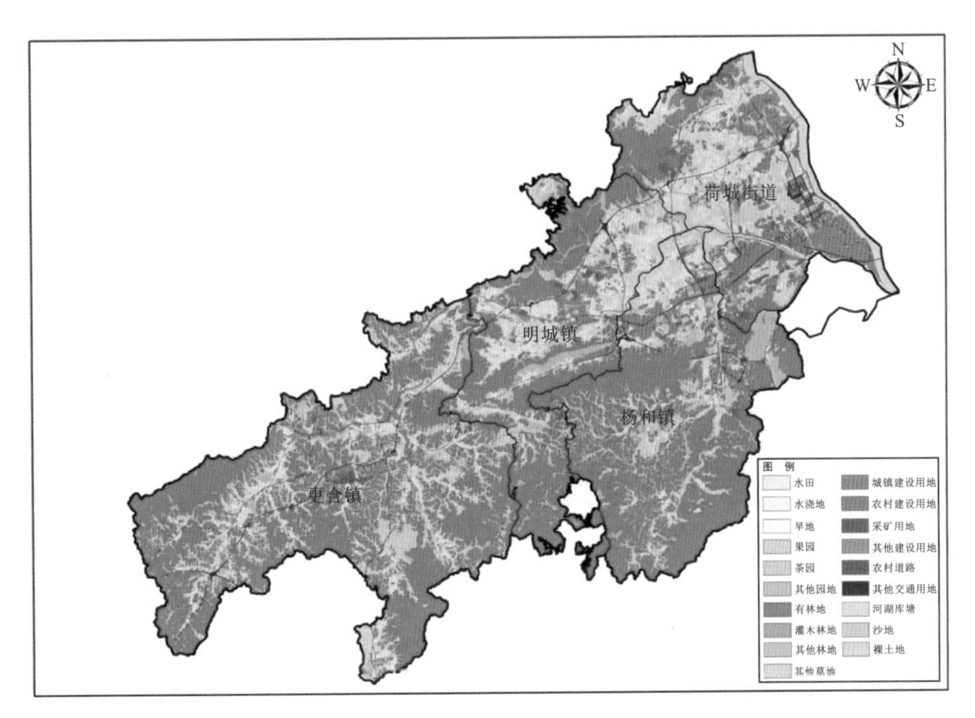

图 4-25 高明区土地利用分类图

由图 4-26 和图 4-27 可知，高明区植被总面积共 565.38km²，以高覆盖度为主，植被覆盖度≥75%的植被面积为 446.38km²，占植被总面积的 78.96%；植被覆盖度在 60%～75%之间的面积为 70.08km²，占植被总面积的 12.39%；植被覆盖度在 45%～60%之间的面积为 27.25km²，占植被总面积的 4.82%；植被覆盖度在 30%～45%之间的面积为 12.83km²，占植被总面积的 2.27%；植被覆盖度<30%的面积为 8.84km²，占植被总面积的 1.56%。

整体上高明区各镇（街道）植被均主要以高覆盖度为主，但各镇（街道）植被覆盖度也有一定差异（见表 4-17、表 4-18 和图 4-28、图 4-29），其中，更合镇植被覆盖度在大于 75%的面积比重最大，达到 85.41%；其次，杨和镇和明城镇植被覆盖度在大于 75%的面积比重分别为 79.49%和 75.30%；荷城街道植被覆盖度最低，覆盖度小于 60%的面积比重达到 23.55%。

表 4-17 各镇级行政区植被覆盖度分级面积统计表 单位：km²

行政区	高覆盖度	中高覆盖度	中覆盖度	中低覆盖度	低覆盖度	合计
荷城街道	28.29	11.10	5.32	3.67	3.15	51.53
杨和镇	127.38	20.29	7.09	3.22	2.28	160.26
明城镇	83.95	15.94	6.17	3.16	2.29	111.51
更合镇	206.76	22.75	8.67	2.78	1.12	242.08
高明区	446.38	70.08	27.25	12.83	8.84	565.38

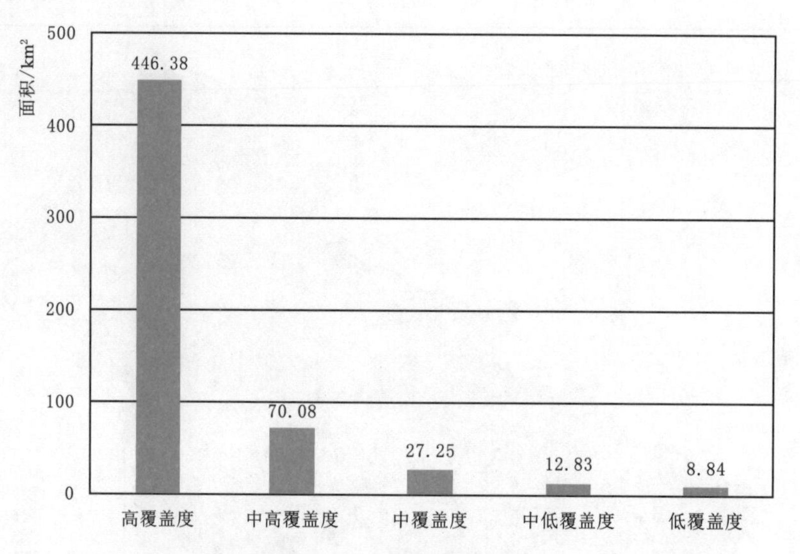

图4-26 监测区不同植被覆盖度等级面积统计图

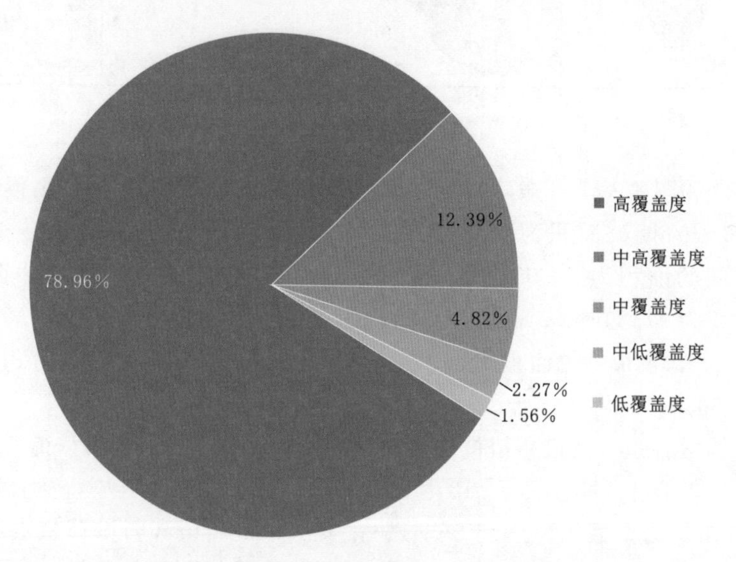

图4-27 监测区不同植被覆盖度等级面积占比

表4-18 各镇级行政区不同等级植被覆盖度占比统计表 %

行政区	高覆盖度	中高覆盖度	中覆盖度	中低覆盖度	低覆盖度
荷城街道	54.91	21.54	10.32	7.12	6.11
杨和镇	79.49	12.66	4.42	2.01	1.42
明城镇	75.30	14.29	5.53	2.83	2.05
更合镇	85.41	9.40	3.58	1.15	0.46
高明区	78.96	12.39	4.82	2.27	1.56

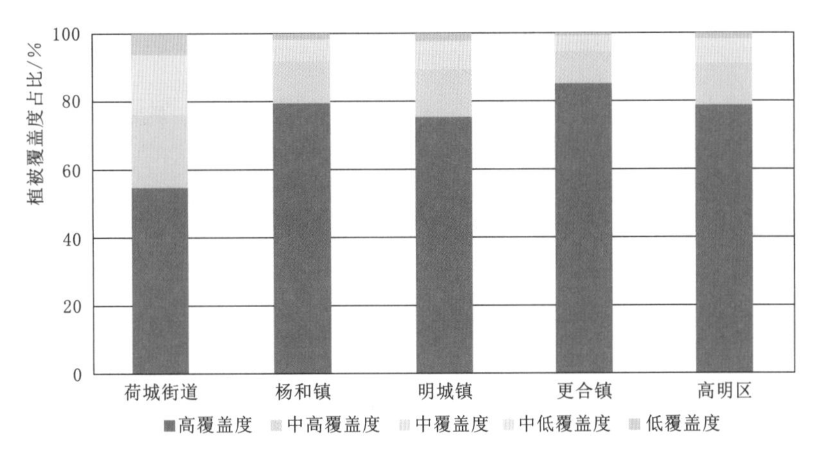

图 4-28 各镇级行政区不同等级植被覆盖度占比统计图

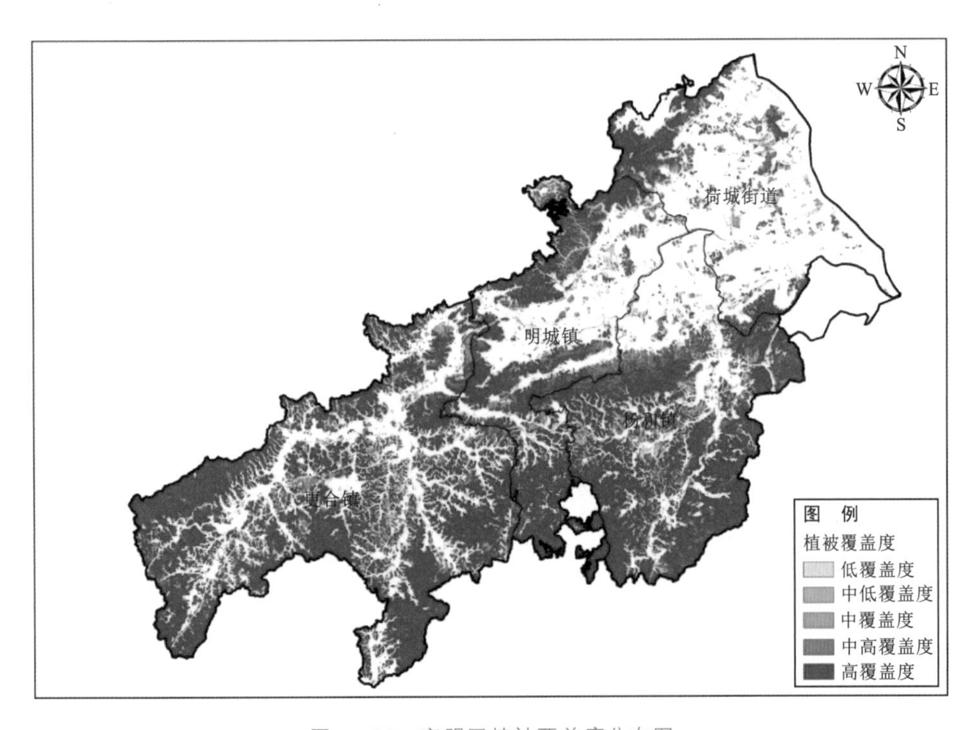

图 4-29 高明区植被覆盖度分布图

4.3.5.3 地形坡度

坡度指水平面和局部地表之间的夹角，表示地表面在某点的倾斜程度。在影响水土流失的地形因子中，坡度是一个非常重要的因子。使用高明区 1∶50000 电子地形图，经过整理和拼接后，提取地形图中的等高线和高程点要素，利用 ArcGIS 创建 TIN，生成 10m 分辨率 DEM，应用三维空间分析工具提取地形坡度，并按《土壤侵蚀分类分级标准》进行分级，获得监测区土地坡度分级图，在此基础上，对项目监测区的土地坡度构成进行了统计分析，如图 4-30、图 4-31 和表 4-19 所示。

高明区坡度小于 5°的土地面积为 423.60km^2，占总面积的 44.13%；坡度为 5°～8°的土地面积为73.85km²，占总面积的7.69%；坡度为8°～15°的土地面积为167.61km²，占总面积的17.46%；坡度为15°～25°的土地面积为209.45km²，占总面积的21.82%；坡度为25°～35°的土地面积为79.50km²，占总面积的8.28%；坡度大于35°的土地面积为5.99km²，占总面积的0.62%。就整个高明区而言，坡度大于25°的陡坡地所占比例为8.90%，坡度小于8°的平坦土地所占比例为51.82%，坡度为8°～25°的土地面积所占比例为39.28%。

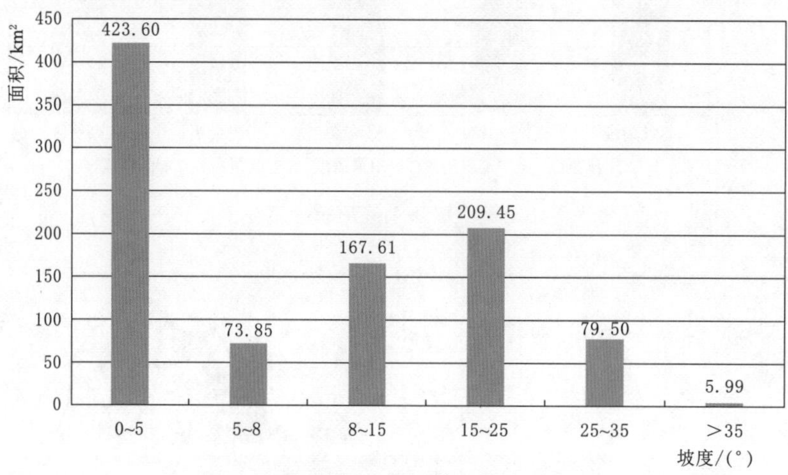

图4-30 监测区不同等级坡度面积

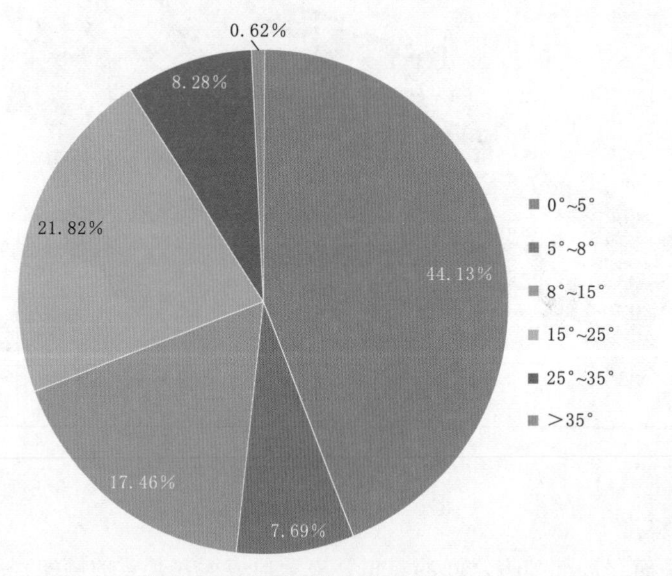

图4-31 监测区地形坡度分级占比

新《中华人民共和国水土保持法》第二十条明确规定25°作为禁垦陡坡地上限。根据有关研究成果，25°是土壤侵蚀发生较大变化的临界坡度，25°以上陡坡耕地的土壤流失量高出普通坡地2～3倍。

由图4-32、表4-19、表4-20和图4-33。可知，高明区坡度大于25°的土地面积为85.49km²，占高明区面积的8.90%，主要分布在杨和镇和更合镇，其中杨和镇坡度大于25°的土地面积占全镇面积的12.82%；荷城街道坡度较缓。整体而言高明区坡度较缓，陡坡分布较为集中，主要分布在山区植被较好的区域。

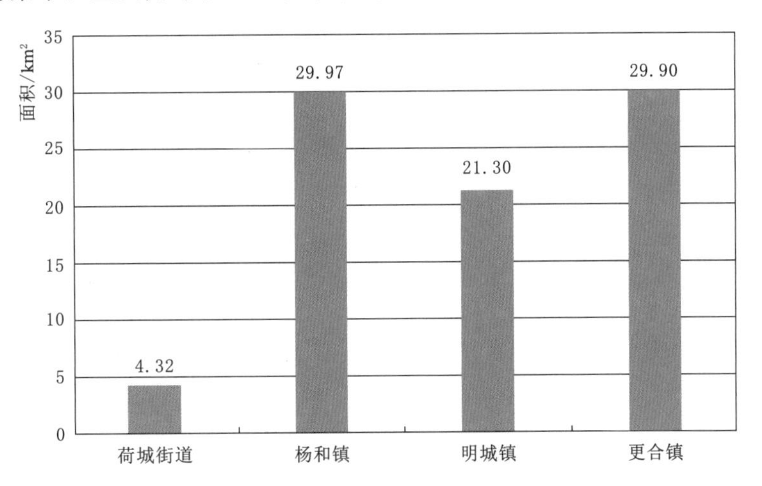

图4-32 高明区坡度25°以上各镇土地面积分布图

表4-19 各镇级行政区土地坡度分级统计表 单位：km²

行政区	0°~5°	5°~8°	8°~15°	15°~25°	25°~35°	>35°	合计
荷城街道	140.29	6.81	15.25	16.60	4.02	0.30	183.27
杨和镇	79.16	18.90	45.07	60.63	26.86	3.11	233.73
明城镇	82.55	12.48	29.58	41.85	19.89	1.41	187.76
更合镇	121.60	35.66	77.71	90.37	28.73	1.17	355.24
高明区	423.60	73.85	167.61	209.45	79.50	5.99	960.00

表4-20 各镇级行政区土地坡度比例表 %

行政区	0°~5°	5°~8°	8°~15°	15°~25°	25°~35°	>35°
荷城街道	76.55	3.72	8.32	9.06	2.19	0.16
杨和镇	33.87	8.09	19.28	25.94	11.49	1.33
明城镇	43.97	6.65	15.75	22.29	10.59	0.75
更合镇	34.22	10.04	21.88	25.44	8.09	0.33
高明区	44.13	7.69	17.46	21.82	8.28	0.62

4.3.5.4 水土保持措施

采用2m分辨率遥感影像，对高明区水土流失遥感监测区开展水土保持措施解译工作。由于水土保持尺度太小，在2m分辨率遥感影像上只能解译部分梯田措施。通过遥感解译获得高明区的梯田面积为0，收集到高明区2019年上报的统计资料：生物措施造林的面积为14.70km²。

4.3.5.5 水土流失结果

整体上，2019年高明区有水土流失面积共97.48km²，占监测区总面积的10.15%，以轻度侵蚀为主，轻度侵蚀面积为80.64km²，占水土流失总面积的82.72%；中度侵蚀面积为

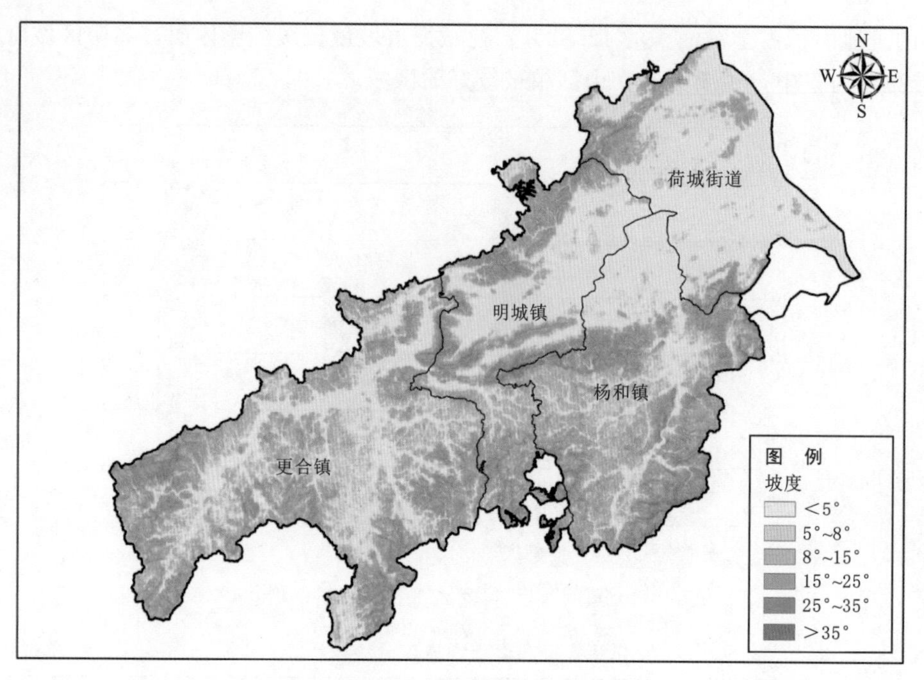

图4-33 高明区土地坡度分级图

10.79km²，占水土流失总面积的11.07%；强烈侵蚀面积为4.17km²，占水土流失总面积的4.28%；极强烈侵蚀面积为1.45km²，占水土流失总面积的1.49%；剧烈侵蚀面积为0.43km²，占水土流失总面积的0.44%，高明区土壤侵蚀面积和占比见表4-21和图4-34。

表4-21 高明区土壤侵蚀面积和占比统计表

高明区	轻度	中度	强烈	极强烈	剧烈	总计
侵蚀面积/km²	80.64	10.79	4.17	1.45	0.43	97.48
占水土流失比例/%	82.72	11.07	4.28	1.49	0.44	100

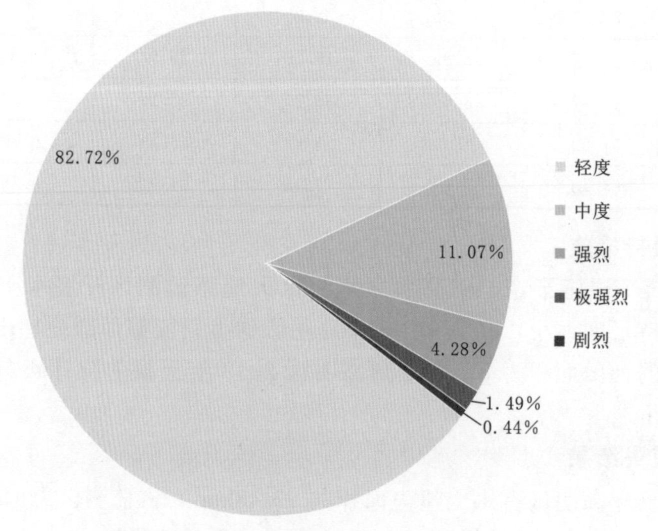

图4-34 高明区不同土壤侵蚀强度占比图

如表 4－22 所示，自然侵蚀面积为 73.76km²，占总侵蚀面积的 75.67%，轻度、中度、强烈、极强烈和剧烈侵蚀的面积分别为 67.78km²、4.35km²、0.96km²、0.45km² 和 0.22km²；人为侵蚀面积为 23.72km²，占总侵蚀面积的 24.33%，轻度、中度、强烈、极强烈和剧烈侵蚀的面积分别为 12.86km²、6.44km²、3.21km²、1.00km²、0.21km²。

表 4－22　各镇级行政区土壤侵蚀分级面积统计表　单位：km²

行政区	行政面积	水土流失面积	水土流失占比	微度侵蚀面积	自然侵蚀面积						人为侵蚀面积					
					轻度	中度	强烈	极强烈	剧烈	小计	轻度	中度	强烈	极强烈	剧烈	小计
荷城街道	183.27	18.61	10.15%	164.66	7.87	0.45	0.12	0.03	0.00	8.47	6.88	2.26	0.82	0.18	0.00	10.14
杨和镇	233.73	29.61	12.67%	204.12	22.35	1.50	0.37	0.24	0.13	24.59	2.41	1.50	0.78	0.26	0.07	5.02
明城镇	187.76	23.26	12.39%	164.50	17.48	1.10	0.25	0.13	0.06	19.02	1.91	1.69	0.44	0.12	0.08	4.24
更合镇	355.24	26.00	7.32%	329.24	20.08	1.30	0.22	0.05	0.03	21.68	1.66	0.99	1.17	0.44	0.06	4.32
高明区	960.00	97.48	10.15%	862.52	67.78	4.35	0.96	0.45	0.22	73.76	12.86	6.44	3.21	1.00	0.21	23.72

如图 4－35 所示，在高明区各镇（街道）中，杨和镇水土流失面积最大，为 29.61km²，占监测区水土流失总面积的 30.38%；更合镇水土流失面积 26.00km²，占监测区水土流失总面积的 26.67%；荷城街道的水土流失面积较小，为 18.61km²。整体上高明区水土流失在杨和镇分布面积较大，荷城街道分布相对较少，如图 4－36 所示。

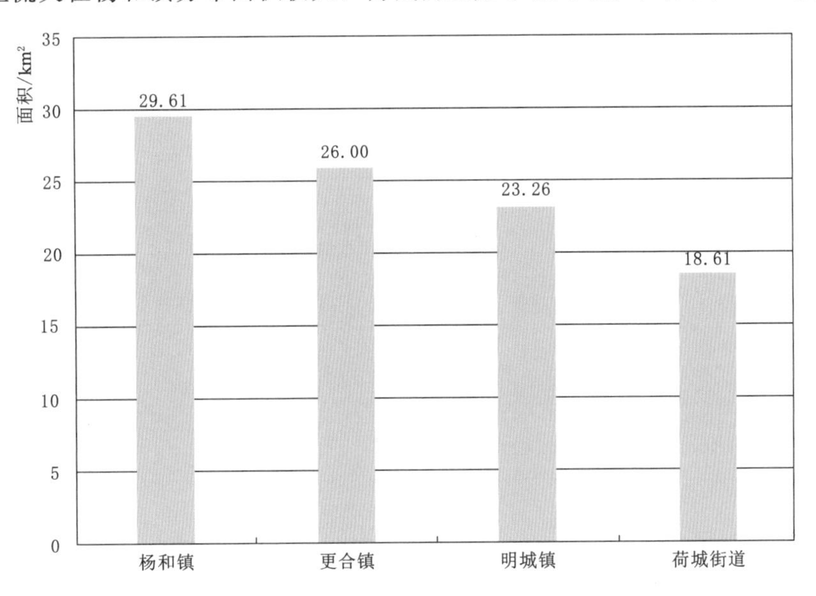

图 4－35　各镇级行政区水土流失面积对比图

如图 4－37 所示，水土流失占比方面，杨和镇最高，为 12.67%，其次，明城镇为 12.39%，荷城街道为 10.15%，而更合镇水土流失占比最低，只有 7.32%。

4.3.5.6　水土流失动态变化分析

以广东省第四次水土流失遥感调查为基准面积，评价高明区水土流失动态变化情况，

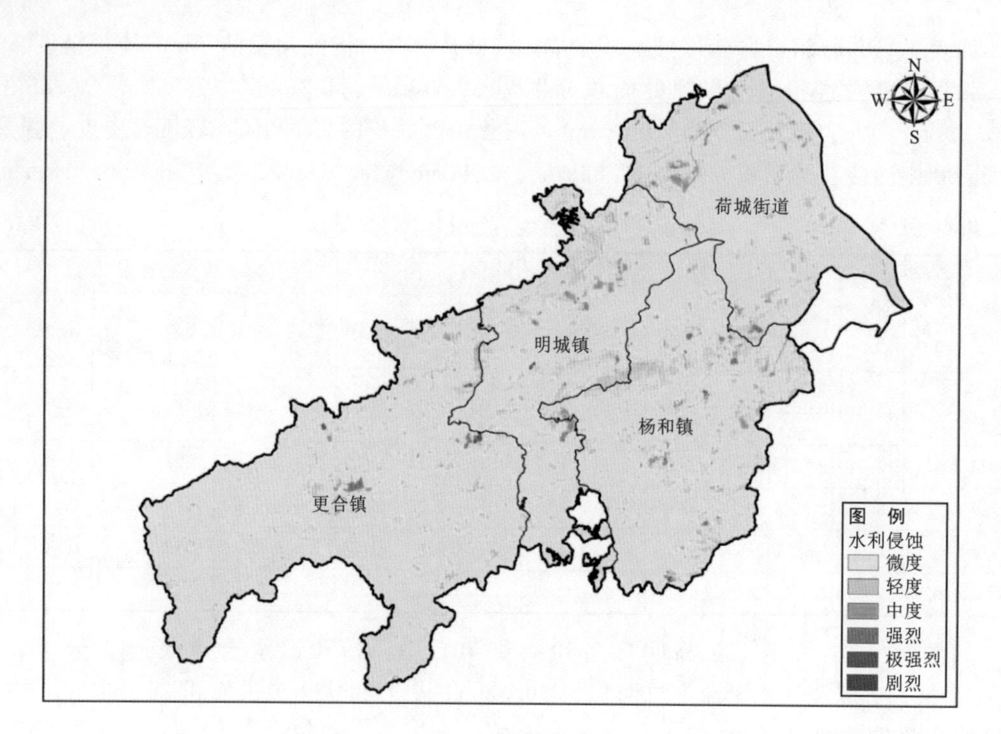

图4-36 高明区水土流失分布图

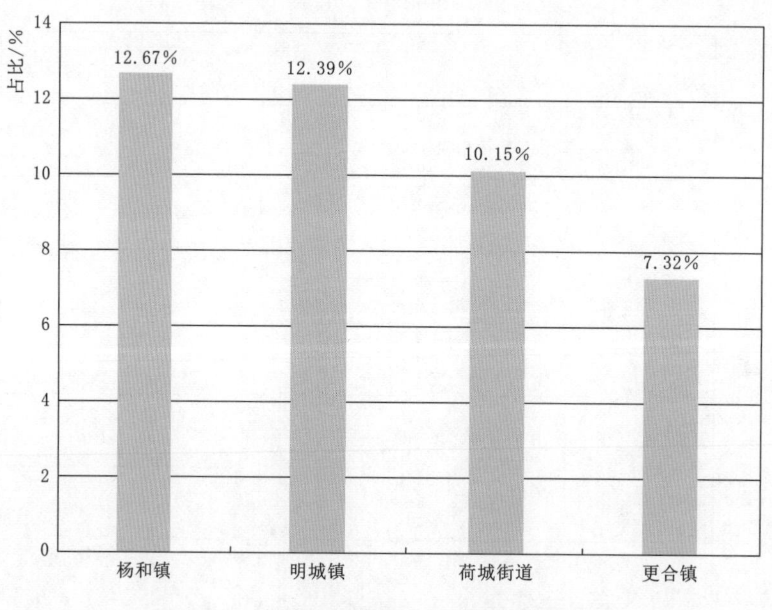

图4-37 各镇级行政区水土流失占比对比图

并与广东省2018年水土流失动态监测（七因子）中高明区的结果进行对比分析。由于第四次遥感调查结果分为自然侵蚀和人为侵蚀，本次方法采用七因子的结果为总的水土流失，所以先将第四次遥感调查的结果合并为总的水土流失进行动态变化分析，然后根据土地利用将七因子的结果分为自然侵蚀和人为侵蚀进行动态变化分析。

1. 总体动态变化情况

由表 4-23 和图 4-38 可知，2019 年高明区水土流失面积比广东省第四次高明区水土流失遥感普查时减少了 23.50km²，减小比例为 19.42%。具体到各水土流失强度等级，剧烈侵蚀、极强烈侵蚀、中度侵蚀和轻度侵蚀面积均呈不同程度的降低，其中剧烈侵蚀面积降低幅度最大，减少了 2.95km²，比例达到 87.28%，其次为中度侵蚀面积减少 8.01km²，比例为 42.61%，极强烈侵蚀面积减少为 0.81km²，比例为 35.84%，轻度侵蚀面积减少比例最小，仅为 15.45%，强烈侵蚀面积呈现增加，增加面积为 3.00km²，比例为 256.41%。

表 4-23　高明区水土流失面积动态变化分析表

项目	流失面积	轻度	中度	强烈	极强烈	剧烈	水土流失占比/%
第四次遥感普查/km²	120.98	95.37	18.80	1.17	2.26	3.38	12.60
2019 年调查/km²	97.48	80.64	10.79	4.17	1.45	0.43	10.15
动态变化/km²	−23.50	−14.73	−8.01	3.00	−0.81	−2.95	−2.45
变幅/%	−19.42	−15.45	−42.61	256.41	−35.84	−87.28	

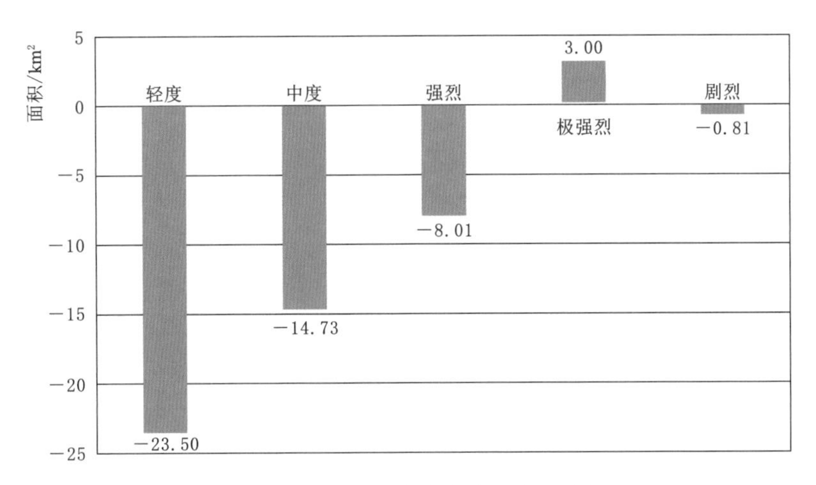

图 4-38　高明区水土流失动态变化柱状图

高明区水土流失占比从第四次水土流失遥感普查时的 12.60%降为本年度的 10.15%，降低了 2.45%。

2. 分类型动态变化情况

由表 4-24 可知，2019 年高明区自然侵蚀水土流失面积比广东省第四次高明区遥感普查时减少了 27.93km²，减小比例为 27.47%。具体到各水土流失强度等级，中度侵蚀和轻度侵蚀面积减少，减少面积分别为 1.99km² 和 27.36km²，比例分别为 31.39%和 28.76%，而剧烈侵蚀、极强烈侵蚀和强烈侵蚀面积均呈不同程度的增加，增加面积分别为 0.22km²、0.40km²、0.80km²。

表 4-24 高明区自然和人为水土流失面积动态变化分析表

项目	自然侵蚀						人为侵蚀					
	轻度	中度	强烈	极强烈	剧烈	小计	轻度	中度	强烈	极强烈	剧烈	人为小计
第四次遥感普查/km^2	95.14	6.34	0.16	0.05	0.00	101.69	0.23	12.46	1.01	2.21	3.38	19.29
2019 年调查/km^2	67.78	4.35	0.96	0.45	0.22	73.76	12.86	6.44	3.21	1.00	0.21	23.72
动态变化/km^2	−27.36	−1.99	0.80	0.40	0.22	−27.93	12.63	−6.02	2.20	−1.21	−3.17	4.43
变幅/%	−28.76	−31.39	500.00	800.00	—	−27.47	5491.30	−48.31	217.82	−54.75	−93.79	22.97

2019 年高明区人为侵蚀水土流失面积比广东省第四次高明区遥感普查时增加了 4.43km^2，增加比例为 22.97%。具体到各水土流失强度等级，剧烈侵蚀、极强烈侵蚀和中度侵蚀面积均呈不同程度的降低，其中剧烈侵蚀面积降低幅度最大，减少了 3.17km^2，比例达到 93.79%，其次为极强烈侵蚀面积减少 1.21km^2，比例为 54.75%，中度侵蚀面积减少为 6.02km^2，比例为 48.31%，而轻度侵蚀和强烈侵蚀面积呈现增加，增加面积分别为 12.63km^2 和 2.20km^2，比例分别为 5491.30%和 217.82%。

由表 4-25 可知，2019 年高明区水土流失面积比广东省 2018 年高明区水土流失遥感调查时减少了 0.53km^2，减小比例为 0.54%。具体到各水土流失强度等级，极强烈侵蚀、强烈侵蚀和轻度侵蚀面积均呈不同程度的降低，其中极强烈侵蚀面积降低幅度最大，减少了 1.16km^2，比例达到 44.44%，其次为强烈侵蚀面积减少 0.37km^2，比例为 8.15%，轻度侵蚀面积减少为 0.14km^2，比例为 0.17%，面积减少比例最小，而剧烈侵蚀和中度侵蚀面积呈现增加，增加面积分别为 0.08km^2 和 1.06km^2，比例分别为 22.86% 和 10.89%。

表 4-25 高明区水土流失面积动态变化分析表（与 2018 年对比）

项目	流失面积	轻度	中度	强烈	极强烈	剧烈	水土流失占比/%
2018 年调查/km^2	98.01	80.78	9.73	4.54	2.61	0.35	10.21
2019 年调查/km^2	97.48	80.64	10.79	4.17	1.45	0.43	10.15
动态变化/km^2	−0.53	−0.14	1.06	−0.37	−1.16	0.08	−0.06
变幅/%	−0.54	−0.17	10.89	−8.15	−44.44	22.86	—

高明区水土流失占比从广东省 2018 年高明区水土流失遥感调查时的 10.21%降为本年度的 10.15%，降低了 0.06%。

4.3.5.7 主要原因分析

整体上看，高明区水土流失面积比第四次水土流失调查结果减少了 23.50km^2，减小比例为 19.42%，主要原因有以下几个方面：

（1）与第四次水土流失调查结果相比，各个侵蚀强度等级面积都减少，只有强烈侵蚀呈现少量增加，均为高强度侵蚀等级减少转化而来。由于高明区在水土流失严重地区开展了水土保持林种植等治理工作，有效减少了侵蚀严重等级地区的面积，取得了一定的成绩。但由于水土保持的专项治理经费不足，治理工作只在局部侵蚀较严重的区域开展，而自然侵蚀的分布范围较广，分布面积较大，且较分散，在目前的经费和人员投入情况下，实现对各个级别侵蚀的全面治理非常困难。

（2）两次调查所采用的技术手段有所差异。广东省第四次遥感普查采用三因子判别方法，而本次采用中国水土流失方程的七因子方法，调查指标更为详细，影像精度更为精细，两次结果有所差异，致使结果对比性较差。

（3）近几年城市快速发展，人为扰动频繁，本项目采用 2m 分辨率遥感影像解译各镇（街道）土地利用，解译的土地利用类型更为精细，能识别和提取更为细小的侵蚀图斑，其中生产建设项目扰动作为人为扰动频繁的区域，人为扰动图斑面积较多，均调查出一定面积的水土流失，致使人为侵蚀面积较第四次调查的有所增加。

第5章

生产建设项目水土流失遥感监管

5.1 概况介绍

生产建设项目水土流失遥感监管包含区域监管和项目监管两种模式。区域监管是指针对某一区域开展的生产建设项目水土保持信息化监管工作。通过水土流失防治责任范围图矢量化实现已批生产建设项目位置和范围的空间化管理，利用遥感影像开展区域内生产建设项目扰动状况遥感监管，掌握区域生产建设项目空间分布、建设状态和整体扰动状况，为水行政主管部门开展监管工作提供依据。项目监管是针对某个具体项目开展的生产建设项目水土保持信息化监管工作。通过开展水土流失防治责任范围图、措施布局图的矢量化，实现本级已批生产建设项目位置、范围、措施布局的空间化管理，利用中、高分辨率遥感影像及无人机航摄成果等开展本级管理项目遥感监管，掌握项目的扰动合规性、水土保持方案落实及变更等情况，为本级生产建设项目监督检查工作提供依据。

区域监管的监管对象是区域内所有存在开挖、占压、堆弃等扰动或者破坏地表行为的生产建设项目，包括已经批复水土保持方案的项目和未批先建的项目。项目监管的监管对象为单个生产建设项目。

在监管内容与指标方面，生产建设项目水土保持信息化区域监管和项目监管应包括以下共性内容与指标：

（1）扰动地块边界。

（2）扰动地块面积。

（3）扰动地块类型：包括“弃渣场”和“其他扰动地块”等。

（4）扰动变化类型：包括“新增扰动”“扰动范围扩大”“扰动范围缩小”“扰动范围不变”“不再扰动”等类型。

（5）建设状态：指扰动地块所处的施工阶段，分为施工（含建设生产类项目运营期施工）、停工、完工。

（6）扰动合规性：对于区域监管而言，扰动合规性包括“合规”“未批先建”“超出防治责任范围”和“建设地点变更”4种情况。

“合规”指某生产建设项目产生的扰动位于该项目批复水土保持防治责任范围内部；“未批先建”指生产建设项目未按要求编报水土保持方案就先行开工；“超出防治责任范

围”指生产建设项目产生的扰动超出水土保持方案防治责任范围；“建设地点变更”是指生产建设项目产生的扰动位于水土保持方案防治责任范围外部。

对于项目监管模式而言，扰动合规性包括“合规”“超出防治责任范围”和“建设地点变更”3种情况。

此外，生产建设项目水土保持信息化项目监管还应包括以下内容与指标：

（1）水土保持方案变更情况：项目所在地点、规模是否发生重大变更。

（2）表土剥离、保存和利用情况：对生产建设项目所占用土地的地表土是否进行了剥离、保存、利用。

（3）取（弃）土场选址及防护情况：是否按照批复水土保持方案的要求设置取（弃）土场；是否按照“先拦后弃”的要求进行堆弃，取（弃）土场的各类水土保持措施是否及时到位；弃渣工艺是否合理，是否做到逐级堆弃、分层碾压。

（4）水土保持措施落实情况：已完工项目植物措施总面积与方案设计相比是否存在减少30%以上的情况；是否存在水土保持重要单位工程措施体系发生变化，导致水土保持功能显著降低或丧失的情况。

（5）历次检查整改落实情况：是否按照各级监管部门以往提出的监督检查意见，落实整改措施。

5.2 技术方法

区域监管技术路线如图5-1所示，项目监管技术路线如图5-2所示。

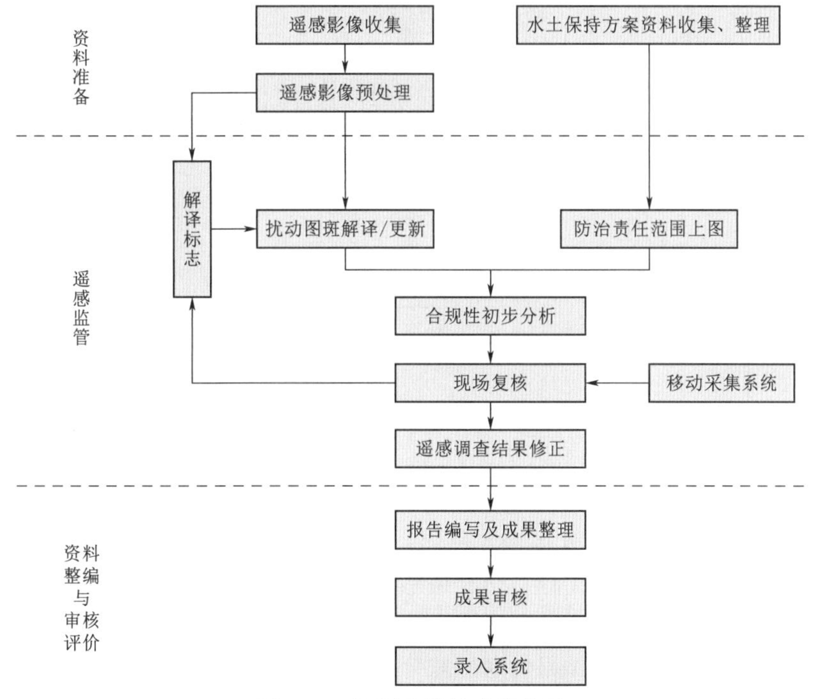

图5-1 区域监管技术路线图

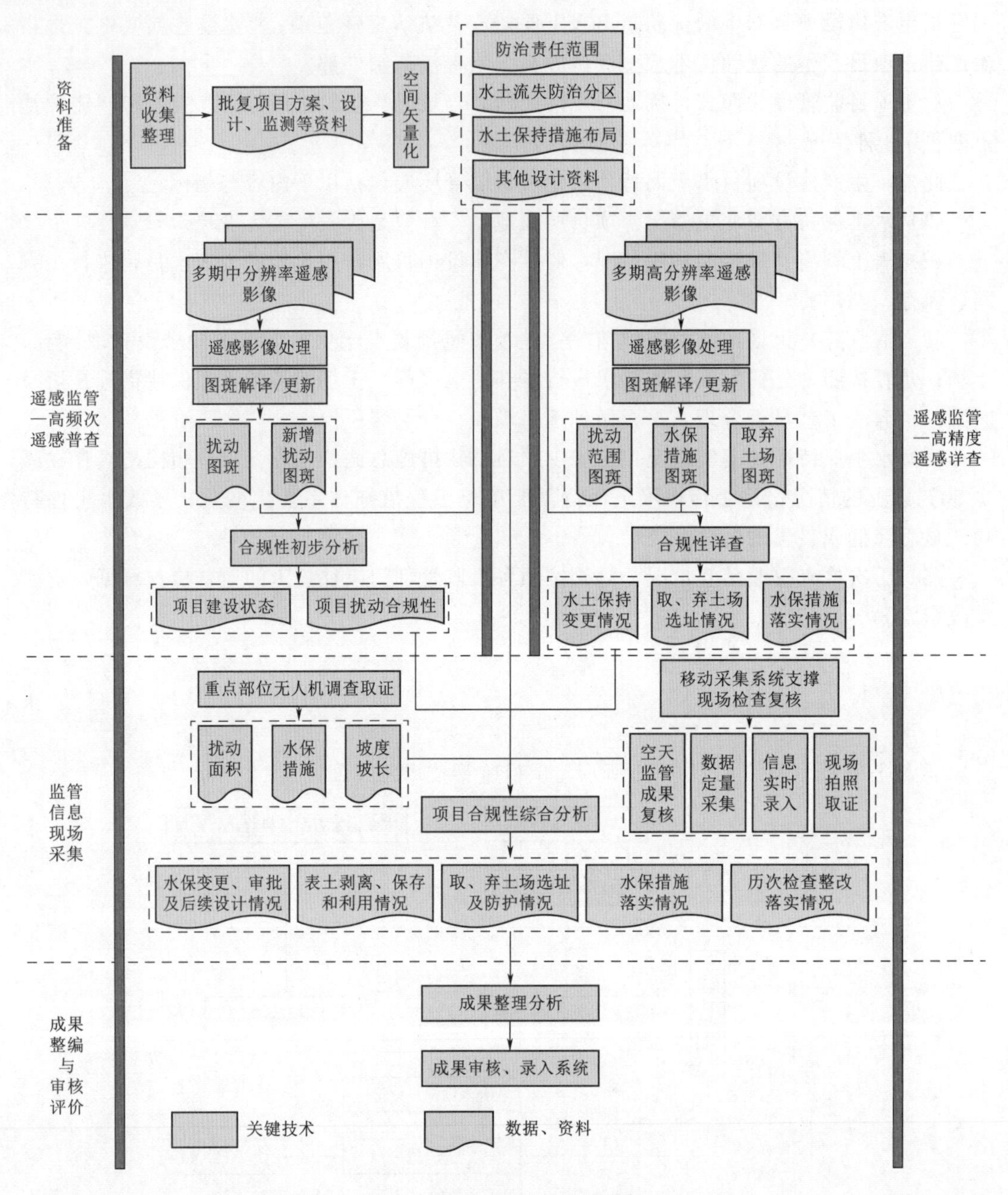

图5-2 项目监管技术路线图

区域监管包括资料准备、遥感监管、资料整编与审核评价3部分。首先开展资料准备，包括收集、整理区域内各级水行政部门审批水土保持方案的生产建设项目资料，收集、处理覆盖区域范围的遥感影像；结合遥感解译标志，开展生产建设项目扰动图斑遥感解译；通过解译结果和防治责任范围的空间叠加分析初步判断扰动合规性；利用移动采集系统开展现场复核，根据复核结果对遥感监管成果进行修正；最后开展报告编写、成果整理与审核以及录入系统等工作。

项目监管包括资料准备、遥感监管、监管信息现场采集、成果整编与审核评价4部分。资料准备包括本级审批的生产建设项目水土保持方案、设计资料等整理，并对防治责任范围图、水土保持措施布局图、水土流失防治分区图等图件资料进行空间矢量化。遥感监管分为高频次遥感普查和高精度遥感详查，分别进行影像资料收集、处理工作，基于遥感影像开展扰动范围图斑、水土保持措施图斑等解译工作，再对解译成果和设计资料进行空间分析，初步判断项目水土保持合规性。利用无人机和移动采集系统开展监管信息采集，并对遥感监管成果进行复核，以便综合分析项目合规性。最后开展成果整理分析、审核以及录入系统等工作。

5.3 区域遥感监管

5.3.1 资料准备

1. 收集资料内容

收集资料包括本底资料收集和年度更新资料收集两部分。本底资料指各级水行政部门首次开展信息化监管工作时收集的历年批复的生产建设项目水土保持方案报告书（报批稿）、报告表、登记表、批复文件、防治责任范围图等资料。年度更新资料指建立本底数据库后，每年批复的生产建设项目水土保持方案等相关资料。

2. 资料整理要求

对上述资料进行整理，并建立生产建设项目汇总表，见表5-1。

表5-1　　×××（监管区域）生产建设项目汇总表

填表单位：　　　　年　月　日

序号	项目名称	批复文号	审批单位	备注
1				
2				
…				

填表人：　　　　审核人：

电子资料按原格式存储；纸质版资料应扫描方案特性表、防治责任范围图和水土保持方案批复文件等。图件资料扫描要求彩色，分辨率300dpi，清晰无变形，以jpg格式存储；文字资料扫描后清晰可辨，以PDF格式存储。

资料整理成果分级存放目录如下：

（1）一级目录。命名方式：×××（监管区域）水土保持方案资料。

（2）二级目录。本目录下，包括生产建设项目汇总表和三级目录。三级目录以“批复文号＋年度顺序号＋项目名称”的方式命名。

（3）三级目录。本目录下包含以下资料：

1）水土保持方案报批稿，命名方式：“批复文号＋生产建设项目名称＋FA”，格式：pdf或word。

2）防治责任范围图，命名方式：“批复文号＋生产建设项目名称＋FW”，格式：shp、dwg或jpg。

3）方案批复文件，命名方式：“批复文号＋生产建设项目名称＋PF”，格式：pdf。

4）水土保持方案特性表，命名方式：“批复文号＋生产建设项目名称＋TX”，格式：pdf。命名时，如批复文号和项目名称中存在“/”“〔〕”特殊字符导致无法保存的情况，将特殊符号删除，并新增备注文件进行说明。

5.3.2 设计资料矢量化

设计资料矢量化是将生产建设项目设计资料（区域遥感监管部分的设计资料指水土流失防治责任范围图）进行空间化和图形化处理，获得具有空间地理坐标信息和属性信息的矢量图。其中，空间化是指将不具有明显地理空间坐标信息的图件，采用空间定位、地理配准、几何校正等方法，配准到正确地理位置上并使其具有相应地理空间坐标信息的过程；图形化是指采用人机交互方法绘制防治责任范围边界、利用拐点坐标自动生成防治责任范围折线图或者通过缓冲分析自动生成面状图形并录入相关属性信息的过程。具体技术流程如下所述。

5.3.2.1 技术流程

（1）防治责任范围图空间文件的获取。防治责任范围主要有纸质扫描图、dwg格式图以及用控制点坐标标示范围等多种类型，部分防治责任范围没有相关坐标信息，无法满足矢量化要求。针对不同类型，提出了不同矢量化方法。

1）防治责任范围以控制点坐标表示：在地理信息软件中，直接将控制点信息转化为shp格式（polygon）矢量文件，然后进行坐标转换。

2）防治责任范围为扫描栅格图（jpg格式）：矢量化过程包括初步定位、精确配准、边界勾绘等步骤。

3）防治责任范围为矢量图（dwg格式，有地理坐标信息）：矢量化过程仅包括格式转换和坐标转换。

4）防治责任范围为矢量图（dwg格式，没有地理坐标信息）：矢量化过程包括栅格化、初步定位、地理配准、防治责任范围边界勾绘等步骤。

5）不符合矢量化要求的防治责任范围图，需进行示意性上图。①点型项目：以项目中心点为圆心，绘制一个直径为100m的圆形，并填写相应属性，同时应在备注中注明“示意性上图”；②线型项目：根据项目走向、经纬度等信息，绘制示意性的面状图形，并填写相应属性，同时应在备注中注明“示意性上图”。

不同类型防治责任范围图矢量化过程如图5-3所示。

（2）属性信息录入。建立矢量文件属性表，录入项目名称、建设单位、批复机构、批复文号、批复时间、防治责任面积等属性信息。

5.3.2.2 成果要求

（1）矢量化后的防治责任范围图应选取不少于2个特征点进行精度检查，特征点相对于基础控制数据上同名地物点偏差不应大于1个像元。

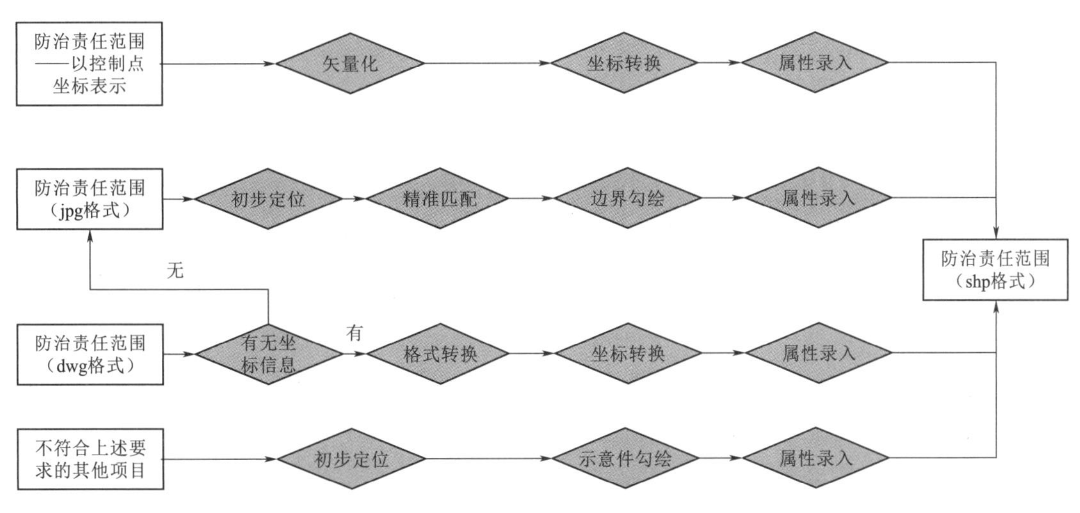

图 5-3 生产建设项目防治责任范围图矢量化技术流程

（2）防治责任范围图 Shapefile 格式的矢量数据命名方式“FZ_XXXXXX_YYYYQQ”。FZ 为“防治”的拼音首字母；“XXXXXX”为监管区域的行政区划代码，以国家统计局网站公布的最新行政代码为准；“YYYYQQ”表示 YYYY 年开展第 QQ 期生产建设项目水土保持监管工作。

5.3.3 遥感影像收集

5.3.3.1 影像数据

应根据监管区域调查成果的精度要求，选择适宜类型与空间分辨率的遥感影像作为遥感监管的数据源。不同成图比例尺与遥感影像空间分辨率的对应关系见表 5-2。

表 5-2 不同成图比例尺与常用遥感影像对应关系表

序号	成图比例尺	遥感影像空间分辨率
1	1∶5000	优于 1m
2	1∶10000	优于 2.5m
3	1∶25000	优于 5m

5.3.3.2 时相要求

应根据监管工作需求，选择遥感影像的成像时间，同一地区多景遥感影像的时相应相同或者相近。

东北地区时相宜选择 5 月下旬至 6 月中旬或 8 月下旬至 9 月中旬；华北地区宜选择 3 月下旬至 4 月下旬或 7—9 月；华中、华南和西南的北部地区宜选择 3 月上旬至 4 月上旬或 10 月下旬至 11 月上旬；华南大部和西南的南部地区选择 11 月至次年 2 月的影像；西北地区宜选择 7—9 月的影像。

5.3.3.3 技术要求

（1）影像没有坏行、缺带、条带、斑点噪声和耀斑，云量少（优先采用晴空影像，总云量不超过 5%）。

（2）影像清晰，地物层次分明，色调均一，尽可能保证数据源单一。

（3）影像头文件齐全，包含拍摄时间、传感器类型、太阳高度角、太阳辐照度、中心点经纬度等技术参数。

（4）优先选用包含蓝光、绿光、红光、近红外波段的遥感影像。

5.3.4 遥感影像处理

5.3.4.1 工作内容

对遥感影像进行预处理，以满足生产建设项目扰动图斑遥感解译要求；同时，区域涉及多景影像镶嵌拼接的，应保留遥感影像镶嵌线矢量文件，记录镶嵌影像的时相和接边等信息。

5.3.4.2 技术流程

对遥感影像依次开展正射校正、信息增强、融合、镶嵌等处理；在镶嵌时，获得影像镶嵌线矢量文件。

5.3.4.3 成果要求

处理后的遥感影像应满足如下要求：

（1）经过正射校正的遥感数据产品，特征地物点相对于基础控制数据上同名地物点的点位中误差平地、丘陵地区不大于1个像元，山地和高山地区不大于2个像元。特殊地区可放宽0.5倍（特殊地区指大范围林区、水域、阴影遮蔽区、沙漠、戈壁、沼泽或滩涂等）。取中误差的两倍为其限差。

（2）成果影像的大地基准采用CGCS2000国家大地坐标系统。高程基准采用1985国家高程基准。当成图比例尺大于等于1∶10000时，采用3°分带，成图比例尺小于1∶10000时，采用6°分带。

（3）影像的清晰度、层次感、色彩饱和度、信息丰富度好，扰动图斑影像特征与其他地物差异明显。

（4）不同数据源影像经信息增强处理后，同一监管区域的影像色彩、整体效果与上一期影像一致。

（5）影像镶嵌接边处位置偏差满足如下要求：平地、丘陵地相邻影像重叠误差限差不应大于2个像元，山地、高山地误差限差不应大于4个像元（参照TD/T 1010—2015）。镶嵌处理后的遥感影像为tiff格式。

（6）遥感影像成果应符合安全保密相关规定。

（7）遥感影像成果和镶嵌线文件命名方式如下：

1）遥感影像成果以“YGYX_XXXXXX_YYYYQQ.tiff”的形式命名。其中，YGYX为“遥感影像”的拼音首字母；“XXXXXX”为监管区域的6位行政区划代码（如广东省广州市花都区为440114），以国家统计局网站公布的最新行政代码为准；“YYYYQQ”表示YYYY年开展第QQ期生产建设项目水土保持信息化区域监管工作，如广东省广州市花都区2016年开展第二期生产建设项目水土保持信息化区域监管工作使用的遥感影像命名为“YGYX_440114_201602.tiff”。

2）镶嵌线文件为矢量文件（Shapefile文件，要素类型为Polygon）。该矢量文件以“XQX_XXXXXX_YYYYQQ”的形式命名。XQX为“镶嵌线”拼音首字母；

“XXXXXX”为监管区域的行政区划代码，以国家统计局网站公布的最新行政代码为准；“YYYYQQ”表示YYYY年开展第QQ期生产建设项目水土保持信息化区域监管工作。

5.3.5 解译标志建立

5.3.5.1 工作内容

根据遥感影像特征和野外现场调查结果，建立不同类型生产建设项目扰动图斑解译标志。

5.3.5.2 技术流程

（1）选取不同类型典型生产建设项目，开展现场调查。

（2）选择现场拍摄的照片，遥感影像上标记照片拍摄的地点。

（3）按照要求截取遥感影像和照片，填写生产建设项目解译标志图斑编号、位置、影像特征等信息。

5.3.5.3 成果要求

（1）解译标志应包含监管区域所有生产建设项目类型。

（2）每种类型生产建设项目的解译标志不少于2套。

（3）弃渣场解译标志不少于3套。

（4）每套解译标志包含1张实地照片和对应的遥感影像，遥感影像上标注照片拍摄区域。

5.3.6 扰动图斑解译及属性录入

5.3.6.1 工作内容

根据预处理后的遥感影像，采用人机交互解译或者面向对象分类解译等方法，开展区域内所有生产建设项目扰动图斑勾绘和属性录入工作。

5.3.6.2 技术流程

主要有人机交互和面向对象两种方法，技术流程分别如下：

（1）人机交互方法。根据遥感影像特征，以先验知识和遥感解译标志作为参考，利用遥感图像处理软件或者GIS软件勾绘生产建设项目扰动图斑。

1）建立监管区域扰动图斑矢量文件（polygon），以“RDTB_XXXXXX_YYYYQQ”形式命名。RDTB为“扰动图斑”拼音首字母；“XXXXXX”为监管区域行政区划代码（以国家统计局网站公布的最新行政代码为准）；“YYYYQQ”表示YYYY年开展的第QQ期扰动图斑解译工作。建立属性字段。

2）参考解译标志，利用遥感或者GIS等相关软件人工勾绘监管区域扰动图斑，并初步判断、填写扰动图斑相关属性信息。

3）对图斑勾绘及属性录入成果进行抽查审核。

4）根据审核检查意见完善扰动图斑遥感解译结果。数据格式及命名方式应满足“水土保持监督管理信息移动采集系统”录入要求。

（2）面向对象分类方法。

1）利用面向对象分类软件对遥感影像进行图斑分割，得到生产建设项目扰动图斑矢量文件。矢量文件格式及命名方式同上。

2）参考解译标志提取生产建设项目扰动图斑，得到监管区域扰动图斑初步结果，解译结果及命名规则同上。

3）对图斑勾绘及属性录入成果进行抽查审核。

4）根据审核检查意见完善扰动图斑遥感解译结果。

5.3.6.3 成果要求

（1）原则上，最小成图面积大于等于 4.0mm^2 的扰动地块均可以开展遥感解译，而成图面积大于等于 1.0cm^2 的扰动地块均必须解译出来，特定目标监管可根据遥感影像分辨率与实际应用需求适当调整。遥感影像空间分辨率与扰动图斑最小面积对应关系见表 5-3。

表 5-3 遥感影像空间分辨率与扰动地块面积对应关系表

遥感影像 空间分辨率/m	可解译的最小 扰动地块面积/m^2	必须解译的最小 扰动地块面积/m^2
≤1.0	100	2500
≤2.5	400	10000
≤5.0	2500	62500
≤10.0	10000	250000

（2）影像上同一扰动地块（包括内部道路、施工营地等）应勾绘在同一图斑内。

（3）将弃渣场作为一种扰动形式单独解译。

（4）解译扰动图斑边界相对于处理后的遥感影像上的同名地物点位移不应大于 1 个像素（参照 TD/T 1010—2015）。

（5）数据格式及命名方式应满足“水土保持监督管理信息移动采集系统”录入要求。

（6）完成扰动图斑解译后，抽取 10%的成果图斑进行审查，若图斑的边界和属性准确率小于 90%，则需重新对全部扰动图斑进行解译。

5.3.7 扰动图斑更新

5.3.7.1 工作内容

基于监管区域上一期扰动图斑解译成果，利用本期遥感影像，采取人机交互解译法对扰动图斑进行动态更新，更新频次每年至少应开展 1 次；有条件的，可采用变化检测等自动/半自动方法进行扰动图斑更新解译。

5.3.7.2 技术流程

（1）复制上一期扰动图斑解译成果，按照上节中扰动图斑矢量文件的方式进行命名。

（2）采用人机交互解译方法，对发生变化的扰动图斑进行边界勾绘。扰动图斑更新解译过程中，存在扰动图斑扩大、图斑缩小、图斑新增、图斑停止扰动 4 种基本情况。对于图斑扩大和图斑缩小，在原图斑上根据遥感影像按照上节要求调整边界；对于新增扰动，按照上节要求进行新增图斑的勾绘。

（3）属性信息的填写。与上一期扰动图斑属性信息对比，本期扰动图斑矢量图层还需要填写“扰动变化”字段信息。“扰动变化”字段属性值是“新增扰动”“扰动范围扩大”

"扰动范围缩小""扰动范围不变"或"不再扰动"，判定规则如下：

1）若某个扰动图斑在上一期不存在，本期解译结果中出现，判定为"新增扰动"。

2）若某个扰动图斑在上一期和本期解译结果中都存在，当图斑扩大时，判定为"扰动范围扩大"；当图斑缩小时，判定为"扰动范围缩小"；当图斑大小不变时，判定为"扰动范围不变"。

3）若某个扰动图斑在上一期存在，本期遥感影像上不存在，而且经过现场复核项目已经竣工，则判定为"不再扰动"。

（4）对人工勾绘结果进行检查，并根据检查意见修改完善。

5.3.8 合规性初步分析

5.3.8.1 工作内容

对满足防治责任范围矢量化要求的项目进行合规性初步分析，将监管区域扰动图斑矢量图（用Y表示，虚线）与防治责任范围矢量图（用R表示，实线）进行空间叠加分析，初步判定生产建设项目扰动合规性。

5.3.8.2 技术流程

利用GIS软件空间叠加分析工具，对监管区域生产建设项目水土流失防治责任范围矢量图与扰动图斑矢量图进行空间叠加分析，扰动合规性初步分析结果包括以下几种情况（见图5-4）：

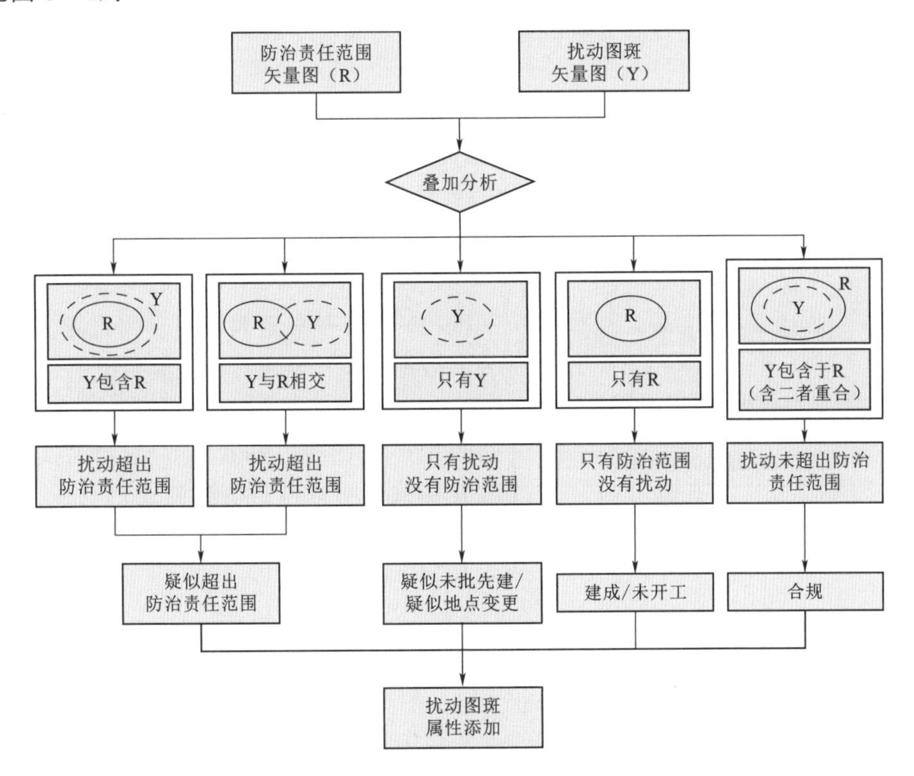

图5-4 合规性初步分析技术路线图

（1）扰动图斑包含防治责任范围或扰动图斑与防治责任范围相交，初步判定为“疑似超出防治责任范围”。

（2）只有扰动图斑可以将扰动合规性初步判定为两种情况：①疑似未批先建；②疑似建设地点变更。

（3）只有防治责任范围的项目可能存在三种情况：①项目未开工；②项目已完工；③疑似建设地点变更。进行合规性初步分析时，判定为“合规”❶。

（4）扰动图斑包含于防治责任范围，初步判定为“合规”。

5.3.9 现场复核

5.3.9.1 现场复核对象与内容

（1）现场复核对象。现场复核对象是监管区域内合规性初步分析结果为大于 $1hm^2$ 的“疑似未批先建”“疑似超出防治责任范围”和“疑似建设地点变更”的全部扰动图斑。

（2）现场调查复核内容。通过现场复核，对复核对象的有关信息进行现场采集，包括：

1）扰动图斑所属生产建设项目名称、建设单位、目前是否编报水土保持方案。

2）是否为其他项目超出批复防治责任范围的扰动部分。

3）是否为已经批复但建设地点变更的项目。

4）是否存在设计变更及其变更报备情况。

5）收集相关佐证材料。

6）生产建设项目水土保持工作其他相关内容。

7）非生产建设项目扰动图斑应记录实际现场土地利用类型。

5.3.9.2 技术流程

现场复核主要采用“水土保持监督管理信息移动采集系统”开展，包括以下两个工作环节：

（1）现场复核资料准备。需准备表5-4所列的数据资料并导入移动采集系统中。

表5-4 移动采集系统需要导入的工作数据清单

编号	名称
1	监管区域遥感影像数据包
2	扰动图斑数据包
3	防治责任范围图矢量数据包

（2）现场复核。主要工作内容包括对疑似违规生产建设项目和扰动图斑开展实地调查、收集相关证明材料、拍摄调查现场照片、填写生产建设项目现场复核信息表。工作流程及要求如下：

1）导航至指定图斑位置。

2）进行现场调查，了解项目基本情况和建设情况，检查项目水土保持工作及存在的问题，收集项目水土保持相关资料和证明材料。

❶ 对于地点变更的项目，可以在第（2）种情况中发现，因此，第（3）种情况可以在“合规性初步分析”阶段判定为“合规”。若在后期的现场复核阶段发现存在“建设地点变更”的情况，再对属性进行修改。

3）如果存在某一个扰动图斑包含多个项目、扰动图斑临近有漏分图斑等问题，需要进行标注。

4）每个扰动图斑至少包含一张全景照片和一些局部照片，全景照片需标注拍摄地点和拍摄区域。如果扰动图斑内不同区域的施工阶段不一致，应拍摄不同施工阶段区域的现场照片。

5.3.10 成果修正

根据现场复核成果，对遥感解译的扰动图斑及上图后的防治责任范围图矢量数据的空间特征和属性信息进行修正和完善，包括下列内容：

（1）删除误判为生产建设项目扰动图斑的其他图斑。

（2）将属于同一个生产建设项目的多个空间相邻的扰动图斑合并，弃渣场图斑单独存放。

（3）将属于两个及以上不同生产建设项目的单个扰动图斑，按照各个生产建设项目边界分割成多个扰动图斑。

（4）根据现场复核成果，补充完善扰动图斑矢量图和生产建设项目防治责任范围矢量图的相关属性信息。

（5）按照要求对合并和分割处理的图斑编号进行修改。

5.3.11 成果整编与审核评价

5.3.11.1 成果整理分析

（1）编写总结报告。对生产建设项目水土保持信息化区域监管进行总结，主要总结内容包括工作开展情况、成果分析等。总结报告命名为“××省××市××县××××年第××期生产建设项目水土保持信息化区域监管总结报告.docx”。

（2）成果整理。将生产建设项目水土保持信息化区域监管成果资料进行整理，并按照以下存储方式进行存储：

第一层目录“+++区域监管成果”，+++为监管区域名称；

第二层目录按照图5-5中的方式存储数据。其中，镶嵌线矢量文件存放在“遥感影像”文件夹下。

5.3.11.2 审核与入库

（1）成果审核。依据监管目标和应用需求，检查所有成果的正确性、规范性和一致性，成果质量审核抽查率要求大于等于10%，各项检查内容合格率要求大于等于90%。具体检查内容如下：

1）遥感影像：包括基础控制数据及辅助资料质量检查、正射纠正质量检查、配准精度检查、融合效果和镶嵌质量检查。

2）扰动图斑解译：包括整体性检查、

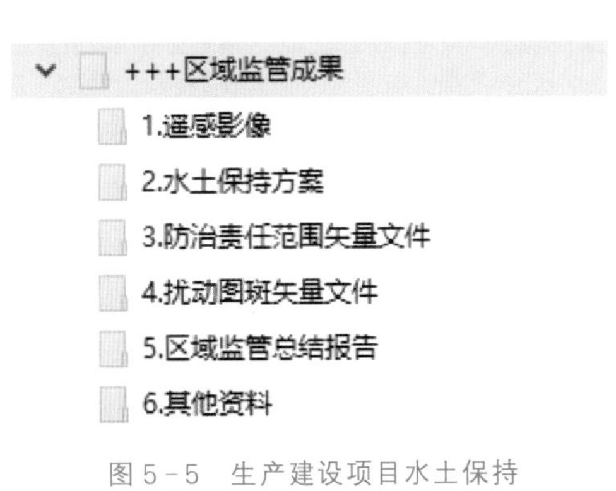

图5-5 生产建设项目水土保持信息化区域监管成果目录

最小扰动图斑面积检查、图斑界线勾绘准确性检查、漏判和误判图斑检查、图斑编号唯一性检查、拓扑关系与属性表内容检查。

3）防治责任范围矢量化：包括整体性检查、防治责任范围矢量化时图斑界线勾绘准确性检查、矢量化准确性检查、漏勾绘或误勾绘检查与属性表内容检查。

4）现场复核成果：包括移动采集设备资料完整性检查、监管项目信息记录表检查等。

（2）成果清单。生产建设项目水土保持信息化区域监管成果清单见表5-5。

表5-5 生产建设项目水土保持信息化区域监管成果录入清单

<table>
<tr><th>序号</th><th colspan="2">成果内容</th><th>格式</th></tr>
<tr><td>1</td><td colspan="2">遥感影像</td><td>tiff</td></tr>
<tr><td rowspan="3">2</td><td colspan="2">遥感影像镶嵌线文件</td><td>shp</td></tr>
<tr><td colspan="2">扰动图斑矢量图</td><td>shp</td></tr>
<tr><td colspan="2">防治责任范围矢量图</td><td>shp</td></tr>
<tr><td rowspan="5">3</td><td rowspan="5">水土保持方案资料</td><td>生产建设项目汇总表</td><td>excel</td></tr>
<tr><td>水土保持方案</td><td>word 或者 pdf</td></tr>
<tr><td>方案批复文件</td><td>pdf</td></tr>
<tr><td>方案特性表</td><td>pdf</td></tr>
<tr><td>防治责任范围</td><td>shp、dwg 或 jpg</td></tr>
<tr><td>4</td><td colspan="2">区域监管总结报告</td><td>word</td></tr>
<tr><td>5</td><td colspan="2">其他成果资料</td><td></td></tr>
</table>

（3）总体质量评价。对总体质量进行评价，具体质量指标及评分标准见表5-6。

表5-6 生产建设项目水土保持信息化区域监管总体质量评价表

序号	评分内容	分值	评分标准
1	资料收集与整理	10	根据水土保持方案齐全性、资料整理规范性进行打分。齐全、规范的得8～10分；一般的得4～7分；差的得0～3分
2	设计资料矢量化	20	随机抽取10%的项目，对其水土流失防治责任范围矢量化进行属性信息及边界信息的准确率检查。优：16～20分；良：11～15分；中：6～10分；差：0～5分
3	遥感影像处理	10	随机抽取遥感影像，对其进行检查。优：8～10分；一般的得4～7分；差的得0～3分
4	扰动图斑解译与更新	20	根据解译图斑的齐全性、准确性、边界勾绘、属性信息填写的规范性与完整性进行评分。优：16～20分；良：11～15分；中：6～10分；差：0～5分
5	现场复核	20	根据现场复核数量、现场照片（是否反映现场情况）、复核表格进行评分。优：16～20分；良：11～15分；中：6～10分；差：0～5分
6	成果资料	20	根据数据进行评分。优：16～20分；良：11～15分；中：6～10分；差：0～5分

5.4 项目遥感监管

5.4.1 资料准备

5.4.1.1 收集资料内容

收集资料包括本底资料收集和年度更新资料收集两部分。本底资料指各级水行政主管部门首次开展信息化项目监管工作时收集的历年批复的生产建设项目水土保持方案资料（含方案报告书（报批稿）、报告表、登记表、批复文件、防治责任范围图、水土保持措施布局图、水土流失防治分区图等资料）、后续设计资料（初步设计报告水土保持篇章、水土保持施工图等资料）、监测资料（监测实施方案、监测季度报告（表）、监测年度报告等资料）、监理资料（监理规划报告、监理实施方案、监理专题报告、监理定期报告等资料）及水行政主管部门对生产建设项目的历次监督检查资料等。

年度更新资料指建立本底数据库后，每年新增的生产建设项目水土保持方案、后续设计、监测、监理、及监督检查等相关资料。

5.4.1.2 资料整理要求

对上述资料进行整理，并建立生产建设项目汇总表，见表5-7。

电子资料以其原格式存储；纸质版资料，要求扫描方案特性表、防治责任范围图、水土保持措施布局图、水土流失防治分区图、水土保持方案批复文件、生产建设项目设计资料、监测资料、监理资料等。图件资料需彩色扫描，分辨率为300dpi，清晰无变形，以JPG格式存储；文字资料扫描后清晰可辨，以PDF格式存储。

表5-7　×××项目监管的生产建设项目资料汇总表

填表单位：　　　　　　　　　　年　月　日

序号	项目名称	批复文号	审批单位	备注
1				
2				
…				

填表人：　　　　　　　　　　审核人：

资料整理成果分级存放目录如下：

（1）一级目录。命名方式：×××项目监管的生产建设项目汇总资料。

（2）二级目录。本目录下，包括生产建设项目汇总表和三级目录。三级目录以“批复文号＋年度顺序号＋项目名称”的方式命名。

（3）三级目录。本目录下包含以下资料：

1）水土保持方案报批稿，命名方式：“批复文号＋生产建设项目名称＋FA”，格式：pdf或word。

2）防治责任范围图、水土保持措施布局图、水土流失防治分区图，命名方式：“批复文号＋生产建设项目名称＋FW”“批复文号＋生产建设项目名称＋CS”“批复文号＋生产建设项目名称＋FQ”，格式：shp、dwg或jpg。

3）批复文件，命名方式：“批复文号＋生产建设项目名称＋PF”，格式：pdf。

4）水土保持方案工程特性表，命名方式：“批复文号＋生产建设项目名称＋TX”，格式：pdf。

5）将生产建设项目后续设计资料、监测资料、监理资料、水行政主管部门历次对生产建设项目进行检查的书面资料分别存储在相关文件夹下。文件夹的命名方式为：“生产建设项目名称＋后续设计资料”“生产建设项目名称＋监测资料”“生产建设项目名称＋监理资料”“生产建设项目名称＋检查资料”。命名时，如批复文号和项目名称中存在“/”“〔〕”特殊字符导致无法保存的情况，可将特殊符号删除，并新增备注文件进行说明。

5.4.2 设计资料矢量化

5.4.2.1 工作内容

将生产建设项目设计资料（所有项目均需要水土流失防治责任范围图，重点项目除水土流失防治责任范围图外，还包括水土保持措施布局图及水土流失防治分区图等设计图件）进行空间化和图形化处理，获得具有空间地理坐标信息和属性信息的矢量图件。

5.4.2.2 技术流程

1. 设计图件空间文件的获取

防治责任范围、水土保持措施布局、水土流失防治分区等设计图件主要有纸质扫描图、dwg格式图以及控制点坐标等多种类型。各类型设计图件空间文件的获取流程参照5.3节。

2. 属性信息录入

建立防治责任范围矢量图文件属性表，录入项目名称、建设单位、批复机构、批复文号、批复时间、防治责任面积等属性信息。

建立水土保持措施布局图文件属性表，录入项目名称、批复文号、分区名称、措施类型、措施名称、工程量、总体实施进度等属性信息。

建立水土流失防治分区图矢量文件属性表，录入项目名称、批复文号、分区名称、占地面积等属性信息；对于项目涉及多个弃渣场的，需分别录入每个弃渣场的占地面积、设计弃土方量等属性信息。

其他后续设计的相关图件矢量化流程及矢量文件属性表结构参照上述要求开展。

5.4.2.3 成果要求

(1) 矢量化后的资料应选取不少于2个特征点进行精度检查，特征点相对于遥感影像上同名地物点偏差不应大于1个像元。

(2) 防治责任范围Shapefile格式的矢量数据以“FZ_＊＊项目”形式命名。其中，＊＊项目表示项目名称；水土保持措施Shapefile格式的矢量数据以“CS_＊＊项目”的形式命名；防治分区Shapefile格式的矢量数据以“FQ_＊＊项目”的形式命名。

5.4.3 遥感影像收集与处理

5.4.3.1 遥感影像收集

应根据调查成果的精度要求，选择适宜的遥感影像类型与空间分辨率。不同成图比例尺与遥感影像空间分辨率的对应关系见表 5-8。

表 5-8　　不同成图比例尺与遥感影像空间分辨率对应关系表

序号	成图比例尺	遥感影像空间分辨率	序号	成图比例尺	遥感影像空间分辨率
1	1∶5000	优于 1m	3	1∶25000	优于 5m
2	1∶10000	优于 2.5m	4	1∶50000	优于 16m

影像时相与技术要求参照 5.3 节。

5.4.3.2 遥感影像处理

遥感影像处理要求参照 5.3 节，遥感影像成果和镶嵌线文件命名方式如下：

（1）遥感影像成果命名。覆盖项目区的遥感影像成果以“XXXXXX_YYYYQQ_**项目.tiff”格式命名。其中，“XXXXXX”为不同监管级别的行政区划代码，以国家统计局网站公布的最新行政代码为准，如水利部监管项目填写 000000，广东省水行政主管部门监管项目填写 440000，广州市水行政主管部门监管项目填写 440100；“YYYYQQ”表示 YYYY 年开展第 QQ 期生产建设项目水土保持监管工作；**项目表示项目名称，如广东省广州市花都区 2016 年开展第二期**项目监管工作使用的遥感影像命名为“440114_201602_**项目.tiff”。

如遥感影像覆盖整个行政区，遥感影像成果命名参照 5.3 节。

（2）镶嵌线文件命名：“XQX_XXXXXX_ YYYYQQ_**项目”。XQX 为“镶嵌线”拼音首字母；“XXXXXX”为不同监管级别的行政区划代码，以国家统计局网站公布的最新行政代码为准，如水利部监管项目填写 000000，广东省水行政主管部门监管项目填写 440000，广州市水行政主管部门监管项目填写 440100；“YYYYQQ”表示 YYYY 年开展第 QQ 期生产建设项目水土保持监管工作；**项目表示项目名称。

如遥感影像覆盖整个行政区，镶嵌线成果命名参照 5.3 节。

5.4.4 解译标志建立

5.4.4.1 工作内容

根据遥感影像特征和野外现场调查结果，建立不同类型生产建设项目扰动状况遥感解译标志和水土保持措施遥感解译标志，生产建设项目类型解译标志技术流程和成果要求参照 5.3 节。

5.4.4.2 水土保持措施遥感解译标志建立技术流程

（1）选取生产建设项目不同类型水土保持措施，开展现场调查。

（2）选择现场拍摄的照片，遥感影像上标记照片拍摄的地点。

（3）按照要求截取遥感影像和照片，填写生产建设项目水土保持措施遥感解译标志图斑编号、位置、影像特征等信息。

5.4.4.3 水土保持措施遥感解译标志建立成果要求

（1）解译标志应包含所有生产建设项目水土保持措施类型。

（2）每种类型水土保持措施的解译标志不少于2套。

（3）每套解译标志包含1张实地照片和对应的遥感影像，遥感影像上标注照片拍摄区域。

5.4.5 高频次遥感普查

5.4.5.1 工作内容

利用8～16m的中等空间分辨率遥感数据，每年开展不少于2次遥感普查，初步掌握所有项目建设状态和扰动状况。

5.4.5.2 技术流程

（1）图斑勾绘、属性录入及动态更新。根据遥感影像特征，以先验知识和遥感解译标志作为参考，人机交互勾绘生产建设项目扰动图斑，完成属性录入工作。根据实际监管需求对更新的项目区影像开展扰动图斑更新解译工作。

1）建立生产建设项目扰动图斑矢量文件（polygon），将该矢量文件以“PC_RDTB_XXXXXX_YYYYQQ_＊＊项目”形式命名。PC为“普查”拼音首字母；RDTB为“扰动图斑”拼音首字母；“XXXXXX”为不同监管级别的行政区划代码；“YYYYQQ”表示YYYY年开展的第QQ期扰动图斑解译工作；＊＊项目表示项目名称。

2）建立高频次遥感普查扰动图斑矢量文件属性表，其结构与区域监管扰动图斑矢量图属性表结构一致。

3）参考解译标志，利用遥感或者GIS等软件勾绘监管区域扰动图斑，并初步判断、填写扰动图斑的相关属性信息。扰动图斑勾绘时，结合收集的生产建设项目设计资料、监测资料、监理资料及水行政主管部门对生产建设项目的历次检查资料，参考防治责任范围，对项目扰动范围进行勾绘，并进行属性录入。

4）对解译成果进行抽查审核。

5）根据审核检查意见完善扰动图斑遥感解译结果。

6）根据实际监管需求对更新的项目区影像开展扰动图斑更新解译工作，更新解译工作技术流程参考5.3节。

（2）合规性初步分析。合规性初步分析技术流程参考5.3节，分析结果包括“合规”“疑似超出防治责任范围”“疑似建设地点变更”。

5.4.5.3 成果要求

遥感解译成果要求参见5.3节。

5.4.6 高精度遥感详查

5.4.6.1 工作内容

根据高频次遥感普查、历年监督检查情况等确定的水土流失影响较大、实际扰动范围超出批复防治责任范围较多的重点项目，采用高分辨率遥感影像（优于2.5m）每年开展不少于1次高精度遥感详查，掌握项目水土保持变更、水土保持措施落实及取（弃）土场等情况。

5.4.6.2 技术流程

1. 图斑勾绘、属性录入及动态更新

根据遥感影像特征，以先验知识和遥感解译标志作为参考，人机交互勾绘生产建设项目扰动范围图斑和水土保持措施图斑，完成属性录入工作。根据实际监管需求对更新的项目区影像开展扰动范围图斑和水土保持措施图斑更新解译工作。

(1) 建立项目监管扰动范围图斑（polygon）矢量文件和水土保持措施图斑（polygon）矢量文件。将扰动范围图斑矢量文件以“XC_RDTB_XXXXXX_YYYYQQ_＊＊项目”命名。XC为“详查”拼音首字母；RDTB为“扰动图斑”拼音首字母；“XXXXXX”为不同监管级别的行政区划代码；“YYYYQQ”表示YYYY年开展的第QQ期扰动图斑解译工作；“＊＊项目”表示项目名称。将水土保持措施图斑矢量文件以“XC_SBCS_XXXXXX_YYYYQQ_＊＊项目”命名。XC为“详查”拼音首字母；SBCS为“水保措施”拼音首字母；“XXXXXX”为不同监管级别的行政区划代码；“YYYYQQ”表示YYYY年开展的第QQ期水土保持措施解译工作；“＊＊项目”表示项目名称。

(2) 建立扰动范围图斑和水土保持措施图斑矢量文件属性表。

(3) 参考解译标志，结合收集的生产建设项目设计资料、监测资料、监理资料及水行政主管部门对生产建设项目的历次检查资料勾绘项目区扰动范围图斑和水土保持措施图斑，并初步判断、填写相关属性信息，并进行属性录入工作。

(4) 对解译成果进行抽查审核。

(5) 根据审核检查意见完善图斑遥感解译结果。

(6) 根据实际监管需求对更新的项目区影像开展扰动图斑更新解译工作，更新解译工作技术流程参考5.3节。

2. 合规性详查

结合防治责任范围、水土保持措施布局、水土流失防治分区等矢量图文件，对监管项目的扰动范围图斑和水土保持措施图斑开展合规性详查，判定生产建设项目扰动范围和水土保持措施的合规性。

利用GIS软件的测量、统计、汇总等工具，对监管项目的扰动范围图斑和水土保持措施图斑解译结果进行统计分析，并结合防治责任范围、水土保持措施布局、水土流失防治分区等矢量图文件以及其他设计资料，开展项目的合规性详查，就项目的扰动范围和水土保持措施实施情况是否达到《水利部生产建设项目水土保持方案变更管理规定（试行）》进行判别。

(1) 扰动范围图斑合规性判别：

1) 根据批复方案的项目区概况、水土保持防治区划分图等资料，判别项目扰动范围是否涉及国家级和省级水土流失重点预防区或者重点治理区。

2) 判别项目扰动范围与防治责任范围相比是否增加30%以上。

3) 根据批复方案的项目区概况等资料，判别线型工程山区、丘陵区部分横向位移超过300m的长度累计是否达到该部分线路长度的20%以上。

4) 判别项目区施工道路或者伴行道路等长度是否增加20%以上。

5) 判别项目区桥梁改路堤或者隧道改路堑累计长度是否达到20km以上。

6）判断疑似启用的弃渣场是否为批复方案确定的存放地。

（2）水土保持措施图斑合规性判别：

1）判别完工项目的植物措施总面积与批复的面积相比是否减少30%以上。

2）判别弃渣场以及监督检查意见和方案中确定的高陡边坡、敏感点等重要单位工程措施体系是否发生变化，导致水土保持功能显著降低或丧失。

5.4.7 监管信息现场采集

5.4.7.1 工作目标

利用遥感监管成果，采用移动采集系统对重点项目水土保持情况开展现场调查复核，判定生产建设项目水土保持方案落实情况；针对监督检查意见和方案中确定的高陡边坡、重要取弃土场等存在水土流失隐患的重点部位，采用无人机航摄成果进行水土保持信息定量采集及调查取证。

5.4.7.2 无人机调查取证

根据无人机航摄的项目区高分辨率影像（DOM）、三维实景、数字表面模型（DSM）等数据，提取重点部位扰动范围、水土保持措施工程量、取（弃）土场位置、取（弃）土量、重点区域坡度、坡长、水土流失危害面积等信息；通过与水土保持方案中设计数据对比，判定项目水土保持疑似违规内容。具体技术流程如图5-6所示。

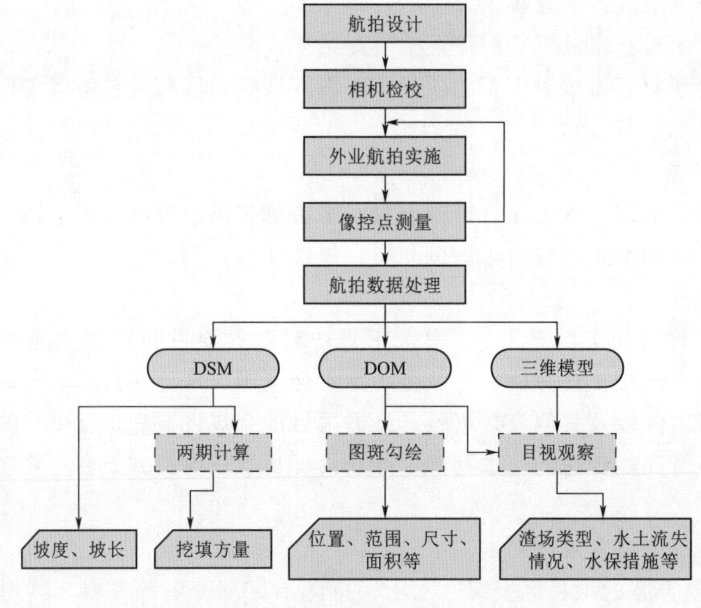

图5-6 无人机航摄与信息提取工作流程

具体成果要求如下：

（1）无人机航摄与数据生成。具体技术流程及成果精度要求参照CH/Z 3004—2010《低空数字航空摄影测量外业规范》、CH/Z 3005—2010《低空数字航空摄影规范》、CH/Z 3003—2010《低空数字航空摄影测量内业规范》、GB/T 18316—2008《数字测绘成果质量检查与验收》等相关规范执行。

（2）图斑勾绘、属性录入及动态更新。根据遥感影像特征，以先验知识和遥感解译标志作为参考，人机交互勾绘重点部位扰动范围图斑和水土保持措施图斑，完成属性录入工作。根据实际监管需求对更新的项目区无人机影像开展扰动范围图斑和水土保持措施图斑更新解译工作。

1）建立项目监管扰动范围图斑（polygon）矢量文件和水土保持措施图斑（polygon）矢量文件。将扰动范围图斑矢量文件以“WRJ_RDTB_XXXXXX_YYYYQQ_＊＊项目”命名。WRJ为“无人机”拼音首字母；RDTB为“扰动图斑”拼音首字母；“XXXXXX”为不同监管级别的行政区划代码；“YYYYQQ”表示YYYY年开展的第QQ期扰动图斑解译工作；“＊＊项目”表示项目名称。将水土保持措施图斑矢量文件以“WRJ_SBCS_XXXXXX_YYYYQQ_＊＊项目”命名。WRJ为“无人机”拼音首字母；SBCS为“水保措施”拼音首字母；“XXXXXX”为不同监管级别的行政区划代码；“YYYYQQ”表示YYYY年开展的第QQ期水土保持措施解译工作；“＊＊项目”表示项目名称。

2）建立扰动范围图斑和水土保持措施图斑矢量文件属性表。

3）参考解译标志，利用遥感或者GIS等软件，结合收集的生产建设项目设计资料、监测资料、监理资料及水行政主管部门对生产建设项目的历次检查资料勾绘项目区扰动范围图斑和水土保持措施图斑，并初步判断、填写相关属性信息。

4）对解译成果进行抽查审核。

5）根据审核检查意见完善图斑遥感解译结果。

6）根据实际监管需求对更新的项目区影像开展扰动图斑更新解译工作，更新解译工作技术流程参考5.3节。

（3）合规性分析。结合防治责任范围、水土保持措施布局、水土流失防治分区等矢量图文件，对监管项目重点部位的扰动范围图斑和水土保持措施图斑开展合规性详查，判定生产建设项目扰动范围和水土保持措施的合规性。

5.4.7.3 现场调查复核

（1）现场调查复核对象。现场复核对象为开展高精度遥感详查的重点项目，重点项目的数量应不少于本级管理的在建生产建设项目数量的20%。

（2）现场调查复核内容。对复核对象的有关信息进行现场采集，包括下列内容：

1）水土保持方案变更情况：项目所在地点、规模是否发生重大变更。

2）表土剥离、保存和利用情况：对生产建设项目所占用土地的地表土是否进行了剥离、保存、利用。

3）取（弃）土场选址及防护情况：是否按照批复水土保持方案的要求设置取（弃）土场；是否按照“先拦后弃”的要求进行堆弃，取（弃）土场的各类水土保持措施是否及时到位；弃渣工艺是否合理，是否做到逐级堆弃、分层碾压。

4）水土保持措施落实情况：已完工项目植物措施总面积是否减少30%以上；是否存在水土保持重要单位工程措施体系发生变化，可能导致水土保持功能显著降低或丧失的情况。

5）历次检查整改落实情况：是否按照各级监管部门以往提出的监督检查意见，落实整改措施。

6）生产建设项目水土保持工作其他相关内容。

（3）现场复核。主要工作内容包括对重点项目水土保持措施落实情况开展实地调查、收集相关证明材料、拍摄调查现场照片、填写生产建设项目现场复核信息表。工作流程及要求如下：

1）导航至指定图斑位置。

2）进行现场调查，了解项目基本情况和建设情况，检查项目水土保持工作及存在的问题，收集项目水土保持相关资料和证明材料。

3）填写生产建设项目现场复核信息表。填写过程中对项目扰动图斑是否包含多个项目及临近区域有无漏分图斑等情况进行检查，如有，需在生产建设项目现场复核信息表上填写相关信息或者进行备注。每个扰动图斑至少包含一张全景照片和一些局部照片，全景照片需标注拍摄地点和拍摄区域。如果扰动图斑内不同区域的施工阶段不一致，应拍摄不同施工阶段区域的现场照片。

5.4.7.4 成果修正

根据现场监管成果，对遥感解译成果及设计资料矢量化成果的空间信息和属性信息进行修正和完善，包括下列内容：

（1）删除误判为生产建设项目范围、弃渣场、水土保持措施等图斑的其他图斑。

（2）将属于两个及以上不同生产建设项目的单个图斑，按照各个生产建设项目边界分割成多个图斑。

（3）根据现场监管成果，补充完善遥感解译成果［扰动范围、取（弃）土场、水保措施］及设计资料矢量化成果的相关属性信息。

（4）对合并和分割处理的图斑编号进行修改。

5.4.8 成果整编与审核评价

5.4.8.1 成果整理分析

（1）编写总结报告。对生产建设项目水土保持信息化项目监管进行总结，主要总结内容包括工作开展情况、成果分析等。总结报告命名为“＋＋＋（监管级别）XXXX年第QQ期生产建设项目水土保持信息化项目监管总结报告.docx”。

（2）成果整理。将生产建设项目水土保持信息化项目监管成果进行整理，并按照以下存储方式进行存储：

第一层目录“＋＋＋（监管级别）生产建设项目水土保持监管成果资料”，＋＋＋为监管级别；

第二层目录“批复文号＋生产建设项目名称＋项目监管成果资料”；

第三层目录按照图5-7所示的方式存储数据。

5.4.8.2 审核与入库

（1）成果审核。依据监管目标和应用需求，检查所有成果（成果清单见表5-9）的正确性、规范性和一致性，成果质量审核抽查率要求大于等于10%，各项检查内容合格率要求大于等于90%。具体检查内容如下：

1）遥感影像：包括基础控制数据及辅助资料质量检查、正射纠正质量检查、配准精度检查、融合效果和镶嵌质量检查。

2）解译成果数据：包括整体性检查、最小图斑面积检查、图斑界线勾绘准确性检查、漏判和误判图斑检查、图斑编号唯一性检查、拓扑关系与属性表内容检查。

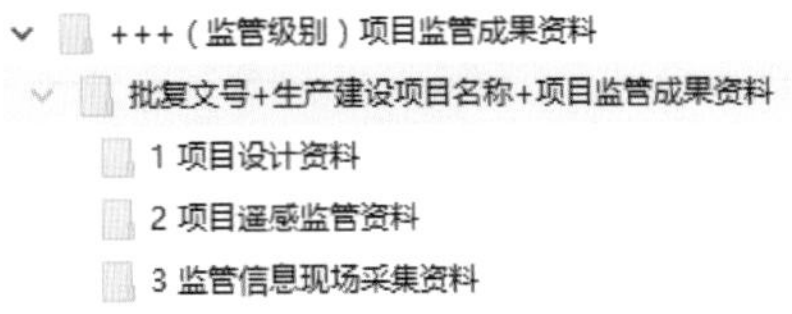

+++（监管级别）项目监管成果资料
批复文号+生产建设项目名称+项目监管成果资料
1 项目设计资料
2 项目遥感监管资料
3 监管信息现场采集资料

图5－7　生产建设项目水土保持信息化项目监管成果目录

3）设计资料矢量化数据：包括整体性检查、设计资料矢量化时图斑界线勾绘准确性检查、上图准确性检查、漏或误勾绘检查与属性表内容检查。

4）现场监管成果：包括资料完整性检查、监管项目信息记录表检查。

5）生产建设项目水土保持信息化项目监管总结报告的审核

（2）总体质量评价。对总体质量进行评价，具体的质量指标及评分标准见表5－10。

表5－9　　生产建设项目水土保持信息化项目监管成果清单

成果内容			格式
“批复文号＋生产建设项目名称”	遥感影像及无人机影像		tiff
	矢量文件	遥感影像镶嵌线文件	shp
		设计资料矢量图（含防治责任范围、防治分区、水保措施布局等资料）	shp
		扰动范围矢量图	shp
		水土保持措施分布矢量图	shp
	生产建设项目资料	水土保持方案资料	word、pdf 或 jpg
		后续设计资料	word、pdf 或 jpg
		监测资料	word、pdf 或 jpg
		监理资料	word、pdf 或 jpg
		监督检查资料	word、pdf 或 jpg
	现场复核成果	现场复核信息表	word 或 excel
		现场照片	jpg
		现场复核其他文件	word、pdf 或 jpg
	其他成果资料		word、pdf 或 jpg
项目监管总结报告			word

表5－10　　生产建设项目水土保持信息化项目监管总体质量评价表

序号	评分内容	分值	评分标准
1	资料收集与整理	10	根据设计资料齐全性、整理规范性进行打分。齐全、规范的得8～10分；一般的得4～7分；差的得0～3分
2	设计资料矢量化	20	随机抽取10%的项目，对设计资料矢量化成果的属性信息及边界信息准确率进行检查。优：16～20分；良：11～15分；中：6～10分；差：0～5分

续表

序号	评分内容	分值	评分标准
3	遥感影像处理	10	随机抽取遥感影像，对其进行检查。优：8～10 分；一般的得 4～7 分；差的得 0～3 分
4	遥感普查与详查成果	20	根据扰动范围、水土保持措施等扰动图斑解译的齐全性、准确性、边界勾绘、属性信息填写规范性与完整性评分。优：16～20 分；良：11～15 分；中：6～10 分；差：0～5 分
5	监管信息现场采集	20	根据现场复核数量、现场照片（是否反映现场情况）、复核表格、无人机及解译成果进行评分。优：16～20 分；良：11～15 分；中：6～10 分；差：0～5 分
6	入库资料	20	根据数据入库资料进行评分。优：16～20 分；良：11～15 分；中：6～10 分；差：0～5 分

5.5 应用案例

5.5.1 区域遥感监管

5.5.1.1 区域概况

为全面提升水土保持监管现代化水平和能力，尝试进一步发挥现代信息技术在水土保持监管中的基础性作用，选取人为活动频繁、生产建设活动集中的北部湾经济区开展生产建设项目水土保持“天地一体化”监管工作，监管范围覆盖南宁、钦州、防城港和北海的 18 个县（市、区），涉及土地总面积 2.98 万 km^2。北部湾监管区范围见表 5-11。

表 5-11 北部湾经济区水土保持“天地一体化”监管范围统计表

市	县（市、区）	行政区划代码	辖区面积/km^2
北海市	海城区	450502	140
	银海区	450503	423
	铁山港区	450512	394
	合浦县	450521	2380
防城港市	港口区	450602	401
	防城区	450603	2427
	东兴市	450621	590
	上思县	450681	2809
钦州市	钦南区	450702	2517
	钦北区	450703	2195
	灵山县	450721	3550
	浦北县	450722	2521
南宁市	江南区	450105	1154
	良庆区	450108	1379
	邕宁区	450109	1255

续表

市	县（市、区）	行政区划代码	辖区面积/km^2
南宁市	横县	450127	3464
	青秀区	450103	872
	西乡塘区	450107	1298

注 以上辖区面积数据查自中华人民共和国民政部全国行政区划信息查询平台。

5.5.1.2 工作目标和任务

（1）工作目标：通过本项目的实施，全面掌握监管区域内生产建设活动扰动和水土流失情况，共享监管信息，实现上下各级联动的协同监管，提高北部湾经济区生产建设项目水土保持监管的信息化水平，提升监督检查效能。

（2）工作任务：采用高分辨率遥感影像解译和现场调查等方法，获取监管区在建生产建设项目地表扰动范围和动态变化情况；对比水土保持方案批复的水土流失防治责任范围，分析判定生产建设项目扰动合规性和水土流失防治状况；依托监管信息系统实现信息共享，为监管区水土保持监督检查提供技术和数据支撑。

5.5.1.3 工作流程和内容

根据《生产建设项目水土保持信息化监管技术规定》的要求，北部湾经济区生产建设项目水土保持监管工作主要包括资料准备、遥感监管、成果整编与审核评价3部分，技术路线如图5-8所示。

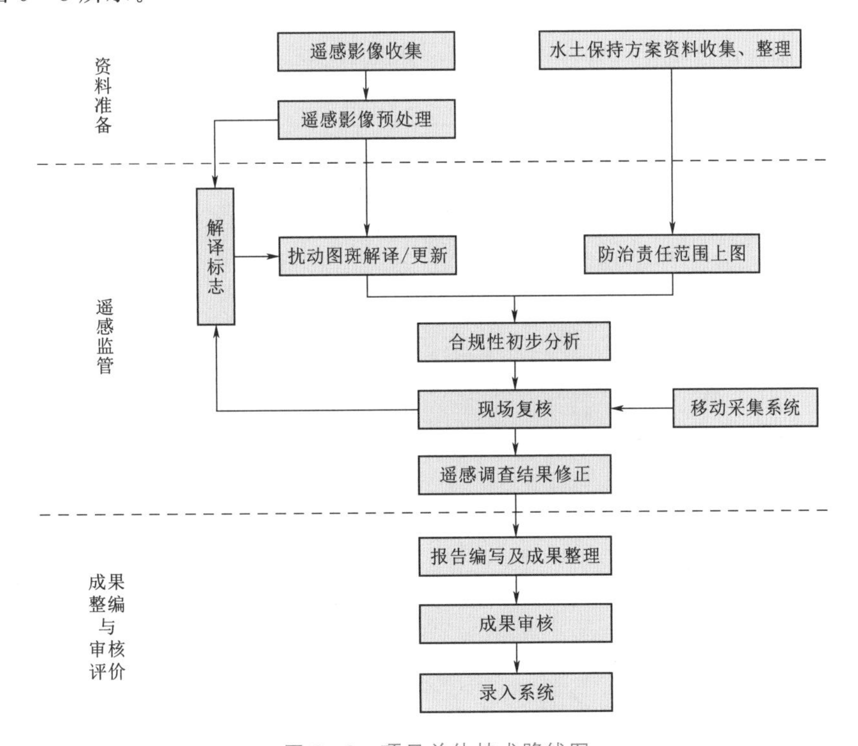

图5-8 项目总体技术路线图

（1）资料准备。主要包括生产建设项目水保方案资料收集和遥感影像资料收集两部分。

1）水保方案资料收集：包括监管区18个县（市、区）各级水行政主管部门批复的所有生产建设项目水土保持方案（报批稿）报告书、水土流失防治责任范围图和批复文件等。

2）遥感影像资料收集：包括全面覆盖监管区18个县（市、区）的高分辨率遥感影像，空间分辨率为2m，以高分一号、二号卫星影像为主，时相多集中于2017年9月至2018年2月。

（2）遥感监管。

1）遥感调查：根据遥感影像特征和收集的水土保持方案开展外业调查工作，建立解译标志；利用地理信息软件，凭借经验及相关知识，并以建立的解译标志作为参考，解译18个县（市、区）生产建设项目扰动图斑，同时对收集到的生产建设项目水土流失防治责任范围上图，并对生产建设项目的扰动合规性进行初步判定。

2）现场复核：根据合规性初步分析结果，开展18个县（市、区）扰动图斑现场复核工作，完善各扰动图斑的属性信息。

（3）成果整编与审核评价。外业扰动图斑信息采集后对扰动图斑矢量进行内业修正，汇总统计，编写成果报告。水土保持管理机构可以充分利用监管信息系统采集的数据，快速掌握18个县（市、区）生产建设项目及其扰动状况。

5.5.1.4 工作开展情况

1. 资料收集与处理

（1）遥感影像收集。监管区共收集遥感影像60余景，遥感影像源为国产高分一号和高分二号，时相集中于2017年9月至2018年2月。经过辐射校正、大气校正、正射校正、融合、镶嵌等预处理，图像清晰，地物层次分明，色调均一，满足北部湾监管实施要求，影像分布情况如图5-9所示。

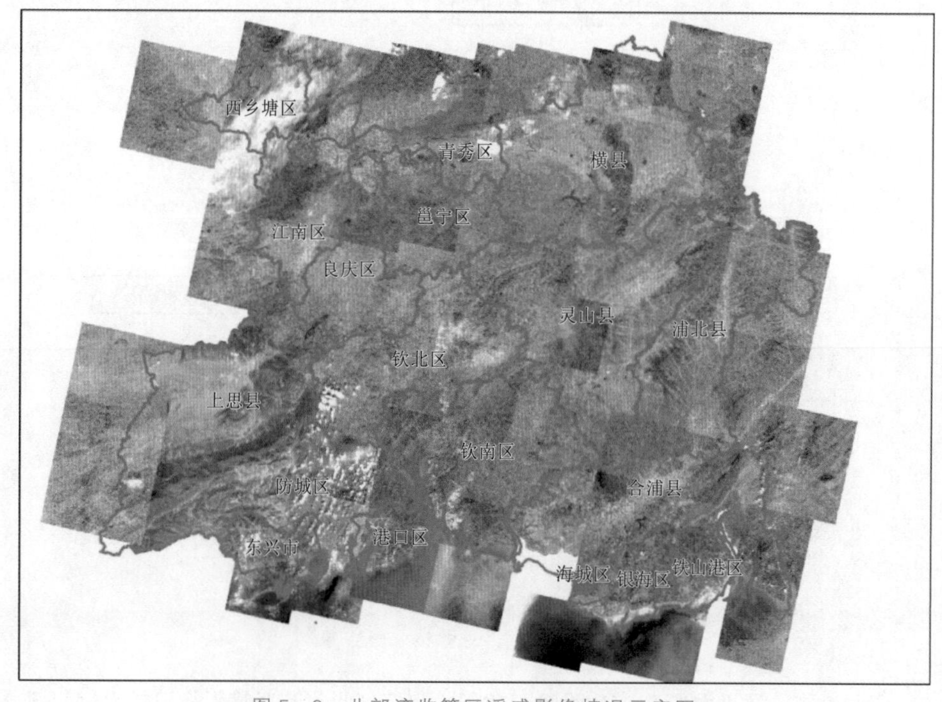

图5-9 北部湾监管区遥感影像情况示意图

（2）水土保持方案资料收集。收集历史上各级水行政主管部门批复的生产建设项目的水土保持方案资料，包括“方案特性表”“防治责任范围图”“批复文件”等。共收集各级批复的水保方案资料2068项，涉及29类项目类型，其中，水利部批项目3个，自治区批项目96个，市批项目841个，县（区）批项目1128个。北部湾监管区分级水土保持方案资料收集情况见表5-12。

表5-12　北部湾监管区各级水土保持方案资料收集情况表

序号	监管区域	审批级别	收集方案数量	小　计
1	水利部	水利部批项目	3	3
2	广西	自治区本级项目	96	96
3	南宁市	市本级	310	310
		青秀区	96	495
		江南区	96	
		西乡塘区	78	
		良庆区	46	
		邕宁区	42	
		横县	137	
4	防城港市	市本级	245	245
		港口区	29	162
		防城区	42	
		东兴市	73	
		上思县	18	
5	钦州市	市本级	185	185
		钦南区	71	425
		钦北区	89	
		灵山县	170	
		浦北县	66	
		钦州港开发区	29	
6	北海市	市本级	101	101
		海城区	3	47
		银海区	7	
		铁山港区	2	
		合浦县	32	
		海城区涠洲镇	3	

2. 防治责任范围矢量化

对收集到的生产建设项目水土流失防治责任范围图开展矢量化，主要环节包括项目位置初步定位、防治责任范围图与遥感影像配准、防治责任范围边界勾绘、防治责任范围属性数据录入等。方法与工作流程见5.3节。不同矢量化情况如下。

(1) 情况一：防治责任范围精准矢量化。主要针对能够找到项目位置，且防治责任范围图与影像具有同名点的项目，工作过程包括项目地理位置初定位，防治责任范围图与遥感影像配准，防治责任范围边界勾绘，防治责任范围属性数据录入工作。矢量化流程如图5-10所示。

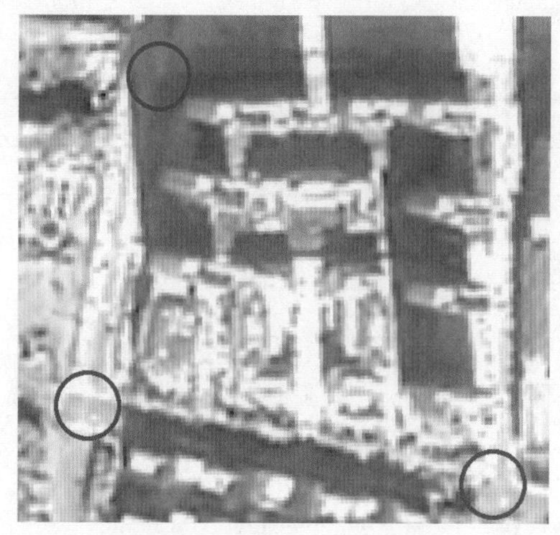
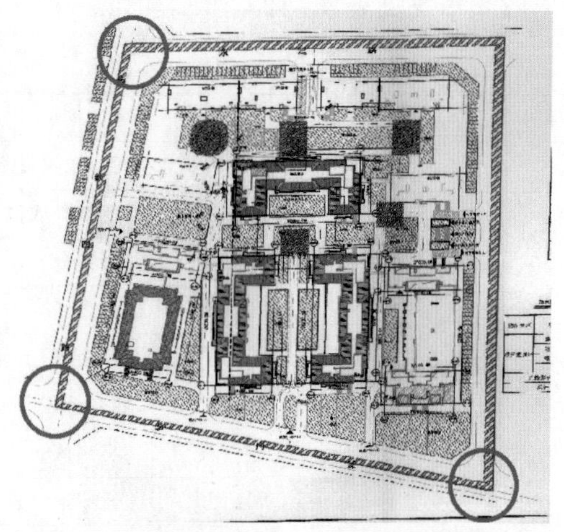

选取同名点

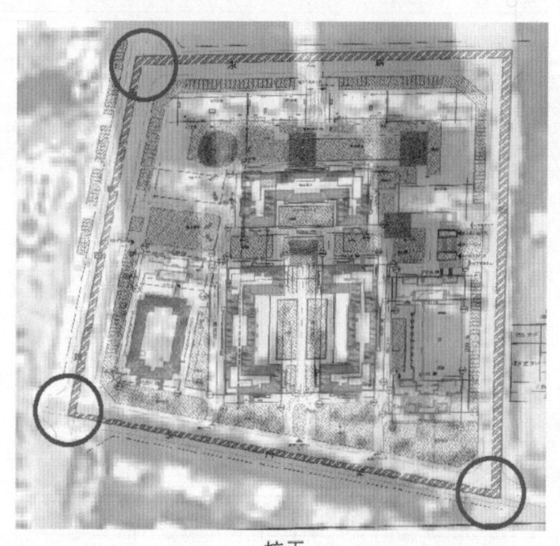

校正

防治责任范围矢量化

图5-10 矢量化流程图

(2) 情况二：防治责任范围示意性矢量化。对于水土保持资料中缺少确定坐标信息或者地物配准点的项目，利用地理位置图及其他有效信息，对防治责任范围进行示意性矢量化。示意性矢量化并非随意位置勾绘，而是能够判断所处的地理位置，但因为地物信息较少，而无法实现精确配准（位置准、范围边界不精确）。示意性矢量化示意如图5-11所示。

(3) 矢量化结果。根据上述要求对北部湾监管区生产建设项目进行防治责任范围矢量化，结果显示，已收集资料的2068个项目中，精准矢量化项目1542个，示意性矢量化项目230个，未矢量化项目295个，矢量化率达85.7%，精准矢量化率74.5%。北部湾监

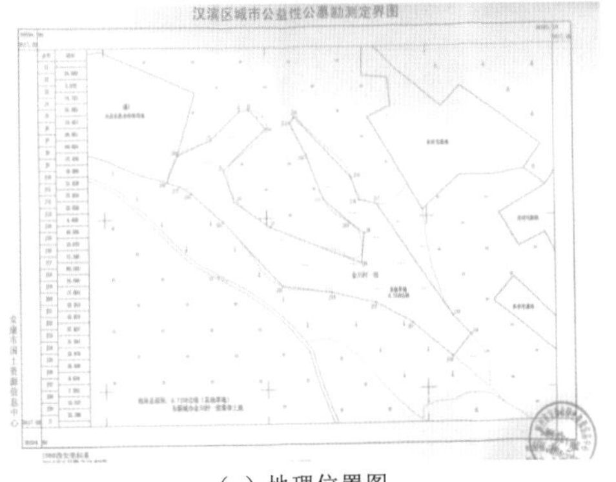

（a）地理位置图

（b）示意性打点

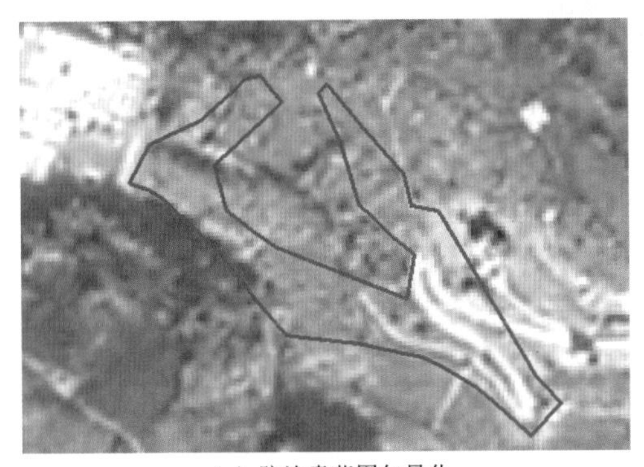

（c）防治责范围矢量化

图 5－11　示意性矢量化流程图

管区项目矢量化情况见表 5－13。

表 5－13　　北部湾监管区生产建设项目矢量化情况统计表　　单位：个

序号	项目分级		项目数量	精准上图	示意性上图	无法上图
1	水利部批项目		3	3		
2	自治区等级批项目		96	78	12	6
3	南宁市	市本级	310	274	21	15
		青秀区	96	79	9	8
		江南区	96	88	2	6
		西乡塘区	78	61	13	4
		良庆区	46	35	11	0
		邕宁区	42	28	5	9
		横县	137	120	9	8
4	防城港市	市本级	245	144	25	76
		港口区	29	19	7	3
		防城区	42	24	9	9
		上思县	18	14	0	4
		东兴市	72	58	2	12

续表

序号	项目分级		项目数量	精准上图	示意性上图	无法上图
5	钦州市	市本级	185	130	33	22
		钦南区	71	44	14	13
		钦北区	89	65	9	15
		灵山县	170	105	19	45
		浦北县	66	41	4	21
		钦州港区	29	13	5	11
6	北海市	市本级	101	86	13	2
		海城区	3	2	1	0
		银海区	7	7	/	/
		铁山港区	2	2	/	/
		合浦县	32	21	5	6
		涠洲岛	3	1	2	/
7	合计		2068	1542	230	295

3. 解译标志建立

根据遥感影像特征和野外现场调查结果，建立不同类型生产建设项目扰动图斑的解译标志，主要工作流程如下。

(1) 野外调查方法及路线。本项目初始野外调查遵循点（点型生产建设项目）、线（线型生产建设项目）、面（工业园区等区片性开发项目）相结合的原则，坚持以重点抽样调查与沿线抽样调查相结合的方式开展。对扰动形式繁杂的疑难目标生产建设项目进行重点抽样调查；对常规生产建设项目类型调查采用沿线抽样调查。进行外业调查前，对影像进行初步检查，关注遥感影像上不易区分的地物类型和具有特殊色调、纹理、几何图案的影像，确定疑难点并进行标注，同时兼顾各种类型生产建设项目扰动图斑。根据重点对象分布情况、影像疑难点结合项目区交通图分析拟定野外路线、绘制野外调查遥感底图。沿途注意采集不同生产建设项目类型，尽量补充收集专业资料，并进行分析利用，建立能够反映作业区各种地物类型较完整的解译标志体系。野外调查路线的规划主要遵循以下原则：

1) 问题覆盖原则。规划路线首先要能兼顾所确定的疑问点和典型代表点。

2) 代表性原则。调查路线要全面反映项目区各类生产建设项目覆盖特征和地理要素分布特征。

3) 可行性原则。由于野外工作受地理环境、自然条件以及人力等诸多因素的条件限制，调查过程中应根据实际交通状况，在保证安全的前提下，进行路线规划。

4) 充分考虑现有资料的原则。结合掌握的项目区现有资料，对资料丰富的区域可适当减少调查点数量。

(2) 实地调查。2018年9—10月，外业核查组对监管区开展了超过20天的外业核查工作。在核查实施过程中，保证核查路线覆盖全部项目并照顾到各疑难点和典型代表点。在核查中严格按照调查方案，详细记录每一个调查点GPS点，拍摄实景照片，并对调查样点及周围视野范围内的地物类型、面积、分布等进行详细的实地调查，与对应影像进行核实，加深对各地物纹理、色调、形状等的理解，有利于后期解译。具体操作步骤如下：

1）选取不同类型典型生产建设项目。

2）选择现场拍摄的照片，遥感影像上标记照片拍摄的地点。

3）按照要求截取遥感影像和照片，填写生产建设项目解译标志图斑编号、位置、影像特征等信息。

（3）建立解译标志。基于监管区遥感影像，对项目区生产建设项目、地表组成物质等在遥感影像上体现的形状、色调、阴影、纹理、图案、位置和布局等特征进行调查，并详细记录标志点的坐标、地貌实况等信息。北部湾监管区内共建立解译标志80余套，涵盖了区域内各类型生产建设项目，具体包括油气储存与加工工程、铁路工程、水利枢纽工程、输变电工程、社会事业类项目、其他小型水利工程、其他电力工程、其他城建工程、农业开发项目、露天非金属矿、井采煤矿、加工制造类项目、火电工程、公路工程、风电工程、房地产项目、信息产业类项目、水电枢纽类、露天煤矿类、林浆纸一体化工程、井采金属矿、机场工程、工业园区工程、弃渣场、其他行业项目等26种项目类型和非生产建设项目等5种扰动类型。

4. 扰动图斑遥感解译

根据预处理后的遥感影像，采用人机交互解译方法，开展区域内所有疑似生产建设项目扰动图斑勾绘和属性录入工作。

（1）技术流程。扰动图斑勾绘及属性录入主要采用人机交互方法，根据遥感影像特征，以先验知识和遥感解译标志作为参考，利用GIS软件勾绘生产建设项目扰动图斑。技术流程如下：

1）建立监管区域扰动图斑矢量文件，建立属性字段，属性字段按技术规定要求添加。

2）参考解译标志，利用遥感或者GIS等相关软件人工勾绘监管区域扰动图斑，并初步判断、填写扰动图斑相关属性信息。

3）对图斑勾绘及属性录入成果进行抽查审核。

4）根据审核检查意见完善扰动图斑遥感解译结果。

5）对完善后的扰动图斑进行统一编号。

（2）解译结果。根据《生产建设项目水土保持信息化监管技术规定（试行）》的要求，采用人机交互解译方法对北部湾监管区18个县（市、区）所有生产建设项目扰动图斑进行遥感解译。共解译扰动图斑7823个，其中$1hm^2$以上扰动图斑5411个。北部湾监管区初步解译扰动图斑数量见表5-14。

表5-14　北部湾监管区初步解译扰动图斑数量

序号	县（市、区）	解译图斑	$1>S\geqslant 0.1$	$S\geqslant 1$
1	青秀区	562	181	381
2	江南区	291	30	261
3	西乡塘区	450	120	330
4	良庆区	475	64	411
5	邕宁区	282	52	230

续表

序号	县（市、区）	解译图斑	1>S≥0.1	S≥1
6	横县	431	135	296
7	港口区	362	82	280
8	防城区	727	397	330
9	上思县	131	53	78
10	东兴市	312	124	188
11	钦南区	806	166	640
12	钦北区	286	74	212
13	灵山县	403	95	308
14	浦北县	397	173	224
15	海城区	376	207	169
16	银海区	536	239	297
17	铁山港区	329	97	232
18	合浦县	667	123	544
合计		7823	2412	5411

对初步解译成果进行全面排查，检查是否有遗漏、明显勾绘错误等情况，初步修改后，再抽取1793个扰动图斑进行质量复查，问题主要包括边界勾绘不平滑、图斑范围不完整、误勾其他用地等，复查结果显示，北部湾监管区扰动图斑解译合格率93%。具体抽查结果见表5-15。

表5-15　北部湾监管区扰动图斑质量抽查表

序号	县（市、区）	问题分类			合计	抽取图斑数量/个	合格率/%
		边界粗糙	范围不完整	误勾其他用地			
1	青秀区	5	1	1	7	98	92.86
2	江南区	3	1	1	5	87	94.25
3	西乡塘区	3	1	2	6	85	92.94
4	良庆区	6	4	2	12	164	92.68
5	邕宁区	4	1	1	6	113	94.69
6	横县	2	3	1	6	97	93.81
7	港口区	3	3	2	8	75	89.33
8	防城区	1	1	1	3	34	91.18
9	上思县	1		1	2	23	91.30
10	东兴市	3	1	1	5	46	89.13
11	钦南区	8	2	1	11	206	94.66
12	钦北区	2	1	1	4	85	95.29
13	灵山县	1	4	2	7	98	92.86
14	浦北县	2	6	1	9	78	88.46
15	海城区	2	1	3	6	181	96.69
16	银海区	2	2	1	5	76	93.42

续表

序号	县（市、区）	问题分类			合　计	抽取图斑数量/个	合格率/%
		边界粗糙	范围不完整	误勾其他用地			
17	铁山港区	2	1	1	4	53	92.45
18	合浦县	5	3	2	10	194	94.85
合计		55	36	25	116	1793	92.83

5. 合规性初步分析

合规性分析就是对满足防治责任范围矢量化要求的生产建设项目进行合规性初步分析，将北部湾监管区18个县（市、区）扰动图斑矢量图（用Y表示，虚线）与防治责任范围矢量图（用R表示，实线）进行空间叠加分析，初步判定生产建设项目扰动合规性。具体结果见表5-16。

表5-16　北部湾监管区生产建设项目扰动图斑合规性初判结果　单位：个

序号	县（市、区）	关联项目图斑	合规	疑似超出防治责任范围	疑似建设地点变更	疑似未批先建
1	青秀区	105	70	35	0	276
2	江南区	47	34	13	0	214
3	西乡塘区	54	35	19	0	276
4	良庆区	103	67	26	10	308
5	邕宁区	54	32	21	1	176
6	横县	51	30	21	0	245
7	港口区	81	73	8	0	199
8	防城区	43	24	18	1	287
9	上思县	12	8	4	0	66
10	东兴市	68	59	9	0	120
11	钦南区	147	117	30	0	502
12	钦北区	33	20	11	2	182
13	灵山县	52	44	8	0	263
14	浦北县	31	14	14	3	200
15	海城区	13	10	3	0	162
16	银海区	33	24	9	0	264
17	铁山港区	12	7	4	1	221
18	合浦县	39	25	14	0	513
合计		978	693	267	18	4474

6. 现场核查

制定《现场核查工作方案》，明确现场核查对象、核查内容、技术流程、现场工作机制、时间结点以及保障措施等内容。

(1) 核查对象。

1) 疑似违规项目图斑：各级水利部门审批项目的疑似违规图斑（“疑似超出防治责任

范围”“疑似建设地点变更”）285个。

2）疑似未批先建图斑：合规性初步分析结果为大于 $1hm^2$ 的所有“疑似未批先建”扰动图斑4474个。具体结果见表5-17。

表5-17 北部湾监管区需核查扰动图斑统计表 单位：个

<table>
<tr><th rowspan="3">序号</th><th rowspan="3" colspan="2">县级监管区域</th><th colspan="5">现场核查任务量</th></tr>
<tr><th colspan="3">疑似违规项目图斑</th><th rowspan="2">疑似未批先建图斑</th><th rowspan="2">合计</th></tr>
<tr><th>省级</th><th>市级</th><th>县级</th></tr>
<tr><td rowspan="6">1</td><td rowspan="6">南宁市</td><td>青秀区</td><td>2</td><td>15</td><td>18</td><td>276</td><td>311</td></tr>
<tr><td>江南区</td><td>1</td><td>2</td><td>10</td><td>214</td><td>227</td></tr>
<tr><td>西乡塘区</td><td>1</td><td>10</td><td>8</td><td>276</td><td>295</td></tr>
<tr><td>良庆区</td><td>9</td><td>21</td><td>6</td><td>308</td><td>344</td></tr>
<tr><td>邕宁区</td><td>—</td><td>10</td><td>12</td><td>176</td><td>198</td></tr>
<tr><td>横县</td><td>—</td><td>—</td><td>21</td><td>245</td><td>266</td></tr>
<tr><td rowspan="4">2</td><td rowspan="4">防城港市</td><td>港口区</td><td>1</td><td>5</td><td>2</td><td>199</td><td>207</td></tr>
<tr><td>防城区</td><td>—</td><td>6</td><td>13</td><td>287</td><td>306</td></tr>
<tr><td>上思县</td><td>—</td><td>—</td><td>4</td><td>66</td><td>70</td></tr>
<tr><td>东兴市</td><td>—</td><td>2</td><td>7</td><td>120</td><td>129</td></tr>
<tr><td rowspan="4">3</td><td rowspan="4">钦州市</td><td>钦南区</td><td>1</td><td>23</td><td>6</td><td>502</td><td>532</td></tr>
<tr><td>钦北区</td><td>5</td><td>2</td><td>6</td><td>182</td><td>195</td></tr>
<tr><td>灵山县</td><td>—</td><td>—</td><td>8</td><td>263</td><td>271</td></tr>
<tr><td>浦北县</td><td>1</td><td>3</td><td>13</td><td>200</td><td>217</td></tr>
<tr><td rowspan="4">4</td><td rowspan="4">北海市</td><td>海城区</td><td>—</td><td>3</td><td>—</td><td>162</td><td>165</td></tr>
<tr><td>银海区</td><td>—</td><td>6</td><td>3</td><td>264</td><td>273</td></tr>
<tr><td>铁山港区</td><td>—</td><td>5</td><td>—</td><td>221</td><td>226</td></tr>
<tr><td>合浦县</td><td>5</td><td>3</td><td>6</td><td>513</td><td>527</td></tr>
<tr><td colspan="3">合 计</td><td>26</td><td>116</td><td>143</td><td>4474</td><td>4759</td></tr>
</table>

(2) 核查内容。对于疑似未批先建图斑，主要核查：

1）扰动类型：

核查内容：弃土（渣）场、取土（石）场、其他扰动、非生产建设项目。

核查方法：观察、询问判断。

核查要求：

a. 若非生产建设扰动，则在扰动类型中选择“非建设项目扰动”，并在备注中记录实际现状情况，如“耕地、裸露荒地、自然滑坡体”等，其他属性均不需更改，收集照片，修改复核状态后，本图斑复核即告结束。

b. 若为生产建设扰动，除取、弃土场外的扰动均归为其他扰动。

c. 扰动图斑为取、弃土场的情形，通过现场询问等方式判别取弃土场的关联项目，若复核过程中新发现弃渣场（即室内未解译到的弃渣场），对照影像，若在影像上能体现扰动迹象，则添加标签，并判别关联项目。

2）项目名称：

核查内容：生产建设项目名称。

核查方法：现场询问、资料收集。

核查要求：项目名称需准确录入项目立项全称，不能出现多字、少字、错字、简称等情况。

3）建设单位名称：

核查内容：建设单位名称。

核查方法：现场询问、资料收集。

核查要求：建设单位是指建筑工程的投资方，建设工程项目的投资主体或投资者，也是建设项目管理的主体，常称之为业主。需录入建设单位全称，不得与施工单位以及其他第三方单位等混淆。

4）立项级别：

核查内容：部级、省级、市级、县级。

核查方法：现场询问、资料收集。

核查要求：根据收集的立项文件确定。

5）项目类型：

核查内容：生产建设项目类型。

核查方法：现场观察并对照《生产建设项目分类表》判别项目类型。

核查要求：严格按《生产建设项目分类表》对号入座，针对难以确定项目类型的，通过沟通、联系、讨论确定。

6）项目类别：

核查内容：建设类、生产类。

核查方法：参照《开发建设项目水土保持技术规范》（GB 50433—2008）判断。

建设类项目：基本建设竣工后，在运营期基本没有开挖、取土（石、料）、弃土（石、渣）等生产活动的建设项目。

生产类项目：基本建设竣工后，在运营期仍存在开挖地表、取土（石、料）、弃土（石、渣）等生产活动的燃煤电站、建材、矿产和石油天然气开采及冶炼等建设项目。

7）项目性质：

核查内容：新建、扩建。

核查方法：现场实地观察、询问判断。

8）建设状态：

核查内容：未开工、停工、施工、完工、已验收。

核查方法：现场实地观察、询问判断。

核查要求：根据现场实际情况判定。已验收的项目应根据收集到的验收鉴定书判断。

9）扰动变化类型：

核查内容：新增、续建（范围扩大）、续建（范围缩小）、续建（范围不变）、完工。

核查方法：现场观察判断。

核查要求：基于上期监管成果，判断扰动变化类型。

10）扰动范围（扰动合规性）：

核查内容：未批先建图斑，即未编报水土保持方案，或方案未经水行政主管部门批准擅自开工建设。在图上的反映为只有黄线，没有红线。

核查方法：通过现场调查、询问与资料收集的方式开展。

核查要求：通过询问与资料收集相结合的方式判断项目是否获得了生产建设项目水土保持方案批复，如未获得批复，则判断为“未批先建”，如获得了批复，且收集到了该文件，则在所关联的项目中录入批复机构、批复文号、批复时间，并在备注中标明“已批”字样。

11）照片采集：

采集内容：现场照片。

采集方法：采用移动端进行现场拍照。

采集要求：①施工现场全景照片；②工程概况牌照片；③存在明显水土流失现象（或隐患）的部位。每个图斑不少于3张。

12）复核状态（是否现场复核）：

当完成所有复核工作后，将复核状态选为“是”。

对于疑似违规项目图斑，主要核查：①关联项目是否准确：判断项目名称与图斑是否一致；②判断扰动合规性：只针对扰动范围中判断不超出防治责任范围和建设地点变更的项目；

超出防治责任范围：室内已做初判，现场通过定位的方式复核红线外的超出区域是否为本项目产生的扰动，若为本项目扰动，则判别结果为“超出防治责任范围”，非本项目扰动，判别结果为“合规”。

建设地点变更：按照方案变更的条件，判断项目是否发生变更。

复核完成后采集照片，并修改复核状态。

（3）成果修正。根据现场调查复核成果，对遥感解译的扰动图斑及上图后的防治责任范围图矢量数据的空间特征和属性信息进行修正和完善，包括“图斑剔除、图斑合并、图斑分割和修边、完善属性”四项内容。修正后图斑总数为2624个，具体统计情况见表5-18。

表5-18 北部湾监管区复核修正图斑统计表 单位：个

县（市、区）	室内解译图斑数量	图斑剔除数量	图斑合并数量	图斑切割数量	修正后图斑数量
青秀区	381	173	37	−12	183
江南区	261	89	50	−15	137
西乡塘区	330	177	26	−9	136
良庆区	411	141	45	−16	241
邕宁区	230	59	36	−8	143
横县	296	132	45	−18	137
港口区	280	111	45	−20	144
防城区	330	120	66	−12	156
上思县	78	10	31	−5	42
东兴市	188	75	13	−16	116

续表

县（市、区）	室内解译图斑数量	图斑剔除数量	图斑合并数量	图斑切割数量	修正后图斑数量
钦南区	640	308	86	−33	279
钦北区	212	103	6	−19	122
灵山县	308	153	15	−18	158
浦北县	224	41	36	−17	164
海城区	169	47	25	−11	108
银海区	297	140	54	−26	129
铁山港区	232	109	65	−8	66
合浦县	544	323	76	−18	163
合计	5411	2311	757	−281	2624

1）图斑剔除。对非生产建设项目图斑进行删除处理。针对监管区域（以县为单位）的属性表，按“属性选择”筛选出属性表内“QTYPE”字段备注为“非生产建设项目”关键字的图斑，对现场复核为无效图斑的图斑，通过“水土保持天地一体化动态监管信息系统服务端”逐一检查现场照片，还原现场情形，录入解译标志数据库，同时将误判成生产建设项目扰动图斑的裸露荒地、耕地、人工草场、废弃多年的石料场、采矿场、农村自建房、宅基地、现状道路、硬化场地等剔除。筛查结果见图 5－12。

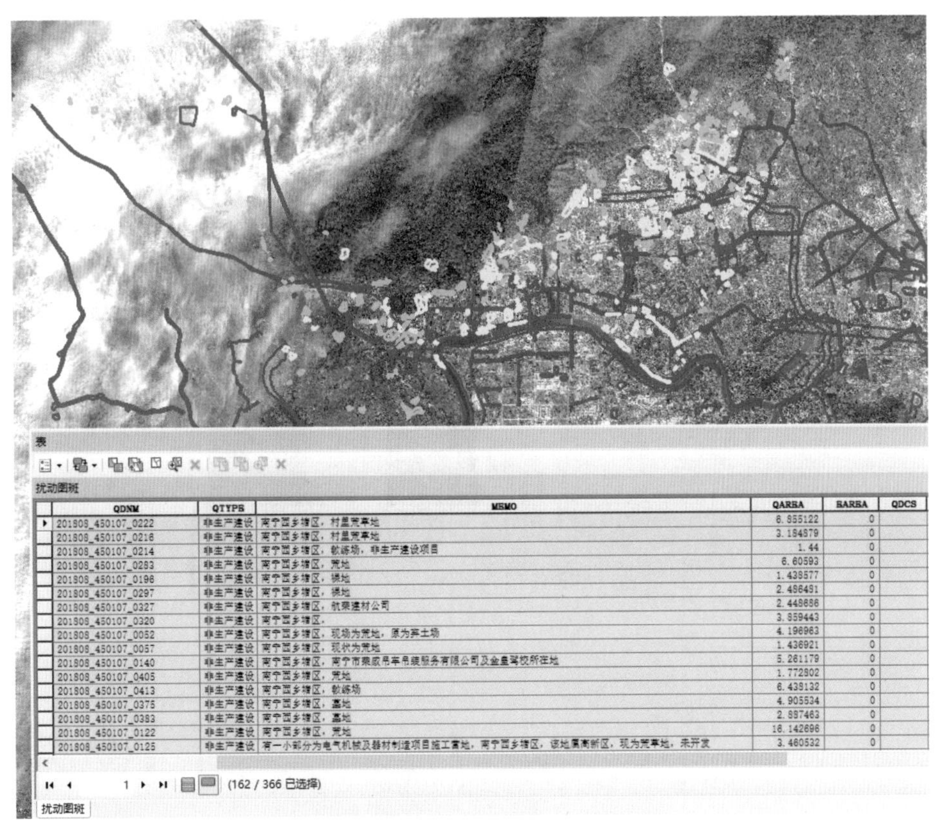

（a）非生产建设项目扰动图斑筛查

图 5－12（一） 非生产建设项目图斑剔除

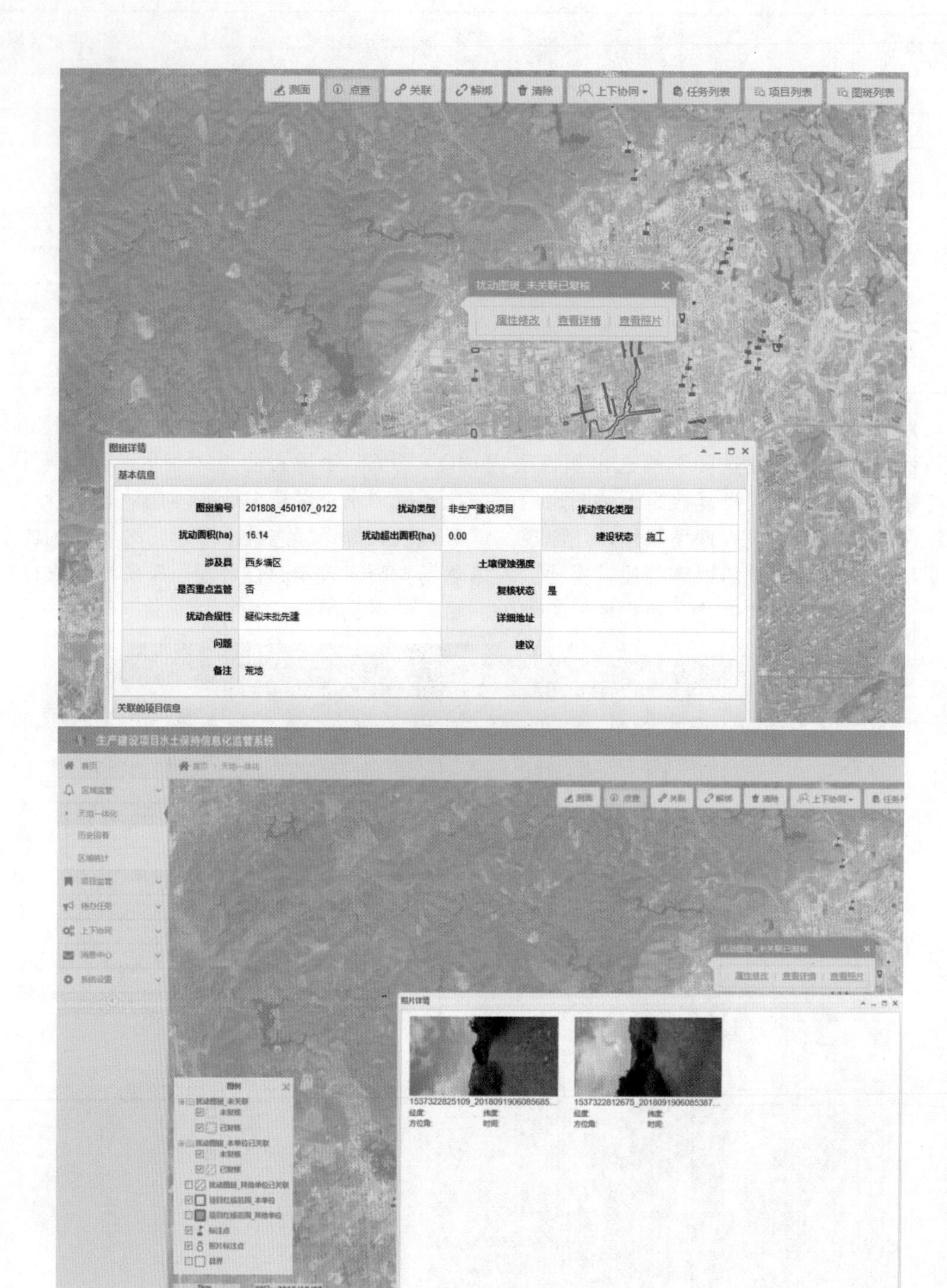

（b）服务端逐一检查非生产建设项目现场照片

图 5-12（二）　非生产建设项目图斑剔除

（c）非生产建设项目图斑—荒地

（d）非生产建设项目图斑—规划用地

（e）非生产建设项目图斑—废弃多年采矿场

图 5-12（三） 非生产建设项目图斑剔除

通过对北部湾监管区内业解译的违规扰动图斑逐一进行现场复核及内业数据修正后，发现非生产建设项目的扰动图斑2311个，各县域非生产设项目图斑情况见表5-19。

表5-19 北部湾监管区非生产建设项目图斑统计表 单位：个

县（市、区）	废弃采石场、工地等	荒地、耕地等农用地	宅基地建设、乡村小路等建设用地	内业误判图斑	合计
青秀区	55	67	36	15	173
江南区	12	52	16	9	89
西乡塘区	10	138	18	11	177
良庆区	9	95	22	15	141
邕宁区	13	5	23	18	59
横县	19	79	13	21	132
港口区	9	78	15	9	111
防城区	21	62	30	7	120
上思县	2	4	3	1	10
东兴市	15	38	15	7	75
钦南区	43	143	97	25	308
钦北区	19	36	36	12	103
灵山县	13	63	63	14	153
浦北县	21	−12	25	7	41
海城区	5	24	9	9	47
银海区	15	89	23	13	140
铁山港区	25	47	26	11	109
合浦县	95	149	26	53	323
合计	401	1157	496	257	2311

2）图斑合并。对归属同一项目的相邻图斑进行合并。针对监管区域（以县为单位）的属性表，先按“属性选择”初步筛选出属性表内“MEMO”字段备注为“合并”关键字的图斑，然后将“PRNM”字段的项目名称进行排序，结合遥感影像，逐一核对将属于同一个生产建设项目的多个空间相邻的扰动图斑进行合并，重新计算几何属性并编号。图斑合并如图5-13和图5-14所示。

3）图斑分割和修边。对归属不同项目的同一个图斑进行分割，对于项目图斑边界与实际不一致的图斑进行修边。针对监管区域（以县为单位）的属性表，按“属性选择”初步筛选出属性表内“MEMO”字段备注为“分割图斑”“需要修边”关键字的图斑，根据现场复核过程中利用监管信息系统记录的标注点信息和截图，按备注项目信息各自完善相关属性。图斑分割和修边如图5-15～图5-17所示。

4）属性完善。在完成“图斑剔除、图斑合并、图斑分割和修边”等工作后，严格按

MEMO	CPERSON	CTIME	DPERSON	DTIME	BPID	OTIME	XZQDM
现场复核	广西办事员	2017/1/22		〈空〉		2018/9/19	450107
现场复核	广西办事员	2017/1/22		〈空〉		2018/8/17	450107
希望城项目	广西办事员	2017/1/22		〈空〉		2018/8/17	450107
西南矿业石场	广西办事员	2017/1/22		〈空〉	西乡塘办	2018/9/21	450107
西明蓝湾项目	广西办事员	2017/1/22		〈空〉	西乡塘办	2018/9/19	450107
西明江黑臭水体治理工程	广西办事员	2017/1/22		〈空〉	西乡塘办	2018/9/19	450107
无法联系建设单位，需进一步跟进水保方案	广西办事员	2018/9/18		〈空〉	西乡塘办	2018/9/18	450107
无法联系建设单位	广西办事员	2017/1/22		〈空〉	西乡塘办	2018/9/19	450107
无法进去里面拍照，只能拍外面照片，此图	广西办事员	2017/1/22		〈空〉		2018/8/17	450107
未与红线重叠区域，现已完工并已入住，施	广西办事员	2018/9/18		〈空〉		2018/9/18	450107
同项目，可合并	广西办事员	2017/1/22		〈空〉		2018/8/17	450107
同项目，可合并	广西办事员	2017/1/22		〈空〉	西乡塘办	2018/9/20	450107
同项目，可合并	广西办事员	2017/1/22		〈空〉		2018/8/17	450107
同项目，可合并	广西办事员	2017/1/22		〈空〉	西乡塘办	2018/9/21	450107
同项目，可合并	广西办事员	2017/1/22		〈空〉	西乡塘办	2018/9/19	450107
同项目，可合并	广西办事员	2017/1/22		〈空〉	西乡塘办	2018/9/19	450107
同项目，可合并	广西办事员	2017/1/22		〈空〉		2018/8/17	450107
同项目，可合并	广西办事员	2017/1/22		〈空〉		2018/8/17	450107
同项目，可合并	广西办事员	2017/1/22		〈空〉		2018/8/17	450107
同项目，可合并	广西办事员	2017/1/22		〈空〉	西乡塘办	2018/9/19	450107
同项目，可合并	广西办事员	2017/1/22		〈空〉	西乡塘办	2018/9/21	450107
同项目，可合并	广西办事员	2017/1/22		〈空〉		2018/8/17	450107
同项目，可合并	广西办事员	2017/1/22		〈空〉		2018/8/17	450107
同项目，可合并	广西办事员	2018/9/18		〈空〉	西乡塘办	2018/9/18	450107
同项目，可合并	广西办事员	2017/1/22		〈空〉	西乡塘办	2018/9/19	450107
同项目，可合并	广西办事员	2017/1/22		〈空〉	西乡塘办	2018/9/21	450107
同项目，可合并	广西办事员	2017/1/22		〈空〉	西乡塘办	2018/9/20	450107
同项目，可合并	广西办事员	2017/1/22		〈空〉		2018/8/17	450107
同项目，可合并	广西办事员	2017/1/22		〈空〉		2018/8/17	450107
同项目，可合并	广西办事员	2017/1/22		〈空〉		2018/8/17	450107
同项目，可合并	广西办事员	2017/1/22		〈空〉		2018/8/17	450107
同项目，可合并	广西办事员	2018/9/18		〈空〉		2018/9/18	450107
同项目，可合并	广西办事员	2018/9/18		〈空〉		2018/9/18	450107
同项目，可合并	广西办事员	2017/1/22		〈空〉		2018/9/19	450107
同项目，可合并	广西办事员	2018/9/18		〈空〉		2018/9/18	450107
同项目，可合并	广西办事员	2017/1/22		〈空〉		2018/8/17	450107

图 5-13　合并图斑筛查属性表

照《生产建设项目水土保持信息化监管技术规定（试行）》的要求，完善项目名称、建设单位、项目类型等字段的信息录入。如项目类型录入错误、项目类型录入遗漏、将施工单位误录入为建设单位的等情形，进行修正完善。

7. 重点监管对象判别

基于项目规模、建设状态、扰动合规性、水土流失现状以及是否涉及敏感区域等基本信息，开展项目统计分析，精准判别重点监管项目，生成重点监管项目清单，为成果应用和实现精准监管做好技术准备。

（1）判别方法。区域监管的重点对象主要分为两类：一类是重点生产建设项目，另一类是监管区内未确定项目归属且存在水土流失隐患的取土（石）场和弃土（渣）场。

1）项目合规性：未批先建项目、超出防治责任范围的在建项目、建设地点变更的项目。

2）水土流失强度：水土流失强度判别为极强度以上的项目（包含合规项目）。

3）项目规模：社会影响大、土石方挖填量大的大型项目。

4）涉及敏感点：临近河流、湖泊、居民点、农田、保护区敏感区域的项目。

涉及以上情况之一的项目均判别为重点监管项目。

重点监管取土（石）场、弃土（渣）场判别：未确定项目归属且有水土流失隐患的取土（石）场、弃土（渣）场。

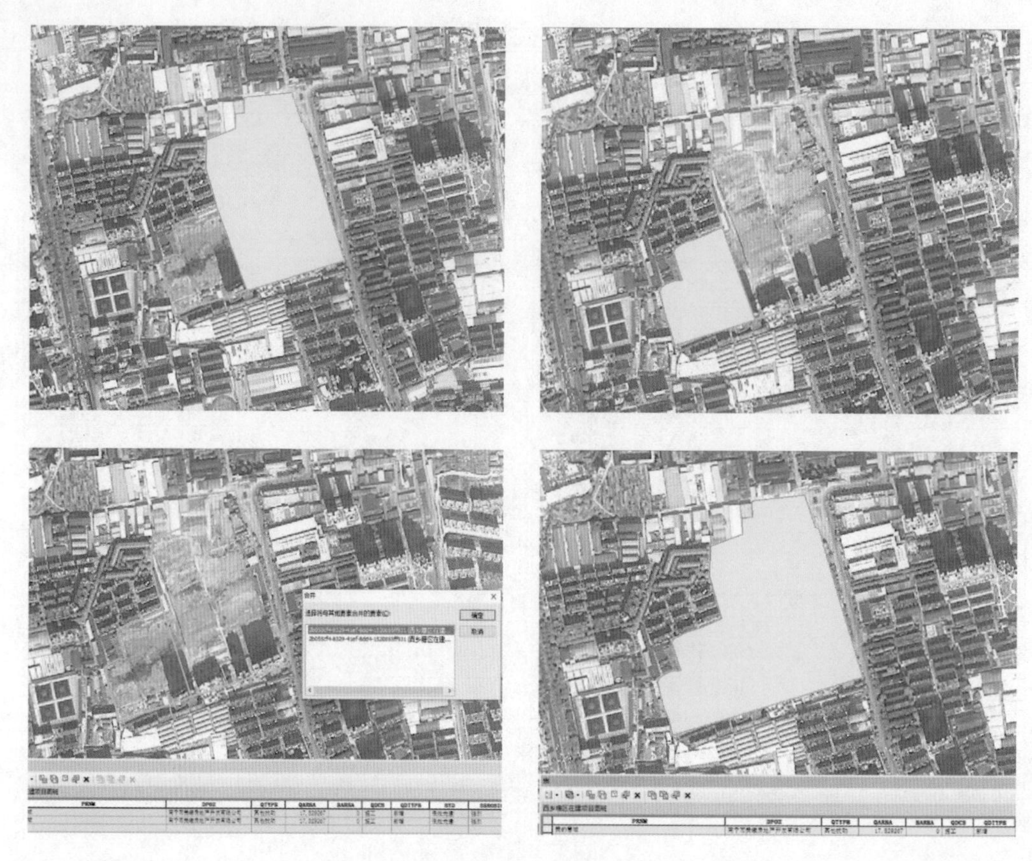

图5-14 图斑合并示例——某项目

（2）判别结果。经现场核查和分析研判，北部湾监管区共确定重点监管对象1271个，其中生产建设项目1248个，取弃土场23个。重点监管生产建设项目中，部级项目1个，省级项目29个，市级项目209个，县级项目1099个。

8. 已批项目情况分析

（1）已批项目类型分析。本年度，共收集2013—2017年北部湾监管区各级批复的生产建设项目水土保持方案资料2068个，其中，部批项目3个，省批项目96个，市批项目841个，县（区）批项目1128个。按项目类型，共涉及36种类型，主要包括房地产工程、公路工程、水利枢纽工程、加工制造类项目、露天非金属矿、社会事业类项目、输变电工程等（见表5-20）。

北部湾监管区调查的期间部批项目类型有2类，分别为铁路工程和核电工程；省批项目类型18类，以公路工程、风电工程、社会事业类项目为主；市批项目类型31类，几乎涵盖了所有项目类型，其中以房地产工程、公路工程、涉水交通工程、输变电工程、社会事业类项目、其他小型水利工程、加工制造类项目、城市管网工程以及其他城建工程为主；县（区）批项目类型32类，几乎涵盖了所有项目类型，其中以房地产工程、公路工程、水利枢纽工程、露天非金属矿、城市管网工程、加工制造类项目以及社会事业类项目为主。

QDTYPE	BYD	SEROSION	ISFOCUS	ISREVIEW	ADDRESS	PROBLEM	PROPOSAL	STATE	MEMO	CPERSON	DPERSON
新增	已批	强烈	否	是					无法确定边界		
新增	已批	强烈	否	是					无法确定边界		
新增	疑似超出防	中度	是	是					无法到达，需进一步核		
新增	疑似未批先	中度	否	是					无法采集信息		
完工	疑似未批先	中度	否	是					无法采集信息		
新增	已批	中度	否	是					无法采集信息		
新增	疑似未批先	中度	否	是					无法采集信息		
新增	未批先建	强烈	是	是					无法采集信息		
新增	疑似未批先	中度	否	是					无法采集信息		
新增	疑似未批先	强烈	否	是					无法采集信息		
新增	疑似未批先	极强烈	是	是					位于钦州高新区，无法		
新增	合规	轻度	否	是					图斑有切割		
新增	疑似未批先	中度	否	是					停工，无法采集信息		
新增	超出防治责	强烈	是	是					施工生产生活区		
新增	疑似未批先	强烈	否	是					钦州高新区内规划路		
新增	未批先建	强烈	是	是					南区水利局在督促编报		
完工	超出防治责	微度	否	是					绿化附属工程		
新增	超出防治责	微度	否	是					绿化附属工程		
新增	未批先建	中度	是	是					垃圾焚烧厂		
新增	未批先建	轻度	是	是					军事用地		
完工	未批先建	轻度	是	是					军事管理区		
新增	疑似未批先	轻度	否	是					规划用地		
新增	未批先建	强烈	是	是					方案已过期，停工		
新增	已批	中度	否	是					地方人员表示有批文		
新增	已批	中度	否	是					地方表示有批文		
新增	未批先建	轻度	是	是					道路边坡和绿化区		
新增	合规	轻度	否	是					不同项目，需要分割		
完工	合规	微度	否	是					不同项目，需要分割		
新增	合规	强烈	否	是					不同项目，需要分割		
新增	合规	中度	否	是					不同项目，需要分割		
完工	合规	轻度	否	是					不同项目，需要分割		
新增	合规	中度	否	是					不同项目，需要分割		
新增	未批先建	强烈	是	是					不同项目，需要分割		
新增	合规	中度	否	是					不同项目，需要分割		
新增	合规	强烈	否	是					不同项目，需要分割		
新增	合规	轻度	否	是					不同项目，需要分割		
新增	合规	强烈	否	是					不同项目，需要分割		
新增	合规	中度	否	是					不同项目，需要分割		
新增	合规	强烈	否	是					不同项目，需要分割		
新增	未批先建	强烈	是	是					不同项目，需要分割		
新增	未批先建	强烈	是	是					不同项目，需要分割		
新增	未批先建		是	是					不同项目，需要分割		
新增	未批先建	强烈	是	是					不同项目，需要分割		
新增	合规	轻度	否	是							

图 5－15　图斑分割筛查属性表

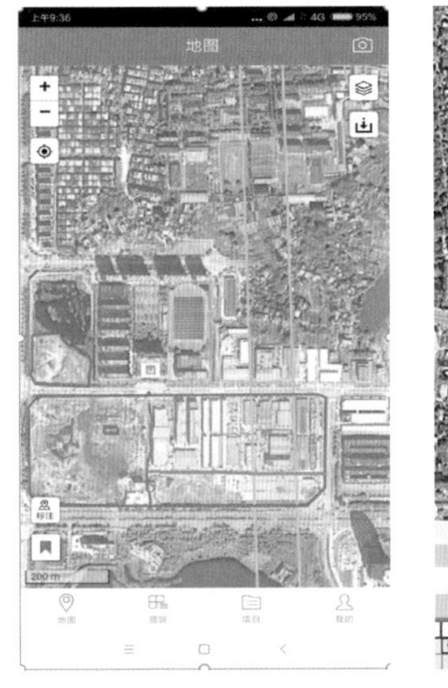

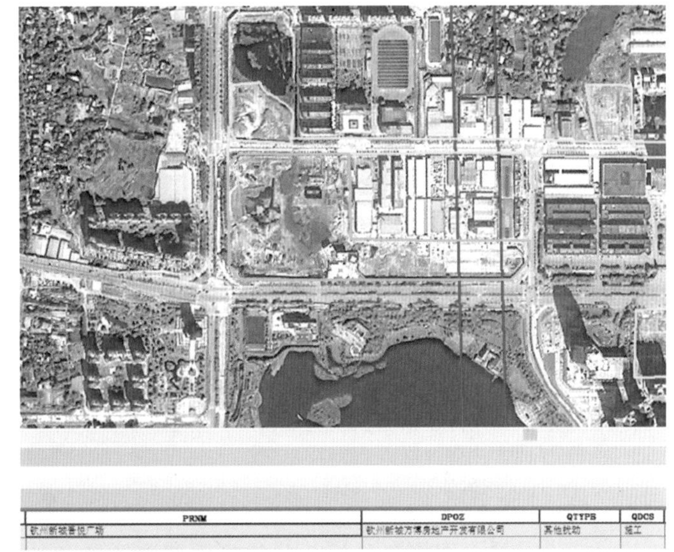

图 5－16　图斑分割示例——某广场项目

图5-17 图斑修边——某住宅项目

表5-20 北部湾监管区生产建设项目分类统计表 单位：个

项目类型	合计	项目类型	合计
公路工程	465	露天金属矿	2
铁路工程	12	露天非金属矿	60
涉水交通工程	39	井采金属矿	2
机场工程	4	油气管道工程	10
火电工程	3	油气储存与加工工程	19
核电工程	2	工业园区工程	14
风电工程	15	城市管网工程	89
输变电工程	88	房地产工程	363
其他电力工程	13	其他城建工程	69
水利枢纽工程	205	林浆纸一体化工程	1
灌区工程	24	农林开发工程	10
引调水工程	23	加工制造类项目	118
堤防工程	46	社会事业类项目	211
蓄滞洪区工程	23	信息产业类项目	10
其他小型水利工程	121	其他行业项目	7
水电枢纽工程	5	小计	2068

（2）已批项目上图情况分析。共收集北部湾监管区各级批复的生产建设项目2068个，完成上图1735个，整体上图率为87.3%。其中部批项目上图3个，上图率100%；省批项目上图90个，上图率93.75%；市批项目上图726个，上图率86.32%；县（区）批项目上图951个，上图率81.07%。

统计结果显示，无法上图的生产建设项目类型主要有加工制造类项目、露天非金属矿、输变电工程、公路工程、水利枢纽工程等。露天非金属矿主要为采石场，该类项目的地理位置一般在山区，附近缺少可靠的参照点，方案中防治责任范围缺少控制点坐标，难以精确找到位置。输变电工程和公路工程线性项目，其防治责任范围图件一般比例尺小、地物特征点少且常有图件缺失等，导致无法上图。水利枢纽工程主要为小型水库除险加固工程，数量较多，施工扰动不明显，大部分位于偏远山区且已经完工，难以进行配准。

缺防治责任范围图的生产建设项目主要原因有：①早期规模较小的项目只编报水土保持方案报告表，未设计防治责任范围图；②项目资料未保存完整，无法收集到防治责任范围图件；③大型项目防治责任范围有多张，未收集齐全。

示意性上图的生产建设项目主要原因有：①项目未编制或未收集到防治责任范围图件，上图图件用平面布置图等代替；②风电工程、公路工程等大型线型项目在建设过程中与设计存在位置偏移且缺少其他可参照地物，导致防治责任范围图件无法精确配准；③防治责任范围图件无坐标信息且缺少可参考的地物信息，配准过程中准确的控制点个数不够，采取示意上图。④方案设计单位制图不规范，无有效地理信息。

9. 扰动状况分析

（1）扰动图斑状况。基于遥感影像，北部湾监管区内业解译扰动图斑7823个，扰动总面积约42365hm^2。其中面积大于1hm^2的图斑5411个，扰动总面积约41105hm^2。扰动面积大于1hm^2的扰动图斑个数占总扰动图斑个数的69.17%，扰动面积占扰动总面积的97%。内业解译图斑扰动总面积占监管区国土总面积的1.42%。

（2）生产建设扰动状况。经外业核查和成果修正，保留生产建设项目扰动图斑2624个，扰动总面积约25927hm^2，占解译图斑扰动总面积的61.20%。在建生产建设活动扰动面积占监管区国土总面积的0.87%。生产建设扰动区域是监管区人为活动的集中区域，也是发生人为水土流失或存在水土流失隐患的重点区域，是水土保持监管的重点区域。

10. 生产建设项目分析

通过现场核查，北部湾监管区可确定项目归属的扰动图斑共有2624个，共发现生产建设项目2206个，其中有明确项目信息且可判别合规性的项目2053个，需要进一步核查类的项目153个。2053个项目中，部级监管项目5个，省级监管项目68个，市级监管项目514个，县级监管项目1466个。

（1）项目类型分析。北部湾监管区生产建设项目类型主要以房地产工程、公路工程、露天非金属矿、加工制造类项目、社会事业类项目、其他行业项目为主。

（2）在建项目施工状态分析。根据现场核查，北部湾监管区2053个生产建设项目大多处于施工状态。处于施工期的项目1454个，停工项目89个，完工项目476个，未开工项目29个，已验收项目5个。

（3）项目水土流失强度分析。基于现场核查，根据SL 190—2007《土壤侵蚀分级分类标准》判别北部湾监管区在建生产建设项目水土流失强度。经统计分析，监管区内生产建设项目水土流失强度以轻度、中度和强烈为主，分别占比为32%、28%、15%。水土流失强度与项目建设状态具有关联性：未开工、停工、已验收项目水土流失强度以微度、轻度为主，施工项目水土流失强度以中度、强烈为主。

(4) 项目合规性分析。经现场核查，北部湾监管区2053个项目中，合规项目564个，超出防治责任范围项目106个，建设地点变更项目6个，未批先建项目1151个，已报批但无法判别合规性项目226个。未批先建项目占比56.06%，其中以露天非金属矿、加工制造类和房地产工程等项目类型为主，这三类项目数量多、方案编报率低，各级水行政主管部门应加强对此类项目的监管。

5.5.2 项目遥感监管

项目执行第一年，选定了30个生产建设项目，包括线型工程6个，点状工程24个，涉及水利工程、机场、核电、天然气管道等。完成了所有项目水保方案资料收集，获取了中分辨率影像57期，高分影像12期，无人机影像10期；完成了所有项目防治责任范围上图和各期影像扰动、措施图斑解译和合规性分析；开展了10个项目的现场调查；完成了总结报告。

项目执行第二年，选定了43个生产建设项目开展“天地一体化”监管，包括线型工程25个，点状工程18个。涉及水利工程、机场、铁路、公路、核电、天然气管道等。本年度完成了所有43个项目水保方案相关资料收集；获取了25个项目1～3期中分辨率（16m）遥感影像，24个项目的1～2期高分辨率遥感影像。

该项工作利用中分辨率遥感进行普查，查明了产建设项目建设状态、扰动变化，初步判定了项目扰动合规性，确定了年度重点监管项目；在普查基础上对重点监管项目采用高分辨率遥感详查，定量获取了各项目分区扰动规模及变化、定量判断了扰动合规性、超出面积及比例，判断了取土场位置和措施落实情况，两年共确定了69个重点部位。采用无人机对重点部位进行现场调查，查清了防护措施实施状况和监督检查整改落实情况，并提出了57个需现场检查的水土流失问题地块。

现以某工程为例进行介绍。

5.5.2.1 项目概况

本工程水土流失防治责任范围总面积为230hm^2，其中项目建设区220hm^2，直接影响区10hm^2。项目防治责任范围及分区如图5-18所示。

5.5.2.2 项目遥感监管结果

(1) 多频次遥感普查分析。某工程收集2期中分影像卫星影像数据，时相分别为2017年7月、2018年3月。中分影像数据遥感解译结果如下：

1) 建设状态：2017年7月中分影像解译结果（见图5-19）显示本项目已开工，扰动图斑影像表明本项目处于土建施工期。

2) 扰动范围合规性：2017年7月中分影像显示，本项目存在疑似超出防治责任范围区域，项目扰动区域主要集中在施工生产生活区。2018年3月中分影像显示（见图5-20），扰动区域主要集中在8号弃渣场和施工生产生活区。项目存在疑似超出防治责任范围区域，分布在施工生产生活区。

3) 扰动状态：对比两期中分影像扰动范围解译结果，某工程扰动范围有增减变化，分布在施工生产生活区（见图5-21）。

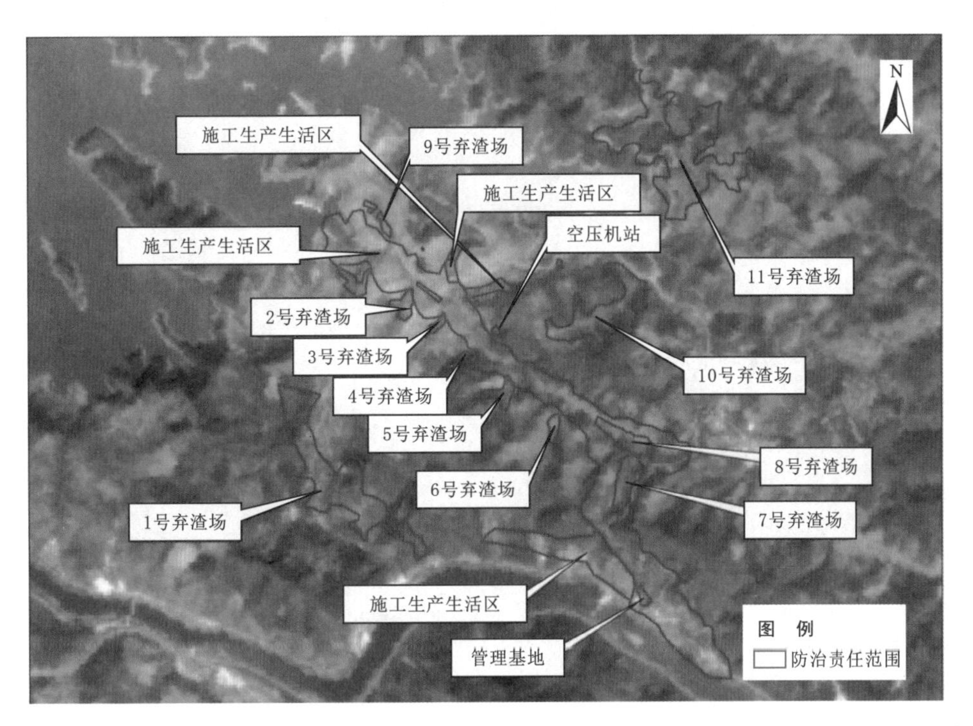

图 5-18 某工程防治责任范围及分区图

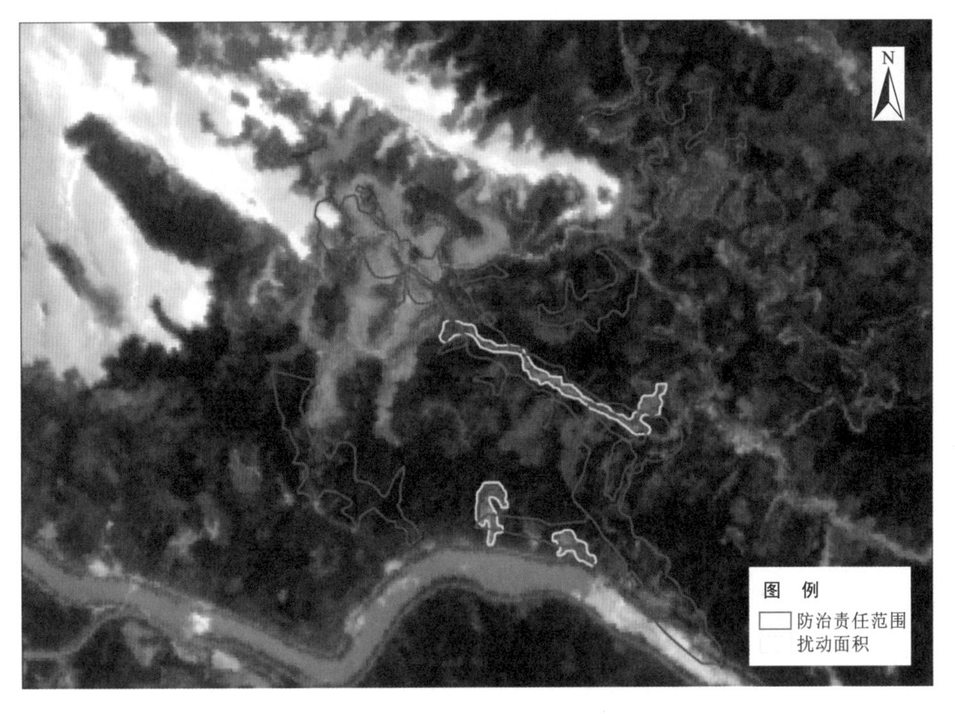

图 5-19 某工程 2017 年 7 月中分影像扰动解译

图5-20 某工程2018年3月中分影像扰动解译

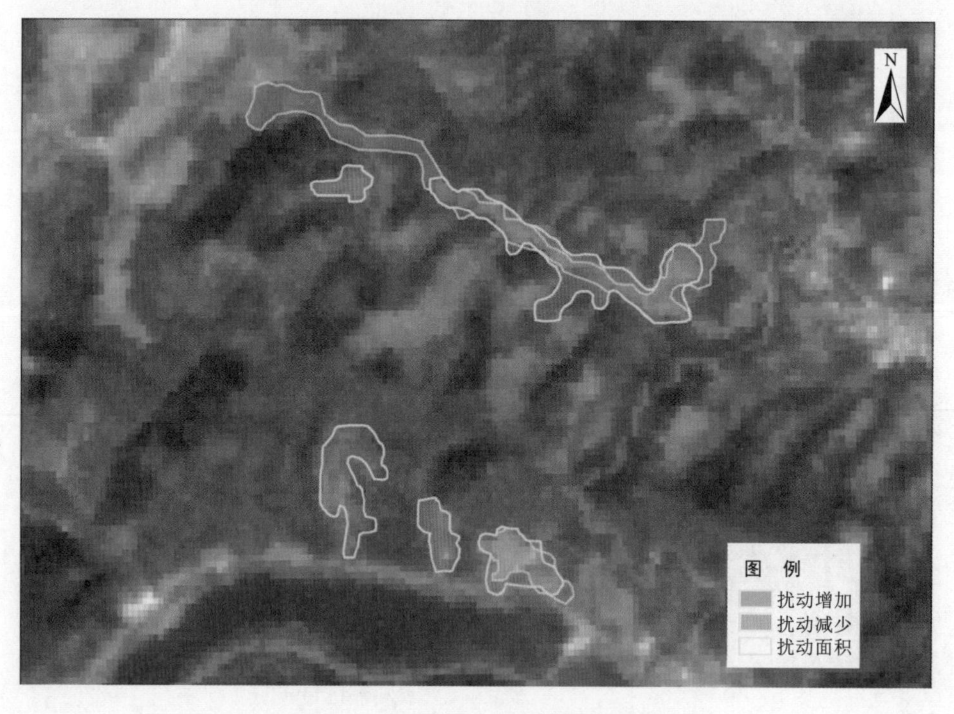

图5-21 某工程中分影像扰动变化

(2) 取弃土场分析。收集到本项目高分影像 1 期，时相为 2018 年 2 月，解译结果如图 5-22 所示。高分影像解译本项目扰动面积为 6.18hm^2，较防治责任范围增加面积为 0hm^2，增加比例 0%。扰动区域为施工生产生活区和 5 号弃渣场。本项目弃渣场扰动面积约为 1.15 hm^2，未布设防护措施。

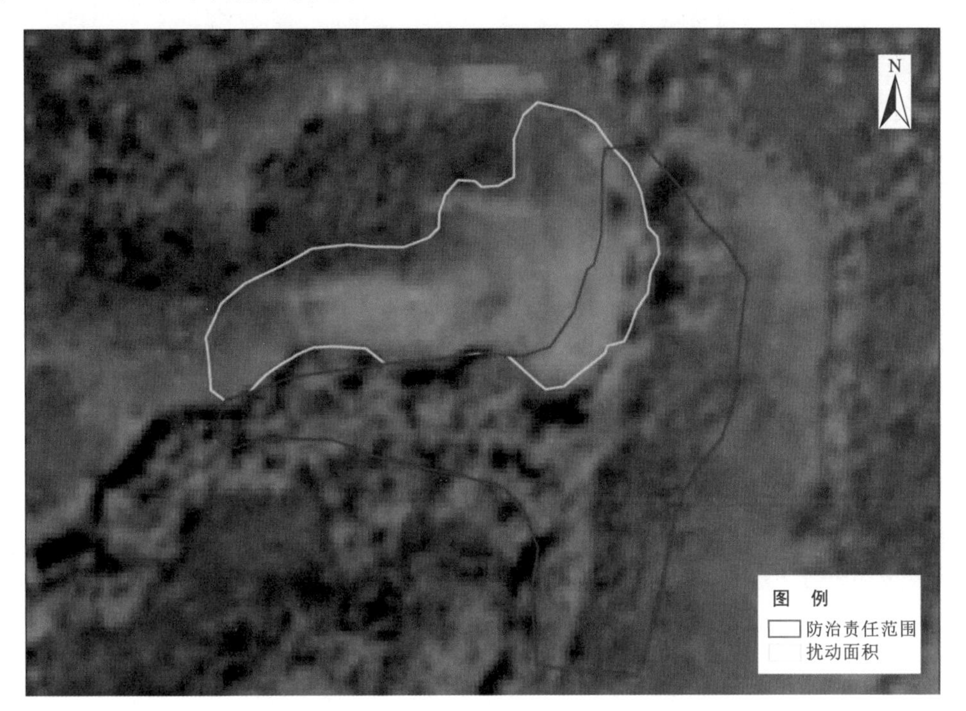

图 5-22　某工程 2018 年 2 月高分影像扰动解译——弃渣场

第6章

水土流失防治成效遥感评价

6.1 概况介绍

长江/珠江上中游山地丘陵多，山高坡陡，土层浅薄，人口密度大，暴雨多而且强度大，由于陡坡开荒和滥伐森林，造成严重水土流失。1988年国务院批准将长江上游列为国家水土保持重点防治区，首批在金沙江下游及毕节市、嘉陵江中下游、陇南陕南地区、三峡库区等四片分期实施以小流域为单元的水土流失综合治理工程（简称“长治”工程），流域各省也积极投入，开展了一大批省级重点小流域治理。流域内先后开展了天然林保护、退耕还林还草、农业综合开发、草原建设和国土整治等一系列水土保持生态建设项目。2003年，珠江上游南北盘江石灰岩地区水土保持综合治理试点工程（“珠治”试点）启动，建设了一批坡改梯、沟道治理、经果林、生态修复等工程。实践证明，水土保持是江河治理开发的重要组成部分，改善了农业基础条件，为山丘区农业可持续发展奠定了基础。

项目区水土流失以水力侵蚀为主，其次为泻溜、崩塌、滑坡等重力侵蚀，泥石流也时有发生。其中水蚀分布最广，主要发生在坡耕地及荒山荒坡；重力侵蚀主要分布在沟道、河谷的坡地上。水土流失的地类分布情况为：坡耕地流失面积1304.55km^2，占流失总面积的50.20%；荒山荒坡流失面积548.33km^2，占流失总面积的21.10%，其他主要分布在疏幼林、结构不良的乔木纯林、灌丛和草地。

6.2 技术方法

6.2.1 土壤减蚀监测评价技术路线

土壤减蚀监测评价技术路线见图6-1。主要包括以下步骤：

（1）典型小流域选择和调查准备。根据水土流失类型区，在各类型区和省（自治区、直辖市）选择具有代表性的典型小流域；并根据监测评价内容，制作各种监测指标的现场调查表（或调查问卷），准备实地调查所需各种图件和文档资料。

（2）辅助资料收集与整理。为掌握典型小流域的基本情况，需收集项目规划设计等相

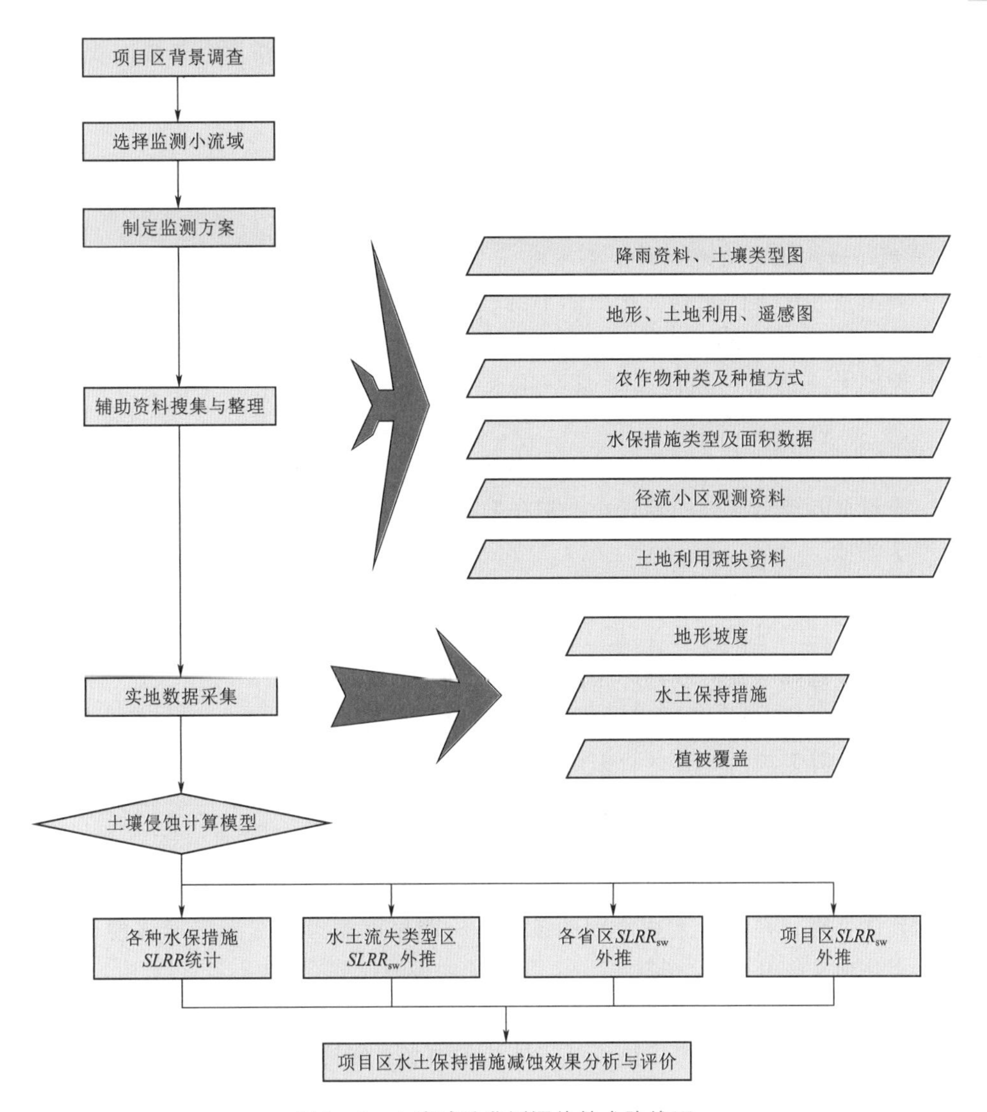

图 6－1　土壤减蚀监测评价技术路线图

关基础资料以及典型小流域的设计文档和图表资料，包括典型小流域遥感影像、降雨、土壤、土地利用、作物、水土保持措施等专题文档和图表资料。

（3）实地调查监测和数据采集。对选定的典型小流域，按照图斑抽样规则对每类水土保持治理措施抽取一定比例和数量的典型图斑作为野外调查监测对象，通过现场调查监测完成各抽样图斑坡长、坡度、土地利用、水土保持措施类型、植被类型和主要物种及覆盖度等指标数据的采集工作，现场填写土壤减蚀监评调查表，并拍摄抽样调查图斑的现场照片。

（4）各尺度 *SLRR* 计算分析。计算各个抽样图斑的 *SLRR* 值，在此基础上计算各抽样典型小流域的 $SLRR_{sw}$ 值，并按水土流失类型区计算各个单项治理措施的 *SLRR* 值，然后再据此以措施面积权重法外推计算各个水土流失类型区、各省（市）和整个项目区的 *SLRR* 值。

(5) 减蚀效益分析评价。在计算 *SLRR* 值后，评价是否达到设定的减蚀效益目标值，分析达标和未达标的主要原因和影响因素，并据此提出相应的建设性建议。

6.2.2 土壤流失减少比例（*SLRR*）计算原理与方法

6.2.2.1 典型小流域选择和图斑抽样原则及方法

1. 典型小流域选择应遵循的主要原则

(1) 典型性和代表性原则。选出的小流域，应该在自然和社会经济状况方面具有代表性；同样地，这些小流域应该在该水土流失类型区和省（自治区、直辖市）、项目县具有代表性，原则上应选择一条高于该县平均水平的小流域和一条低于该县平均水平的小流域。

(2) 满足一定抽样比例的原则。由于不同水土流失类型区内的治理小流域数量和面积均不同，应根据各类型区内的治理小流域条数和面积、在满足一定抽样比例的情况下合理确定典型小流域。

(3) 满足各省（自治区、直辖市）土壤减蚀监测评价要求的原则。由于典型小流域要开展实地调查监测，是推算各个省（自治区、直辖市）项目区土壤减蚀效益指标 *SLRR* 值及分析评价其达标情况的基础，因此每个省（自治区、直辖市）必须保证选择 2 个或以上的项目县以及 4～6 条小流域进行典型调查和抽样监测。

(4) 满足推算类型区和省（自治区、直辖市）土壤流失减少比例需要的原则。由于各个类型区和省（自治区、直辖市）*SLRR* 值是基于各项措施 *SLRR* 综合值及该措施实施面积并通过面积加权平均法计算出来的，因此所选典型小流域必须具有该类型区和省（自治区、直辖市）范围内的各种水土保持措施并且均应具有一定数量的图斑和面积。

(5) 其他原则。在满足上述原则的条件下，应尽可能考虑选择交通方便、工作基础好、群众文化水平较高的小流域。

2. 图斑抽样应遵循的主要原则

(1) 全面性原则。每条典型小流域实施的各种水土保持措施，在对该条小流域进行抽样调查监测时，必须保证每种实施的水土保持措施都有一定数量和面积的图斑被选中作为抽样调查监测图斑。

(2) 典型性和代表性原则。选中的图斑应该在地形（坡度坡长）、利用方式、植被或作物种类、耕作方式、保土措施等特征以及实施时间和质量等方面具有典型性和代表性，能代表该条小流域内某种水土保持措施图斑的全体。

(3) 满足一定抽样比例的原则。由于一条小流域内实施的各种水土保持措施面积和图斑数量存在一定差异，应根据小流域内各种水土保持措施图斑数量或面积、在满足一定抽样比例要求的条件下合理确定各种措施抽样图斑。

(4) 其他原则。在满足上述原则的条件下，应尽可能考虑选择交通方便、容易达到或离村庄近的图斑。

6.2.2.2 *SLRR* 计算方法

1. 土壤流失减少比例（*SLRR*）的定义及其物理含义

根据《土壤侵蚀监测手册》，土壤流失减少比例（*SLRR*）被定义为“实施项目措施

后土壤流失量占治理前土壤流失量的比例”，即

$$SLRR = \mathrm{sum}(A_m)/\mathrm{sum}(A_o) \tag{6-1}$$

式中：A_o 和 A_m 分别为项目实施水土保持措施前、后的土壤流失量，可以基于项目水土保持措施实施前、后各个图斑的有关特征来计算小流域各个治理图斑的 A_o 值和 A_m 值。应针对小流域综合治理区域来计算 *SLRR* 值，*SLRR* 值有以下几种情况：

（1）如果土壤侵蚀量已被降至零（无土壤侵蚀），则 $SLRR=0$。

（2）如果土壤侵蚀量降低了，则 $0<SLRR<1$（0～1）。

（3）如果土壤侵蚀量没有发生变化，则 $SLRR=1$。

（4）如果土壤侵蚀量增加了，则 $SLRR>1$（>1）。

治理前、后的土壤流失量采用通用土壤流失方程（USLE）计算。

2. 通用土壤流失方程（USLE）简介

通用土壤流失方程（USLE）可以预测坡地上的多年平均土壤侵蚀量，方程基于坡地的降雨、土壤类型、地形、作物或植被系统及管理措施等特征参数进行计算。通用土壤流失方程（USLE）只能用来预测单个地块或坡面的面蚀或沟蚀类型的土壤流失量。该方程起初设计仅仅用于预测耕作农田区域的土壤流失量，但也能用于非农业区域，包括工程建设区。

对于某个图斑，其土壤流失量的计算涉及五个主要因子。每个因子的值都是在某种条件下的一个估计值，反映了该因子影响土壤侵蚀的程度，这些因子的估计值也会因气候和土壤条件的变化而有所不同。通用土壤流失方程（USLE）计算出的土壤流失量代表了长时期内的平均值。USLE 方程形式如下：

$$A = RK \cdot LS \cdot CP \tag{6-2}$$

式中：A 为长期平均年度土壤流失量，$t/(km^2 \cdot a)$。

R 为降雨侵蚀力因子，是基于地理位置确定的降雨及地表径流因子，降雨强度越大、过程越长，潜在土壤侵蚀量就越大。

K 为土壤可蚀性因子，指对于特定土质，在未种植农作物（无植被覆盖），但保持经常性开垦（避免土地板结）的情况下，其年度每公顷土壤流失量，t。*K* 因子描述了特定土质易受降雨及地表径流影响而产生流失的程度，*K* 因子受气候条件的影响较大，但通过相应的水土保持措施也能有效增强 *K* 因子。

LS 为坡长坡度因子，地块的坡长越大，坡度越陡，就越容易产生土壤侵蚀。土壤流失量会随着坡度的增长而增加，这主要是因为更长坡面上会累积更多径流。坡长是指径流起点至坡度显著趋缓而使径流积聚处或至径流汇入沟渠处之间的距离。径流流路上的梯田或其他生物障碍或物理障碍可以缩短坡长、减小地表径流，从而导致土壤流失减轻。

C 为土地利用形式/植被与作物及土壤管理因子，用来定义植被或农作物及土壤管理措施对防止土壤流失的相对有效性。*C* 因子是土地在某种特定植被和管理措施下土壤流失量与土地在持续开垦和种植情况下土壤流失量的比值。*C* 因子值可以通过选择各个地块相应的作物种类和耕作方式，然后在查找表上查找其数值或者计算其数值。查得的 *C* 因子值是某种土地利用或作物种类和耕作方式情况下的概化值，并未考虑作物轮作、气候变化或者降雨年际分布情况等的影响作用。概化 *C* 因子可以在一定程度上反映不同作物种类

和耕作方式对土壤侵蚀的影响作用。选择具有最小 C 值的作物及种植和耕作方式，可以使土壤侵蚀最轻。

P 为水土保持措施或支持性措施因子，P 因子是采用某种水土保持措施时的土壤流失量与采用顺坡耕作时的土壤流失量的比值，反映了那些能减少地表径流量和径流系数进而减少土壤侵蚀量的保土措施的影响作用。最为常见的保土措施包括等高带状种植、等高耕作、条植和梯田。选择具有最小 P 值的保土措施，可以使土壤流失最小。

3. 图斑土壤流失减少比例（*SLRR*）计算公式

由于同一区域的土壤可蚀性因子（K）和降雨侵蚀力因子（R）在较长时间（若干年）内不会发生变化，小流域内各个图斑的土壤流失减少比例（*SLRR*）可以通过式（6-3）计算：

$$SLRR_i=(LS_m \cdot C_m P_m)/(LS_o \cdot C_o P_o) \tag{6-3}$$

式中：m为实施项目措施后的情况（有措施）；o为实施项目措施前的情况（无措施）；$SLRR_i$ 为第 i 块图斑的土壤流失减少比例；i 为图斑编号，范围为 $1\sim n$。

6.2.2.3 *SLRR* 各因子获取和计算方法

如前所述，由于同一区域的土壤可蚀性因子（K）和降雨侵蚀力因子（R）在较长时间（若干年）内不会发生变化，小流域内各个图斑的土壤流失减少比例（*SLRR*）主要由项目实施前后的 LS 因子、C 因子和 P 因子确定。因此，对计算 *SLRR* 值而言，LS 因子、C 因子和 P 因子值的确定或获取与计算至关重要。

表6-1列出了上述三类因子值的计算公式或取值方法，本次土壤减蚀监测评价就是采用这些方法来确定 LS、C 和 P 因子值，从而计算出 *SLRR* 值。根据表6-1，要确定 LS、C 和 P 因子，必须通过遥感影像解译、野外调查、现场测量和设计图表资料分析等方法，采集获取各个图斑实施水土保持治理措施前后的坡度、坡长、土地利用类型或形式、作物种类和耕作方式、植被类型和覆盖度、保土措施类型等专题信息，再利用表6-1中的公式或取值方法，计算或获得相应图斑实施措施前后的 LS、C 和 P 因子值。下面对上述各种专题信息的采集方法作简要阐述如下：

（1）坡长。在所选典型小流域的措施地块上，坡长指标通过测量水平方向上该地块坡面的平均坡体长度（投影距离 λ，以m为单位）。λ 表示地块顶端到下一障碍物（地块边界、梯田田坎边缘、植物篱、渠道等）之间的距离，或地块顶端至径流积聚或泥沙开始沉淀处的距离。后者常用于坡面有凹槽的大地块。各措施图斑的坡长也可通过1：10000地形图或小流域措施设计图量算获得。

表6-1　确定 *LS*、*C* 和 *P* 因子值的公式或取值方法

因子	描述	推荐的计算公式或值
L	坡长	利用通用土壤流失方程（USLE）来确定 L： $L=(\lambda/22.13)^m$ $m=\beta/(1+\beta)$ $\beta=(\sin\theta/0.0896)/[3.0(\sin\theta)^{0.8}+0.56]$ 式中： λ——图斑中的平均坡长(不长于300m) θ——图斑中的平均坡度(单位：°)

续表

<table>
<tr><th>因子</th><th>描述</th><th colspan="6">推荐的计算公式或值</th></tr>
<tr><td>S</td><td>坡度</td><td colspan="6">利用刘宝元的公式来估计坡度值，该公式能比其他相关公式进行更为准确的估计：
$S=10.8\sin\theta+0.03,\quad \theta<5^\circ\ (<9\%)$
$S=16.8\sin\theta-0.50,\quad 5^\circ\leqslant\theta<10^\circ (9\%\sim18\%)$
$S=21.91\sin\theta-0.96,\quad \theta\geqslant10^\circ (>18\%)$</td></tr>
<tr><td rowspan="19">C</td><td rowspan="11">1. 土地利用形式</td><td rowspan="2">植被类型</td><td colspan="5">植被覆盖</td></tr>
<tr><td>>75%</td><td>60%～75%</td><td>45%～60%</td><td>30%～45%</td><td>≤30%</td></tr>
<tr><td>原始林（非常浓密）</td><td>0.005</td><td>0.005</td><td>0.01</td><td>0.015</td><td>0.025</td></tr>
<tr><td>次生林（浓密）</td><td>0.005</td><td>0.01</td><td>0.015</td><td>0.02</td><td>0.03</td></tr>
<tr><td>稀疏林</td><td>0.01</td><td>0.012</td><td>0.015</td><td>0.02</td><td>0.03</td></tr>
<tr><td>荒地</td><td>0.08</td><td>0.10</td><td>0.12</td><td>0.15</td><td>0.20</td></tr>
<tr><td>草地（＋稀疏的树木）</td><td>0.04</td><td>0.045</td><td>0.05</td><td>0.06</td><td>0.08</td></tr>
<tr><td>经果林</td><td>0.06</td><td>0.07</td><td>0.08</td><td>0.10</td><td>0.12</td></tr>
<tr><td>水田（此时 P 因子为梯田）</td><td>0.10</td><td>0.10</td><td>0.10</td><td>0.10</td><td>0.10</td></tr>
<tr><td>灌木</td><td>0.10</td><td>0.12</td><td>0.15</td><td>0.20</td><td>0.25</td></tr>
<tr><td>难利用地</td><td>0.12</td><td>0.15</td><td>0.20</td><td>0.30</td><td>0.35</td></tr>
<tr><td rowspan="7">2. 种植/耕作方式</td><td rowspan="2">雨水灌溉平地与坡地作物</td><td colspan="5">耕作方式</td></tr>
<tr><td>秋耕</td><td>春耕</td><td>少耕</td><td>留残茬</td><td>免耕</td></tr>
<tr><td>土豆，玉米，大豆</td><td>0.40</td><td>0.35</td><td>0.20</td><td>0.16</td><td>0.12</td></tr>
<tr><td>小麦及其他谷物</td><td>0.35</td><td>0.30</td><td>0.20</td><td>0.16</td><td>0.12</td></tr>
<tr><td>轮作与间作作物</td><td>0.30</td><td>0.25</td><td>0.16</td><td>0.12</td><td>0.08</td></tr>
<tr><td>间作：小麦—豆类</td><td>0.25</td><td>0.20</td><td>0.12</td><td>0.10</td><td>0.08</td></tr>
<tr><td>轮作：食用与饲料作物</td><td>0.20</td><td>0.16</td><td>0.11</td><td>0.09</td><td>0.07</td></tr>
<tr><td>3. 基于平均或月度植被覆盖值</td><td colspan="6">当缺乏相关可用信息，无法确定土地利用形式或者相应农作物时，可应用一个比照系统或蔡崇法（2000）的公式：
$\begin{cases} C=1, & c=0\ \% \\ C=0.6508-0.34361\log c, & 0.1\%<c\leqslant78.3\% \\ C=0, & c>78.3\% \end{cases}$</td></tr>
<tr><td rowspan="12">P</td><td rowspan="12">保土措施</td><td colspan="6">P 值主要是基于张有全的研究，其成果得到广泛利用，同时还补充一些相关信息。P 值越小，效果越显著。此处假设坡度的变化已在 LS 因子中有所考虑</td></tr>
<tr><td colspan="3">保土措施</td><td colspan="3">P 值</td></tr>
<tr><td colspan="3">等高带状种植</td><td colspan="3">0.4</td></tr>
<tr><td colspan="3">跨坡等高条植（非在等高线上）</td><td colspan="3">0.5</td></tr>
<tr><td colspan="3">等高耕作</td><td colspan="3">0.55</td></tr>
<tr><td colspan="3">条植（有草或作物带）</td><td colspan="3">0.15</td></tr>
<tr><td colspan="3">等高梯田</td><td colspan="3">0.10</td></tr>
<tr><td colspan="3">水平沟</td><td colspan="3">0.10</td></tr>
<tr><td colspan="3">等高边界</td><td colspan="3">0.20</td></tr>
<tr><td colspan="3">植物篱</td><td colspan="3">0.35</td></tr>
<tr><td colspan="3">生物覆盖</td><td colspan="3">0.35</td></tr>
<tr><td colspan="3">造林</td><td colspan="3">0.4～0.6</td></tr>
</table>

（2）坡度。坡度指标获取可通过测量措施地块坡面的平均坡度，以度为单位。测量项目活动实施以前的坡度情况，如实施梯田改造工程以前的原坡度。对梯田措施，如果该图斑之前没有实施过坡改梯，则可测量从当前梯田的上一级田坎到本级田坎间的坡度。如果该图斑之前已实施过较低标准的梯田，则其坡度在当前坡度与原始坡度之间（从一个坡顶到另一个坡顶）。在小流域尺度，各措施图斑的坡度也可通过1∶10000地形图或小流域措施设计图量算。

（3）土地利用形式。土地利用形式指标可结合遥感影像目视解译、实地调查、现场勾绘或复核更新小流域综合治理设计或竣工图来获取。治理前土地利用形式利用遥感影像解译获得。土地利用形式采用统一的分类标准，从土壤减蚀指标计算需要出发，把项目区土地利用形式简化为原始林（非常浓密）、次生林（浓密）、稀疏林、荒地、草地（＋稀树）、经果林、水田、坡耕地、灌木、难利用地等10种土地利用形式。

（4）主要农作物/植物种类。实施治理后的农作物/植物种类信息的采集，可通过野外实地调查，在各农用地图斑中，现场记录种植最多或最主要的一种或两种农作物或植物种类。实施前农作物/植物种类信息则主要通过小流域设计图纸或通过现场询问的方式获取。

（5）种植方式。实施治理后的种植方式信息采集主要通过实地调查确定，并把种植方式记录在图斑调查表中；项目实施前的种植方式则通过小流域设计图或通过现场询问当地农民的方式获取。

（6）耕作方式。耕作方式信息的采集主要通过实地调查确定项目实施后各农用地图斑的标准耕作措施，如秋耕、春耕、少耕法、免耕、留残茬耕作、垄作、套作、间作等，并把各种耕作方式记录在图斑调查表中；如果采用的措施未列入表6-1，则用表内保土效果与其最相似的措施代替。项目实施前的耕作方式通过小流域设计图或通过现场询问当地农民的方式获取。

（7）植被覆盖度。项目实施后各地块植被覆盖信息主要采用样方测量法进行采集。样方测量法是植被定位监测和调查的主要方法，样方面积一般草本群落为1～4m^2，物种分布较均匀的群落样方面积可小一些，物种群聚性强的群落样方面积应大一些。灌木群落一般为5m×5m，乔木群落为10m×10m～20m×20m，主要取决于树木分布均匀程度和密度。项目实施前植被覆盖度信息主要利用MODIS归一化植被指数（NDVI）产品，计算植被覆盖度，结合查询小流域设计资料或现场询问等方法采集获取。

（8）保土措施。项目实施后保土措施信息主要通过实地调查方法进行采集，并填写图斑的标准保土措施，如梯田、等高带状种植、等高耕作、水平沟、条植、植物篱、生物覆盖、造林措施等。

6.2.2.4 *SLRR* 值推算方法

（1）各项水土保持措施 *SLRR* 平均值的推算方法。由于不同水土流失类型区的地形地貌、土壤、气候和降雨、耕作习惯、种植作物种类、生长植被种类等自然和社会状况存在一定差异，相同措施在不同水土流失类型区的减蚀效果也就各不相同。因此，各项水土保持措施的 *SLRR* 值应该分类型区进行计算，具体计算步骤和方法如下：

1）计算所有抽样图斑的 *SLRR* 值，具体计算公式见式（6-3）。

2）*SLRR* 值影响因子分析及措施类型细分。为保证以措施 *SLRR* 值为基础向大范围推算的可靠性，必须考虑各因子对水土保持治理措施 $SLRR$ 值的影响，若存在影响较大且具有明显规律的因子，则在推算之前，必须根据影响因子对水土保持治理措施进行类型细分，以细分类型为基础进行推算可获得更准确的结果。

监测评价采用了相关分析方法进行影响因子分析，即：计算各因子在措施实施前后的比值与 $SLRR$ 值的相关系数，进而分析主要影响因子对 $SLRR$ 值的影响程度，最终决定各措施是否进行类型细分和分类规则。

3）计算某类型区某种措施（或细分措施类型）所有抽样图斑的 $SLRR$ 平均值，计算公式如下：

$$SLRR_{mj}=\sum_{i=1}^{n}SLRR_{i}/n \tag{6-4}$$

式中：$SLRR_{mj}$ 为第 j 个类型区第 m 项水土保持治理措施（或细分措施类型）的 $SLRR$ 平均值；$SLRR_{i}$ 为该类型区内该项水土保持治理措施（或细分措施类型）的第 i 块图斑的 $SLRR$ 值；n 为该类型区内该项水土保持治理措施的抽样图斑个数。

4）计算某项措施（或细分措施类型）的 $SLRR$ 平均值，采用各类型区该措施平均 $SLRR$ 值与相应面积进行加权平均的计算方法，计算公式如下：

$$SLRR_{cm}=\sum_{j=1}^{6}(SLRR_{mj}\times A_{j})/A \tag{6-5}$$

式中：$SLRR_{cm}$ 为项目区第 m 项水土保持治理措施（或细分措施类型）的 $SLRR$ 平均值；$SLRR_{mj}$ 为第 j 个类型区第 m 项水土保持治理措施（或细分措施类型）的 $SLRR$ 平均值；A_{j} 为第 j 个类型区该项水土保持治理措施（或细分措施类型）实际实施的面积；A 为该措施实施总面积。

5）重复步骤 2）和 3），逐项计算其他水土保持治理措施（或细分措施类型）的 $SLRR$ 平均值 $SLRR_{cm}$。

（2）各水土流失类型区 $SLRR$ 平均值的推算方法。各个水土流失类型区 $SLRR$ 平均值的计算可以直接在（1）中计算好的第 j 个类型区第 m 项水土保持治理措施（或细分措施类型）的 $SLRR$ 平均值 $SLRR_{mj}$ 的基础上，通过对第 j 个类型区的各项水土保持措施（或细分措施类型）实际实施的面积进行加权平均计算得到，具体步骤和方法如下：

1）统计各个类型区内各项水土保持措施（或细分措施类型）实际实施的面积数据；

2）计算某个类型区的 $SLRR$ 平均值，计算公式为

$$SLRR_{j}=\sum_{j=1}^{6}(SLRR_{mj}\times A_{m})/A \tag{6-6}$$

式中：$SLRR_{mj}$ 为第 j 个类型区第 m 项水土保持治理措施（包括坡改梯、水土保持林、经果林、种草、封禁治理、保土耕作措施，或细分措施类型）的 $SLRR$ 平均值；A_{m} 为第 j 个类型区第 m 项水土保持治理措施（或细分措施类型）实际实施的面积。

3）重复步骤 2），逐项计算其他水土流失类型区的 $SLRR$ 平均值 $SLRR_{j}$。

（3）各省（市）$SLRR$ 平均值的推算方法。各省（市）土壤流失减少比例 $SLRR$ 平均值可以直接在（1）中计算好的第 j 个类型区第 m 项水土保持治理措施（或细分措施类型）的 $SLRR$ 平均值 $SLRR_{mj}$ 的基础上，通过统计各省（市）在各个类型区内各项水土

保持措施（或细分措施类型）实际实施的面积数据并以该面积数据为权重进行加权平均，计算获得各省（市）的 *SLRR* 平均值，具体计算步骤和方法如下：

1）统计各省（市）在各个类型区内各项水土保持措施（或细分措施类型）实际实施的面积数据。

2）计算某个省（市）的 *SLRR* 平均值，计算公式为

$$SLRR_k = \sum (SLRR_{mj} \times A_{mjk}) / A_k \tag{6-7}$$

式中：$SLRR_{mj}$ 为第 j 个类型区第 m 项水土保持治理措施（或细分措施类型）的 *SLRR* 平均值；A_{mjk} 为第 k 个省（市）在第 j 个类型区内实际实施第 m 项水土保持治理措施（或细分措施类型）的面积；A_k 为该省措施总面积。

3）重复步骤 2)，逐个计算其他省（市）的 *SLRR* 平均值 $SLRR_s$。

（4）整个项目区 *SLRR* 平均值的推算方法。整个项目土壤流失减少比例 *SLRR* 平均值可以直接在（1）中计算好的第 j 个类型区第 m 项水土保持治理措施（或细分措施类型）的 *SLRR* 平均值 $SLRR_{mj}$ 的基础上，通过统计整个项目区在各个类型区内实际实施各项水土保持措施（或细分措施类型）的面积数据并以该面积数据为权重进行加权平均，计算获得整个项目区的 *SLRR* 平均值，具体计算步骤和方法如下：

1）统计整个项目区在各个类型区内实际实施各项水土保持措施（或细分措施类型）的面积数据

2）计算整个项目区的 *SLRR* 平均值 $SLRR_{pa}$，计算公式为

$$SLRR_{pa} = \sum (SLRR_{mj} \times A_{mj}) / A \tag{6-8}$$

式中：$SLRR_{mj}$ 为第 j 个类型区第 m 项水土保持治理措施（或细分措施类型）的 *SLRR* 平均值；A_{mj} 为整个项目区在第 j 个类型区内实际实施第 m 项水土保持治理措施（或细分措施类型）的面积；A 为项目区实施总面积。

6.2.2.5 水土保持林、经济果木林和封禁治理等措施长期 *SLRR* 值预测

（1）预测的依据。水土保持林实施图斑的原有土地利用方式基本为荒地，实施后逐渐演替为草地＋稀树（幼林期），最终演替为次生林（中林期和成熟林期）；经果林一般由原来的坡耕地或荒山荒坡经幼林期、中林期和成熟林期逐步演变为有林地，这主要是经果林树种生长较快，而且农民的田间管理措施得力，改善了果树的生长环境，加速了其生长过程；根据长江流域和珠江流域的自然条件，封禁治理一般是从疏幼林演替为草地＋稀树或灌木林，最后演替为次生林（天然混交林）。

综上所述，三种措施的长期土壤减蚀率（*SLRR* 值）可通过预测不同时期的植被覆盖度（人工林可用郁闭度），进而推求计算。

（2）*SLRR* 值预测方法。对上述三项措施长期土壤减蚀率（*SLRR* 值）的预测主要采取以下方法：

1）针对水土保持林、经济果木林（经果林）措施，通过咨询相关专家和查阅文献，根据不同树种树龄与郁闭度之间存在的统计规律，预测项目区主要树种不同生长期的郁闭度，从而获取项目区水土保持林、经果林主要树种的各生长期的郁闭度，具体见表 6－2。针对封禁治理措施，通过咨询专家，根据封禁治理区典型植被群落（天然混交林）生长期与植被覆盖度之间存在的统计规律，预测封禁治理区植被不同生长期的植被覆盖度，具体

见表6-2。

2）获取不同生长期（幼林期、中林期以及成熟林期）三种措施（分树种）的植被覆盖度（郁闭度）后，结合各图斑原有植被覆盖度，通过查找《土壤侵蚀监测手册》中的附表2“植被覆盖度与C因子值之间的关系（蔡崇法公式）”，分析推求各图斑C因子的变化量，据此可以分析出项目实施后这几种单项措施的长期土壤减蚀效果（*SLRR*值）。

3）最后通过调查区各树种实施面积加权计算出调查区三项措施长期平均土壤减蚀率（*SLRR*值）。

表6-2 主要树种郁闭度统计表

树种名称	行株距离/m	每公顷栽植数/株	栽植年份	幼林期（1～5年）郁闭度	中林期（6～15年）郁闭度	成熟林期（16～20或30年）郁闭度	备注
1 水保林							
杨	2×2	2500	2009	0.35	0.45～0.70	0.70～0.80	河北：10年生高4～8m，冠幅2.42～2.74 m，20年高16～22m
相思	1.5×2	3333	2009	0.35	0.45～0.70	0.70～0.80	广西：台湾相思19年生9m
柏	2×1.5	3333	2009	0.30	0.50～0.66	0.70～0.75	
松	1.5×2	3333	2009	0.35～45	0.65～0.75	0.75	广西花坪：云南松10年生、高4.8m。20年生高12m。马尾松树高生长高峰在15～25年，30～50年成熟
柳杉	1.5×2	3333	2009	0.40	0.65～70	0.80～0.85	
杉	2×1.5	3333	2009	0.35	0.65～70	0.70～0.80	广东：杉木21年林龄树高13～16m
桉树	2×2	2500	2009	0.45	0.60	0.70～0.75	西南地区：10年生高18～19m，16年生高22m，广西20年生高25m
2 经果林							
柑橘	3×3	1111	2009	0.50	0.60～0.70	0.70～0.75	
梨	3×3	1111	2008	0.45	0.60～0.70	0.70～0.75	
李	3×3	1111	2008	0.45	0.60～0.70	0.70～0.75	
桃	3×3	1111	2008	0.45	0.60～0.70	0.70～0.75	

续表

树种名称	行株距离/m	每公顷栽植数/株	栽植年份	幼林期(1～5年)郁闭度	中林期(6～15年)郁闭度	成熟林期(16～20或30年)郁闭度	备　注
核桃	4×5	500	2008	0.35	0.60～0.70	0.75	
板栗	4×5	500	2008	0.35	0.60～0.70	0.80	
花椒	2×1.5	3333	2008	0.45	0.60～0.70	0.75	
茶	1.5×0.1	66667	2010	0.55	0.75	0.80	覆盖度
果橄榄	3×3	1111	2010	0.50	0.60～0.70	0.75	
金银花	2×1.5	3333	2010	0.40	0.60～0.75	0.80	藤本
3天然混交林(封禁治理)				0.45～0.55*	0.60～0.75*	0.75～0.90*	*代表植被覆盖度

6.3 应用案例

云贵鄂渝四省市水土保持生态建设世界银行贷款项目区涉及云南、贵州、湖北、重庆4省（直辖市）的37个县（市、区），其中云南省8个，贵州省12个，湖北省6个，重庆市11个。按流域划分，有33个县（市、区）位于长江上中游，4个县（市、区）位于珠江上游。项目区多属生态脆弱的老、少、边、穷山区，土地总面积6903.84km²，其中水土流失面积3616.68km²，占土地总面积的52.39%。

6.3.1 典型项目县和典型小流域选择与确定

项目实施治理小流域181条（其中：云南省43条，贵州省64条，湖北省36条，重庆市38条），各项措施实施规模如下：

（1）坡改梯工程：建设梯田工程6575hm²。其中，石坎坡改梯2506hm²，土坎坡改梯4069hm²。

（2）植被建设工程：实施各项植被恢复措施47267hm²。其中，水保林25219hm²，经果林19584hm²，种草2464hm²。

（3）保土耕作措施：小于25°且未进行坡改梯的坡耕地，布置保土耕作措施33346hm²。

（4）封禁治理措施：对现有疏幼林地采取人工管护为主，实施封禁治理措施87979hm²。

(5) 小型水利水保工程：建设沉沙池 28587m³、排洪沟 541216m、谷坊 10588m、蓄水池 487807m³、小水窖 67375m³、渠道 652183m、田间道路 1234267m、机耕道 616204m、输水管网 12578km、人畜饮水 23580 户。

(6) 其他工程：与各项治理措施相配套，发展养牛 11199 户、养杂交牛 8155 户、养羊 220 户、养猪 7657 户、建沼气池 34515 座、节柴灶 32478 户，欧盟贫困户扶持 39276 户。

依照典型小流域选择原则，在 8 个典型项目县选取典型小流域作为抽样调查和现场监测的对象。具体所选典型项目县和小流域的分布情况见表 6-3。各类型区和各省（直辖市）典型项目县和典型小流域抽样比例统计数据列于表 6-4。

表 6-3　所选典型项目县和小流域一览表

水土流失类型区	项目省（直辖市）	典型项目县	项目中期（2条）				项目末期（新增1条）	
			典型小流域	计划完工时间	典型小流域	计划完工时间	典型小流域	计划完工时间
滇中低山丘陵沟壑中度侵蚀区	云南	元谋	丙华	2010年4月	多克	2010年8月	羊街	2010年12月
滇东北中低山强度侵蚀区		永善	大划沟	2009年12月	白胜	2010年12月	八角	2010年12月
黔西高原山地中强度侵蚀区	贵州	黔西	金江	2009年5月	松树	2010年5月	石垭	2011年5月
		兴义	纳省河	2010年12月	冷洞	2010年12月	晏家湾	2010年12月
川东山地中轻度侵蚀区	重庆	合川	阜陵	2010年10月	盆古	2010年10月	浪溪口	2011年4月
三峡峡谷中山丘陵中度侵蚀区		万州	天仙河	2011年12月	瀼渡河	2011年12月	文明河	2011年12月
	湖北	夷陵	磨子溪	2009年12月	军田坝	2010年12月	姜家畈	2011年6月
大别山低山丘陵中度侵蚀区		红安	方西河	2010年12月	李西河	2010年12月	袁英河	2011年12月

从表 6-4 中可以看出，各个水土流失类型区、各省（直辖市）的典型项目县、典型小流域及其土地面积的抽样比例基本上都达到了 10%以上，具有较高的抽样比例，满足抽样比例方面的有关规定和要求。

6.3.2 土壤减蚀监测结果分析评价

6.3.2.1 单项水土保持措施减蚀效果分析

1. 坡改梯减蚀效果

由表 6-5 可知，坡改梯措施的 *SLRR* 平均值为 0.05（具体见表 6-5），表明实施坡改梯的地块年土壤侵蚀量比治理前减少了 95%，充分说明坡改梯工程是一种土壤减蚀效果非常明显的工程措施。

表 6-4　　典型项目县和小流域抽样比例统计表

区域		项目县个数/个	典型县个数/个	项目县抽样比例/%	小流域条数/条	典型小流域条数/条	小流域抽样比例/%
水土流失类型区	滇中低山丘陵沟壑中度侵蚀区	4	1	25.00	20	3	15.00
	滇东北中低山强度侵蚀区	4	1	25.00	23	3	13.04
	黔西高原山地中强度侵蚀区	12	2	16.67	64	6	9.38
	川东山地中轻度侵蚀区	3	1	33.33	11	3	27.27
	三峡峡谷中山丘陵中度侵蚀区	11	2	18.18	46	6	13.04
	大别山低山丘陵中度侵蚀区	3	1	33.33	17	3	17.65
省（直辖市）	云南省	8	2	25.00	43	6	13.95
	贵州省	12	2	16.67	64	6	9.38
	湖北省	6	2	33.33	36	6	16.67
	重庆市	11	2	18.18	38	6	15.79

表 6-5　　坡改梯 *SLRR* 值计算统计表

类型区名称	坡改梯类型	*SLRR* 均值		坡改梯措施 *SLRR* 值
		中期（2010年）	末期（2011年）	
滇中低山丘陵沟壑中度侵蚀区	土坎坡改梯	0.05	0.05	0.05
滇东北中低山强度侵蚀区	石坎坡改梯	0.03	0.03	
	土坎坡改梯	0.04	0.04	
黔西高原山地中强度侵蚀区	石坎坡改梯	0.07	0.07	
大别山低山丘陵中度侵蚀区	土坎坡改梯	0.07	0.07	
三峡峡谷中山丘陵中度侵蚀区	石坎坡改梯	0.04	0.04	
	土坎坡改梯	0.07	0.07	
川东山地中轻度侵蚀区	石坎坡改梯	0.07	0.07	

各类型区坡改梯措施的 *SLRR* 值在 0.03～0.07 之间，差异不明显。这主要是因为坡改梯措施主要通过减小坡耕地的坡度和坡长，减弱地表径流对坡面的冲刷作用，从而减少水土流失。各类型区坡改梯措施改变的坡度和坡长情况相似，减蚀效果不随类型区的不同发生明显差异。在下一步根据调查区措施效果分析更大范围土壤减蚀效果时，无须考虑类型区的差异。

根据表 6-5 分析，调查区土坎坡改梯和石坎坡改梯的土壤减蚀效果没有明显差异。这主要是因为土坎和石坎坡改梯措施在改变坡度和坡长因子方面没有明显差异，实施后田坎保存完好，没有冲刷和淤积现象，两种类型的坡改梯措施发挥土壤减蚀效果基本相同。在下一步根据调查区措施效果分析更大范围土壤减蚀效果时，无须考虑两种类型坡改梯的差异。

此外，中期和末期坡改梯的 *SLRR* 值变化不大，主要原因是坡改梯措施属于措施实施的当年就能发挥水土保持效益，各影响因子随时间不发生变化。

2. 水土保持林减蚀效果

由表 6-6 可知，水土保持林措施的 *SLRR* 平均值为 0.81，实施水土保持林的地块年土壤侵蚀量较治理前减少了19%。治理期末项目区水保林措施减蚀效果并不明显。主要原因在于：水土保持林措施主要实施在荒山荒坡上，栽植的树种主要包括杨、相思、柏、松、柳杉、杉、桉树等，至治理期末，栽植时间多为1～2年，苗木树龄较小，尚属幼苗期，且由于干旱等影响，树苗生长情况较差，郁闭度不高，还未对地表形成有效覆盖，还不能充分发挥其保持水土的作用。

分析发现，不同水土流失类型区的水保林措施 *SLRR* 值差异较明显（0.70～0.83），在下一步根据调查区措施效果分析更大范围土壤减蚀效果时，应根据不同类型区分别进行 *SLRR* 值外推计算。

表 6-6　　　　水土保持林措施 SLRR 值计算统计表

类型区名称	*SLRR* 均值		*SLRR* 均值
	中期（2010年）	末期（2011年）	
滇中低山丘陵沟壑中度侵蚀区	0.84	0.83	0.81
滇东北中低山强度侵蚀区	0.82	0.82	
黔西高原山地中强度侵蚀区	0.82	0.83	
大别山低山丘陵中度侵蚀区	0.69	0.70	
三峡峡谷中山丘陵中度侵蚀区	0.76	0.76	
川东山地中轻度侵蚀区	0.72	0.72	

3. 经果林减蚀效果

由表6-7可知，经果林措施的 *SLRR* 平均值为0.83，表明实施经果林的地块年土壤侵蚀量较治理前减少了17%。经果林措施整体土壤减蚀效果较不明显，与水土保持林相比，平均 *SLRR* 值高2%。原因主要如下：

（1）与水土保持林相似，至治理期末，经济果木林苗木栽植时间较短，树龄小，尚未对地表形成有效覆盖。

（2）苗木在栽植前普遍进行了整地，原地表受到较大扰动，且抚育养护时农户铲除了林下杂草，破坏了近地面的植被，造成局部地表裸露，整体林草覆盖度较低。

综上所述，经果林措施是兼顾经济效益和生态效益的一项措施，在发挥水土保持效益的同时，更偏重于实现其经济价值，以便增加农户增收，鼓励当地农户的参与，客观上造成土壤减蚀效果较水土保持林稍差。

分析发现，不同水土流失类型区的经果林措施 *SLRR* 值差异较明显（0.80～0.90），造成这种差异的原因主要是各个类型区自然环境和水土流失现状差异较大。在下一步根据调查区措施效果分析更大范围土壤减蚀效果时，应根据不同类型区分别进行 *SLRR* 值外推计算。

4. 种草减蚀效果

由表6-8可知，种草措施的 *SLRR* 平均值为0.09，表明实施种草的地块年土壤侵蚀量较治理前减少91%，这也充分说明种草是一项土壤减蚀效果明显且见效快的林草措施。

分析发现，不同水土流失类型区种草措施 *SLRR* 值没有差异。这主要是由于项目区所采用的草种基本一样，水热条件也基本相似，而且主要所选草种生长较快，当年即对地表形成了有效覆盖，因此在实施期末都能充分发挥水土保持作用。在下一步根据调查区措施效果分析更大范围土壤减蚀效果时，无须考虑水土流失类型区的差异。

表6-7　经济果木林措施*SLRR*值计算统计表

类型区名称	*SLRR*均值		*SLRR*均值
	中期（2010年）	末期（2011年）	
滇中低山丘陵沟壑中度侵蚀区	0.89	0.90	0.83
滇东北中低山强度侵蚀区	0.80	0.80	
黔西高原山地中强度侵蚀区	0.82	0.83	
大别山低山丘陵中度侵蚀区	0.81	0.81	
三峡峡谷中山丘陵中度侵蚀区	0.82	0.83	
川东山地中轻度侵蚀区	0.84	0.84	

表6-8　种草措施*SLRR*值计算统计表

类型区名称	*SLRR*均值		*SLRR*均值
	中期（2010年）	末期（2011年）	
滇中低山丘陵沟壑中度侵蚀区	—	—	0.09
滇东北中低山强度侵蚀区	0.09	0.09	
黔西高原山地中强度侵蚀区	0.09	0.09	
大别山低山丘陵中度侵蚀区	—	—	
三峡峡谷中山丘陵中度侵蚀区	0.09	0.09	
川东山地中轻度侵蚀区	0.09	0.09	

5. 种草减蚀效果

由表6-9可知，封禁治理措施的*SLRR*平均值为0.73，表明实施封禁治理的地块年土壤侵蚀量较治理前减少27%。

期末封禁治理措施土壤减蚀效果较水土保持林、经果林好，主要是因为封禁治理区禁止了人为扰动，原扰动地区的草灌植被在短时间内快速恢复，整体封禁治理区的植被覆盖率有所增加；而水土保持林、经果林造林时间短，尚未充分发挥水土保持作用。但从长远角度来讲，当水土保持林、经果林充分发挥其水土保持作用时，其减蚀效果要比封禁治理措施好。

封禁治理措施整体土壤减蚀效果较种草差，主要原因是封禁时间仍较短（大多数封禁时间为2～4年），原生植被（特别是乔木林）郁闭度的增加需要较长时间，短期封禁治理区植被覆盖率增加不明显。

分析发现，不同水土流失类型区的封禁治理措施*SLRR*值差异较明显（0.68～0.78），造成这种差异的原因主要是各个类型区植被群落结构、水土流失状况有一定差异，封禁时间也不尽相同。在下一步根据调查区措施效果分析更大范围土壤减蚀效果时，应根据不同类型区分别进行*SLRR*值外推计算。

表 6-9　封禁治理 *SLRR* 值计算统计表表

类型区名称	*SLRR* 均值		*SLRR* 均值
	中期（2010年）	末期（2011年）	
滇中低山丘陵沟壑中度侵蚀区	0.78	0.78	0.73
滇东北中低山强度侵蚀区	0.74	0.74	
黔西高原山地中强度侵蚀区	0.74	0.74	
大别山低山丘陵中度侵蚀区	0.71	0.71	
三峡峡谷中山丘陵中度侵蚀区	0.69	0.69	
川东山地中轻度侵蚀区	0.68	0.68	

6. 保土耕作减蚀效果

由表 6-10 可知，保土耕作措施的 *SLRR* 平均值为 0.31，表明实施保土耕作措施的年土壤侵蚀量较治理前减少 69%，说明保土耕作措施土壤减蚀效果比较明显。

现场调查发现，划为保土耕作措施的地块实际上并没有全部实施保土耕作措施，实际实施比例约占计划实施保土耕作总面积的 20%左右。上述计算选择了实际实施保土耕作措施的图斑为计算基础。如考虑全部计划实施保土耕作措施的面积进行加权平均，则调查区保土耕作措施的平均 *SLRR* 值为 0.78，即实施保土耕作措施的年土壤侵蚀量较治理前减少了 22%。如果有 50%的面积实施保土耕作措施，则调查区保土耕作措施的平均 *SLRR* 值为 0.65，即实施保土耕作措施的年土壤侵蚀量较治理前减少了 35%。

表 6-10　保土耕作措施 *SLRR* 值计算统计表

保土措施名称	*SLRR* 值		*SLRR* 均值
	中期（2010年）	末期（2011年）	
等高带状种植	0.40	0.40	0.31
等高耕作	0.55	0.55	
跨坡等高条植	0.50	0.50	
水平沟	0.10	0.10	
等高边界	0.20	0.20	
植物篱	0.35	0.35	
条植	0.15	0.15	

6.3.2.2　不同类型区减蚀效果

各类型区治理期末减蚀效果是在分析上述各类型区单项措施土壤减蚀效果的基础上，通过各类型区各种措施完成面积进行加权，最终获得各类型区的 $SLRR_{sw}$ 值，以此来判断各类型区在治理期末的土壤减蚀效果，采用式（6-9）计算：

$$SLRR_{sw}=\frac{\sum_{i=1}^{n}SLRR_i\times S_i}{\sum_{i=1}^{n}S_i} \tag{6-9}$$

式中：$SLRR_{sw}$ 为各水土流失类型区的土壤减蚀比例；$SLRR_i$ 为各水土流失类型区治理

期末各单项措施的土壤减蚀比例；S_i 为各水土流失类型区各单项措施实施面积。

计算结果得到（见表6-11），在治理期末，大别山低山丘陵中度侵蚀区土壤减蚀效果最好，年土壤侵蚀量减少34%；滇中低山丘陵沟壑中度侵蚀区、滇东北中低山强度侵蚀区、黔西高原山地中强度侵蚀区减蚀效果较差，年土壤减蚀量在26%左右。造成各类型区土壤减蚀效果不同主要原因包括以下几点：

（1）每个水土流失区的现状水土流失程度不同，水土流失严重的类型区治理难度大，各单项措施在治理期末效果不明显。

（2）坡改梯和保土耕作等土壤减蚀效果明显的措施治理面积在治理完成总面积中占的比例大的类型区，土壤减蚀效果就比较好，反之林草措施面积所完成治理面积中比例大的类型区，土壤减蚀效果就比较差。

表6-11　各水土流失类型区治理期末 *SLRR*

水土流失类型区名称	坡改梯		水土保持林		经果林		种草		封禁治理		保土耕作		综合 *SLRR*
	SLRR	实施面积/hm²	*SLRR*	实施面积/hm²	*SLRR*	实施面积/hm²	*SLRR*	实施面积/hm²	*SLRR*	实施面积/hm²	*SLRR*	实施面积/hm²	
滇中低山丘陵沟壑中度侵蚀区	0.05	1834.93	0.83	1205.17	0.90	786.44	—	0.00	0.78	17030.28	0.81	258.29	0.72
滇东北中低山强度侵蚀区	0.03	272.39	0.82	2722.78	0.80	3335.94	0.09	288.74	0.74	8563.31	0.81	8872.71	0.74
黔西高原山地中强度侵蚀区	0.06	2108.16	0.83	11116.58	0.83	10388.84	0.09	1825.46	0.74	32990.10	0.77	20103.83	0.73
大别山低山丘陵中度侵蚀区	0.06	1344.75	0.70	1013.43	0.81	1438.37	—	0.00	0.71	10786.54	0.79	6530.07	0.66
三峡峡谷中山丘陵中度侵蚀区	0.04	1900.19	0.76	4050.05	0.83	15626.02	0.09	263.25	0.69	28547.21	0.78	13068.37	0.71
川东山地中轻度侵蚀区	0.07	307.31	0.72	603.61	0.84	2286.76	0.09	143.00	0.68	1487.83	0.80	2538.21	0.71

6.3.2.3　总体减蚀效果分析

项目区治理期末土壤减蚀效果是在分析各水土流失类型区单项措施土壤减蚀效果的基础上，再通过各类型区完成措施面积进行加权而获得项目区 *SLRR* 值，以此来判断各省（直辖市）在治理期末的土壤减蚀效果。

截至2012年4月19日，云南、贵州、湖北、重庆4省（直辖市）已经实施治理水土流失面积2156.38km²，其中坡改梯面积7767.73hm²，水土保持林面积20127.90hm²，经果林面积 34427.20hm²，封禁治理面积 99405.27hm²，种草 2520.45hm²，保土耕作 51371.48hm²。

通过计算得出项目区的 *SLRR* 值为 0.73（见表 6-12），表明治理期末项目区年土壤侵蚀量较治理前减少 27%左右。土壤减蚀比例达到 0.50 的治理措施仅有坡改梯和种草两种，总面积为 102.88km²，未达到项目设定的目标值 1750km²。

单项措施土壤减蚀效果比较好的坡改梯、种草和两项措施的面积在整个项目区措施实施总面积中所占比重较小，仅为 10288.18hm²，占实施措施总面积的 4.80%，而土壤减蚀效果需要长时间以后产生的水保林等林草措施面积达到 205349.82hm²，占实施措施总面积的 95.20%，因此通过治理面积加权推算的项目区末期治理的 *SLRR* 值就偏大，土壤减蚀效果就比较差。但是，随着项目区所有治理措施的全部完成以及水保林等林草措施土壤减蚀效果的逐步提高，整个项目区的土壤减蚀效果也会随之提高，达到预期目的。

6.3.2.4 项目长期总体减蚀效果分析与评价

本项目属于典型的水土保持工程，由于水土保持工程生态效益的滞后性，因此有必要分析项目长期的土壤减蚀效益，以此可以客观、公正、合理反映整个项目实施以后的生态效益，尤其是土壤减蚀效益，为后续开展的其他专题研究提供基础数据和技术支撑。

项目长期土壤减蚀效益是在前面单项措施长期 *SLRR* 值预测的基础上，结合保土耕作措施的实施比例，通过各项措施的面积加权计算出项目长期的 *SLRR* 值（中林期和成熟林期），据此来评估分析项目长期土壤减蚀效果。具体见表 6-13。

由表 6-13 可知，在中林期，即项目实施 6 年以后，当保土耕作实施比例为 50%时，项目区的整个 *SLRR* 值为 0.56，接近 0.50，土壤减蚀比例达到 0.50 的治理面积约 310 km²，尚未达到项目设定的目标值 1750km²；在成熟林期，即项目实施 16 年以后，当保土耕作实施比例为 50%时，项目区的整个 *SLRR* 值为 0.42，超过 0.50，土壤减蚀比例达到 0.50 的治理面积也达到 2156.39km²，超过设定的目标值 1750km²，项目实施达到预期治理目标。

综上所述，项目区综合治理采用的参与式规划模式，充分尊重当地农民的意愿和当地的自然条件，采取工程、林草和耕作措施相结合的立体防治体系是十分必要和有效的，土壤减蚀效果达到了预期效果。

6.3.3 水土流失综合治理建议

1. 生态环境方面

(1) 水土保持林、经果林树种选择。考虑当地实际情况和经济发展要求，营造水土保持林、经果林时尽可能选取适合当地环境的乡土树种，缩短苗木成林时间；造林之前尽可能不要整地，减少对原地表植被的破坏，提高苗木成活率，充分发挥林草措施的水土保持功能。

(2) 项目区水土保持措施落实与管护。对于未完成实施的水土保持措施要尽快实施落实，完善水土流失综合防治体系；而对于已经实施的项目水土保持措施，如水平梯田、水土保持林、经果林等及时落实管护措施，确保其充分发挥水土保持功能。

表 6-12 项目区 *SLRR* 值计算统计表

类型区名称		坡改梯		水土保持林		经济果木林		种草		封禁治理		保土耕作		综合 *SLRR* 值
		SLRR	实施面积/hm^2	*SLRR*	实施面积/hm^2	*SLRR*	实施面积/hm^2	*SLRR*	实施面积/hm^2	*SLRR*	实施面积/hm^2	*SLRR*	实施面积/hm^2	
项目区	滇中低山丘陵沟壑中度侵蚀区	0.05	1834.93	0.83	1205.17	0.90	786.44	—	0.00	0.78	17030.28	0.81	258.29	0.73
	滇东北中低山强度侵蚀区	0.03	272.39	0.82	2722.78	0.80	3335.94	0.09	288.74	0.74	8563.31	0.81	8872.71	
	黔西高原山地中强度侵蚀区	0.06	2108.16	0.83	11116.58	0.83	10388.84	0.09	1825.46	0.74	32990.10	0.77	20103.83	
	大别山低山丘陵中度侵蚀区	0.06	1344.75	0.70	1013.43	0.81	1438.37	—	0.00	0.71	10786.54	0.79	6530.07	
	三峡峡谷中山丘陵中度侵蚀区	0.04	1900.19	0.76	4050.05	0.83	15626.02	0.09	263.25	0.69	28547.21	0.78	13068.37	
	川东山地中轻度侵蚀区	0.07	307.31	0.72	603.61	0.84	2286.76	0.09	143	0.68	1487.83	0.80	2538.21	

表 6-13　　项目区长期 *SLRR* 值计统算

	类型区名称	坡改梯		水土保持林			经果林			种草		封禁治理			保土耕作		保土耕作实施 50%	
		SLRR	实施面积/hm^2	中林期 *SLRR*	成熟林期 *SLRR*	实施面积/hm^2	中林期 *SLRR*	成熟林期 *SLRR*	实施面积/hm^2	*SLRR*	实施面积/hm^2	中林期 *SLRR*	成熟林期 *SLRR*	实施面积/hm^2	实施50%的 *SLRR*	实施面积/hm^2	中林期 *SLRR*	成熟林期 *SLRR*
项目区	滇中低山丘陵沟壑中度侵蚀区	0.05	1834.93	0.43	0.16	1205.17	0.60	0.14	786.44	—	0.00	0.57	0.48	17030.28	0.65	258.29	0.52	0.41
	滇东北中低山强度侵蚀区	0.03	272.39	0.43	0.16	2722.78	0.60	0.14	3335.94	0.09	288.74	0.57	0.48	8563.31	0.65	8872.71	0.58	0.45
	黔西高原山地中强度侵蚀区	0.06	2108.16	0.43	0.16	11116.58	0.60	0.14	10388.84	0.09	1825.46	0.57	0.48	32990.10	0.65	20103.83	0.56	0.42
	大别山低山丘陵中度侵蚀区	0.06	1344.75	0.43	0.16	1013.43	0.60	0.14	1438.37	—	0.00	0.57	0.48	10786.54	0.65	6530.07	0.56	0.47
	三峡峡谷中山丘陵中度侵蚀区	0.04	1900.19	0.43	0.16	4050.05	0.60	0.14	15626.02	0.09	263.25	0.57	0.48	28547.21	0.65	13068.37	0.57	0.40
	川东山地中轻度侵蚀区	0.07	307.31	0.43	0.16	603.61	0.60	0.14	2286.76	0.09	143.00	0.57	0.48	1487.83	0.65	2538.21	0.57	0.39

（3）提高保土耕作措施实施比例，确保项目实施达到预期效益。保土耕作措施本身土壤减蚀效果比较明显，但由于项目区农户受长期农耕观念影响，对于保土耕作措施的接受程度不高，导致该措施总体减蚀比例较低，因此必须提高保土耕作措施实施比例，保证项目达到预期目的。

（4）依托本项目的治理成果建立水土保持监测实验观测站。项目完成后，结合每种治理措施建立监测观测实验站，并通过长期观测获取数据，建立本项目的水土保持措施的蓄水保土效益数据库，为后期继续开展本项科学研究提供基础数据。

（5）为提高项目区土壤减蚀效果，在条件允许的情况下，应尽量增大减蚀效果明显的坡改梯、种草、保土耕作等治理措施的面积，以便尽快发挥项目的减蚀效果，有效防治水土流失。

2. 社会经济方面

（1）水土保持林、经果林树种选择。考虑当地实际情况和经济发展要求，营造水土保持林、经果林时尽可能选取适合当地环境的乡土树种，缩短苗木成林时间；造林之前尽可能不要整地，减少对原地表植被的破坏，提高苗木成活率，充分发挥林草措施的水土保持功能。

（2）项目区水土保持措施落实与管护。对于未完成实施的水土保持措施要尽快实施落实，完善水土流失综合防治体系；而对于已经实施的项目水土保持措施，如水平梯田、水土保持林、经果林等及时落实管护措施，确保其充分发挥水土保持功能。

（3）提高保土耕作措施实施比例，确保项目实施达到预期效益。保土耕作措施本身土壤减蚀效果比较明显，但由于项目区农户受长期农耕观念影响，对于保土耕作措施的接受程度不高，导致该措施总体减蚀比例较低，因此必须提高保土耕作措施实施比例，保证项目达到预期目的。

（4）依托本项目的治理成果建立水土保持监测实验观测站。项目完成后，结合每种治理措施建立监测观测实验站，并通过长期观测获取数据，建立本项目的水土保持措施的蓄水保土效益数据库，为后期继续开展本项科学研究提供基础数据。

（5）为提高项目区土壤减蚀效果，在条件允许的情况下，应尽量增大减蚀效果明显的坡改梯、种草、保土耕作等治理措施的面积，以便尽快发挥项目的减蚀效果，有效防治水土流失。

第7章

水土流失遥感监测成果应用展望

水土流失状况是反映生态系统质量和稳定性的综合性指标，水土流失综合治理是实施山水林田湖草沙一体化保护和修复的重要途径，是江河保护治理的根本措施，是生态文明的必然要求。2022年12月，中共中央办公厅、国务院办公厅印发《关于加强新时代水土保持工作的意见》，明确加快推进水土流失重点治理等任务。2024年1月，《水利部关于加强水土保持空间管控的意见》指出，从生态系统整体性和流域系统性出发统筹考虑水土保持重点区域定位和特征，实施差别化的预防保护和综合治理措施，整体提升国土空间水土保持功能。

水土流失遥感监测成果可为水土资源保护与管理、环境保护与生态恢复、灾害预警和减灾工作、政策制定与规划、社会教育与宣传等领域提供有力支持。深入贯彻落实习近平生态文明思想，完整、准确、全面贯彻新发展理念，开展水土保持率目标分解和水土流失图斑落地工作，科学分析和定量评估重点区域的水土流失影响，是持续深化水土流失遥感监测成果应用的重要工作内容，是实现水土资源的科学利用、优化配置和有效保护的有效手段和重要基础，为促进国家生态文明建设、开展美丽中国考核评估、制定经济社会发展和生态保护修复重大规划、推动绿色发展等提供重要数据支撑和决策依据。

7.1 水土保持率目标分解

7.1.1 概况

水土保持是生态文明和美丽中国建设的重要内容，水土保持状况是反映生态系统质量和稳定性的重要指标。党的十九大明确提出了“到2035年生态环境根本好转、美丽中国基本实现，到2050年生态文明全面提升”的战略目标。党的十九届五中全会审议通过的《中共中央关于制定国民经济和社会发展第十四个五年规划和二〇三五年远景目标的建议》，明确提出要“科学推进荒漠化、石漠化、水土流失综合治理”。

为量化确定新时期全国的水土保持任务与目标，水利部于2019年10月提出水土保持率的概念，用于表征区域水土保持综合状况、回答水土流失防治到什么程度才算“行”与“好”的问题。2020年3月，国家发展改革委印发了《美丽中国建设评估指标体系及实施方案》，将水土保持率纳入美丽中国建设的22项评估指标中。

水土保持率目标是指通过一系列的水土保持措施，期望达到的水土保持状况良好的面积（非水土流失面积）占该区域面积的比例，是衡量水土保持工作成效的重要指标，也是推动水土保持工作深入开展的重要动力。水土保持率目标可以分为现状值和目标值两种。现状值是指当前区域内水土保持状况良好的面积占该区域面积的比例，它反映了当前的水土保持工作成效。而目标值则是根据区域的水土流失状况、经济社会发展需求和生态保护目标等因素，设定的期望达到的水土保持率水平。

贵州省内水土流失面积大、强度高、分布分散，岩溶区水土流失特色鲜明，水土流失现状错综复杂，其石漠化水土流失研究、治理在全国都具很强的代表性。贵州省坚持生态优先、绿色发展，筑牢长江、珠江上游生态安全屏障，科学推进石漠化综合治理，建设生态文明先行区。为落实中央关于生态文明建设的决策部署，水土保持工作亟须尽快量化确定新时期的目标，为此根据贵州省的实际情况和国家的战略规划，在全面分析全省水土流失防治进程与现状特点的基础上，通过空间分析和综合研判，确定贵州省水土保持率远期阈值和分阶段目标值，可为贵州省水土保持生态建设科学布局和提质增效提供宏观依据。

7.1.2 技术方法

7.1.2.1 基本概念

水土保持率是指区域内水土保持状况良好的面积（非水土流失面积）占国土面积的比例，是反映水土保持总体状况的宏观管理指标，是水土流失预防治理成效和自然禀赋水土保持功能在空间尺度的综合体现。它包含现状值和阈值（目标值）：现状值为现状年非水土流失面积占国土面积的比例；远期目标值为通过水土流失预防和治理，区域内非水土流失面积占国土面积比例的上限，反映的是符合自然规律并满足经济社会发展要求下，水土流失预防和治理应当达到的程度，远期目标年结合生态文明和美丽中国建设要求定为2050年，分阶段目标年为2025年、2030年和2035年。水土保持率计算公式如下：

$$SWCR = NLA/TA \times 100\% \tag{7-1}$$

式中：TA 为土地总面积，km^2；若 NLA 为轻度以下土壤侵蚀面积现状值，km^2，则 $SWCR$ 为水土保持率现状值，%，若 NLA 为轻度以下土壤侵蚀面积上限值，km^2，则 $SWCR$ 为水土保持率阈值（目标值），%。

7.1.2.2 技术流程与方法

参照《水土保持率目标确定方法指南》，根据区域特点和资料获取条件，基于贵州省2020年度水土流失监测成果，以10m分辨率栅格为空间叠加单元，采用土壤侵蚀、土地利用、植被覆盖、地形地貌、石漠化、生产建设项目等地理空间数据，结合社会经济状况、“十四五”规划等统计数据，分析统计水土流失中哪些不需要治理、哪些应当治理、哪些可以完全治理（治理后土壤侵蚀强度可降低到轻度以下）、哪些不可完全治理（治理后土壤侵蚀强度仍在轻度及以上），以及治理后的水土保持效果与水土流失情势，汇总得到远期目标年2050年时仍将存在的水土流失面积，最终得到贵州省水土保持率远期目标值，根据任务的缓急、区域特征及治理成效，分解得到各阶段目标值，具体流程如图7-1所示。

(1) 不需要治理的水土流失。指区域内对生产、生活、生态无不利影响或影响较小，无需进行专门治理且难以自然恢复消除的水土流失面积。对贵州省来说，不需治理的水土

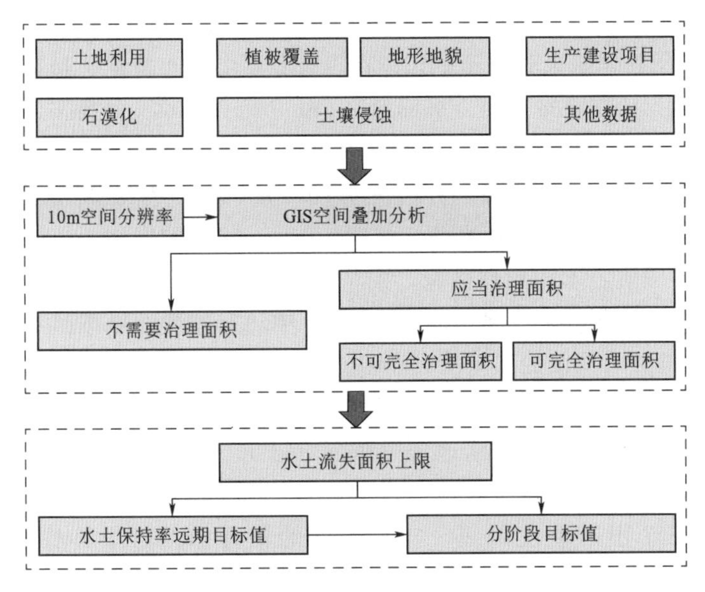

图7-1 贵州省水土保持率远期及分阶段目标值研判技术流程

流失面积包括高海拔人口稀疏地区和以集中连片裸露基岩为主体的石漠化地区现存水土流失。

(2) 应当治理的水土流失。扣除上述全省“不需治理的水土流失”之外的其余水土流失面积为“应当治理的水土流失面积”，按照不同土地利用、地形坡度及植被覆盖状况，考虑水土流失治理地块面积及岩溶和非岩溶情况，根据不同治理措施成效，分别判定确定“可以完全治理的水土流失面积”和“不可完全治理的水土流失面积”。具体判定规则如下：

1) 耕地：贵州省土地资源以山地、丘陵为主，人均耕地面积远低于全国平均水平，综合考虑耕地水土流失组成及其地形坡度分布特征、治理地块面积等因素确定判定标准。①在经济条件允许的情况下，对25°以下集中连片的坡耕地水土流失治理宜采取坡改梯等工程措施与保土耕作、植物篱等措施，保障农田稳量提质，缓解人地矛盾；已在禁止开垦的陡坡地上（25°以上）开垦种植农作物的，应当按照国家有关规定退耕，植树种草，耕地短缺、退耕确有困难的，应当修建梯田或者采取其他水土保持措施。②地块规格对水土保持措施，尤其工程措施的实施存在制约，综合《水土保持综合治理技术规范》和贵州地形地貌复杂、土地破碎的实际情况，在全省坡耕地田块面积空间分析基础上，选定1.5hm² 为面积上限。田块面积大于1.5hm² 的集中连片坡耕地水土流失，按不同坡度分别采取高标准农田、水平梯田、坡式梯田及配套工程措施治理；田块小于1.5hm² 的分散破碎坡耕地，按不同坡度采取等高垄作等保护性耕作措施和植物篱等生物措施治理。③建设高标准农田、修筑水平梯田按照该措施的治理效果，土壤侵蚀强度降为微度；修筑坡式梯田按照《2020年度水土流失动态监测技术指南》，其工程措施因子赋值为0.414，按照40%消减水土流失面积；实施等高耕作、带状耕作等保护性耕作和植物篱等措施，土壤侵蚀强度降为中轻度；保土耕作及退耕还林、还草等措施，坡度大于25°耕地全部退还为林草地后，按40%消减水土流失面积。

2）林地：综合考虑林地水土流失组成及其地形坡度分布特征、植被覆盖度、岩溶区分布等因素，按照《土壤侵蚀分类分级标准》（SL 190—2007）分类实施治理，确定判定标准。①覆盖度≥75%的岩溶区和非岩溶区林地实施自然封育后，植被覆盖度进一步增加，且林下灌草恢复，水土流失面积分别减少70%和82%（参考2018—2020年贵州省岩溶区和非岩溶区水土流失特征分析获得）；②覆盖度<75%的区域，按照岩溶区和非岩溶区，分三个坡度等级实施不同治理措施，推算植被覆盖度提升至接近75%或者以上，水土流失发生率不同程度地降低（参考2018—2020年动态监测结果按照不同坡度和覆盖度统计分析获得），推算可消减的水土流失面积。

3）草地：根据2018—2020年动态监测结果分析，草地的覆盖度对于水土流失分布的主导因素较少，因此暂不考虑草地覆盖度对水土流失治理的影响，综合考虑草地的水土流失组成及其地形坡度分布特征、岩溶区分布等因素确定判定标准。按照岩溶区和非岩溶区，分三个不同坡度等级，实施不同的治理措施，推算植被覆盖度提升至75%左右或者以上，水土流失发生率不同程度地降低（参照林地），推算可消减的水土流失面积。

4）园地：综合园地的水土流失组成及其地形坡度分布特征、植被覆盖度等因素确定判定标准（因岩溶区分布较少，暂不考虑岩溶和非岩溶区的情况）。按照三个坡度等级，实施不同治理措施，结合植被覆盖度，推算消减的水土流失面积。

5）建设活动：按2020年贵州省生产建设活动水土流失面积基数、2018—2020年建设活动水土流失面积变幅及2050年预期生产建设活动的规模，结合贵州省生产建设项目遥感监管成效，推算远期建设活动水土流失总面积。

（3）水土保持率远期和分阶段目标值。根据远期不需治理的水土流失面积和不可完全治理的水土流失面积，汇总得到2050年贵州省可达到的水土保持率目标值。在此基础上，分阶段实施针对性预防保护和综合治理措施后，各个阶段综合考虑剩余的不需治理水土流失面积和不可完全治理的水土流失面积，按照不同消减比例，分析确定贵州省水土保持率分阶段（2025年、2030年和2035年）目标值。

7.1.3 案例分析

7.1.3.1 远期及分阶段不需要治理的水土流失

1. 高海拔人口稀疏地区水土流失

贵州省地势西高东低，自中部向北、东、南三面倾斜，平均海拔在1100m左右。经分析，全省65.13%的水土流失面积集中分布在200～1300m低山地带，98.09%的水土流失面积分布在2300m以下；71.13%的居民点集中分布在200～1300m之间，99.12%的居民点分布在2300m以下。鉴于贵州省海拔2300m以上区域人口稀疏，以林草地水土流失为主，可通过减少扰动促进自然恢复。因此，分析确定贵州省海拔2300m以上的896.55km^2水土流失面积为不需治理的水土流失面积，远期及各个阶段都存在该部分水土流失，不消减水土流失面积。

2. 集中连片裸露基岩为主体的石漠化地区水土流失

根据水利部1995年和2015年岩溶地区石漠化监测成果数据，1995—2015年20年间通过人工造林种草、林草植被保护与恢复等措施，贵州省石漠化面积减少了8219km²，石漠化面积持续减少，石漠化强度持续减轻，但全省2300m海拔以下仍有3355.29km²的集中连片裸露基岩为主体的石漠化区园林草地现存水土流失。

其中坡度大于20°的集中连片裸露基岩为主体的园林草地，自然立地条件差，植被恢复困难，减少人为扰动，实施自然恢复后，植被覆盖度有所提升，水土流失降至或仍然维持中、轻度，无法消失，面积为2201.17km²，视为不需治理的水土流失面积，远期及各个阶段都存在该部分水土流失，不消减水土流失面积。

坡度小于等于20°的集中连片裸露基岩为主体的园林草地，实施人工补植、优化和抚育，辅以必要整地和截水工程措施后，植被覆盖度提升，水土流失降至微度，推算至远期2050年可减少水土流失面积1154.12km²；2020—2050年平均每5年需要消减水土流失面积1154.12km²的16.67%才能完成任务，计划第一个5年消减水土流失面积10%，第二个5年消减水土流失面积15%，第三个5年消减水土流失面积20%，得到各阶段水土流失面积消减情况：2021—2025年消减115.41km²，2026—2030年消减173.12 km²，2031—2035年消减230.82km²。

7.1.3.2 远期及分阶段不需要治理的水土流失

1. 耕地水土流失

地形坡度对耕地的水土流失起着关键作用，按照不同坡度统计耕地土壤侵蚀强度面积（见表7-1和图7-2），贵州耕地共有水土流失21214.01km²，主要分布在5°～25°坡度上，面积为16219.92km²，占耕地水土流失总面积的76.46%；坡度0°～5°和>35°的耕地中水土流失面积较小，分别为883.96km²和882.71km²，占耕地水土流失总面积比例分别为4.17%和4.16%。具体到侵蚀强度，坡度为0°～5°、5°～10°、10°～15°和15°～20°的耕地水土流失以轻度侵蚀为主，轻度侵蚀占其坡度水土流失面积比例分别为63.87%、60.78%、46.16%和34.80%；剧烈侵蚀主要发生在坡度15°以上的耕地，侵蚀面积均超过80km²，且坡度15°～20°、20°～25°、25°～30°、30°～35°和>35°上的耕地剧烈侵蚀占其相应坡度流失面积比例分别为1.92%、3.49%、5.95%、8.37%和11.02%。缓坡耕地的水土流失以轻度侵蚀为主，坡度越高，水土流失越集中在高侵蚀强度，高侵蚀强度面积占相应坡度等级流失面积比例越高，宜对耕地水土流失分坡度分类治理。从空间分布上看，耕地水土流失主要集中分布在贵州省西北部毕节市、六盘水市和遵义市等地。

表7-1 耕地水土流失远期及分阶段治理情况

坡度/(°)	田块面积/hm²	主要治理方式	预期效果	目前水土流失面积/km²	远期消减水土流失面积/km²	2021—2025年消减面积/km²	2026—2030年消减面积/km²	2031—2035年消减面积/km²
0～5	≥1.50	建设高标准农田	水土流失降至微度，消减面积	309.94	309.94	46.49	46.49	46.49
	<1.50	实施等高耕作等保护性耕作等措施	水土流失降至轻度	574.02	0.00	0.00	0.00	0.00

续表

坡度/(°)	田块面积/hm^2	主要治理方式	预期效果	目前水土流失面积/km^2	远期消减水土流失面积/km^2	2021—2025年消减面积/km^2	2026—2030年消减面积/km^2	2031—2035年消减面积/km^2
5～15	≥1.50	修筑水平梯田	水土流失降至微度，消减面积	2444.25	2444.25	244.43	293.31	366.64
	<1.50	实施植物篱和带状耕作等生物措施	水土流失降至轻度	5730.23	0.00	0.00	0.00	0.00
15～20	≥1.50	修筑坡式梯田等措施	①40%水土流失降至微度，消减面积；②60%水土流失降至轻度	1801.17	720.47	72.05	86.46	108.07
	<1.50	实施植物篱和带状耕作等生物措施	水土流失降至轻度	2825.88	0.00	0.00	0.00	0.00
20～25	—	实施植物篱生物措施和保土耕作等措施	水土流失降至中轻度	3418.39	0.00	0.00	0.00	0.00
>25	—	保土耕作及退耕还林、还草	①40%水土流失降至微度，消减面积；②60%水土流失降至中轻度	4110.13	1644.05	493.21	493.21	493.21
耕地治理合计				21214.01	5118.71	856.18	919.47	1014.41

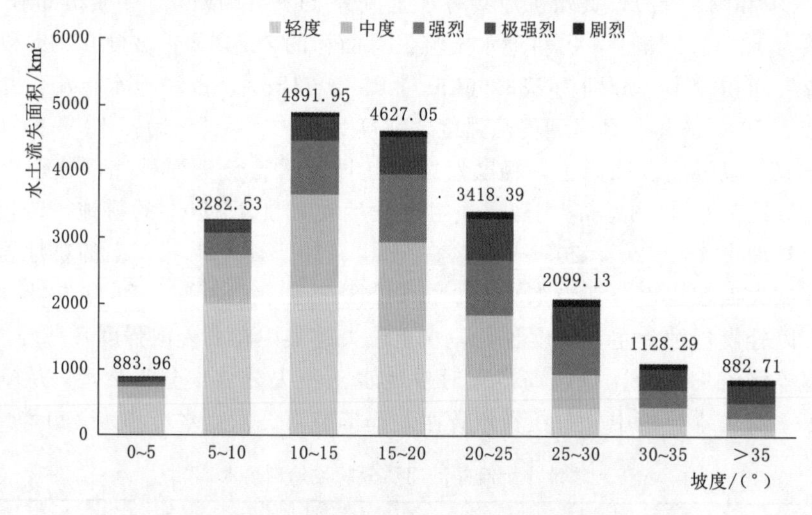

图7-2 不同坡度等级耕地水土流失面积对比

结合判定规则，分析推算耕地可以治理的水土流失面积（见表7-1），至远期2050年耕地水土流失实施治理措施后，预计消减水土流失面积5118.71km^2。经分析，2020—2050年计划安排每5年消减水土流失面积5118.71km^2的10%～15%，退耕还林还草计划在2035年左右完成，每5年消减该部分水土流失面积的30%，得到耕地各阶段水土流失消减面积，2021—2025年消减856.18km^2，2026—2030年消减919.47km^2，2031—

2035 年消减 1014.41km^2。

2. 林地水土流失

按照《2020 年度水土流失动态监测技术指南》中植被盖度分级标准［高覆盖（75%～100%）、中高覆盖（60%～75%）、中覆盖（45%～60%）、中低覆盖（30%～45%）和低覆盖（＜30%）］分析（见表 7－2 和图 7－3），贵州省林地覆盖度以高覆盖和中高覆盖为主，分别占林地总面积的 52.92% 和 31.35%。林地共有水土流失 17428.90km^2，以轻度侵蚀为主，轻度侵蚀面积占林地水土流失总面积的 94%以上；从不同覆盖度来看，主要分布在高覆盖、中高覆盖、中覆盖等级，分别占林地水土流失面积的 41.47%、28.41% 和 16.76%；从不同坡度来看，主要分布在坡度 15°～30°上，面积为 9066.25km^2，占林地水土流失总面积的 52.02%；坡度 0°～5°的林地中水土流失面积较小，为 296.30km^2，占林地水土流失总面积的 1.70%。在极强烈及以上侵蚀强度等级的水土流失面积中有 52.68%的水土流失面积分布在坡度 25°以上，因此，陡坡为主的地形条件是全省林地水土流失发生的重要因素。从空间分布上看，林地水土流失主要集中分布在贵州省东南部黔东南苗族侗族自治州、黔南布依族苗族自治州和铜仁市等地。

表 7－2　林地水土流失远期及分阶段治理情况

覆盖度/%	坡度/(°)	区域	主要治理方式	预期效果	目前水土流失面积/km^2	远期消减水土流失面积/km^2	2021—2025 年消减面积/km^2	2026—2030 年消减面积/km^2	2031—2035 年消减面积/km^2
≥75	—	岩溶区	自然封育	水土流失面积减少 70%	5069.87	3548.91	532.34	532.34	532.34
		非岩溶区		植被覆盖度提升，水土流失面积减少 82%	2158.42	1769.90	442.47	353.98	265.49
＜75	≤25	岩溶区	人工补植、优化和抚育	植被覆盖度提升，水土流失发生率由 20%降至 14%	3709.39	1084.10	162.62	162.62	162.62
		非岩溶区		植被覆盖度提升，水土流失发生率由 21%降低到 9%	1678.43	971.80	242.95	194.36	145.76
	25～35	岩溶区	人工补植、优化和抚育	植被覆盖度提升，水土流失发生率由 37%降低到 20%	2039.39	937.28	140.59	140.59	140.59
		非岩溶区		植被覆盖度提升，水土流失发生率由 38%降低到 11%	1179.77	838.44	209.61	167.69	125.77
	＞35	岩溶区	自然封育	植被覆盖度提升，水土流失发生率由 42%降低到 32%	1104.67	257.49	38.62	38.62	38.62
		非岩溶区		植被覆盖度提升，水土流失发生率由 40%降低到 12%	488.96	342.80	85.70	68.56	51.42
林地治理合计					17428.90	9750.72	1854.90	1658.76	1462.61

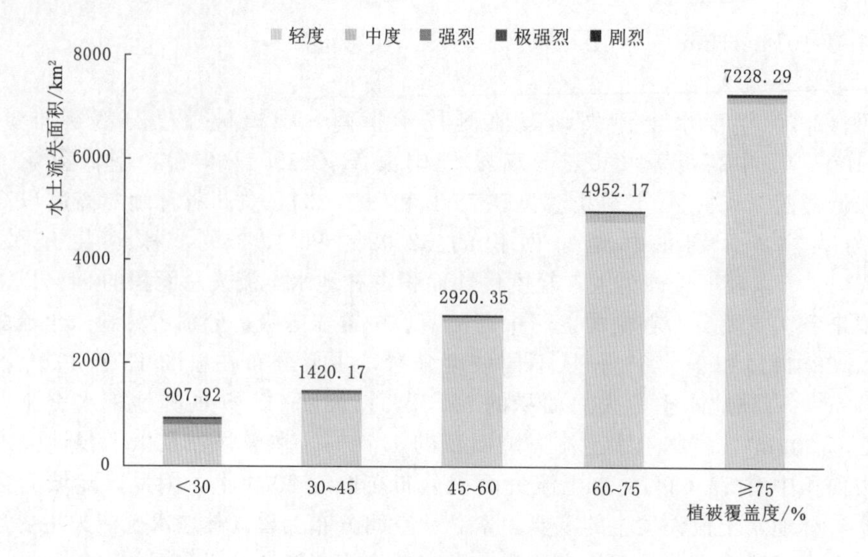

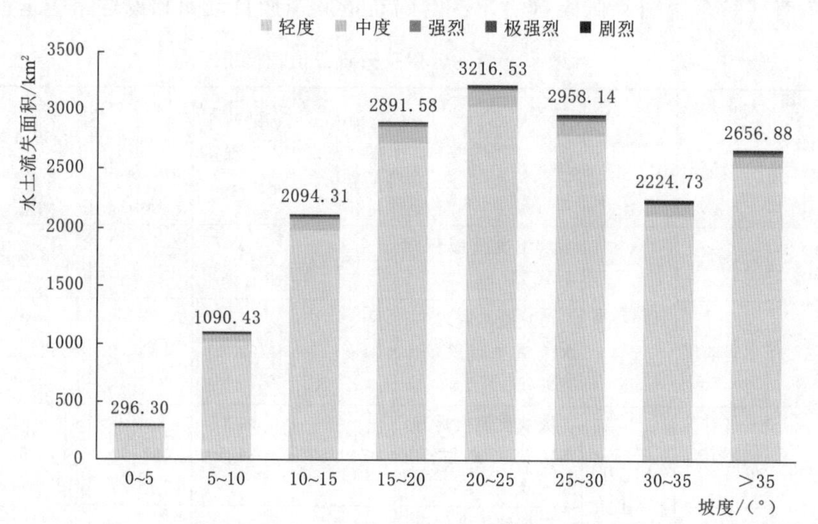

图7-3 不同植被盖度和不同坡度等级林地水土流失面积对比

结合判定规则，分析推算林地可以治理的水土流失面积（见表7-2），至远期2050年林地水土流失实施治理措施后，预计消减水土流失面积9750.72km²。经分析2020—2050年计划安排每5年消减水土流失面积9750.72km²的15%～25%，得到林地各阶段水土流失消减面积，2021—2025年消减1854.90km²，2026—2030年消减1658.76km²，2031—2035年消减1462.61km²。

3. 草地水土流失

按照不同坡度统计草地土壤侵蚀强度面积（见表7-3和图7-4），贵州草地共有水土流失1709.49km²，主要分布在坡度10°～25°上，面积为878.34km²，占草地水土流失总面积的51.38%；坡度0～5°的草地中水土流失面积较小，为57.02km²，占草地水土流失总面积的3.34%。具体到侵蚀强度，草地各坡度等级的水土流失均以轻度侵蚀为主，各坡度等级轻度侵蚀面积占各坡度水土流失面积比例均超过80%。从空间分布上看，草地水土流失主要集中分布在贵州省西部毕节市高海拔地区。

表 7-3　　草地水土流失远期及分阶段治理情况

坡度/(°)	分布区域	主要治理方式	预期效果	目前水土流失面积/km²	远期消减水土流失面积/km²	2021—2025年消减面积/km²	2026—2030年消减面积/km²	2031—2035年消减面积/km²
≤25	岩溶区	结合放牧、游憩等服务功能，采取轮牧、补植、抚育，必要时栽植乡土适生树种	植被覆盖度提升，水土流失发生率降低3%	777.77	119.55	17.93	17.93	17.93
	非岩溶区		水土流失降至微度，消减面积	339.89	339.89	84.97	67.98	50.99
25～35	岩溶区	禁垦禁牧，进行必要人工补植、抚育和乡土适生乔、灌树种栽植	水土流失降至或维持轻度	261.64	0.00	0.00	0.00	0.00
	非岩溶区		植被覆盖度提升，水土流失发生率降低11%	128.76	36.06	9.02	7.21	5.41
>35	—	自然封育	水土流失降至或维持中轻度	201.43	0.00	0.00	0.00	0.00
草地治理合计				1709.49	495.50	111.92	93.12	74.33

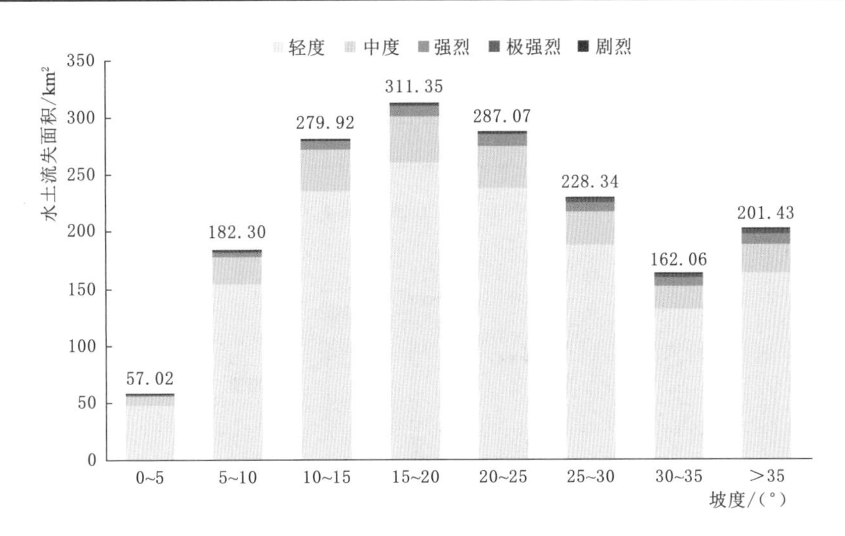

图 7-4　不同坡度等级草地水土流失面积对比

结合判定规则，分析推算草地可以治理的水土流失面积（见表 7-3），至远期 2050 年草地水土流失全部实施治理措施后，预计消减水土流失面积 495.50km²。经分析，2020—2050 年计划安排每 5 年消减水土流失面积 495.50km² 的 15%～25%，得到草地各阶段水土流失消减面积，2021—2025 年消减 111.92km²，2026—2030 年消减 93.12km²，2031—2035 年消减 74.33km²。

4. 园地水土流失

按照不同坡度统计园地土壤侵蚀强度面积（见表 7-4 和图 7-5），贵州园地中水土流失共490.74km²，主要分布在坡度10°～25°上，面积为276.47km²，占园地水土流失总面积的56.34%；坡度0°～5°的园地中水土流失面积较小，为11.79km²，占园地水土流失总面积的2.40%。具体到侵蚀强度，园地各坡度等级的水土流失均以轻度侵蚀为主，各坡度等级轻度侵蚀面积占各坡度水土流失面积比例均超过80%；剧烈侵蚀面积较少，各坡度等级均不超过0.4km²。从空间分布上看，园地水土流失主要集中分布在贵州省南部黔西南州、黔南州以及北部遵义市等地。

表7-4　园地水土流失远期及分阶段治理情况

坡度/(°)	主要治理方式	预期效果	目前水土流失面积/km²	远期消减水土流失面积/km²	2021—2025年消减面积/km²	2026—2030年消减面积/km²	2031—2035年消减面积/km²
≤10	林下植草或生物覆盖	水土流失降至微度，消减面积	55.60	55.60	5.56	8.34	11.13
10～25	林下植草或生物覆盖、植物篱配套坡面水系工程	水土流失降至微度，消减面积	276.47	276.47	27.65	41.47	55.29
>25	林下植草或生物覆盖、水平阶整地	现状覆盖度75%以上的园地水土流失降至微度，消减面积	35.61	35.61	5.34	5.34	5.34
		现状覆盖度75%以下的园地水土流失降至或维持中、轻度	123.06	0.00	0.00	0.00	0.00
园地治理合计			490.74	367.68	38.55	55.15	71.76

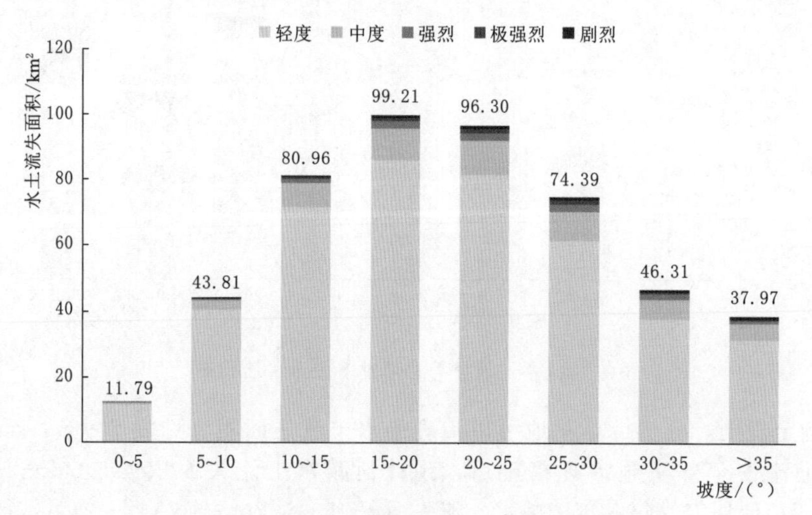

图7-5　不同坡度等级园地水土流失面积对比

结合判定规则，分析推算园地可以治理的水土流失面积（见表7-4），至远期2050年园地水土流失全部实施治理措施后，预计消减水土流失面积367.68km²。经分析，2020—2050年计划安排每5年消减水土流失面积367.68km²的10%～20%，得到园地各阶段水土流失消减面积，2021—2025 年消减 38.55km²，2026—2030 年消减 55.15km²，2031—2035 年消减 71.76km²。

5. 建设活动水土流失

分析确定以 2020 年全省建设活动水土流失面积 1901.66km² 的 80%（1521.33km²）作为 2050 年的贵州省的建设活动水土流失面积，相当于在经济社会发展的同时，建设活动监管发挥效益，防治措施落实后，至远期 2050 年控制消减水土流失面积 380.33km²。计划安排 2020—2050 年每 5 年消减水土流失面积 380.33km² 的 20%，即每 5 年消减水土流失面积 76.07km²。

6. 其他水土流失

裸土地、部分乡间小道等其他土地的水土流失较难治理，维持水土流失面积不变，分析确定 2050 年其他土地的水土流失面积为 11.56km²，远期及各个阶段都存在该部分水土流失，不消减水土流失面积。

7.1.3.3 水土保持率远期阈值与分阶段目标值

经因地制宜、分类施策的综合防治后，汇总各个地类水土流失消减面积（见表 7－5 和图 7－6），远期贵州省应治理且能治理并消除的水土流失面积为 17267.06km²，其中消减面积最大为林地，面积为 9750.72km²，其次为耕地，面积为 5118.71km²，相应全省非水土流失面积达到 146420.27 km²，远期仍然存在的水土流失面积为 29741.14km²，其耕地的水土流失面积最大为 16095.30km²，占总流失的比例达到 54.12%，林地的水土流失面积为 7678.18km²，占总流失的比例仅为 25.82%，分析确定贵州省的水土保持率远期阈值应不高于 83.12%。

表 7－5　　贵州省远期和分阶段水土保持率目标值分析表

类别		2020 年现状水土流失面积/km²	各阶段剩余水土流失面积/km²			
			2021—2025 年	2026—2030 年	2030—2035 年	2036—2050 年
不需要治理的水土流失面积	高海拔人口稀疏地区	896.55	896.55	896.55	896.55	896.55
	石漠化地区	3355.29	3239.88	3066.76	2835.94	2201.17
应到治理的水土流失面积	耕地	21214.01	20357.83	19438.36	18423.95	16095.30
	林地	17428.90	15574.00	13915.24	12452.63	7678.18
	草地	1709.49	1597.57	1504.45	1430.12	1213.99
	园地	490.74	452.19	397.04	325.28	123.06
	建设活动	1901.66	1825.59	1749.52	1673.45	1521.33
	其他	11.56	11.56	11.56	11.56	11.56
全省水土流失面积合计		47008.20	43955.17	40979.48	38049.48	29741.14
年均提升水土保持率		—	0.35%	0.34%	0.33%	0.31%
年均消减水土流失面积		—	610.61	595.14	586.00	553.89
年均水土流失降幅		—	1.34%	1.40%	1.48%	1.63%
水土保持率目标值		73.32%	75.05%	76.74%	78.40%	83.12%

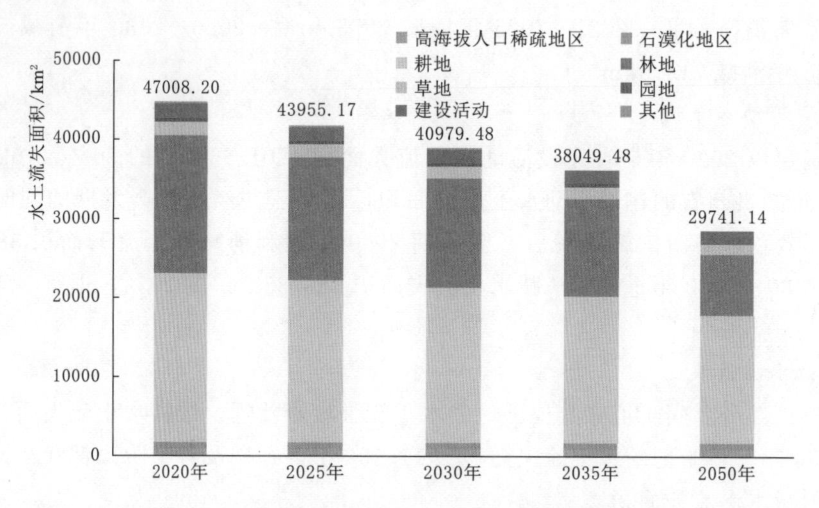

图7-6 贵州省远期和分阶段水土流失面积对比

分阶段目标来看，如贵州省2025年水土保持率达到75.05%，2021—2025年水土保持率年均需提升0.35%，年均需消减水土流失面积610.61km²，年均水土流失降幅应达到1.34%；如贵州省2030年水土保持率达到76.74%，2026—2030年水土保持率年均需提升0.34%，年均需消减水土流失面积595.14km²，年均水土流失降幅应达到1.40%；如贵州省2035年水土保持率达到78.40%，2031—2035年水土保持率年均需提升0.33%，年均需消减水土流失面积586.00km²，年均水土流失降幅应达到1.48%；至远期2050年，贵州省水土保持率需达到83.12%，2036—2050年水土保持率年均需提升0.31%，年均需消减水土流失面积553.89km²，年均水土流失降幅应达到1.63%，整体各个阶段的水土流失降幅符合目前贵州省水土保持规划及治理情况。

贵州省2020年水土保持率现状值为73.32%，综合考虑自然规律与经济社会需求，经对不需治理、不可完全治理、可以完全治理水土流失的时空综合研判，确定的2050年水土保持率远期阈值为83.12%；按照先急后缓、先易后难、因地制宜、减量降级、提质增效的原则，确定的2025年、2030年、2035年水土保持率阶段目标值分别为75.05%、76.74%和78.40%。

水土保持率目标确定既是一项政策性、系统性、创新性强的管理工作，也是一项具有科学性、复杂性的技术工作。贵州省水利厅将根据分解的结果，切实抓好水土保持率在管理工作中的应用，将水土保持率纳入相关规划目标，并在将来作为省级对市县级开展水土保持目标责任考核的重要指标，结合“美丽中国”建设评估、生态文明建设目标评价考核和水土保持目标责任考核等，按年度进行考核评估。

7.2 水土流失图斑落地

7.2.1 概况

水土流失作为全球性生态环境问题，已经危及了人类的生存、社会的稳定和经济的发展。开展水土流失专项调查工作，精准识别水土流失图斑，是水土保持贯彻落实习近平生态文明思想、支撑新时代生态文明建设的重要任务，能够提高水土流失监测精度和质量，为精准防治水土流失、开展区域水土保持规划、有效提高水保率、准确落实水土保持目标责任考核等工作提供科学依据。

7.2.1.1 国家层面

水土保持是江河保护的根本措施，是生态文明建设的必然要求。《中华人民共和国水土保持法》第十一条规定：国务院水行政主管部门应当定期组织全国水土流失调查并公告调查结果。党的十九大对我国水土保持治理提出新的要求与挑战，目标是至 2035 年基本实现美丽中国，至 2050 年生态文明全面提升。2022 年 12 月 28 日，中共中央办公厅、国务院办公厅印发的《关于加强新时代水土保持工作的意见》，明确进一步强化水土保持监测评价，按年度开展全国水土流失动态监测，结合管理需求，深化拓展监测成果分析，开展水土流失图斑精准识别。这是时隔 30 年，国家层面再次对水土保持工作做出具体要求，也是党中央首次对水土保持工作做出具体要求。

近年来，经过不断实践总结，水土流失监测逐步向精细化、信息化发展，较好掌握了我国水土流失的宏观状况，但依然存在一些问题，由于特殊的自然地理条件和水土流失客观实际，我国水土流失面积中存在大量不宜治理或已没有治理潜力的面积。目前水土流失动态监测采用的基础数据精度、野外调查深度计算表达土壤侵蚀状况的技术方法，尚不足以实现对微观尺度水土流失治理潜力、治理适宜性和紧迫程度的精细化判别评价，亟须对适宜治理水土流失地块精准识别定位，掌握其水土流失状况、治理迫切程度，用于指导生产实践，为水土流失精准防治提供支撑，引导各部门和地方政府有的放矢加快水土流失治理步伐。

7.2.1.2 省级层面

中国南方岩溶区石漠化已成为中国三大生态灾害之一，水土流失是石漠化形成的核心问题。贵州省内水土流失面积大、强度高、分布散，岩溶区石漠化区水土流失特色鲜明，水土流失现状错综复杂，其石漠化水土流失研究、治理在全国都具很强的代表性。

自党的十八大以来，贵州省认真贯彻习近平生态文明思想，全面落实“预防为主、保护优先、全面规划、综合治理、因地制宜、突出重点、科学管理、注重效益”的水土保持工作方针。据统计，自改革开放以来，贵州省累计投入超过 214.90 亿元，治理水土流失面积 47247.37km^2，先后实施了坡耕地综合治理、农发水土保持项目、革命老区项目、小流域治理项目等四大类治理工程，建设区域覆盖全省 70 多个县（市），主要集中在水土流失严重区域、生态脆弱区域，以及贫困地区、革命老区等，为有效治理水土流失、改善农村人居环境和生产条件、促进产业结构调整、助推脱贫攻坚作出了重要贡献。

党的十九大提出到 2035 年基本建成美丽中国，到 2050 年全面提升生态文明水平的目标，这对贵州省水土保持治理工作提出了新的要求和挑战。与此同时，针对具有喀斯特石漠化地区水土流失鲜明特色的贵州省，2022 年 1 月 26 日，《国务院关于支持贵州在新时代西部大开发上闯新路的意见》（国发〔2022〕2 号）特别提出，贵州省坚持生态优先、绿色发展，筑牢长江、珠江上游生态安全屏障，科学推进石漠化综合治理，建设生态文明先行区的要求。然而，目前喀斯特石漠化地区依旧面临水土流失资料相对缺乏，传统研究方法不适用等问题，导致当前区域水土流失遥感动态监测侵蚀强度分布边界不清，无法推进水土流失治理任务的分解、落实以及对实施效果的评估，难以满足贵州省进一步开展水土保持精准治理的工作要求。

因此，在新的战略目标下，面对类型复杂、分布广泛的侵蚀环境现状和不断提速的侵蚀治理政策方向，贵州如何进一步科学、精细、高效地开展土壤侵蚀空间评价以及治理工作，对贵州省水土保持率目标责任考核、相关政策制定、治理规划实施提供科学决策依据至关重要。

7.2.1.3 落实新时代水土保持工作定位和目标

水土是生态环境的控制要素，是土地生产力的根本依存，是江河安澜的制约因素。土壤侵蚀空间评价是实现区域防洪安全、优质水资源、健康水生态、宜居水环境的必然要求，是水土流失防治的重要组成。水土流失是一个极其复杂的自然地理现象，具有类型复杂、分布广泛、流失强度大等特点，已经成为全球关注的生态环境问题之一，由水土流失造成下垫面变化所带来的土壤退化、河流湖泊水体淤积、滑坡、泥石流等一系列生态环境问题受到广泛关注。

十八大以来，水利部门深入学习贯彻习近平生态文明思想，坚定不移落实“节水优先、空间均衡、系统治理、两手发力”治水思路。党的十九大对我国水土保持治理提出新的要求与挑战，目标是至2035年基本实现美丽中国，至2050年生态文明全面提升。目前，水土流失防治任务仍十分艰巨，开展土壤侵蚀空间评价是水土流失防治的重要工作基础。

土壤侵蚀评价由早期的定性评价转向定量评价，评价单元也由点向面扩展。以不同水土保持发展目标为导向，根据不同的水土保持管理需求，我国划分了具有不同空间尺度的土壤侵蚀评价单元。例如，在宏观尺度分别有土壤侵蚀类型区、重点治理区、重点防治区、生态功能区、大江大河流域等主要的空间管理单元。在水土保持综合管理方面，开展了大量以小流域为单元的综合治理工作，为有效治理水土流失、改善人居环境和生产条件、促进产业结构调整作出了重要贡献。

然而，对土壤侵蚀评价研究机制还有对过程与机理研究较薄弱、土壤侵蚀评价因子的定量研究没有形成相对统一的指标体系等问题。而在新的战略目标下，水土保持率指标被纳入国家发展改革委的美丽中国评估体系中，如何进一步科学、精细、高效地开展土壤侵蚀空间评价及其治理工作是流域管理中的重点工作之一，是响应、落实国家生态文明建设对新时代水土保持工作定位和目标的关键环节。

7.2.1.4 解决精准防治水土流失地块的举措

目前我国采用中国土壤侵蚀模型（Chinese Soil Loss Equation，CSLE）开展区域水土流失动态定量监测工作，采用土地利用矢量地块和栅格单元有效提高了动态监测工作的质量与效率，计算精度较高。总体上，区域水土流失动态监测成果虽能够展现我国水土流失的空间分布特征情况，却存在侵蚀强度分布边界不清、多种数据成果之间缺少衔接等问题，导致难以满足水土流失治理任务的分解、落实和实施效果评估工作环节中对水土流失监测成果的应用需求，对水土保持精准治理的工作带来了一定困难。

在水土保持领域，部分学者提出了“土壤侵蚀图斑”“水保斑”“划分设计图斑”等基础空间单元的新概念，但目前仍处于初步试验阶段，存在与水土保持综合治理工作契合度不高，针对性不强，划分方法不完善，实际应用效果不佳的情况。自2014年以来，水利部提出了水土保持综合治理“图斑”精细化管理要求，因目前将宏观尺度或区域尺度的研究成果应用于水土流失精准治理的转化方法研究相对薄弱且适用性不足，造成目前的实际工作中往往因为微观管理单元缺失而导致宏观空间管制要求无法落实，不能满足宏观尺度对于区域水土流失综合治理应用的需求。2021年水利部提出了“水土流失落地图斑”的新概念，制定了以上一年度水土流失动态监测成果为基础，将栅格土壤侵蚀数据确定为“水土流失落地图斑”的方法。但在推行过程中出现了图斑过大、部分水土流失落地图斑侵蚀强度分级标准和《土壤侵蚀分类分级标准》（SL 190—2007）不一致、水土流失落地图斑空间位置转移等问题造成与实际情况不符的问题。水土流失空间单元处于初步探索阶段，在实际应用中仍然面临着内部要素复杂、空间位置准确率低或难以实际应用等问题。

因此，从目标导向来看，落实生态文明建设亟须找准新时代水土保持工作的定位和目标，有的放矢才能满足国家生态文明建设的总要求。从需求导向来看，目前全国水土流失遥感动态监测成果存在侵蚀、治理、土地利用等矢量和栅格多种表现形式，类型不一致、不固定，尚未建立统一的基础空间管理单元。土壤侵蚀强度虽揭示了我国水土流失的空间分布特征，但水土流失监测数据存在侵蚀强度分布边界不清、类型复杂和分布广泛等问题，无法精准推进水土流失治理任务的分解、落实和实施效果评估，难以进一步满足水土保持精准治理的工作要求。故为了更好地推进水土保持工作高质量发展，构建一套适用于水土流失动态监测，并为水土流失治理提供技术支撑的水土流失空间治理单元非常有必要。

7.2.1.5 落实近期水利部加强水土保持监测工作

《水利部办公厅关于印发〈全国水土流失动态监测实施方案（2023—2027年）〉的通知》（办水保〔2022〕269号）中要求亟须精准识别和定位适宜治理的水土流失地块，用于指导生产实践，支撑精准防治水土流失工作，并引导地方政府和相关部门有目标地加快水土流失治理步伐。《水利部水土保持监测中心关于印发水土流失图斑落地工作技术细则》（水保监〔2021〕41号）要求以年度水土流失动态监测成果为基础，将以栅格形式表达的土壤侵蚀强度图概化为以矢量形式表达的土壤侵蚀强度图，更好地服务于水土保持预防监督、综合治理、规划设计和水土保持功能评价等工作。《水利部办公厅关于深入做好2021年度水土流失动态监测工作的通知》（办水保〔2022〕162号）要求扎实推进水土流失图斑落地，基于动态监测成果完成水土流失图斑落地工作，并加强落地图斑的野外复核。《水利部办公厅关于深入做好2022年度水土流失动态监测工作的通知》（办水保〔2022〕223号）要求全面深化动态监测分析评价，着重加强年度实际发生土地利用类型变化图斑面积、水土流失状况、动态变化及水土保持功能变化情况分析；年度土地利用类型未变化面积图斑面积、水土流失状况、动态变化情况及治理修复成效分析。开展本项目，是落实近期水利部关于加强水土保持监测工作要求的需要。

7.2.2 技术方法

7.2.2.1 基本概念

2021年水利部提出了“水土流失落地图斑”的新概念，指以上一年度水土流失动态监测成果为基础，将栅格土壤侵蚀数据转化为可满足治理需求的“水土流失落地矢量图斑”。

7.2.2.2 技术流程与方法

技术路线包括研究水土流失落地方法、编制实施方案、资料收集及整理、水土流失落地图斑确定、野外调查验证、水土保持治理策略研究、成果汇总分析及整编等内容。具体技术流程见图7-7。

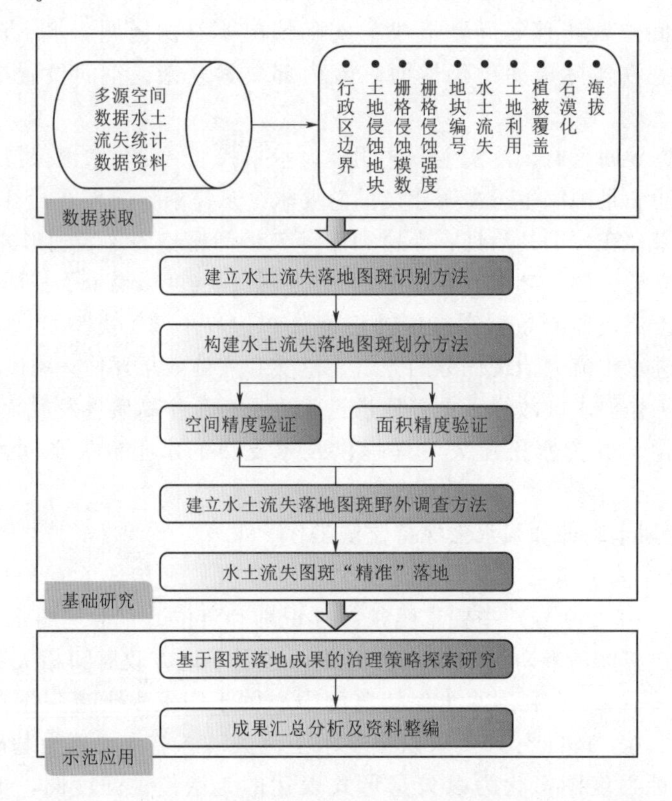

图7-7 水土流失图斑落地技术路线

1. *多尺度分割算法*

根据多尺度分割（multiresolution segmentation）算法，将土壤侵蚀模数影像中相邻同质像元进行合并，将异质像元进行分离，得到土壤侵蚀的多边形对象。该算法为“自下而上”的区域合并算法，其判断同质性的具体方法为

$$f = W_c h_c + W_s h_s \tag{7-2}$$

式中：W_c 为光谱信息对应权重；W_s 为形状信息权重，$W_c + W_s = 1$；W_s 为紧致度因子 h_{cmpct} 和平滑度因子 h_{smooth} 的和，$h_{cmpct} + h_{smooth} = 1$；$h_c$ 为光谱异质性因子；h_s 为形状异质性因子，$h_c + h_s = 1$。

光谱异质性因子 h_c 的具体计算的方法为

$$h_c = \sum_b w_b \times \sigma_b \tag{7-3}$$

式中：b 为影像波段；w_b 为第 b 波段的权重值；σ_b 为第 b 波段的光谱标准差。土壤侵蚀模数栅格数据只有 1 个波段，w_b 取值为 1。

具体计算过程举例说明，假设两个相邻土壤侵蚀模数栅格像元 c_1 和 c_2 的方差分别为 σ_{c_1} 和 σ_{c_2}，面积分别为 a_{c_1} 和 a_{c_2}，a_{merge} 表示合并之后的总面积，σ_{merge} 为合并之后的方差，则 c_1 和 c_2 合并后的对象光谱异质性为

$$h_c = \sum_b w_b [a_{\text{merge}} + \sigma_{\text{merge}} - (a_{c_1}\sigma_{c_1} + a_{c_2}\sigma_{c_2})] \tag{7-4}$$

形状异质性因子 h_s 计算方法为

$$h_s = w_{\text{cmpct}} h_{\text{cmpct}} + (1 - w_{\text{cmpct}}) h_{\text{smooth}} \tag{7-5}$$

式中：w_{cmpct} 为紧致度权重；$(1-w_{\text{cmpct}})$ 为光滑度权重；h_{cmpct} 为紧致度因子；h_{smooth} 为光滑度因子。

$$h_{\text{cmpct}} = l / \sqrt{N} \tag{7-6}$$

$$h_{\text{smooth}} = l / d \tag{7-7}$$

式中：l 为合并对象的周长；N 为合并对象的总像元数；d 为合并对象最小外接矩形的周长。

2. 基于分层分割的水土流失图斑落地方法

(1) 水土流失面积提取。利用土壤侵蚀模数 A 栅格数据，按照《土壤侵蚀分类分级标准》分为轻度 $500 \leqslant A < 2500$、中度 $2500 \leqslant A < 5000$、强烈 $5000 \leqslant A < 8000$、极强烈 $8000 \leqslant A < 15000$ 和剧烈 $A \geqslant 15000$ 共 5 个土壤侵蚀强度等级，统计各强度等级下的土壤侵蚀面积。将土地利用矢量数据转为土地利用栅格数据，分别叠加土地利用栅格数据和分强度等级的土壤侵蚀栅格数据，统计得到各强度等级下不同土地利用类型的土壤侵蚀面积。

(2) 水土流失落地图斑识别方法。土壤侵蚀强度等级栅格数据存在侵蚀强度边界不清问题，高强度等级的土壤侵蚀在空间上分布离散且面积较小，在继承土壤侵蚀强度等级栅格数据的空间界线过程中，高强度等级土壤侵蚀往往与其他强度等级相混淆，造成水土流失落地图斑识别结果与多尺度分割算法得到的各强度等级土壤侵蚀面积差异较大。因此，为降低各强度等级间的强烈干扰，将《土壤侵蚀分类分级标准》(SL 190—2007) 中的 5 个土壤侵蚀强度等级在不改变各强度等级侵蚀模数值标准的前提下，建立新的土壤侵蚀强度划分方法，具体为：轻度Ⅰ ($500 \leqslant A < 2500$)、中强度Ⅱ ($2500 \leqslant A < 8000$) 和强烈以上Ⅲ ($A \geqslant 8000$)，并将结果将按轻度Ⅰ、中强度Ⅱ和强烈以上Ⅲ共 3 个土壤侵蚀强度等级栅格图层输出（见图 7-8）。

将三个等级土壤侵蚀强度栅格数据分别叠加土地利用矢量数据，按土地利用矢量数据分割新的土壤侵蚀强度，得到每一个新的土壤侵蚀强度等级的第一层水土流失矢量图斑；结合多尺度分割方法，对新的土壤侵蚀强度等级的第一层水土流失图斑进行细分割，得到第二层水土流失矢量图斑结果，第二层水土流失矢量图斑包括：轻度Ⅰ水土流失图斑、中强度Ⅱ水土流失图斑和强烈以上Ⅲ水土流失图斑。

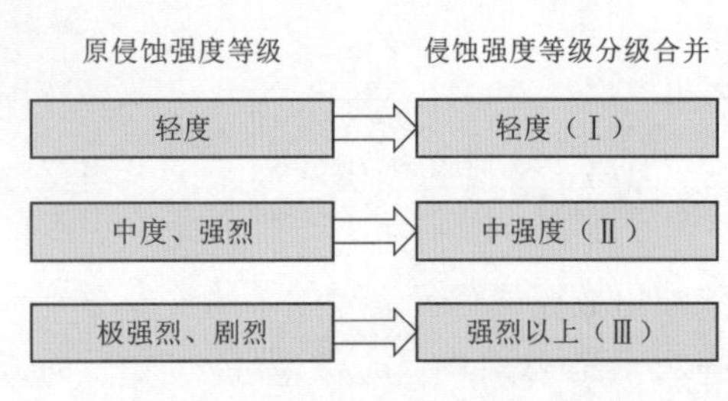

图7-8 水土流失图斑合并规则图

(3) 水土流失图斑信息再提取。利用第二层水土流失矢量图斑分别叠加土壤侵蚀模数 A 栅格数据，计算每个水土流失矢量图斑内部的平均土壤侵蚀模数值，得到具有平均侵蚀模数信息的水土流失图斑；对土地利用矢量数据中的地块进行连续编号，使每个土地利用地块具有地块编号 DKBH，将地块编号 DKBH 转化为栅格图层，叠加具有平均侵蚀模数信息的水土流失图斑，获取每个水土流失图斑对应地块编号 DKBH 的栅格数据值。

将水土流失图斑和土地利用矢量数据通过相同的地块编号 DKBH 栅格数据值进行空间链接，获取每个水土流失图斑的土地利用类型信息，得到具有土地利用类型信息的水土流失落地图斑结果。

将土壤侵蚀矢量图斑和土地利用矢量数据通过相同的地块编号 DKBH 栅格数据值进行空间连接，获取每个土壤侵蚀图斑的土地利用类型信息，得到具有土地利用类型信息的土壤侵蚀矢量图斑。

(4) 水土流失落地图斑单元划分方法。为解决各等级侵蚀强度在空间上破碎化、离散化问题，实现既要保持与基于遥感监测的不同强度等级水土流失面积的一致性，又要满足实际治理的应用需求，为此构建水土流失图斑的划分方法，提供不同尺度的土壤侵蚀空间治理单元信息（见图7-9）。具体划分方法如下：

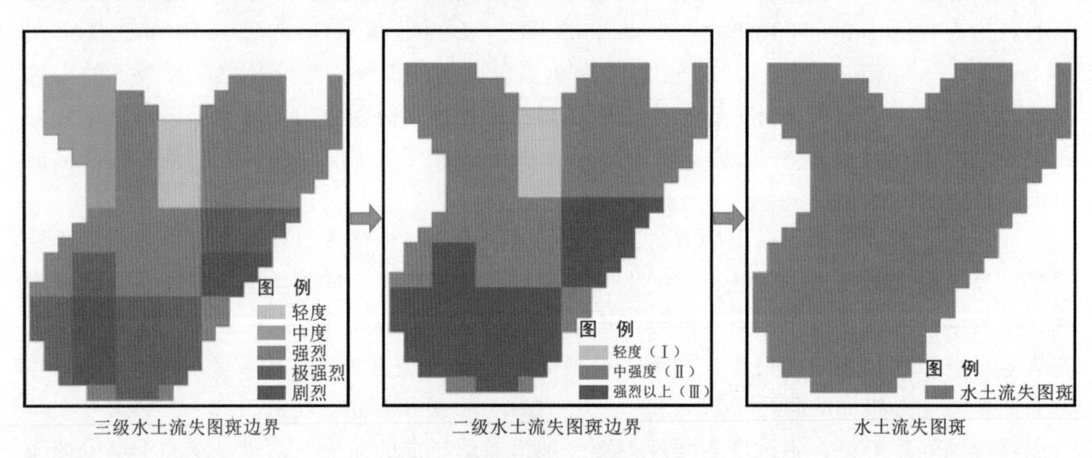

图7-9 水土流失图斑分级示例图

1) 第一级为水土流失图斑空间位置显示。

2) 第二级为水土流失图斑内分3个土壤侵蚀强度等级显示，图斑内部以轻度Ⅰ、中强度Ⅱ和强烈以上Ⅲ 3个土壤侵蚀强度显示，改进因原有5个等级在空间分布离散、边界难以界定导致的土壤侵蚀强度难以复核、实际操作受限等问题。

3) 第三级为水土流失图斑内分5个土壤侵蚀强度等级显示，与《土壤侵蚀分类分级标准》(SL 190—2007) 相对应，确保水土流失图斑识别成果与水土流失遥感监测成果的衔接性。

建立不同层级间的水土流失落地图斑的划分方法，在满足与区域水土流失遥感监测成果的继承性与衔接性的基础上，实现对发生水土流失区域的空间定位功能，可为水土流失治理策略及水土保持工程布局提供支撑。

3. 成果室内精度验证方法

（1）空间位置精度。依据《土壤侵蚀分类分级标准》（SL 190—2007），空间统计水土流失图斑内各强度等级正确图斑的数量与面积占比，判定水土流失图斑分类识别的准确性。

（2）面积精度。对比土壤侵蚀总面积、各强度等级土壤侵蚀面积、不同土地利用类型土壤侵蚀面积、不同土地利用类型各强度等级土壤侵蚀面积与水土流失动态监测栅格上报面积对比相对误差。相对误差计算公式如下：

面积相对误差＝(基于水土流失图斑计算的面积－基于栅格统计的面积)/基于栅格统计的面积×100

4. 成果野外复核方法

(1)野外复核指标。复核指标主要包括图斑的地理位置(所处行政区)、经纬度、图斑编号、调查日期、拍摄时间、土地利用类型、水土保持措施、坡度、植被覆盖度、水土流失强度、土壤侵蚀强度和石漠化等,基于这些调查指标设定外业调查记录表(见表 7－6)和外业图斑准确率统计表(见表 7－7),并将现场拍摄照片作为附件材料保存记录。

(2)复核方法。各指标的复核方法分别如下：

1)土地利用类型:依据土地利用分类表(见表 4－4),根据各地类含义,结合调查图斑实际情况,如实按照土地利用类型的名称进行填写并拍照记录。鉴于贵州省高强度水土流失主要发生在旱地和人为扰动用地等,外业调查表中耕地、交通运输用地和建设用地按二级类名称进行填写,园地、林地、草地、水域与水利设施用地和其他土地按一级类名称进行填写。考虑贵州省的实际地形地貌、水土流失特征和动态监测遥感解译情况,外业调查重点选取耕地中的旱地、林地、园地、草地和建设用地中的人为扰动用地进行水土流失图斑外业调查。

2)水土保持措施:分为生物措施和工程措施两大类,依据外业调查时图斑的实际情况填写水保措施类型(见表 4－5),作为判断是否为水土流失图斑和土壤侵蚀强度的依据。根据贵州省动态监测遥感解译的实际情况及外业调查地类的情况,生物措施 4 种类型全部涵括;工程措施种类多样,常见的有梯田和坡面蓄排水工程等。梯田类型包括水平梯田、隔坡梯田、坡式梯田、反坡梯田(水平阶),常见的有水平梯田、坡式梯田和反坡梯田(水平阶),如图 7－10 所示。坡面小型蓄排工程主要包括截水沟、排水沟、蓄水池、沉沙池等工程,常见于人为扰动用地。外业调查时,根据各水保措施含义,结合图斑实际情况,如实填写措施名称。

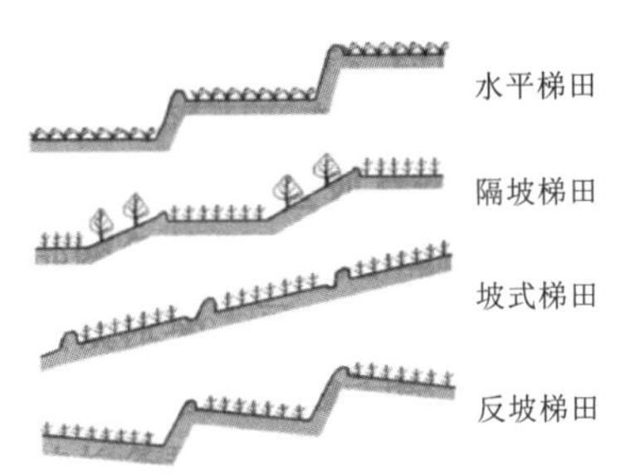

图 7－10　梯田类型示意图

3)坡度:指山地坡面与水平面的夹角,外业调查时依据调查图斑的平均坡度填写,并拍摄照片记录坡度信息。为确保外业调查时坡度信息收集的准确性与便捷性,同时契合对应土地利用类型的特征,基于已有的研究资料,在调查记录表中将耕地坡度分为 0°～6°和大于等于 6°两个等级,园地、林地、草地和人为扰动用地分为 0°～5°和大于等于 5°两个等级。

表 7-6　　外业调查记录表

__________市(州)　__________县(市、区)　填表人：__________

<table>
<tr><td>基本情况</td><td colspan="20">地块编号：　调查日期：　拍摄时间：　经度：　纬度：　地类：　侵蚀强度：</td></tr>
<tr><td>解译情况</td><td colspan="20">正确□　错误□</td></tr>
<tr><td rowspan="2">土地利用类型</td><td colspan="3" rowspan="2">旱地□</td><td rowspan="2">水田□
水浇地□</td><td colspan="3" rowspan="2">林地□</td><td colspan="3" rowspan="2">草地□</td><td colspan="4" rowspan="2">园地□</td><td colspan="5">建设用地□</td><td rowspan="2">交通运输用地□
水域与水利设施用地□
其他土地□</td></tr>
<tr><td colspan="4">人为扰动用地□</td><td>城镇建设用地□
农村建设用地□
其他建设用地□</td></tr>
<tr><td rowspan="2">水土保持措施</td><td rowspan="2">坡式梯田□
水平阶□
地埂□
无□</td><td colspan="2" rowspan="2">水平梯田□</td><td rowspan="2">水平梯田□
地埂□
无□</td><td colspan="3" rowspan="2">水平阶□
鱼鳞坑□
无□</td><td colspan="3" rowspan="2">水平阶□
无□</td><td colspan="2" rowspan="2">水平阶□
坡面小型蓄排工程□</td><td colspan="2" rowspan="2">无□</td><td colspan="2">有苫盖□
种树(草)□
地面硬化□
坡面小型蓄排工程□</td><td colspan="2">无□</td><td rowspan="2">—</td><td rowspan="2">—</td></tr>
<tr><td>比例：<70%□</td><td>比例：≥70%□</td><td colspan="2">—</td></tr>
<tr><td>植被覆盖度</td><td>—</td><td>—</td><td>—</td><td>—</td><td colspan="2"><75%□</td><td>≥75%□</td><td colspan="2"><90%□</td><td>≥90%□</td><td><75%□</td><td>≥75%□</td><td><90%□</td><td>≥90%□</td><td>—</td><td>—</td><td colspan="2">—</td><td>—</td><td>—</td></tr>
<tr><td>坡度</td><td><6°□
≥6°□</td><td>≥6°□</td><td><6°□</td><td>—</td><td><5°□</td><td>≥5°□</td><td>—</td><td><5°□</td><td>≥5°□</td><td>—</td><td>—</td><td>—</td><td>—</td><td>—</td><td>—</td><td>—</td><td><5°□</td><td>≥5°□</td><td>—</td><td>—</td></tr>
<tr><td>水土流失图斑</td><td>是□</td><td>是□</td><td>否□</td><td>否□</td><td>是□</td><td>是□</td><td>否□</td><td>是□</td><td>是□</td><td>否□</td><td>是□</td><td>否□</td><td>是□</td><td>否□</td><td>是□</td><td>否□</td><td>是□</td><td>是□</td><td>否□</td><td>否□</td></tr>
<tr><td>土壤侵蚀强度</td><td>轻度□
中度及以上□</td><td>轻度□</td><td>—</td><td>—</td><td>轻度□</td><td>轻度□
中度及以上□</td><td>—</td><td>轻度□</td><td>轻度□
中度及以上□</td><td>—</td><td>轻度□
中度及以上□</td><td>—</td><td>轻度□
中度及以上□</td><td>—</td><td>轻度□
中度及以上□</td><td>—</td><td>轻度□</td><td>中度及以上□</td><td>—</td><td>—</td></tr>
<tr><td>石漠化</td><td colspan="20">有□　无□</td></tr>
<tr><td>备注</td><td colspan="20"></td></tr>
</table>

表 7-7　　　　外业图斑准确率统计表

地块编号	调查日期	拍摄时间	经度	纬度	解译地类	计算侵蚀强度	实际地类	水土保持措施	植被覆盖度	坡度	水土流失图斑	土壤侵蚀强度	备注
1													
2													
3													
4													
5													
6													
…													

4）植被覆盖度：指植被（包括叶、茎、枝）在地面的垂直投影面积占统计区总面积的百分比。为提高外业调查的可操作性，考虑园林草地的地类特点，充分借鉴关于园地、林地和草地水土流失的科研成果，结合《水土流失动态监测技术指南》，将林地按植被覆盖度75%进行分级，草地按90%进行分级，园地在有水保措施情况下按75%分级、无水保措施的情况按下90%分级，进行植被覆盖度信息统计，以作为判断图斑是否为水土流失图斑与判别土壤侵蚀强度的基础。

5）土壤侵蚀强度：分为轻度、中度、强烈、极强烈和剧烈侵蚀5个等级，依据中国水土流失方程计算得到的土壤侵蚀模数进行划分，野外难以通过肉眼直接进行等级确定，但轻度与其他等级存在较明显的区别；结合前期调研经验并从利于后期图斑治理的角度出发，在外业调查时仅对土壤侵蚀强度区分"轻度"和"中度及以上"。

7.2.3　案例分析

7.2.3.1　研究区概况

岩溶石漠化区水土流失特色鲜明，水土流失现状错综复杂，其水土流失研究、治理在全国都具很强的代表性。综合考虑岩溶区和非岩溶区均有分布、水土流失严重且具有代表性原则，选取岩溶区毕节市七星关区和黔西南布依族苗族自治州晴隆县，非岩溶区黔东南苗族侗族自治州榕江县，共3个县开展水土流失图斑落地，对比水土流失图斑识别精度，验证识别方法的区域适用性。

7.2.3.2　水土流失图斑精度验证

1. 空间位置精度分析

在空间位置精度方面，统计分析各强度等级水土流失图斑的平均侵蚀模数值是否在《土壤侵蚀分类分级标准》（SL 190—2007）相应的强度等级取值范围内，结果得到晴隆县在5个土壤侵蚀强度等级下的水土流失图斑准确率，见表7-8。

3个试点县的水土流失图斑准确率分别为98.27%、97.33%和99.99%，空间位置精度均达到了95%上，满足精度要求，较好地实现了水土流失遥感监测空间数据的精准转化。

2. 面积精度验证

各强度等级水土流失图斑的水土流失面积与遥感监测栅格上报的水土流失总面积相对误差均在2%以下，水土流失总面积的相对误差在1%以下（见表7-9）。不同土地利用类型水土流失面积及各强度等级水土流失面积的相对误差控制在5%以内（见表7-10），均满足精度要求。

表7-8 水土流失图斑准确率统计表

行政区	土壤侵蚀等级	侵蚀模数							准确率/%
		<500	500～2500	2500～5000	5000～8000	8000～15000	≥15000	合计	
晴隆县	轻度	1748	42541	0	0	0	0	44289	96.05
	中度	0	0	15634	0	0	0	15634	100
	强烈	0	0	49	18020	0	0	18069	99.73
	极强烈	0	0	0	0	21514	0	21514	100
	剧烈	0	0	0	0	19	5709	5728	99.67
	水土流失	1748	42541	15683	18020	21533	5709	105234	98.27
榕江县	轻度	4655	115074	0	0	0	0	119729	98.97
	中度	0	0	42514	0	0	0	42514	100
	强烈	0	0	0	9282	0	0	9282	100
	极强烈	0	0	0	0	3312	0	3312	100
	剧烈	0	0	0	0	0	143	143	100
	水土流失	4655	115074	42514	9282	3312	143	174980	97.33
毕节市七星关区	轻度	1097	201839	0	0	0	0	202936	99.46
	中度	0	0	149052	6	0	0	149058	100.00
	强烈	0	0	7	93910	0	0	93917	99.99
	极强烈	0	0	0	0	84852	0	84852	100
	剧烈	0	0	0	0	0	20431	20431	100
	水土流失	1097	201839	149059	93916	84852	20431	551194	99.99

表7-9 各强度等级水土流失落地图斑识别面积相对精度表

行政区	统计指标	总面积	轻度	中度	强烈	极强烈	剧烈
晴隆县	栅格上报面积/km^2	333.46	97.21	85.97	100.30	42.56	7.42
	水土流失图斑识别面积/km^2	332.03	95.93	85.41	100.66	42.59	7.44
	面积误差/%	−0.43	−1.32	−0.65	0.36	0.07	0.27
毕节市七星关区	栅格上报面积/km^2	827.22	397.53	178.00	126.27	110.80	14.62
	水土流失图斑识别面积/km^2	824.04	394.95	177.56	126.08	110.90	14.55
	面积误差/%	−0.38	−0.65	−0.25	−0.15	0.09	0.48
榕江县	栅格上报面积/km^2	296.23	249.66	29.91	13.29	3.07	0.30
	水土流失图斑识别面积/km^2	293.50	246.94	30.01	13.18	3.07	0.30
	面积误差/%	0.92	−1.09	0.33	0.83	0.00	0.00

表 7-10　不同土地利用类型各强度等级水土流失落地图斑识别面积相对精度表

行政区	统计指标	耕地	林地	草地	园地	建设用地
晴隆县	栅格上报面积/km^2	281.15	20.21	8.02	1.72	22.36
	水土流失图斑识别面积/km^2	279.57	20.98	8.43	1.69	22.54
	面积误差/%	−0.56	2.03	3.49	−1.74	0.81
毕节市七星关区	栅格上报面积/km^2	563.77	186.30	53.42	0.11	21.77
	水土流失图斑识别面积/km^2	564.95	182.22	53.35	0.11	21.81
	面积误差/%	0.21	−2.19	−0.13	0.00	0.18
榕江县	栅格上报面积/km^2	41.30	212.83	0.76	13.45	27.74
	水土流失图斑识别面积/km^2	41.19	211.87	0.77	13.49	28.57
	面积误差/%	−0.27	−0.45	1.32	0.30	2.99

得到不同土地利用类型下的水土流失图斑识别结果（见图 7-11），每个试点县的水土流失图斑个数统计见表 7-11。

表 7-11　水土流失图斑识别结果与原土地利用矢量地块个数对比

行政区	土地利用矢量地块个数/个	水土流失图斑识别个数/个
晴隆县	29395	18051
榕江县	83237	53124
毕节市七星关区	61580	65342

3. 野外复核精度验证

针对水土流失图斑识别结果进行野外实地复核，验证试点县的水土流失图斑识别结果准确性。依据《水土保持遥感监测技术规范》（SL 592—2012），对每个试点县水土流失总图斑数的 0.5%进行实地验证。七星关区由于园地和建设用地的土壤侵蚀空间治理单元零星分布，水土流失面积较少且均为轻度侵蚀，因此选取主要发生水土流失的耕地、林地和草地进行野外复核；榕江县和晴隆县分别选取耕地、林地、草地、园地和建设用地进行野外复核验证。

3 个试点县的野外复核调查点数分别为 337 个、260 个和 110 个，其空间点位分布见图 7-12。验证精度分别为 91.96%、91.54%和 87.27%（见表 7-12），水土流失落地图斑的准确率基本高于 85%以上，故基于分层分割方法获取的水土流失图斑边界可为重点治理工程布局、水土保持工程效益评估及水土保持率目标责任制考核等水土保持工作提供强有力的支撑作用，以达到有目标导向的指导按地类、按等级、按需求实施水土流失治理措施。

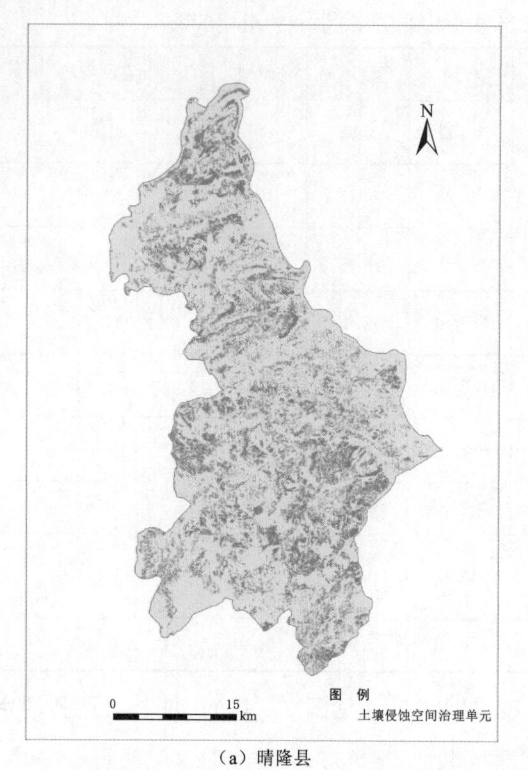

(a) 晴隆县

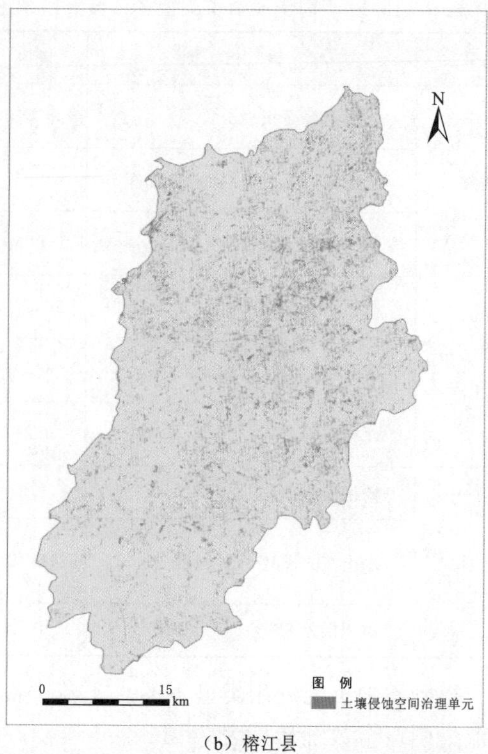

(b) 榕江县

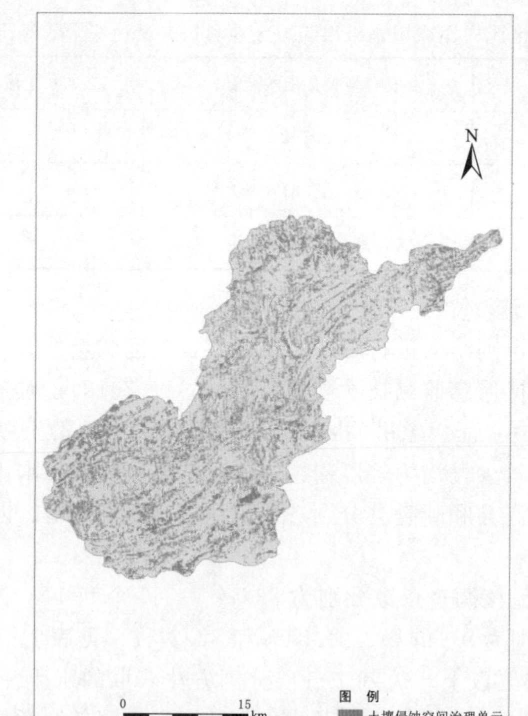

(c) 毕节市七星关区

图7-11 水土流失落地图斑空间分布图

表 7-12 水土流失图斑野外复核精度统计表

行政区	统计指标	耕地	林地	草地	园地	建设用地	合计
毕节市七星关区	复核图斑数/个	241	58	37	—	—	337
	错误图斑数/个	10	7	10	—	—	27
	野外复核精度/%						91.96
榕江县	复核图斑数/个	61	102	25	52	20	260
	错误图斑数/个	2	10	4	6	0	22
	野外复核精度/%						91.54
晴隆县	复核图斑数/个	37	30	17	14	12	110
	错误图斑数/个	3	3	4	4	0	14
	野外复核精度/%						87.27

（a）晴隆县

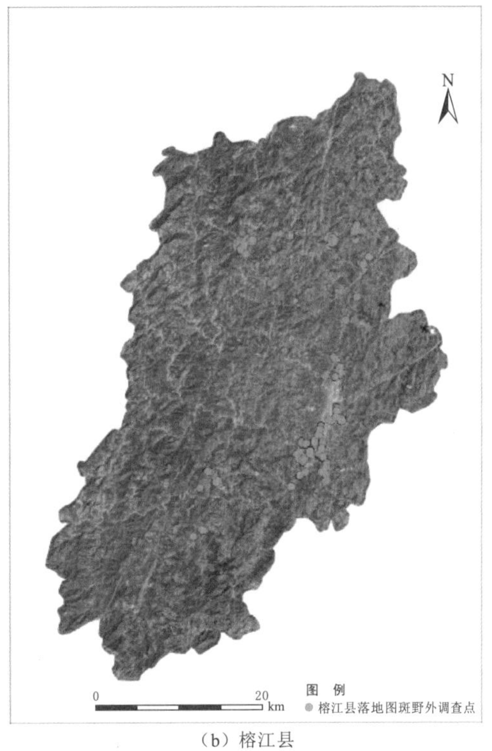

（b）榕江县

图 7-12（一） 野外复核点位分布图

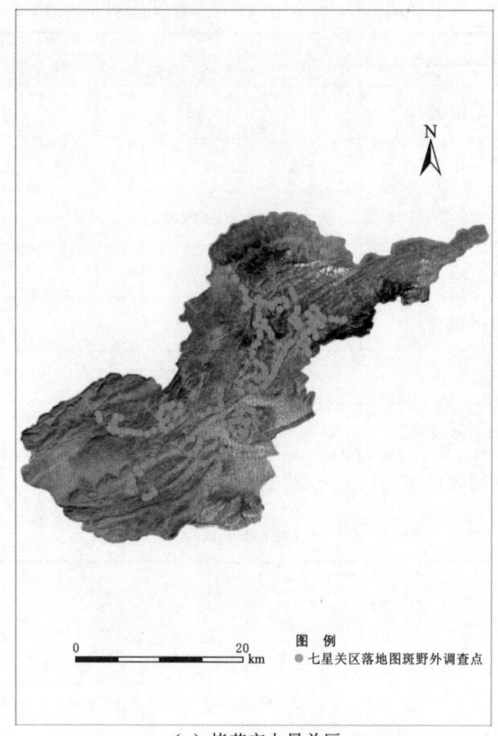

（c）毕节市七星关区

图7-12（二） 野外复核点位分布图

参 考 文 献

[1] 包正丽．水土保持综合治理作用及防治对策［J］．水上安全，2024（3）：82－84.

[2] 关君蔚．水土保持原理［M］．北京：中国林业出版社，1996.

[3] 华东水利学院．简明水利水电词典．水利分册［M］．北京：科学出版社，1981.

[4] 姜德文．引领新时代水土保持之科技前瞻［J］．中国水土保持科学（中英文），2024，22（2）：1－8.

[5] 雷廷武，李法虎．水土保持学［M］．北京：中国农业大学出版社，2012.

[6] 林雪松，付彦鹏，栾城．水土保持与效应评价研究［M］．北京：中国水利水电出版社，2018.

[7] 刘小荣．水利建设中水土保持的作用及运用［J］．农业科技与信息，2020（14）：55－56.

[8] 中华人民共和国水利部．2023年我国水土流失状况持续改善　生态质量稳中向好［J］．中国水土保持，2024（4）：3.

[9] 中华人民共和国水利部．中国水土保持公报（2023年）［R］．2024.

[10] 唐克丽．中国水土保持［M］．北京：科学出版社，2004.

[11] 王彪．水土保持监测对水土保持的重要性与措施探讨［J］．长江技术经济，2020，4（S2）：24－25.

[12] 王海燕，丛佩娟，袁普金，等．国家水土保持重点工程效益综合评价模型研究［J］．水土保持通报，2021，41（6）：119－126.

[13] 王克勤，黎建强．水土流失综合治理理论与实践［M］．北京：中国林业出版社，2021.

[14] 王礼先，朱金兆．水土保持学［M］．北京：中国林业出版社，2005.

[15] 王礼先．中国水利百科全书·水土保持分册［M］．北京：中国水利水电出版社，2004.

[16] 杨路明，胡红．水土保持重点工程实施效果评估实践分析［J］．海河水利，2020（5）：7－10.

[17] 余新晓，毕华兴．水土保持学［M］．北京：中国林业出版社，2013.

[18] 张春利．水利工程对水土流失治理的贡献与挑战［J］．城市建设理论研究（电子版），2024（11）：214－216.

[19] 张慧．水土保持重点工程生态清洁小流域综合治理项目实施探究［J］．黑龙江环境通报，2023，36（9）：122－124.

[20] 包喜顺．基于高分辨率遥感影像的水土流失监测与分析［J］．内蒙古水利，2023（11）：30－31.

[21] 毕华兴．3S技术在水土保持中的应用［M］．北京：中国林业出版社，2008.

[22] 陈镜明，柳竞先，罗翔中．2020．基于碳水通量耦合原理改进 Penman－Monteith 蒸散发模型［J］．大气科学学报，2020，43（1）：59－75.

[23] 陈亮．水土流失动态监测遥感技术应用探讨［C］//中国水利学会，黄河水利委员会．中国水利学会2020学术年会论文集　第一分册．中国水利水电出版社，2020：4.

[24] 陈书林，刘元波，温作民．2012．卫星遥感反演土壤水分研究综述［J］．地球科学进展．27（11）：1192－1203.

[25] 丁一．遥感技术在地质灾害早期识别中的应用研究［J］．华北自然资源，2024（2）：112－116.

[26] 冯仲科，余新晓．3S技术及其应用［M］．北京：中国林业出版社，2000.

[27] 高永年，刘传胜，王静．遥感影像地形校正理论基础与方法应用［M］．北京：科学出版社，2013.

[28] 龚晓燕．遥感测绘技术在城市规划与建设中的创新应用［J］．住宅与房地产，2024（6）：

104 - 106.
[29] 何东礼．基于无人机遥感技术的水土保持生态建设监测实践研究 [J]. 数字通信世界，2023 (8)：25 - 27.
[30] 孔德树．3S 技术在水土保持工作中的应用及展望 [J] 中国水土保持，2005 (5)：40 - 41.
[31] 雷少华，徐春，韩丹妮，等．基于遥感的水土流失长时序监测分析 [J]. 江苏水利，2023 (1)：28 - 31，35.
[32] 李小文，刘素红．遥感原理与应用 [M]. 北京：科学出版社，2008.
[33] 李召良，段四波，唐伯惠，等．2016. 热红外地表温度遥感反演方法研究进展 [J]. 遥感学报，20 (5)：899 - 920.
[34] 梁顺林．中国定量遥感发展的一些思考 [J]. 遥感学报，2021，25 (9)：1889 - 1895.
[35] 梅安新．遥感导论 [M]. 北京：高等教育出版社，2001.
[36] 彭望琭，刘湘南，白振平，等．遥感概论 [M]. 北京：高等教育出版社，2002.
[37] 沙昱．水土流失遥感监测研究 [J]. 环境与发展，2015，27 (5)：57 - 60.
[38] 汤秋鸿，张学君，戚友存，等．遥感陆地水循环的进展与展望 [J]. 武汉大学学报・信息科学版，2018，43 (12)：1772 - 1884.
[39] 韦玉春，汤国安，汪闵，等．遥感数字图像处理教程 [M]. 北京：科学出版社，2007.
[40] 闻建光，柳钦火，肖青，等．复杂山区光学遥感反射率计算模型 [J]. 中国科学 (D 辑：地球科学)，2008，(11)：1419 - 1427.
[41] 徐涵秋．水土流失生态变化的遥感评估 [J]. 农业工程学报，2013. 29 (7)：91 - 97，294.
[42] 许峰，郭索彦，我国水土保持管理领域中 3S 技术的应用与发展方向 [J]. 山地农业生物学报，2001，20 (4)：297 - 300.
[43] 袁文平，蔡文文，刘丹，等．陆地生态系统植被生产力遥感模型研究进展 [J]. 地球科学进展，2014，29 (5)：541 - 550.
[44] 张春利．水土保持技术在水利工程建设中的创新与应用 [J]. 城市建设理论研究（电子版），2024 (12)：220 - 222.
[45] 张继真，姜艳艳，张月．基于遥感技术的东北黑土区水土流失动态监测研究 [J]. 中国水土保持，2024 (1)：26 - 29，69.
[46] 张凯翔，蒋道君，吕小宁，等．机器学习在地质灾害遥感调查数据分析中的应用现状 [J]. 中国地质灾害与防治学报，1 - 8.
[47] 张青峰，邢丽芳．3S 技术在水土保持与荒漠化防治中的应用 [J]. 山西水土保持科技，2004 (4)：12 - 15.
[48] 赵俊喜．无人机遥感监测在水土保持监测中的应用 [J]. 中国新技术新产品，2018 (10)：9 - 10.
[49] 赵琳，董端，刘金玉．多源遥感技术在洪水监测中的应用研究 [J]. 水利建设与管理，1 - 7.
[50] 周成虎，王华，王成善，等．2021. 大数据时代的地学知识图谱研究 [J]. 中国科学：地球科学，51 (7)：1070 - 1079.
[51] 朱文泉，林文鹏．遥感数字图像处理——原理与方法 [M]. 北京：高等教育出版社，2015.
[52] 中华人民共和国水利部．土壤侵蚀分类分级标准：SL 190—2007 [S]. 北京：中国水利水电出版社，2008.
[53] 张增祥，赵晓丽，汪潇，等．中国土壤侵蚀遥感监测 [M]. 北京：星球地图出版社，2015.
[54] 戴昌达，姜小光，唐伶俐. 遥感图像应用处理与分析 [M]. 北京：清华大学出版社，2004.
[55] 王卫红，何敏. 面向对象土地利用信息提取的多尺度分割 [J]. 测绘科学，2011，36 (4)：160 - 161.
[56] 马志勇，沈涛，张军海，等. 基于植被覆盖度的植被变化分析 [J]. 测绘通报，2007 (3)：45-48.
[57] 谭炳香，李增元，王彦辉，等. 基于遥感数据的流域土壤侵蚀强度快速估测方法 [J]. 遥感技术

与应用，2005，20（2）：215-220.
[58] 管亚兵，杨胜天，周旭，等．黄河十大孔兑流域林草植被覆盖度的遥感估算及其动态研究［J］．北京师范大学学报：自然科学版，2016，52（4）：458-465.
[59] 张骁，赵文武，刘源鑫．遥感技术在土壤侵蚀研究中的应用述评［J］．水土保持通报，2017，37（2）：11.
[60] 刘超群，余顺超，扶卿华，等．基于综合判别法的广东省水土流失状况遥感分析［J］．中国水土保持，2020（2）：4.
[61] 郭索彦．土壤侵蚀调查与评价［M］．北京：中国水利水电出版社，2014.
[62] 段兴武，陶余铨，白致威，等，区域土壤侵蚀调查方法［M］．北京：科学出版社，2019.
[63] 丁剑宏，白致威，陶余铨，等，云南省土壤侵蚀［M］．北京：科学出版社，2019.
[64] 水利部水土保持监测中心．2023年度水土流失动态监测技术指南［R］．水利部水土保持监测中心，2023.
[65] 水土保持遥感监测技术规范：SL 592—2012［S］．北京：中国水利水电出版社，2012.
[66] 林祚顶，李智广．2018年度全国水土流失动态监测成果及其启示［J］．中国水土保持，2019（12）：4.
[67] 朱梦阳，杨勤科，王春梅，等．区域土壤侵蚀遥感抽样调查方法［J］．水土保持学报，2019，33（5）：8.
[68] RENARD K G. Predicting soil erosion by water：a guide to conservation planning with revised universal soil loss equation（RUSLE），Agriculture Handbook No. 537［R］. U. S. Department of Agriculture，1997.
[69] LIU B Y，NEARING M A，RISSE L M. Slope Gradient Effects on Soil Loss for Steep Slopes［J］. Transactions of the ASAE，1994，37（6）：1835-1840.
[70] 国家技术监督局．水土保持综合治理效益计算方法［M］．北京：中国标准出版社，2008.
[71] 姚文波，刘文兆，赵安成，等．水土保持效益评价指标研究［J］．中国水土保持科学，2009，7（1）：112-117.
[72] 聂碧娟，林敬兰，赵会贞．水土保持综合治理效益评价研究进展［J］．亚热带水土保持，2009，21（3）：39-41.
[73] 刘宝元，刘瑛娜，张科利，等．中国水土保持措施分类［J］．水土保持学报，2013，27（2）：80-84.
[74] 蔡崇法，丁树文，史志华，等．应用USLE模型与地理信息系统IDRISI预测小流域土壤侵蚀量的研究［J］．水土保持学报，2000（2）：19-24.
[75] 刘震．我国水土保持小流域综合治理的回顾与展望［J］．中国水利，2005（22）：17-18.
[76] 蒲朝勇．科学做好水土保持率目标确定和应用［J］．中国水土保持，2021（3）：1-3.
[77] 刘震．充分发挥水土保持在生态文明建设中的重要作用［J］．水利发展研究，2015，15（10）：1-5，15.
[78] 杨世凡，王朝军，孙泉忠，等．贵州省石漠化综合治理成效及对策分析［J］．中国水土保持，2021（6）：8-11.
[79] 刘晓林，金平伟，王娟，等．基于GIS的贵州省水土保持率远期及分阶段目标值分析研究［J］．人民珠江，2022，43（12）：28-37，66.
[80] CHANDI W，DANIEL L C. Optimizing multi-resolution segmentation scale using empirical methods：Exploring the sensitivity of the supervised discrepancy measure Euclidean distance 2（ED2）［J］. ISPRS Journal of Photogrammetry and Remote Sensing，2014，87：108-121.
[81] 王芳，杨武年，王建，等．遥感影像多尺度分割中最优尺度的选取及评价［J］．遥感技术与应用，2020，35（3）：623-633.

[82] XIAOLE S，YIQUAN G，JINZHOU C. Object - based multiscale segmentation incorporating texture and edge features of high - resolution remote sensing images [J]. PeerJ. Computer science，2023，9：1290.

[83] XIAOHUA Z，HUI W，WENXIANG X，et al. Research on classification method based on multi - scale segmentation and hierarchical classification [J]. Journal of Physics：Conference Series，2022，2189 (1)：12 - 29.

[84] 李勇，付磊．贵州省坡耕地水土流失综合治理经验措施与对策建议 [J]. 中国水利，2021 (14)：51 - 52.

[85] 代克志，赵娟．贵州省黔西南州水土保持区划及防治措施布局 [J]. 中国水土保持，2021 (7)：22 - 26.